常见园林植物
认知手册
（第 2 版）

A GUIDE TO
DISTINGUISHING
COMMON
GARDEN PLANT

龙雅宜　主编
许梅娟　绘图

中国林业出版社

图书在版编目(CIP)数据

常见园林植物认知手册/龙雅宜主编;许梅娟绘.—2 版.
—北京:中国林业出版社,2011.10
ISBN 978-7-5038-6319-6

Ⅰ.①常… Ⅱ.①龙…②许… Ⅲ.①园林植物—手册
Ⅳ.①S688-62

中国版本图书馆 CIP 数据核字(2011)第 180068 号

责任编辑:陈英君

出版	中国林业出版社 (100009 北京西城区德内大街刘海胡同 7 号)
网址	www.cfph.com.cn
电话	83224477
发行	新华书店北京发行所
印刷	北京地质印刷厂
版次	2011 年 11 月第 2 版
印次	2011 年 11 月第 3 次
开本	889mm×1194mm 1/64
印张	16.5
字数	550 千字
印数	10001～15000 册
定价	39.00 元

再版前言

探索植物的奥秘，认识植物是学习植物知识的第一步。本书将我们经常见到的各种植物配上插图，告诉您它的中文名称、拉丁学名、科属分类、识别特征、主要习性、园林应用等，使您在认识植物的同时，还能了解该种植物的一些知识。

该书是在中国林业出版社已出版的由中国科学院植物研究所的植物学专家们编写的《园林植物栽培手册》一书的基础上精编而成。全书介绍了近千种植物，为了方便读者查找，将外观特征有明显区别的类群分为 12 类分别介绍，每类中的植物均按中文名称的拼音字母顺序排列。这 12 类是：蕨类植物、针叶植物、草本植物、木本植物、水生植物、藤蔓植物、仙人掌及多浆植物、食虫植物、兰科植物、竹类、凤梨科植物、棕榈科植物。书后附有中文名称索引及拉丁学名索引。适合对植物感兴趣的读者及高等、中等农林院校学生学习参考。该书制作成小开本的形式，小巧、轻便，方便学生及其他读者外出时随身携带。

该书第 1 版出版后，深受读者喜爱。我们这次修订第 2 版，重新设计版面、开本，对其中的一些错处进行改正，图面放大且更清晰，以新的面貌满足读者的需求。

编者　2011 年 10 月

目　　录

1. 蕨类植物

2. 针叶植物

3. 草本植物

4. 木本植物

5. 水生植物

6. 藤蔓植物

7. 仙人掌及多浆植物

12. 棕榈科植物

1 蕨类植物

蕨类植物是介于苔藓植物和种子植物之间的一类植物，全世界大约有12000多种，分布广泛。蕨类植物没有花，靠孢子体和孢子进行繁殖。其叶片独特的形状、结构、纹理惹人喜爱，而归于观叶植物。它们大多喜欢生长在阴湿的环境中，在园林中可种植在池畔、溪旁，可作地被，也可攀爬、垂吊或与其他植物配置创造景观。

本书介绍常见的、在园林中应用的蕨类植物26种，按中文名称的拼音字母顺序排列。

蝙蝠蕨 *Platycerium bifurcatum* C. Chr.

别名 二叉鹿角蕨、蝙蝠兰 　　　　鹿角蕨科，鹿角蕨属

识别特征 多年生常绿草本附生蕨类植物。根状茎矮粗肥壮，有分枝，紧密地贴附在树干上。叶有裸叶和实叶两类型，裸叶也称外套叶，扁平圆盾形，凸出，径20cm，边缘具波状浅裂，纸质，覆瓦状紧密地附生在树干根状茎上，内部有发达的贮水组织；实叶直立，丛生，细长，长60～90cm，基部楔形，顶部二至三回悬垂状分枝，裂片长椭圆形至舌形，具灰色柔毛，成长后平滑无毛。孢子囊群黄褐色。

主要习性 原产亚洲、美洲热带。多附生于树干分权处或树皮开裂处，也可生于潮湿被薄腐殖土的岩石上。紧密覆于根状茎上的叶片能积聚腐殖质及保护根状茎免受干旱威胁。

园林应用 蝙蝠蕨株形繁茂，姿态优美，是阴暗无光处极好的悬挂观赏花卉。热带林荫下贴附树干上，展现出热带野景。

多育耳蕨 *Polystichum setiferum* Woynar Proliferum

鳞毛蕨科，耳蕨属

识别特征 常绿或半常绿多年生草本植物。高60cm。根状茎短粗。叶密集簇生，叶片披针形，革质，被白色鳞片；二回羽状复叶，羽片镰刀形，基部不对称。孢子囊群在羽轴两侧下表面，大叶片中脉上边着生许多小植株。由此而得名。

主要习性 广泛分布于欧、亚两洲北温带地区。耐霜冻，喜半阴、潮湿、排水良好而又富含纤维质的肥沃土壤。

园林应用 园林中适宜作喜阴小型盆栽植物或在林地、阴湿山涧点缀，赏其细腻羽片与棕黄色叶中脉，分外雅致。

凤尾草 *Pteris multifida* Poir

别名 井栏边草

凤尾蕨科，凤尾蕨属

识别特征 多年生常绿蕨类植物。高 30 ~ 40cm。根状茎直立，顶端具钻形鳞片。叶多数，簇生，分不育叶和孢子叶二型，柄细，具 3 棱，黄褐色，叶椭圆至卵状椭圆形，长 20 ~ 45cm，宽 15 ~ 25cm，一回羽裂，羽片常 4 ~ 6 对，仅基部 1 对有柄；羽片条形，宽 3 ~ 7mm，顶渐尖，有细锯齿；不育叶较高，羽片幅宽。孢子囊群沿叶边呈连续性细线状排列。

主要习性 原产我国；朝鲜、日本也有。我国华北以南各地均有分布，垂直分布高度可达海拔 800m。性喜温暖、湿润、阴暗的环境，忌涝。

园林应用 华中以南各地，在郁闭的林冠下大量栽培可作地被植物，也可布置阴湿堤岸或山石背后。华北盆栽，是布置厅堂内阴暗处的良好盆花，切叶可配置切花插瓶。全株入药。

狗脊蕨 *Woodwardia japonica* (L. f.) Sm.

别名 狗脊 乌毛蕨科，狗脊属

识别特征 多年生常绿草本植物。株高 65～90cm。根状茎粗壮而短，直立，密生红棕色披针形大鳞片。叶簇生，柄长 30～50cm，叶片矩圆形，厚纸质，二回羽裂，叶脉网状。孢子囊群长形，生长主脉两侧相对的网脉上；囊群盖长肾形。

主要习性 广布于长江以南各地，向西南达云南。生于山谷沟边及河边疏林下及林缘，北向山坡或局部阴湿处酸性土环境。

园林应用 南方园林中多植于林缘溪边，北方盆栽垂吊观叶，尤以粉红色幼叶更为生动诱人。

骨碎补 *Davallia mariesii* Moore ex Ba

骨碎补科，骨碎补属

识别特征 多年生草本植物。株高 15 ~ 20cm。根状茎长而横走。叶远生，叶片五角形，长、宽各约 8 ~ 14cm，四回羽状细裂，基部一对羽片最大，三角形；末回裂片有粗钝齿，每齿有小脉 1 条。孢子囊群生于小脉顶端；囊群盖盅状，成熟时孢子囊突出口外，覆盖裂片顶部，仅露出外侧的长钝齿。

主要习性 分布于辽宁、山东、江苏和台湾。附生海拔 500 ~ 700m 石上。喜潮湿，较喜光亦较耐寒。

园林应用 适宜沿海城市或长江流域园林中岩石园点缀。

贯 众 *Cyrtomium fortunei* J. Sm.

别名 贯渠、黑独脊　　　　　　　鳞毛蕨科，贯众属

识别特征 多年生常绿草本蕨类植物。根状茎短，直立或斜生，连同叶柄基部密生阔卵状披针形黑褐色大鳞片。叶簇生，叶柄长 15 ~ 25cm，叶片阔披针形或矩圆披针形，纸质，长 25 ~ 45cm，宽 10 ~ 15cm，奇数一回羽状，羽片镰刀状披针形，边缘有缺刻状细锯齿。孢子囊群生于内藏小脉顶端，在主脉两侧各排成不整齐的 3 ~ 4 行，囊群盖大，圆盾形。

主要习性 原产东亚；我国华北、西北和长江以南各地广为分布。生海拔 400 ~ 2000m 石灰岩缝中，是石灰岩和钙质土指示植物。华北地区为耐寒宿根草本，喜凉爽湿润环境。

园林应用 贯众株形开散，露地栽培，可作稀疏灌木林下和池塘阴坡地被植物，也可作切花配叶，室内盆栽作四季常青观叶植物，可布置厅堂会场。入药，可杀虫解毒。

海金沙 *Lygodium japonicum* Swartz.

别名 铁线藤

海金沙科，海金沙属

识别特征 多年生常绿攀援草本。高可达4m。叶多数，对生在茎上短枝两侧，二型，纸质；不育叶尖三角形，长宽各 10 ~ 12cm，二回羽裂，小羽片掌状 3 裂；可育叶卵状三角形，长宽各 10 ~ 12cm，小羽片边缘具流苏状稀疏孢子囊穗，暗褐色。

主要习性 原产亚洲暖温带至热带。我国陕西、河南、四川、贵州、云南等均有分布；朝鲜、日本、越南也有分布。生路边或山坡稀疏灌丛中，海拔至1000m。耐光。忌阳光直射。

园林应用 海金沙枝蔓纤细伸长，叶片浓绿常青，长江流域可露地栽培作绿篱材料。北方盆栽，搭设亭阁牌楼式支架，枝蔓缠满，为常青观叶花卉，可布置厅堂会场。全草入药。

荚果蕨 *Matteuccia struthiopteris* (L.) Todaro

别名 野鸡膀子

球子蕨科，荚果蕨属

识别特征 根状茎粗壮，短而直立，被棕色膜质披针形鳞片。株高可达 1m。叶二型，丛生；营养叶向外稍呈拱形下垂，柄长 10～20cm，宽 15～25cm，二回羽状深裂，新生叶直立向上生长，全部展开后则成鸟巢状；孢子叶从叶丛中间长出，有粗硬而较长的柄，挺立，长为营养叶的一半。

主要习性 分布于东北、华北及陕西、四川、西藏等地。多成片生长于海拔 900～3200m 高山林下，常与紫萁、石松伴生。

园林应用 荚果蕨是北方地区较理想的地被植物。株形圆润美观，早春幼叶拳卷，秀丽典雅，覆盖率大，最适宜极阴条件下作地被绿化；也极适宜盆栽观赏。荚果蕨含丰富维生素和多种微量元素，幼嫩叶是一种优良的山野菜，可鲜素食、干制或腌制。

角 蕨 *Cornopteris decurrenti – alata* (Hook.) Nakai

别名 贞蕨　　　　　　　　　蹄盖蕨科，角蕨属

识别特征 多年生草本植物。株高 60 ~ 80cm。根状茎粗而横走。叶近生，叶柄长约 30cm，叶片长 35 ~ 40cm，宽 25 ~ 30cm，二回或三回羽状深裂。孢子囊群矩圆形或近圆形，生于小脉中部以下，无盖。

主要习性 分布于浙江、福建、台湾、广东、广西和湖南；朝鲜南部和日本也有。生海拔 250 ~ 260m 山谷林下湿地，喜潮湿、阴暗环境，在肥沃、疏松腐殖质土上生长繁茂，不耐寒。

园林应用 华南地区作林下栽培，北方适宜盆栽，作室内观叶植物。

金毛狗蕨　*Cibotium barometz*(L.) J. Sm.

蚌壳蕨科，金毛狗蕨属

识别特征　大型树状陆生蕨。植株高达3m。根状茎粗大直立，密被金黄色长绒毛，形如金毛狗头。顶端有叶丛生，叶柄长120cm，叶片阔卵状三角形，长宽几相等，三回羽裂；末端裂片镰状披针形，尖头，边缘有浅锯齿。孢子囊群生于小脉顶端，囊群盖两瓣，形如蚌壳。

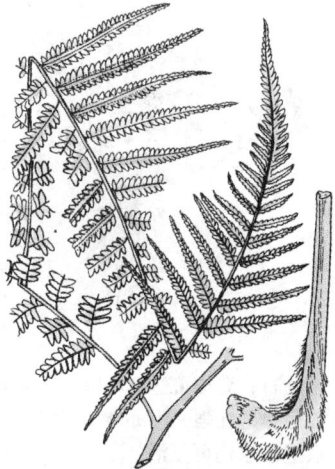

主要习性　分布于浙江、江西、湖南、福建、台湾、广东、广西、贵州、四川及云南南部。生山脚沟边及林下阴处酸性土上，常与许多喜湿热蕨类混生。

园林应用　金毛狗蕨是著名室内大型观赏蕨，尤其金黄色长绒毛根状茎，既能制成精美工艺品，又有较高的药用价值，金色毛绒有极好的止血效用。形、色、质相配令人喜爱。

卷柏　*Selaginella tamariscina*（Beauv.）Spr.

别名　万年青、长生草、还魂草　　　卷柏科，卷柏属

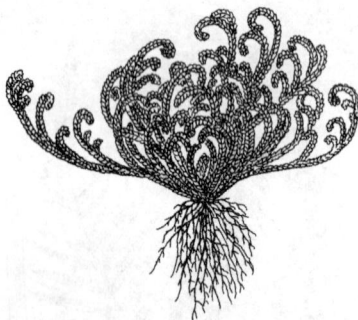

识别特征　多年生常绿小型石生蕨类植物。高5～20 cm，主茎粗短直立，下面密生须根，顶端丛生小枝，呈莲座状。

主要习性　原产我国；日本也有。我国南北各地广为分布，海拔可达3500m。生稀疏林下干旱岩石缝中。能耐旱，在强光下亦能生长良好，生命力极强，火烧过后遇雨水仍可复活。

园林应用　卷柏枝叶莲座状，细叶如鳞，颜色浓绿，十分清雅，主要用于配置山石盆景。露地栽培可供岩石园较暗处种植，也可作稀疏林下的地被植物，盆栽可作为书桌案头别致小盆花，其枝叶遇干旱有拳卷的特性，入秋可采收其卷球的残株收存，冬季浸入水瓶，则枝叶伸展，其色如初，供观赏。全草入药。

鳞盖蕨 *Microlepia speluncae*(L.)Moore

碗蕨科，鳞蕨属

识别特征 多年生草本。根状茎横走，被淡灰色刚毛。匍匐根状茎上丛生中型、柔软质薄、形似羽毛状亮绿色叶；叶片椭圆至长卵形。孢子囊群圆形，着生于离叶边稍远的 1 条小脉顶端；囊群盖杯形，基部及两侧着生于叶肉。

主要习性 分布于东半球热带和亚热带地区。喜高温高湿环境，冬季气温不能低于 15℃。

园林应用 观赏应用多以中、小盆栽点缀几架，也可暖地阴湿处栽于植槽中，叶丛秀美而富光泽，终年欣赏。

芒萁 *Dicranopteris dichotoma* Bernh.

别名 狼萁、铁狼萁 里白科，芒萁属

识别特征 多年生常绿草本蕨类植物。株高40~120cm，直立或蔓生。根状茎细长，横生。叶疏生，纸质，叶柄长25~55cm，叶轴一至二回或多回分叉。孢子囊群着生侧脉上侧小脉内中部，排成一行。

主要习性 原产我国长江以南各地；朝鲜、日本也有分布。常生长在强酸性土的红壤丘陵荒坡或马尾松林下。是亚热带酸性土指示植物。野外生长能自成群落。当森林被毁后，会迅速成为优势草种。

园林应用 长江以南各地区可作贫瘠土壤疏林下及园林中林荫下地被植物，其群生性能抑制其他杂草生长，有保持水土之效。也可作水溪阴暗处石缝中的点缀植物；北方盆栽是室内阴暗无光处的良好盆花。也可配鲜花作切花插瓶。全草入药，能清热利尿，祛瘀止血。

鸟巢蕨 *Neottopteris nidus* (L.) J. Sm.

铁角蕨科，巢蕨属

识别特征 多年生常绿草本大型附生蕨类植物。高 100 ~ 120cm。叶丛生于根状茎边缘顶端，向四周辐射状排列，叶柄长约 5cm，近圆柱形，叶片阔披针形，浅绿色，革质，长 95 ~ 115cm，中部宽 9 ~ 15cm，两面光滑。孢子囊群狭条形，生于叶脉上侧。

主要习性 分布于广东、广西、海南、云南和台湾等地。常附生于雨林或季雨林内的树干上或林下岩石上，团集成丛，能承接大量枯枝落叶、飞鸟粪便和雨水，转变为腐殖质营养，并可为其他热带附生植物提供定居环境。不耐寒，喜温暖湿润条件，生长适宜温度为 20 ~ 25℃。

园林应用 鸟巢蕨为良好的大型悬挂观叶花卉。热带园林中，用以附生林下或岩石上。北方吊栽，是布置厅堂和会场长期阴暗处的良好材料。

欧洲鳞毛蕨 *Dryopteris filixmas*（L.）Schott

鳞毛蕨科，鳞毛蕨属

识别特征 落叶或半常绿蕨类。株高 1.2m。根状茎直立，连同叶柄基部密生褐棕色卵状披针形大鳞片。叶片披针形，弓形、直立，簇生，二回深羽裂，裂片边缘锐裂成粗齿，侧脉羽状分叉。孢子囊群仅分布于叶片中部以上的羽片上，囊群盖圆肾形。孢子含油达46%。

主要习性 产新疆；欧洲、北美洲均有。要求荫蔽而潮湿的土壤，但却较耐寒与干旱。

园林应用 我国北方小环境优良的露地园林植物，可地栽；或低温温室盆栽；赏其优美弓形叶丛。

肾蕨 *Nephrolepis auriculata* (L.) Triman

别名 蜈蚣草、篦子草 肾蕨科，肾蕨属

识别特征 多年生常绿草本。根状茎短而直立，下面向四周发出长匍匐茎，并从匍匐茎短枝上长出圆形块茎。草质叶披针形，长30~70cm，一回羽状分裂，羽片以关节着生叶轴上。孢子囊群着生于侧小脉顶端。

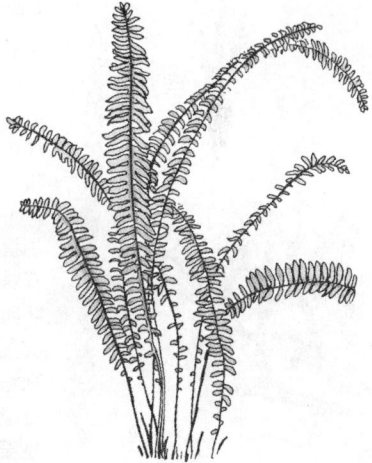

主要习性 分布于福建、台湾、广东、广西、云南、四川、湖南南部及浙江等地。生于溪边林下或岩石缝隙中，或附生于树干上，多成片分布。

园林应用 肾蕨是国内外广泛应用的观赏蕨类，生长健壮，栽培容易，无论盆栽或吊篮式栽培都具有良好的装饰效果。块茎含淀粉，入药可治感冒咳嗽。

石松　*Lycopodium clavatum* L.

别名　伸筋草、狮子尾　　　　　　石松科，石松属

识别特征　多年生常绿草本植物。匍匐茎蔓生，多分枝，叶疏生。直立茎高 15～30cm，营养枝多回分叉，密生叶。叶针形，长 3～4mm，顶部有易脱落的芒状长尾。孢子枝高出营养枝，叶疏生。孢子叶卵状三角形，顶端急尖具尖尾，边缘有不规则锯齿，孢子囊和孢子肾形。

主要习性　原产我国，广布各地，长江以南均有分布。性喜阴湿、肥沃条件。

园林应用　石松枝细叶小，色泽葱绿，优柔别致，是良好的观叶花卉。露地栽培，是阴暗多湿林下的良好地被植物，又可配置堤坡阴湿处。盆栽，常用铅丝悬挂在书房厅堂墙角无直射光处，十分清秀。孢子俗称石松子，含油 40%，不吸湿，为铸造工业的优良分型剂，照明工业的闪光剂。全株又可入药。

石韦 *Pyrrosia lingua*(Thunb.)Farw.

别名 石铡箬、金背茶匙　　水龙骨科，石韦属

识别特征 多年生常绿草本蕨类植物。高 10～30cm。根状茎细长坚硬，横生，密生披针形鳞片。叶近二型，革质，披针形至矩圆披针形，长 8～18cm，宽 2～2.5cm，表面绿色，有小凹点。孢子囊群在侧脉间紧密整齐排列。

主要习性 原产我国，长江以南各地广为分布；日本、越南也有。附生在林下树干或岩石上。栽培时须设立附着物。喜温暖、湿润、疏松、肥沃、排水良好、较充足散射光环境。

园林应用 石韦株型小巧，叶形别致，长江以南各地露地栽培，在林荫下借树干或岩石作吸附物；北方室内栽培，可用木板制成挂屏。结合古桩盆景摆放，景观十分秀丽。全草入药。

塔斯马尼亚蚌壳蕨 *Dicksonia antarctica* Lak.

别名 澳大利亚树蕨 　　　　蚌壳蕨科，蚌壳蕨属

识别特征 常绿树状蕨类。高可达10m，主干粗大而高耸，周覆棕色纤维毛。顶端生出冠状叶丛；叶柄粗健；叶片大型，长、宽能达数米，三至四回羽状复叶；叶脉分叉。孢子囊群生于叶缘内叶脉顶端，囊群盖成为内外两瓣，形如蚌壳；原叶体有鳞片状毛。

主要习性 原产大洋洲东南的塔斯马尼亚群岛。喜温暖潮湿，略耐轻霜冻。

园林应用 本种外形极似棕榈，是优美的庭荫树蕨，新抽生的先端卷旋嫩叶芽，秀丽挺拔，柔中又富有刚毅之态。

铁角蕨 *Asplenium trichomanes* L.

别名 石林珠

铁角蕨科，铁角蕨属

识别特征 多年生半常绿草本。株高 10～30cm，根状茎直立。条状披针形叶簇生，叶柄和轴亮绿褐色；一回羽裂，羽片矩圆形或卵形，亮绿色，两侧边缘有小钝齿。孢子囊群生侧脉的上侧小脉，囊群盖宽条形。

主要习性 广布长江以南，北至山西、陕西和新疆，全世界暖温带其他地区也有。生海拔 400～3400m 林下山谷岩石上，喜阴湿环境，较耐霜寒。

园林应用 适宜石灰岩土壤地区林下栽培，盆栽是很好的耐阴观叶植物，但亦喜阳光。

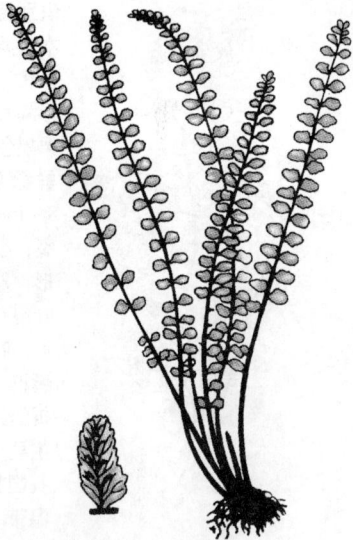

铁线蕨 *Adiantum capillus – veneris* L.

铁线蕨科，铁线蕨属

识别特征 多年生常绿草本蕨类植物。高15~40cm。根状茎横生，具淡棕色针形鳞片。叶薄革质；叶柄栗黑色；叶片卵状三角形，鲜绿色，长10~15cm，宽8~16cm，中部以下二回羽裂，小羽片斜扇形或斜方形，外缘浅至深裂，不育叶裂片顶端钝圆，具细锯齿，叶脉扇状分叉。孢子囊群生于变形裂片顶端反折的囊群盖上。

主要习性 铁线蕨广布于我国长江以南，是我国暖温带、亚热带和热带气候区的钙质土和石灰岩的指示植物。多生长于阴湿的沟边、溪旁及岩壁上。喜温暖湿润和半阴环境；生长适宜气温为13~18℃。冬季气温低于5℃叶片会受伤害。

园林应用 暖温带地区园林中可供山石园蔽荫处配植，北方在温室内水池石上配置，或盆栽作室内暗处的观叶植物，四季青翠。全草还可入药，可清热解毒，驱风除湿。

乌毛蕨 *Blechnum orientale* L.

别名 龙船蕨

乌毛蕨科，乌毛蕨属

识别特征 多年生常绿草本植物。株高 1～2m。根状茎粗短，直立。叶簇生，叶片长 50～120cm，宽 25～40cm，阔披针形，软革质；一回羽状，羽片条状披针形，下部羽片缩短。孢子囊群条形，沿主脉两侧着生，囊群盖圆形，开向主脉。

主要习性 广布于福建、台湾、广东、广西、贵州、云南、四川和江西。生海拔 100～1300m 灌丛、林缘或溪边潮湿地，喜温暖、潮湿和半阴环境，为酸性土指示植物。

园林应用 在热带、亚热带地区园林中容易栽培生长，北方作观叶植物温室盆栽。栽培基质用中性腐叶土。其姿态似苏铁，唯叶片较柔软。根状茎药用。

药蕨 *Ceterach officinarum* DC.

铁角蕨科，药蕨属

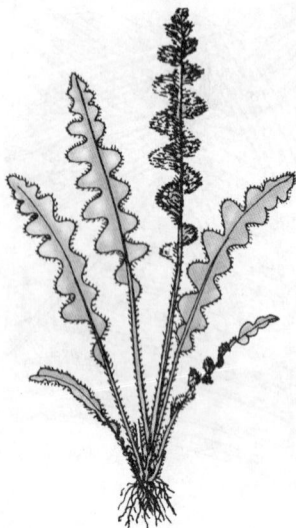

识别特征　半常绿小型蕨。植株高达15cm。根状茎短而直立，顶部连同叶柄有密卵状披针形鳞片。叶簇生，叶柄短，长2～4cm，深棕色；叶片近倒披针形和近圆形，近一回羽状裂，嫩叶背面背覆银白色鳞片，成熟时转变为红棕色，裂片互生，圆钝头，基部和叶轴合生，略呈波状，全缘。侧脉在主脉两侧联结成网眼，孢子囊群在网脉内侧着生；囊群盖条形，向网眼内开。

主要习性　分布于西藏西部和新疆中部(天山)；欧洲也有。生海拔1600～2600m处裸露干旱石缝中，性耐寒。

园林应用　是典型石隙植物，适宜高山岩石园栽培，翠绿、银白圆钝羽裂片与卵石石块形成生动的对比，极富活力。本种供药用。

银粉背蕨 *Aleuritopteris argentea* (Gmel.) Fee

中国蕨科，粉背蕨属

识别特征 中小型石生蕨。植株高14～20cm。根状茎有红棕色边的亮黑色披针形鳞片。叶簇生，表面暗绿色，背面有银白色或乳黄色粉粒，厚纸质；叶片五角形，有3片基部彼此相连或分离的羽裂片，叶柄栗棕色，有光泽；叶脉纤细羽状分叉。孢子囊群生于小脉顶端，成熟时汇合成条形。

主要习性 广布于全国各地，从低海拔到3000m处都有。多生于石灰岩缝中，是石灰岩或钙质岩指示植物。适宜偏微碱性土质环境(pH值7.0～8.0)，喜阳光、耐半阴与干旱，耐寒性强。

园林应用 适宜配置假山石和山水盆景，亦可作小型盆栽，观赏其奇特叶形与银白色叶背，十分别致。

圆叶旱蕨 *Pellaea rotundifolia* Hook.

中国蕨科，旱蕨属

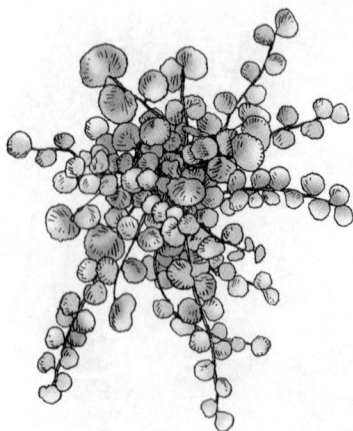

识别特征 半常绿或常绿多年生旱生植物。株高15cm。根状茎短而直立。密被栗黑色鳞片。叶簇生，叶片窄披针形，长达30cm，一回羽裂，叶柄和叶轴有棕色毛和膜片；羽片 20 ～ 40 枚，互生，正圆形至宽长圆形，长0.6 ～ 1.2cm，顶端一片卵圆形至戟状卵圆形，各羽片均具短柄，全缘，略带齿或粗角。囊群盖线形，由叶边在叶脉顶端以内处反折而成。

主要习性 原产新西兰。多生长于干旱河谷。耐干旱，半耐寒，可忍受5℃低温；喜多石砾而又排水良好的潮湿环境。

园林应用 植株短小而耐干旱，更适宜北方家庭小盆栽装饰，亦可供冬暖地区岩石园溪流畔点缀。

紫萁　*Osmunda japonica* Thunb.

别名　高脚贯众、水骨菜

紫萁科，紫萁属

识别特征　根状茎粗壮，斜生。叶簇生，二型，不育叶三角状阔卵形，顶部以下二回羽状，小羽片矩圆形或矩圆披针形，边缘有钝锯齿；孢子叶深棕色，卷缩，小羽片条形。沿主脉两侧密生孢子囊，春夏抽出，孢子成熟后即枯萎。

主要习性　我国暖温带与亚热带常见，北至秦岭南坡。多生于山地林缘、坡地草丛中；高山区酸性土冷湿气候地带分布茂密。

园林应用　紫萁叶片纹脉清晰，嫩绿色叶在阳光下半透明，宜栽植池畔、沟边或盆栽，嫩叶是极好的蔬菜，枯死的根状茎是附生植物的优良栽培基质。亦可入药。

2 针叶植物

　　针叶植物大多属于裸子植物门。它们的主要特点是叶片条形或针形，多数常绿，没有明显的花。目前全世界已有针叶植物园艺品种2000多种。针叶植物有高达百米的大乔木，也有矮生的匍地种类，还可修剪造型，因而在园林中用途多样，特别是在北方，针叶植物是冬季植物景观的主角。

　　本书介绍常见的、在园林中应用的针叶植物32种，按中文名称的拼音字母顺序排列。

白豆杉 *Pseudotaxus chienii* Cheng

红豆杉科，白豆杉属

识别特征 常绿小乔木。与红豆杉近似，但小枝对生或近对生至近轮生。叶下面有两条明显白色气孔带；雌雄异株，种子熟时假种皮为白色。

主要习性 为我国特有树种，独种属，分布于浙江南部九龙山、昂山、江西井冈山、湖南幕阜山及南岭山区、广东及广西北部山区及渝、鄂、湘间武陵山区。喜温凉湿润气候，不耐干旱和严寒与酷热天气，要求荫蔽及半阴蔽环境，忌阳光直晒。因其木材特别珍贵，而又多零星分布于海拔 1000m 以上阔叶林中，故现野生数量极少，已被列入国家保护珍稀濒危树种名录。

园林应用 珍稀观赏树木；或作阔叶树林下种植。

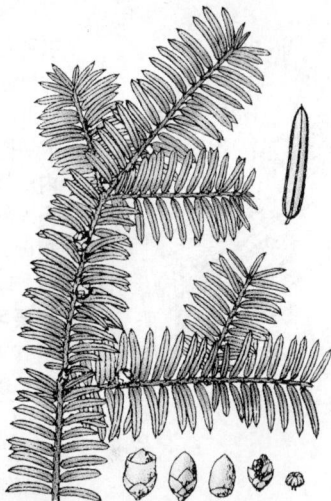

白皮松 *Pinus bungeana* Zucc.

别名 白骨松、白果松、虎皮松

松科，松属，单维管束亚属

识别特征 常绿针叶乔木。幼树宽塔形，老树广卵形或伞形。幼树及枝条皮灰绿色；成龄树皮不规则鳞片状剥落，内皮黄绿色；老树皮剥落后内皮灰白色。针叶 3 针 1 束，粗硬，长 5～10cm。雌雄同株，球果卵圆形。

主要习性 我国特有树种，产甘肃小陇山区，四川北部，陕西秦岭、山西吕梁山及中条山、河南西部及北部太行山南段、湖北西北部。多生于海拔 1000m 以上山地；喜干冷气候，好光照，但幼龄期喜半阴，能在钙质土、中性土及轻酸土上生长；忌湿热气候。能抗大气中二氧化硫及烟尘污染。深根性，可在沙岩及风化花岗岩和石灰岩缝隙生存，但忌水涝和盐土。

园林应用 白皮松是中国特产著名的观赏树种，群丛种植或散栽，都很相宜，庙宇、神坛或纪念性建筑前对植、列植，更显肃穆、庄严。

白杆云杉 *Picea meyeri* Rehd. et Wils.

别名 白杆、罗汉松 　　　　　　　松科，云杉属

识别特征 常绿针叶乔木。幼树窄圆锥形，老树呈卵状圆锥形。幼枝黄褐色。叶四棱状条形，端稍弯呈镰形，四面均具白色气孔带，顶钝或钝尖，在枝上放射状螺旋排列。雌雄同株，雌球花鳞片暗紫色，雄球花紫色鳞片较艳。球果圆柱形，下垂。

主要习性 我国特有树种，产于华北地区，多生于海拔2000m以上山地。喜冷凉湿润，耐旱忌热，要求排水良好而深厚的微酸土、中性土，在轻碱地上也能正常生长。

园林应用 园林中可利用树形整洁，生长慢的特点，植为花坛中心，或于草地上3~5株成丛栽植，也可于纪念性建筑前行列栽植，既显雄伟、庄严，也可衬托建筑；若用木桶栽植，可以灵活运用布置会场、门厅；是作圣诞树的上好树种。

柏木 *Cupressus funebris* Endl.

柏科，柏木属

识别特征 常绿乔木。树冠圆锥形，树皮褐灰色或灰色，长条状剥离；主干直立，小枝下垂。幼树及萌生枝叶钻形，成年树均为鳞叶，鳞叶细小，长不过 1.5mm，端尖，中部叶背有条状腺点。雌雄同株，球果次年初夏成熟；种子两侧有窄翅。

主要习性 原产我国，分布很广，陕西及甘肃东南部起往南到云南，顺长江流域往东，南至广东、广西均有生长。喜光，稍耐侧方荫蔽，喜湿润而温暖气候，不耐寒冷；对土质要求不严，但以钙质土生长最好。耐一定干旱、瘠薄，但忌水涝，生长速度较快，寿命可达千年。

园林应用 树冠狭窄如尖塔，又能侧方耐阴，故在园林中可以列植于甬路两侧，形成柏木森森的景观与气氛。

北美黄杉 *Pseudootsuga menziesii* (Mibrel) Franc

别名 花旗松　　　　　　　　　　　松科，黄杉属

识别特征 常绿针叶乔木。树冠塔形，老树呈广卵形；树皮暗灰色鳞状开裂。幼枝淡黄色，微被短柔毛。叶条形，扁平，在枝上排成2列，长1.5~3.0cm。雌雄同株，球果长卵形。

主要习性 原产美国落基山以西沿太平洋海岸山脉；我国北京、庐山等地有引种。喜冬春湿润，不耐干燥；喜光，生长速度中等；好土壤深厚、肥沃而排水良好，能适应钙质土，但忌盐土。

园林应用 树形美观，干通直，枝匀称，宜于园林中列植，或在草地边缘植成树丛。

北美香柏　*Thuja occidentalis* L.

柏科，崖柏属

识别特征　常绿乔木。树冠塔形，老树卵形至广卵形，树皮红褐色，条片状不规则浅裂。鳞叶小枝排列成平面，鳞叶较侧柏长而宽，揉搓后有香气。雌雄同株，球果长圆形，熟时黄色。

主要习性　原产北美，从加拿大东南部至美国东部地区均有分布，多生于含钙质的湿润地区。喜温暖湿润气候，不耐干旱，阳性稍耐阴。在湿润碱土上生长很好，甚至可在沼泽地上形成纯林。但在干旱而寒冷气候条件下不适应。

园林应用　北美香柏树形美观，整树具有香气，园林中可作孤立树、行列种植、丛植或群植，其香宜人，有驱虫效应；木材可作建筑、家具用材，锯末、木屑及枝叶是加工制香原料，亦可蒸馏提取香柏油，为芳香油原料，在美国多用作驱除寄生虫药物。

贝壳杉 *Agathis dammara* (Lamb) Rich

南洋杉科，贝壳杉属

识别特征 常绿针叶乔木。高可达 38m，径 50cm 以上；树冠呈圆锥形；大枝近轮生，平展。叶形多样，同一树并存，革质，长圆状披针形或椭圆形，长 5～12cm，宽 1.2～3.5cm。雌雄同株，罕异株；球果球形或广卵圆形；种子倒卵形，长约 1.2cm，一侧有翅，另一侧常为小突起。

主要习性 原产马来西亚、印度尼西亚至菲律宾；我国福州、厦门、广州有引种栽培，生长良好。喜温暖湿润环境，要求向阳、土壤深厚而肥沃并排水良好条件。生长迅速，根际常有萌蘖，可以于伐后萌蘖更新。

园林应用 贝壳杉仅能在南亚热带、冬季温度 10℃ 以上的地区露地栽培。树姿雄壮优美，四季常青，是园林中对植、孤植、列植的好树种，也可于草地、山坡群植或散栽。

侧柏 *Platycladus orientalis* Franco
[*Thuja orientalis* L.; *Biota orientalis* Endl.]

别名 扁柏、黄柏

柏科，侧柏属

识别特征 常绿乔木。幼树圆锥形，老树广卵形，树皮灰褐色薄片状剥裂；小枝扁平。除幼苗外叶皆为鳞叶。雌雄同株异花，雌球花多生小枝顶端。球果广卵形，成熟后开裂，具4对木质果鳞。种子长卵形，无翅。

主要习性 我国特产，独属独种，分布极广，各地均有栽培。喜光，喜温暖湿润，但很耐旱、耐瘠薄，也能耐半阴和寒冷，适应性很广，寿命亦长，千年以上的侧柏多处可见。

园林应用 园林中侧柏用途很广，因耐修剪，故多作绿篱，庭院中散栽、群植或于建筑物四周种植都可。小枝及鳞叶是制作熏香的好材料，也是浸酒治脱发秃顶的药物。

刺柏 *Juniperus formosana* Hayata

别名 缨络柏、台湾桧 柏科，刺柏属

识别特征 常绿乔木。树冠尖塔形，小枝下垂。叶全部为钻形，3 叶轮生，基部关节不向下延，上面具 2 条白色气孔带。雌雄同株或异株，球果圆球形，果顶部具 3 条辐射纵纹，有种子 3 粒，2 年成熟。

主要习性 产长江流域、青藏高原东部，甘肃、陕西等地高山区，台湾省亦有分布。喜光、耐半阴，对土壤要求不严，但在深厚、肥沃地生长好；喜湿润而排水好的土质；深根性树种，抗旱力强。

园林应用 园林中主要观赏下垂枝叶、秀丽体形，种植于山石旁或草地、角隅。北京多盆栽供室内厅堂陈设。

榧树 *Torreya grandis* Fort.

红豆杉科，榧树属

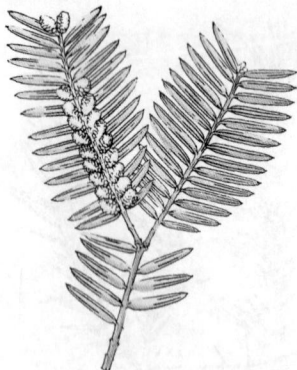

识别特征 常绿乔木。树冠卵圆形，幼树尖塔形。大枝轮生，幼枝绿色，成熟后为黄绿色并逐渐变为暗黄绿色，或成淡绿褐色。叶条形，长 1～2.5cm。雌雄异株，罕同株者，种子椭圆形、卵圆形至长椭圆形，熟时假种皮淡紫褐色，有白粉霜。我国特有，著名干果香榧子即为其栽培变种'Merrillii'的种子。

主要习性 原产江苏南部山区、安徽南部山区及大别山区、江西北部山区、浙江及福建北部、湖南西南及贵州东北、重庆秀山等地。幼树要求一定荫蔽，长大后则要求光照好的条件。喜温暖湿润的中性至酸性黄壤、红壤及黄褐土。

园林应用 榧树是针叶树中抗烟尘性最强的树种之一，较各种松、柏、杉为强。其生长缓慢而寿命长，树形变化小，故适于园林中栽培观赏。

福建柏 *Fokienia hodginsii*(Dunn)Henry et Thomas

柏科，福建柏属

识别特征 常绿乔木。树冠塔形，老树广卵形；树皮紫褐色，条状浅纵裂，小枝扁平，三出羽状分枝，排列成一平面。鳞叶深绿，长 4～7mm。雌雄同株，球花单生着于枝顶；球果近球形，径约 2～2.5cm。

主要习性 福建柏是独种属，原产我国东南浙江南部、福建、江西南部、湖南南部、贵州、四川南部、湖北西部及云南中部和东南部、广东、广西北部；越南北部山区也有。多生于 1200～1800m 海拔山地，常与山毛榉科树种混交。喜光，但苗期耐阴；喜温暖湿润气候，能耐短期 -12℃低温；浅根性，但侧根发达，且穿透力强，能在黏性土上生长，并可穿透沙岩缝隙。

园林应用 福建柏树形规整，鳞叶碧绿，园林中行列栽植于大型建筑周围，配植于古典建筑门前或土丘之上。

红豆杉 *Taxus chinensis* (Pilger) Rehd.

别名 红果杉、观音杉　　　　　　红豆杉科，红豆杉属

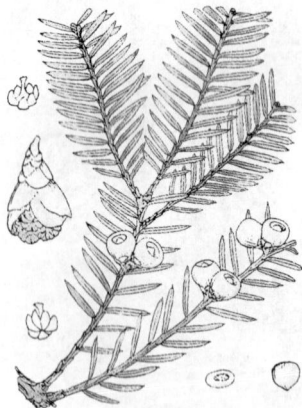

识别特征 常绿乔木。树冠卵形。小枝绿褐色。叶条形，表面深绿色有光泽，背面黄绿色，在枝上2列羽状排列。雌雄异株。种子生于鲜红色杯状肉质假种皮中，上部稍露出，绿褐色，种子卵圆形。

主要习性 我国特有树种，广泛分布于秦岭、邛崃、大巴山、中条山、王屋山、大、小凉山、横断山脉及江南各大山脉，多散生于海拔1000~1300m的湿润、肥沃沟谷阴处和半阴处林下。要求疏松、不积水的微酸到中性土，忌暴热、暴冷和空气干燥。

园林应用 红豆杉秋季成熟的种子包于鲜红的假种皮内，散布枝上鲜艳夺目；性喜荫蔽，是庭园中不可多得的耐阴观赏树种，可配于假山石旁或稀疏林下。枝叶种子内含紫杉素，有治疗癌症功效。现全属均已列入国家保护植物名录。

黄花落叶松 *Larix olgensis* Henry

松科，落叶松属

识别特征 落叶针叶乔木。树冠塔形，树皮灰褐色，鳞片状纵裂。大枝平展，小枝平展而较细，淡红褐色，被短柔毛或光滑。雌雄同株，雄、雌球花均生于短枝顶端。球果长卵形。

主要习性 原产长白山及黑龙江东南部；朝鲜亦有分布。性喜冷凉湿润，适于海拔1000m以上地区种植，能在沼泽地正常生长，亦较耐干旱。强喜光树，不耐荫蔽，好肥沃深厚土壤，但亦能在荒废迹地生存。

园林应用 黄花落叶松树形端庄，枝叶秀丽，萌发早，嫩叶翠绿，秋叶金黄，短枝叶近连生，极似金钱松；大型园林片植或与常绿针叶树混植，春秋两季观赏，景色极佳；池塘岸边种植，倒影可餐。

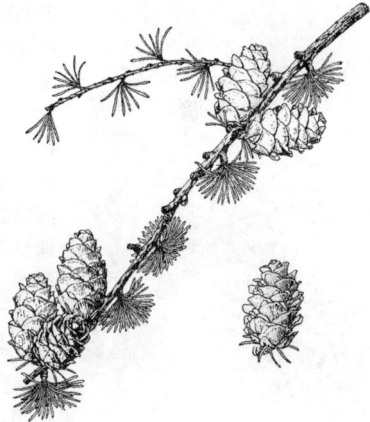

金钱松 *Pseudolarix amabilis*（Nels.）Rehd.

松科，金钱松属

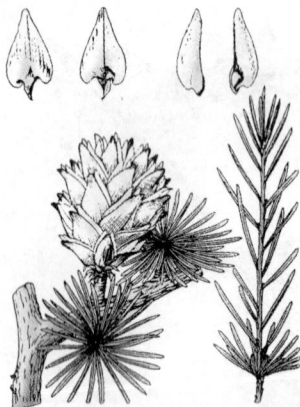

识别特征 落叶乔木。树冠圆锥形。枝不规则轮生，叶螺旋状互生；短枝侧生，叶轮状簇生在顶部。入秋叶色变黄，脱落时基部连接形同金钱故得名。雌雄同株异花。球果卵形或倒卵形，长 6~7cm。

主要习性 我国特有树种，分布于长江中、下游，多生于海拔 100~1500 m 的山地。喜光，但幼苗期需一定荫蔽，好酸性土，要求排水良好而又较湿润的沙壤土。为典型的与菌根共生树种，引种栽培必须同时引入菌根土，否则难以成活。

园林应用 树形优美，秋叶金黄，为世界著名五大园林树种之一。园林中可作行列树，也可孤植，或群植成树丛，若与冷杉、雪松等常绿树配植一处，入秋黄绿相衬，极为美丽。木材为优良建筑用材，根皮入药，树皮为栲胶原料。

柳杉 *Cryptomeria fortunei* Hooibrenk

别名 孔雀松 　　　　　　　　　杉科，柳杉属

识别特征 常绿针叶乔木。树冠塔形或圆锥形，老树卵形；树皮棕红色，长条形纤维状剥裂。枝轮生，小枝细长且多下垂。叶钻形，先端向内弯曲，螺旋状互生。雌雄同株异花；球果圆球形或扁球形；种子椭圆形，边缘有窄翅。

主要习性 原产我国长江流域及其以南地区，陕西、河南、山东引种栽培。自然分布区多生长在海拔 500～1100m 半阴坡或阴坡。喜温暖、湿润而肥沃的壤土；幼树要求半阴条件，忌干旱、酷热与严寒的生境，根系浅，不耐大风吹袭。生长较快；寿命亦长，500 年古树各地多有。

园林应用 树体高大，株形雄伟壮丽，园林中用作行列树或孤植均可收到良好效果。木材轻软，不易翘裂，是建筑、家具及装饰用良材。

罗汉柏 *Thujopsis dolabrata* (L. f.) Sieb. et Zucc.

柏科，罗汉柏属

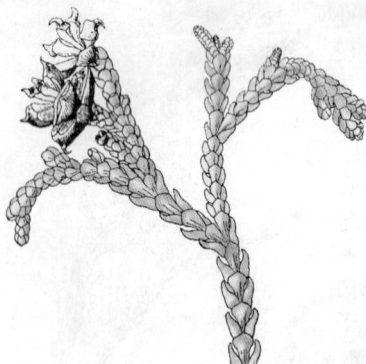

识别特征 常绿乔木。树冠尖塔形，树皮薄，灰色或红褐色；大枝斜上伸展，小枝平展，鳞叶小枝扁平，排列成一平面。鳞叶厚大，交互对生。雌雄同株，球花单生短枝顶端，球果近圆形。

主要习性 原产日本，为日本特有树种，广泛分布于日本的本州、四国、九州等地；我国庐山植物园 1935 年首先引种，并已在各地推广。喜温凉湿润，耐阴性强，忌高温干旱；要求土壤肥沃湿润，不耐积水和干燥土壤。

园林应用 在淮河流域以南无干热酷暑或海拔稍高处均可栽植，无论孤立树、花坛中心、行列树、绿篱均可选用，更可作背荫林下或建筑物阴面种植，赏其雄壮树姿及全年浓绿秀色。

罗汉松 *Podocarpus macrophyllus* (Thunb.) D. Don

别名 罗汉杉　　　　　　　　　　　罗汉松科，罗汉松属

识别特征 常绿乔木。树冠广卵形。叶条状披针形，长 7 ~ 12cm，互生，排列紧密。雌雄异株或偶有同株。种子卵形，有黑色假种皮，生于红色或紫红色肥大种柄上，形成葫芦形两节，种柄味甜可食。

主要习性 产我国长江流域及东南沿海，各地多栽培；日本亦有分布。性喜温暖湿润和肥沃土壤，较喜光，在半阴条件生长良好；抗海潮风，带盐分的海风吹袭不致受害。

园林应用 由于罗汉松树形古雅，种子与种柄组合奇特，惹人喜爱，南方寺庙、宅院多有种植。可门前对植，中庭孤植，或于墙垣一隅与假山、湖石相配。

落羽杉 *Taxodium distichum* (L.) Rich.

别名 落羽松

杉科，落羽杉属

识别特征 落叶乔木。树冠塔形，老树多为伞形，树干基部有棱起的板状根，在低湿地区还常有凸出地面或水面的呼吸根。侧生小枝秋后随叶脱落。叶条形与水杉近似，但侧生小枝及叶均互生。花雌雄同株异生，雄球花集生梢顶，雌球花单生小枝顶端，圆球形。球果种鳞木质，成熟时与种子同时脱落。

主要习性 产美国东南部，沿墨西哥湾至大西洋各地低湿沼泽地均有分布，20世纪初引入我国，现长江流域及以南各地多有栽培。生态习性与水杉近似，特耐水湿，可在浅水中正常生长，但不耐干旱和严寒。

园林应用 因耐水湿，树形秀丽，秋季叶色赭红，经久始落，故为河、湖、池沼美化的优良树种。奇特的呼吸根凸出地面和池水，引人入胜。

木贼麻黄 *Ephedra equisetina* Bunge

麻黄科，麻黄属

识别特征 灌木。高约1m或稍高，木质茎明显，有节枝对生或轮生，绿色或稍带灰绿色。叶全退化成膜质，在枝节上对生或轮生合成鞘状，先端具三角状裂齿，常红褐色。雌雄异株，罕同株；雌球花有2～8枚苞片对生或轮生，苞片随胚珠发育而膨大增肥成肉质，熟时红色。

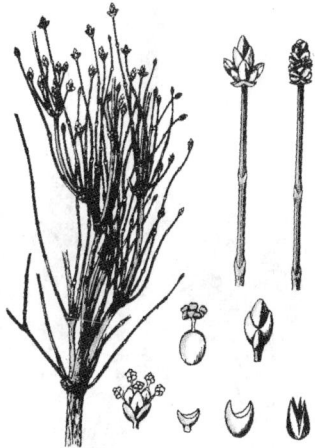

主要习性 产河北、山西、内蒙古、陕西、甘肃及新疆；俄罗斯及蒙古也分布。喜光树种，喜干旱寒冷气候，不耐高温潮湿，极耐钙质反应的栗钙土、棕色荒漠土和干旱褐色钙质土壤。

园林应用 植株矮小丛生，茎枝终年绿色，又极耐寒耐旱，是高寒干旱地区园林坎墙绿化、固土护坡功能强的观赏植物；作岩石园栽植。枝茎为镇咳、止喘、镇静及发汗的重要药材。是提制麻黄素碱的重要原料。

南洋杉 *Araucaria cunninghamii* Sweet

南洋杉科，南洋杉属

识别特征 常绿针叶乔木。高可达 60 余米，树冠塔形，大枝轮生而平展，小枝密而下垂。叶锥形、镰形或三角状卵形，长 7 ~ 17mm，在幼树及侧枝上排列较稀，而在大树及花枝上排列紧密，微呈 4 棱。雌雄异株，稀同株。球果椭圆状卵形，生小枝顶端，长 6 ~ 10cm，径 4 ~ 7.5cm；苞鳞顶端长尖头反卷。

主要习性 原产巴布亚新几内亚及澳大利亚东北地区。喜温暖湿润，全年无霜，要土层深厚、肥沃而排水良好的中性及微酸性土。福州有 10 余株百年大树。

园林应用 本种树冠圆锥形，轮状分枝，四季常绿，极为美观，用木桶或玻璃钢盆栽植，置于门厅、门前、大型客厅放置，可增添景色。幼树盆栽陈于书房，亦可增加雅兴。

日本花柏 *Chamaecyparis pisifera*(Sieb. et Zucc.)Endt.

柏科，扁柏属

识别特征　常绿乔木。树冠圆锥形或塔形；树皮红褐色，薄片状剥裂；枝平展。叶二型，初生叶及基生叶多为卵状披针形或钻形，开张；枝中部以上为鳞叶。雌雄同株，球花均生于小枝顶端；球果圆球形，当年成熟；种子两侧有窄翅。

主要习性　原产日本本州，分布于海拔 400～1000m 的湿润、温凉山地，土层深厚而肥沃，生长快速。中性偏阴树种，有一定侧光条件即可生长。浅根性，根系发达，要求排水良好而肥沃壤土；稍耐寒。

园林应用　可利用其半阴习性植作绿篱，比用侧柏、圆柏作篱保持时间为长；亦可利用耐修剪及萌发力强的特性用作整形栽植，用作行列栽植、孤植、丛植。还可盆栽用于布置会场、门厅及居室。

日本冷杉 *Abies firma* Sieb. et Zucc.

松科，冷杉属

识别特征 常绿大乔木。树冠尖塔形，老树渐变卵状圆锥形；树皮暗灰色，粗糙，或呈鳞片状裂。叶条形，端凹呈 2 齿尖，生长 4 年脱落；叶落后在枝上留下圆形叶痕。雌雄同株，雌花多生于上部枝条小枝顶端；雄花腋生。球果向上，圆柱形，成熟后果鳞与种子同时脱落，果轴宿存枝上；种子具大翅，富含松脂。

主要习性 产日本本州、四国。我国大连、青岛、庐山、南京、杭州及台湾北部均有栽培。为喜湿润、温凉树种，不耐干燥和酷热，耐半阴，好肥沃土壤，生长较快。

园林应用 园林中利用尖塔形树冠，作大型花坛中心，或于纪念性建筑四周栽植、门旁对栽、草地丛植、大桥桥头行列栽植均可。木材是上等建筑、家具和造纸用材。

三尖杉　*Cephalotaxus fortunei* Hook. f.

三尖杉科，三尖杉属

识别特征　常绿乔木。树皮红褐色，片状剥裂脱落；树冠广卵形，枝细长，稍下垂。叶披针状条形，在枝上对生排列成2列，长5～10cm。雌雄异株。种子椭圆状卵形，长约25cm，假种皮熟时红紫色或紫色被白粉。

主要习性　产我国秦岭南坡的陕西、甘肃南部、四川、云南、贵州、湖北、湖南、江西、浙江、广东、广西、安徽南部、河南南部等。喜温暖湿润气候及肥沃而深厚湿润土壤，耐阴性强，多与其他树种混交，极少群落聚生，耐寒性稍差。病虫害极少。

园林应用　树冠圆整，枝繁叶茂，极为端庄，园林中用作行列栽植、对植或丛植，也可用作孤立欣赏或分割景区的隔离屏障栽植。木材坚实，枝叶及种子均可治肿瘤。

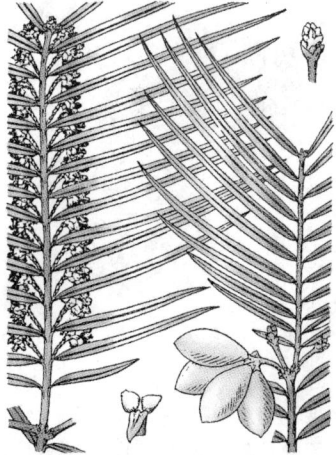

杉木　*Cunninghamia lanceolata* Hook.

杉科，杉木属

识别特征　常绿乔木。高可达 35m；树冠圆锥形，老树卵状塔形；树皮灰褐色，外皮长条片状裂开。大枝平展，轮生；小枝对生或轮生。叶条状披针形，长 2～6cm，宽 3～5mm，端渐尖呈刺状，故又称刺杉。雌雄同株异花，球果卵形，长 2.5～5cm，径 3～4cm。

主要习性　原产我国，分布甚广，北起秦岭南坡，南达广东及广西中部；东自苏南山区，西迄四川横断山脉都有分布。亚热带树种，喜温暖，湿润，要求土层深厚而肥沃，不耐碱土和土壤黏重与积水；要求光照好，惧风折。生长迅速，寿命可达 500 年；根系浅，侧根发达，萌蘖力强。

园林应用　杉木树形端直，树冠圆锥形，叶色碧绿，在山地森林公园是必不可少的树种；园林中列植成行，或群植成林均甚相宜。

水杉 *Metasequoia glyptostroboides* Hu et Cheng

杉科，水杉属

识别特征　落叶乔木。幼树树冠塔形，大树卵状圆头形，老树基部常有棱起的板状根，树皮不规则长条状剥裂。枝不规则轮生，小枝对生。叶条形，交互对生，基部扭曲，在小枝上呈 2 列状排列。花同株单性，雌球花圆球形，雄球花排列成总状圆锥形。种子倒卵状，扁平而边缘有窄翅。

主要习性　我国特有孑遗树种，现仅本种保存于四川、湖北、湖南相邻的局部地区。世界各地均引种栽培成功。喜光，喜温暖湿润气候，能抗 - 25℃ 严寒，但不耐冬季干冷。对土壤选择不严，但要求湿润而又排水好的土壤。在长期积水条件下生长不良。

园林应用　水杉树形美观，秋季叶色棕红，可于河堤湖岸和广场、草地丛栽。木材为建筑良材。

水松 *Glyptostrobus pensilis* Koch

杉科，水松属

识别特征　半常绿性乔木。通常高 15m 左右；主干基部膨大，多生于潮湿土地及沼泽地，有膝状呼吸根伸出地面；树冠尖塔形，树皮褐色或灰褐色，不规则扭状长条裂。枝稀疏，大枝平展或斜伸，小枝绿色。叶三型，鳞叶、条形叶、条状钻形叶。雌雄同株异花，球果倒卵形。

主要习性　为单种属，现仅产我国，分布于华南及四川南部、云南东南部。喜光，不耐荫蔽；喜湿润土壤，能在浸水沼泽地生存，并使呼吸根发达；要求暖热而潮湿气候，不耐干旱，最低温不低于 10℃。对土壤要求不严，但过重盐碱地生长不良。

园林应用　由于叶形多样，干基膨大而又有呼吸根露出地面或水面，很显奇特。故在长江以南广大地区的沼泽地、河、湖水浅处种植观赏；其根系强大，可起到固堤护岸的作用。

苏铁 *Cycas revoluta* Thunb.

别名 铁树、凤尾树、凤尾蕉、避火蕉、凤尾松

苏铁科，苏铁属

识别特征 常绿棕榈状树木。高有达 8m 者；树干圆柱形，满布螺旋状排列的菱形叶柄痕迹。大型羽状叶着生干顶，基部两侧具齿状刺；羽片多达 100 对以上，条形，厚革质，长 9～18cm，宽 4～6mm，边缘反卷。雌雄异株，花序顶生状；雄花序柱状长卵形；雌花序极扁圆形。种子红色，圆卵形。

主要习性 原产我国东南沿海福建、台湾、广东、海南等地；日本南部、菲律宾、印度尼西亚及马来半岛也有分布。喜光，但耐半阴；喜温暖湿润，不耐严寒及长期干旱。寿命可达 300 年以上；在原产地通常 10 年生植株即可开花，且连年均能开花结实。

园林应用 用作大型花坛中心，或大型建筑门前对栽、纪念建筑周围列植，也有植于粉墙角隅者。盆栽苏铁可布置临时花坛、会场，宾馆门厅、大客厅、书房摆设亦极相宜。

秃杉 *Taiwania flousiana* Gaussen

杉科，台湾杉属

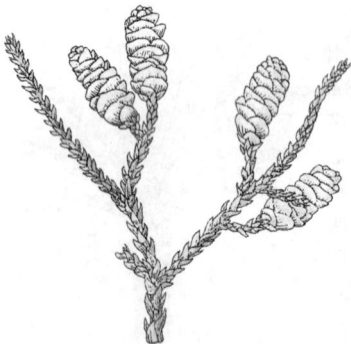

识别特征　常绿大乔木。树冠圆锥形，大枝平展，小枝细长下垂。树皮浅灰色，不规则长片状开裂。叶鳞状锥形，螺旋状排列于枝上。球果柱形，长1.5～2.2cm，径1cm，褐色。

主要习性　产云南西部、贵州东南部及湖北西南恩施地区；缅甸北部亦有分布。天然分布多在海拔500～2700m。喜光，能耐阴，浅根性，侧根发达而无明显主根。喜温凉气候，要求夏秋湿润而冬春稍干燥条件；对土壤选择不严，但不耐盐碱和土壤积水。幼龄期生长速度快，寿命可达千年以上。

园林应用　秃杉枝叶茂密，叶色深绿，生长迅速而寿命长，是很好的庭园观赏树木，孤植、列植或群植、丛栽，均能成景，故在长江流域可广泛栽植观赏。其木材为优质建筑及家具、装饰用材。

香翠柏 *Calocedrus macrolepis* Kurz

别名 肖楠

柏科，翠柏属

识别特征 常绿乔木。幼树塔形，老后呈卵形；树皮红褐色至灰褐色，薄皮状开裂并脱落；大枝斜展，小枝扁平，初绿色，后变暗红色。叶鳞形，揉搓有浓香，在小枝上交互对生，长约2~4mm。雌雄同株，球花生枝顶，球果长1~2cm，熟时红褐色。

主要习性 原产云南中部及南部海拔1000~2000m山地，贵州西部及广西，海南五指山及昌江等地；越南、缅甸也有分布。庐山植物园有栽培。喜温暖气候及稍湿润而深厚土壤；喜光，但幼树能耐阴蔽。生长速度较快，寿命亦较长。

园林应用 因其全身具有香气，故也有香柏的别名，其木材黄色，也称黄肉柏或黄肉柏。叶色翠绿，可在园林中植为树丛或行列栽植，大树可以自成独立景观，也可植作绿篱。

雪松 *Cedrus deodara* (Roxb.) Loud.

别名 喜马拉雅雪松

松科，雪松属

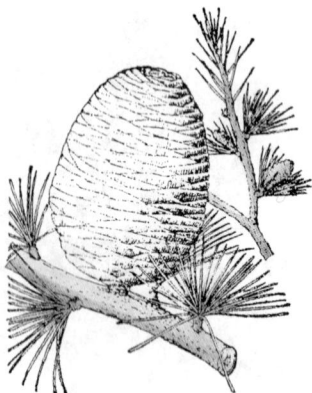

识别特征 常绿大乔木。树冠圆锥形，老树广卵形。枝呈不规则轮生。叶针状，灰绿色。雌雄异株或同株，花均着生于短枝顶端。球果椭圆状广卵形，成熟后果鳞与种子同时散落，种子具翅。

主要习性 原产喜马拉雅山地区，广泛分布于不丹、尼泊尔、印度至阿富汗等地区的海拔 1300～3300m 山地。1920 年我国从国外引种栽培，现各地园林均有栽培。喜光，喜温暖、湿润环境；要求土壤肥沃、深厚，不宜强酸、强碱地生长。抗污染能力较弱，忌积水。

园林应用 树体高大，雄伟壮丽，又四季常绿，为著名园林观赏树种。无论门前对植，草地孤植或行列栽植，大型花坛中心，纪念建筑群植都很适宜。木材是上等家具及装饰用材。

油松 *Pinus tabulaeformis* Carr.

松科，松属，双维管束亚属

识别特征 常绿针叶乔木。幼树塔形，老树伞状、平顶，树皮暗褐色，裂成不整齐鳞状。大枝平展至下垂。叶 2 针 1 束，长 10 ~ 16cm，稍粗硬。球果卵形，长 4 ~ 8cm，宿存数年不落，鳞质厚，隆起，鳞脐凸起具尖刺。

主要习性 产我国，北起辽宁、内蒙古，经河北、山西至青海，南至河南伏牛山及四川与甘肃、陕西交界，东自山东蒙山均有分布。喜光，幼树最不耐阴，喜凉爽干燥气候，要求土壤透气性能良好，最忌积水，不耐盐碱。寿命较长，一般可达 800 年，上千年古松在华北各处可见到。

园林应用 油松是北方园林常见树种，宫、苑、坛、庙随处可见，与中国古典建筑相配可相得益彰；尤其上百年的古油松，秃顶斜枝潇洒风韵更是喜人；群松经风，松涛轰鸣别有情趣。

圆柏 *Sabina chinensis*(L.) Ant.[*Juniperus chinensis* L.]

别名 桧柏、刺柏　　　　　　　　柏科，圆柏(桧柏)属

识别特征 常绿乔木。树冠尖塔形或圆锥形，老树多呈卵形或广卵形。叶二型，幼树或基部萌蘖枝上多为钻形刺状叶，3叶轮生，基部有关节并下延；老后多为鳞形叶，对生，紧贴小枝上；亦有至老皆为钻形叶植株。雌雄异株。球果浆果状，熟后不开裂，暗褐色，外被白粉。

主要习性 产我国。广泛分布于华北、华东、华中、西南及西北东部各地喜光、耐半阴，对土壤要求不严，但在深厚、肥沃地生长好；喜湿润而排水好的土质；深根性树种，抗旱力强。

园林应用 园林中圆柏应用甚广，通常在北方作绿篱，古庙殿前对植，山门外路旁行道树，或分割道路及景区列植作屏障树；修剪后萌发力强，是整形栽植的好材料。木材坚实能经水浸，是做大型栽植桶的上好木材。

3 草本植物

　　草本植物相对于木本植物来说，没有木质化的茎或没有茎。在各种类型的植物中，几乎都有草质的植物种类。因而草本植物种类非常丰富，形态变化万千。为了方便读者使用，本书将一些形态特征或习性独特的草本植物类群单独列出，其余均归入本类。草本植物株型相对较为矮小，多数种类花朵鲜艳、密集、突出，色彩丰富，是园林绿化、家庭美化的重要一族。

　　本书介绍常见的、在园林中应用的草本植物 339 种，按中文名称的拼音字母顺序排列。

矮白筒花 *Albuca humilis* Baker

百合科，筒花属

识别特征 多年生小草本植物。高 5 ~ 10cm，具小鳞茎。叶基生，极窄，深绿色，叶缘向上弯曲形成长条形浅色纵沟。总状花序有花 1 ~ 3 朵，花筒状椭圆形，长 1cm，白色，有绿色条带，开放后外瓣 3 开展，内瓣 3 直立，外面转为带红色，夏季开花。

主要习性 原产南非。性半耐寒，对霜敏感，喜开旷向阳地势，排水良好的沙质壤土。

园林应用 矮白筒花植株低矮，花期色泽变化诱人，供花境、花坛镶边或岩石小品点缀。

矮牵牛 *Petunia hybrida* Vilm.

别名 碧冬茄、杂种撞羽朝颜 　　茄科，碧冬茄属

识别特征 多年生草本。株高 20～60cm，全株被腺毛，茎直立或侧卧。叶对生或互生，卵形，几无柄。花单生叶腋及茎顶，单瓣者花冠漏斗形，花萼 5 裂，裂片披针形，重瓣者花冠半球形，花径可达 15cm，花瓣变化较多，有平瓣、波状瓣及锯齿状瓣品种，花色有白、粉、红、紫、堇及镶嵌、斑纹等。花期 4～10 月。

主要习性 本种系原产南美的撞羽朝颜与腋花矮牵牛的杂交种。为长日照植物，性喜温暖、干燥和阳光充足环境，不耐寒，忌积水，要求土壤为微酸性，疏松、肥沃及排水良好。可耐寒(-2℃)，在35℃时可正常生长。

园林应用 矮牵牛品种繁多，色彩丰富艳丽，开花期长，园林中可应用于花坛、花境，进行片植、丛植、行植；大花和重瓣品种盆栽观赏，也作切花。

矮鼠爪花 *Anigozanthos humilis* Lindl.

别名 袋鼠花   血草科，鼠爪花属

识别特征 灌丛状多年生草本。植株高45cm。剑形叶基生，排列呈扇状。花茎自叶间抽出，呈扁侧状总状花序，穗状或圆锥状，被毛；花冠筒长达3cm，先端6裂片，酷似袋鼠爪，花红色或黄色。雄蕊6，花药带红色，生于裂片基部。子房下位，蒴果。花期春、夏季。

主要习性 分布于澳大利亚西南部的潮湿地带。性喜温暖与阳光充足环境，但也有较强的抗旱与耐霜能力。

园林应用 花期长，花形奇特，北方用于盆栽，冬暖地区地栽或作切花。

爱克花　*Exacum affine* Balf. f.

别名　藻百年草　　　　　　　　　　龙胆科，藻百年属

识别特征　二年生草本。茎直立，高约 20 ~ 40cm，基部多分枝。叶椭圆状卵圆形，有光泽；基部 3 ~ 5 脉，有短柄。二岐聚伞花序，花碟形辐射状，浅蓝紫色，径约 1.2cm，萼背有宽翼；花期夏、秋季。

主要习性　原产印度洋苏科特拉岛。喜温暖阳光与排水良好环境，忌强光直晒与通风不良。

园林应用　气候适宜地区常作一年生花卉栽培，但夏季栽培管理须注意防热、防晒与防通风不良等。为素雅、美丽小型盆栽观花、观叶植物。

白鹤芋　*Spathiphyllum wallisii* 'Clevelandii'

别名　和平芋、白火焰花　　　　　天南星科，苞叶芋属

识别特征　多年生常绿草本。株高 40 ~ 60cm 以上，具短根茎。叶长椭圆状披针形，叶柄细，长于叶片；叶脉明显。花葶直立，高出叶丛，佛焰苞多，直立向上，卵形，稍卷，乳白色，微香；肉穗花序有柄，长 5cm，雌蕊伸出，花期 5 ~ 8 月为主，栽培条件优良，生长旺盛，花期可更长。

主要习性　原产地与分布区不详。喜温暖，空气湿润，较荫蔽环境。忌直射阳光，夏季应遮去 60% ~ 70% 的阳光；不耐寒。

园林应用　主要用于室内观叶、观花栽培。较耐阴，只要有 50% ~ 60% 的散射光即可满足其生长要求，是室内盆栽珍品。

白花紫露草　*Tradescantia fluminensis* Vell.

别名　白花紫鸭跖草　　　　　鸭跖草科，紫露草属

识别特征　多年生常绿草本。茎匍匐，光滑，长可达60cm，带紫红色晕，有略膨大节，节处易生根。叶互生，长圆形或卵状长圆形，先端尖，下面深紫堇色，仅叶鞘上端有毛，具白色条纹。花小，多朵聚生成伞形花序，白色，为2叶状苞片所包被。花期夏、秋季。

主要习性　原产巴西、乌拉圭。喜温暖阳光与排水良好不过肥的土壤环境，生长季要充足水分，也可耐半阴。不耐霜寒。

园林应用　白花紫露草植株铺散，是装饰柜顶或吊挂廊下的垂悬观叶植物。

白婆婆纳 *Veronica incana* L.

别名　毛叶水苦荬　　　　　　　玄参科，婆婆纳属

识别特征　多年生草本。茎数枝丛生，直立不分枝，高10～40 cm，全体密被白色绒毛。叶对生，下部叶矩圆形至椭圆形，上部叶常为宽条形，边缘有齿。花序长穗状，花无梗或梗极短，花冠蓝色、蓝紫色或白色，有明显花冠筒，檐部稍2唇形，花冠裂片卵形至圆形，花期6～8月。蒴果近圆形。

主要习性　产我国黑龙江及内蒙古；欧洲至东西伯利亚也有，生草原及沙丘上。性喜阳光充足及凉爽气候，极耐寒，在深厚而肥沃，湿润而排水良好的土壤中生长旺盛。

园林应用　园林中常植于花境或岩石园内，也可在坡地成片种植，其蓝色成串的花朵，有良好观赏效果。

白头翁 *Pulsatilla chinensis* Reg.

别名 大碗花、老公花

毛茛科，白头翁属

识别特征 多年生宿根草本。高35cm，全株密被白色柔毛。叶基生，4~5片，三出复叶。花莛高15~35cm，花单生，径8cm，萼片花瓣状，6片成两轮，蓝紫色；雄蕊多数，鲜黄色。纺锤形瘦果聚成头状球果。花期3~5月。

主要习性 广布我国各地，北京郊区有野生。耐寒、耐干旱瘠薄，喜阳光充足、排水良好的土壤。

园林应用 白头翁花期早，花色艳，花后观果，果后叶片浓绿丛生，迟至重霜后枯萎；适应性极强，是很好的地被植物；园林中最宜花境、草坪缀花及林缘散植，也是野生花卉园自然式栽植与岩石园极好的材料。根入药，水浸液可制土农药。

百日草 *Zinnia elegans* Jacq.

别名 步步登高

菊科，百日草属

识别特征 一年生草本。株高30～90 cm，全株具毛。叶对生，卵形或长椭圆形，基部抱茎。头状花序，径5～12 cm，舌状花有紫、红、粉、黄、白色及有斑点等，花期夏季。瘦果扁平。栽培品种很多。

主要习性 原种产墨西哥。性强健，喜温暖、向阳，耐干旱，忌酷暑。要求肥沃、排水良好的土壤。

园林应用 百日草花姿多变，色彩鲜艳，花期长，是园林中重要花卉，适宜布置花坛、花境，也可丛植或作切花。矮生品种宜配置模纹花坛、镶边或盆栽。

百子莲 *Agapanthus africanus*(L.)Hoffmanns

石蒜科，百子莲属

识别特征 常绿多年生草本。叶 2 列基生，线状披针形，深绿色，光滑。花葶高 60 ~ 90cm；顶生伞形花序，有花 10 ~ 50 朵，外被两大苞片，花后即落；花漏斗形，长 2.5 ~ 5cm，开时鲜蓝色，后逐渐转紫红色。花期夏季；有花色、大小及单、重瓣不同等品种。

主要习性 原产南非。喜温暖、湿润、阳光充足，具一定抗寒力。

园林应用 叶丛浓绿光亮，花朵繁茂，花色明快，冬暖地区宜布置半阴处花坛、花境，或盆栽装饰厅堂、会场，清淡素雅。

'斑叶'芒 *Miscanthus sinensis* Andress 'Zebrinus'

禾本科，芒属

识别特征 多年生草本。丛生状，茎高1.2m。叶鞘长于节间，鞘口有长柔毛；叶片长 20～40cm，宽 6～10mm，下面疏生柔毛并被白粉，具黄白色环状斑。圆锥花序扇形，长 15～40cm，小穗成对着生，含 1 朵两性花和 1 朵不育花，具芒，芒长 8～10mm，膝曲，基盘有白至淡黄褐色丝状毛，秋季形成白色大花序。

主要习性 原种广泛分布于我国南北各地。生于河边湿地。

园林应用 大型白色花序是自然秋色中一美景。'斑叶'芒鲜绿的叶片上有不规则的斑马般黄白斑块，自春至秋更增添观叶的景色。园林中多作河岸旁、水溪边丛植点缀；冬季能耐短时间 -5℃ 低温。芒草也是欧美各国庭院中重要的秋色植物。

斑叶肖竹芋 *Calathea zebrina* (Sims) Lindl.

别名 绒叶肖竹芋　　　　　　　　　竹芋科，肖竹芋属

识别特征 多年生常绿草本植物。具根茎。叶基部丛生，薄革质，椭圆形，长可达 60cm，宽 30cm，具长柄，叶面深绿色，脉纹、中肋与边缘黄绿色，有丝绒光泽，叶背紫红色。短穗状花序，卵圆形，花白色至浅紫红色。

主要习性 原产巴西。喜温暖、湿润而排水良好的半阴环境；对霜敏感，忌阳光直射。

园林应用 斑叶肖竹芋叶片色泽与斑纹极美丽，是著名的观叶植物。

半夏 *Pinellia ternata*(Thunb.)Breit.

天南星科,半夏属

识别特征 多年生草本。具块茎。叶自块茎长出,1年生者为心状箭形至椭圆状箭形,有长柄,下部有1珠芽;与花同时生长的2~3年生者为3小叶的复叶。总花梗长达30cm,雌雄同株;佛焰苞绿白色或绿色,下部筒状,肉穗花序贴生于佛焰苞,其附属体细柱状,长6~10cm,花单性,无花被,雄花2雄蕊,雌花子房具明显花柱。浆果黄绿色。花期5~7月,果6~8月成熟。

主要习性 除内蒙古、新疆、青海、西藏外,全国各地广布,海拔2500m以下常见于草坡、荒地、田边或疏林下。性耐寒,喜温暖、湿润;耐半阴蔽;亦可耐晒。

园林应用 园林中可用作阴地地被,或盆栽赏叶及特异花序苞。块茎是重要药材。

半支莲 *Portulaca grandiflora* Hook.

别名 死不了、大花马齿苋 马齿苋科，马齿苋属

识别特征 一年生肉质草本植物。株高 10～15cm。茎细而圆，平卧或斜生，光滑。叶互生或散生，圆柱形。花顶生，径 3～4cm，基部有 8～9 枚轮生叶状苞片与白色长柔毛；花瓣 5 或多数，先端微凹；白、黄、粉、紫、红、橙等鲜艳花色，也有细点，条纹等复色，强光下开放，阴天及夜晚闭合，花期6～8月。园艺品种很多。

主要习性 原产南美巴西，现各地栽培。喜温暖、阳光充足环境和干燥沙质土壤，耐贫瘠，忌酷热，不耐寒。

园林应用 半支莲是花坛、花境及草坪边缘的优良镶边材料；或作(阳台)盆栽，岩石园点缀。

豹子花 *Nomocharis pardanthina* Franch.

百合科，豹子花属

识别特征 多年生草本。鳞茎卵状球形，径约 2.5cm。茎直立，高 45～90cm。单叶散生或轮生，披针状椭圆形。花单朵顶生或可多达 15 朵，外向或下垂，白色或粉红色，外花被片全缘，几无紫红色斑点，内花被片长 2.6～3.5cm，宽 2～3.5cm，边缘有不整齐锯齿，基部具肉质垫状隆起，内面下部 1/3～1/2 处有紫褐色斑块；花期夏季。

主要习性 原产云南西北部。生海拔 3000～3500m 处草坡上。性较耐霜寒；要求排水良好，含丰富腐殖质，土层深厚肥沃的湿润土壤与半阴或光线充足的环境。

园林应用 豹子花为高山美丽花卉，适宜林缘或高山岩石园栽植，亦可盆栽观赏。

闭鞘姜 *Costus speciosus*(Koenig)Smith

别名 水蕉花

姜科，闭鞘姜属

识别特征 多年生草本。具根状茎。野生状态下高达 1～2m，顶部常分枝。叶片矩圆形或披针形，叶鞘包茎，不开裂；叶背密被绢毛。穗状花序顶生，椭圆形或卵形，花 5～13 朵；花苞片卵形，红色，具锐尖头；花萼 3 裂，花冠管长 1cm，裂片矩圆状椭圆形，长约 5cm，唇瓣宽倒卵形，白色或浅粉红色，基部黄色，花径可达 10cm。蒴果红色。花期周年间歇可见。

主要习性 我国台湾、广东、广西、云南有分布；东南亚及南亚热带地区也有。喜温暖、湿润气候与腐殖质丰富的土壤。

园林应用 适宜布置林缘或林下，或盆栽观叶赏花。

波斯菊 *Cosmos bipinnatus* Car.

菊科，秋英属

识别特征 一年生草本。株高可达1.5m。叶对生，二回羽状分裂，裂片稀疏线形。头状花序径5～8cm，具长梗，舌状花白、粉红、堇紫等色；花期秋季。瘦果端喙状。

主要习性 原种产墨西哥。喜温暖、阳光充足、通风良好的环境，耐干旱贫瘠；性健壮。在肥沃土壤中生长虽好，但开花较晚而少。具自播繁衍力。

园林应用 波斯菊株态秀丽，生态适应性强，花期长，适合作花境、林缘散植、公路美化、河坡、宅旁点缀，也可作切花。

玻璃菊 *Catananche caerulea* L.

别名 爱神箭

菊科，玻璃菊属

识别特征 多年生草本。株高约60cm，具贴生毛。叶线形或倒披针形，长20～25cm，全缘或有疏锯齿。头状花序，径5～6cm；总梗细长，总苞片数层，先端干膜质，中肋赭色；全为舌状花，蓝色，花瓣先端有宽平齿；花托有刺毛；花期6～8月。瘦果长圆形，具6～8鳞片状冠毛。

主要习性 原产南欧。较耐寒，喜向阳，一般园土亦可生长良好。

园林应用 玻璃菊光亮透明总苞片晶莹可爱，可配置于花坛、花境，色泽经久不褪，亦可制作干花、花束、花篮等，十分别致。

博落回 *Macleaya cordata*（Willd.）R. Br.

罂粟科，博落回属

识别特征　多年生草本。茎高可达2m；含橙色液汁。叶圆心脏形，边缘浅裂，裂片有粗齿，叶背面白色。茎顶抽生大圆锥花序，长15～40cm；小花多数；萼片2，黄白色，有时带红色，无花瓣。花期6～8月。10月果熟。

主要习性　分布长江中、下游各地，生丘陵或低山草地林边。喜阳光充足，疏松、排水良好土壤。

园林应用　博落回茎高大，叶如扇，花繁茂，宜植庭院角隅或作屏障，亦可点缀亭边池旁。全草入药，有毒。

博威花　*Bowiea volubilis* Harv. ex Hook. f.

别名　海洋葱、攀援洋葱　　　　百合科，博威花属

识别特征　无叶多年生草本。鳞茎大，球形，厚可达 15cm。茎缠绕，长可达 180cm，上部是多数叉状分枝。花柄绿色，有叶片的功能；花小，绿色至白绿色，着生于长花梗上，花被 6 裂至基部，花被片极短，长约 0.3cm，宿存，最后反折，雄蕊 6，花丝膨胀至基部。蒴果，3 室背开裂，每室具数粒长形种子。

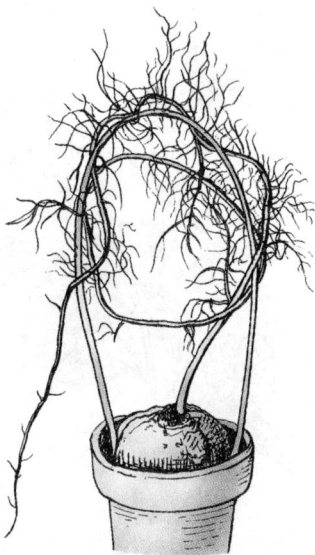

主要习性　原产南非。畏霜寒，喜阳光与排水良好的土壤。

园林应用　博威花是一种植物学特征显著的单种属，形态奇特，供植物学研究教学之用。

布落华丽 *Browallia speciosa* Hook.

别名 蓝英花 茄科，布落华丽（蓝英花）属

识别特征 一年生草本或亚灌木。株高 60 ~ 150cm，多分枝，茎基部半木质化。叶对生或互生，卵圆形。花单生叶腋，花冠筒长 2.5cm 以上，为萼长 2 ~ 3 倍，花瓣 5，开展，蓝紫色至白色，径约 5cm，花期夏季。

主要习性 原产美洲热带。喜日照充足及凉爽环境，喜土层深厚、肥沃及排水良好土壤，生长期间要求通风良好。不耐寒。

园林应用 园林中供作花坛、花境及盆栽观赏，其花枝作切花插瓶耐久。低矮品种可布置岩石园。

彩叶草 *Coleus blumei* Benth.

别名 洋紫苏、锦紫苏

唇形科，鞘蕊花属

识别特征 多年生草本，常作一、二年生栽培。茎直立，高可达 1m，少分枝，茎 4 棱。叶对生，卵圆形，先端渐尖或有尖尾，边缘有圆齿或有细齿，叶面绿色，具黄、红、紫等斑纹。顶生总状花序，有分枝，花小，淡蓝色或白色，花期 8 ~ 9 月。小坚果平滑。

主要习性 原产印度尼西亚，现世界各地均有栽培。性喜阳光充足及温暖湿润气候，土壤要求疏松、肥沃，不耐寒，越冬温度在 12℃ 以上。

园林应用 彩叶草为常见观叶植物，常作花坛栽植，或作路边镶边材料，草坪中点缀，也可盆栽，切叶可作花篮材料。

草原龙胆 *Eustoma grandiflorum* (Raf.) Shinn.
[*E. russelianum* (Hook.) G. Don ex Sweet]

别名 洋桔梗　　　　　　　　　　　龙胆科，草原龙胆属

识别特征 一、二年生草本。茎直立，灰绿色，高约30～90cm。叶对生，卵形至长椭圆形，灰绿色。圆锥花序，花萼筒具狭龙骨状棱；花冠钟状，裂片直立或向外弯曲，边缘不整齐，有淡紫、淡红、白绿等色，或花中心部分暗紫色，径约5cm，长5cm。蒴果椭圆形，种子细小而多。栽培品种很多，有株型高矮、花朵单、重瓣及花期早、晚之别。

主要习性 原种产美国内布拉斯加州、得克萨斯州与新墨西哥州。喜温暖、湿润环境，但忌水湿与连作；较耐寒。要求疏松、肥沃、排水良好的土壤。

园林应用 草原龙胆株态轻盈，花色雅致明快，多用作切花或盆花观赏。

侧金盏花 *Adonis amurensis Regelet Radde.*

别名 冰凉花、顶冰花   毛茛科，侧金盏花属

识别特征 多年生草本植物。株高 10 ~ 30cm。叶片少，三回羽状分裂，小裂片披针形。花单生枝顶，先花后叶，径 3 ~ 5cm，橙色或黄色；萼片 9 ~ 11 枚，上端微具波状齿，与花瓣近等长；花瓣 10 ~ 20 枚。聚合瘦果球形。原产地花期 3 ~ 4 月。

主要习性 分布于我国东北；朝鲜，日本、俄罗斯远东地区。生长于山谷林缘，腐殖质丰富、土层深厚的暗棕壤中。花期喜光，营养生长期喜略遮阴环境。喜湿润、凉爽气候，忌炎热与水涝。

园林应用 侧金盏花的株态是先花后叶，花期早，花色金黄，花朵可耐受早春寒冰冻，是我国北方优良的林缘、草地、花境、花坛镶边材料，更适宜岩石园配置点缀，亦可盆栽观赏。全草供药用。

菖蒲 *Acorus calamus* L.

天南星科,菖蒲属

识别特征 多年生草本植物。根状茎粗壮;叶剑形,长达80cm,中脉明显突起,边缘膜质,基部叶鞘套折。花莛基出,短于叶片,佛焰苞叶状;肉穗花序圆柱形,长4~7cm;花两性,花被片6,雄蕊6,子房2~4。浆果紧密靠合,红色。花期5~8月,果期6~9月。

主要习性 分布于我国各地,俄罗斯至北美也有。生山谷湿地或河滩湿地。性健壮,耐寒。

园林应用 园林中栽培赏其清雅优美芳香叶丛,栽培中有花叶变种,叶有黄色条纹。根状茎供药用。

除虫菊 *Pyrethrum cinerariifolium* Trev.

别名 白花除虫菊

菊科，匹菊属

识别特征 多年生草本。株高 15 ~ 45cm，全株被银灰色贴伏绒毛。叶二回羽状全裂，小裂片条形至矩圆状卵形。头状花序顶生，花径 3 ~ 4cm，具长梗，舌状花白色，内层总苞片有宽而亮的膜质边缘；花期 5 ~ 6 月。

主要习性 原产欧洲，现各地栽培。冬季喜温暖、向阳、湿润，夏季喜凉爽环境与含腐殖质的疏松、肥沃、排水良好的沙质壤土；不耐严寒。

园林应用 园林中适宜花境、地被栽植，亦可作切花，叶、花晒干磨粉可制蚊香。

雏菊 *Bellis perennis* L.

别名 延命菊、春菊

菊科，雏菊属

识别特征 多年生草本，常作二年生栽培。高约 10～15cm。叶基部簇生，匙形或倒卵形。头状花序，自叶丛间抽出，单生，高出叶面，舌状花白、淡粉、深红或朱红、洒金、紫色，花期3～5月。

主要习性 原产西欧。性喜冷凉、湿润，较耐寒，冬季有雪覆盖、地表温度不低于3～4℃的条件下，可露地越冬，重瓣大花品种耐寒力较差；要求富含腐殖质的疏松肥沃土壤。忌炎热。

园林应用 雏菊株态玲珑，花期长，是我国长江流域与华北地区早春到"五一"节布置花坛、花境镶边的重要花卉，亦可作小盆花，供餐桌、窗台装饰。

春黄菊 *Anthemis tinctoria* L.

菊科，春黄菊属

识别特征　多年生草本。株高 60～90cm，具浓烈异味，茎簇生，具棱，被白色疏绵毛。叶二回羽状裂。头状花序，花金黄色，径约 3.5cm。花期夏季。瘦果 4 棱。

主要习性　原产欧洲。性耐寒，喜凉爽；适应性强。

园林应用　春黄菊叶丛灰绿，花朵茂盛，适宜作花坛、花境植材，公路、林缘成片种植，也可作切花。

粗糙赛菊芋 *Heliopsis scabra* Dun.

别名 日光菊

菊科，赛菊芋属

识别特征 多年生草本。株高约 1m，全株具硬毛。叶矩圆形至卵状披针形。头状花序单生，径 3～6cm，黄色，花期 7～10 月。瘦果无冠毛。

主要习性 原产北美。性耐寒，喜阳光充足，高燥的地势，要求疏松、肥沃、排水良好土壤。

园林应用 庭院中布置花境、花坛，篱旁、山石前丛植，也可作切花。

簇生山柳菊 *Hieracium paniculatum* L.

菊科，山柳菊属

识别特征　多年生草本。常具匍匐茎，株高可达 90cm，全株近无毛。基生叶簇生，茎生叶互生，披针形。头状花序聚生成圆锥状，花径约 1.2cm；全为舌状花，黄色；花期 7～8 月。瘦果扁圆柱形。

主要习性　原产北美。耐干旱贫瘠土壤，适应性强，能自播繁衍，可形成丛生群落。

园林应用　园林中适宜坡地、野生花卉园、岩石园点缀，条件适宜易逸为荒生群丛。

翠菊 *Callistephus chinensis* Nees

别名 江西腊

菊科，翠菊属

识别特征 一年生草本，株高20～90cm，分枝多，被白色粗糙毛。头状花序径3～15cm，舌状花多轮，株高花型变化极大，有蓝、紫、红、淡红、粉、白等色，花期5～10月。栽培品种极多。

主要习性 分布于我国东北部，朝鲜、日本也有。喜温暖向阳，要求地势高燥和疏松肥沃、排水良好的土壤。忌酷暑多湿与连作。

园林应用 矮型品种宜布置花坛、花境或盆栽，中高型品种作丛植篱旁、山石前、路口或作花境背景，也可供作切花。花、叶药用。

翠雀 *Delphinium grandiflorum* L.

别名 大花飞燕草

毛茛科，翠雀属

识别特征 多年生草本。多分枝，株高 36～65cm，全株被柔毛。叶互生，掌状深裂。总状花序疏散；萼片 5，1 片延长成距，蓝紫色；花瓣 2，有距，顶端微凹，有黄色髯毛，径约 2.5～4cm；栽培中有白色、淡蓝、深蓝，重瓣及矮生等品种。花期 5～7 月。果，种子小，7～9 月成熟。

主要习性 原种分布云南北部、山西、河北、宁夏东北及西伯利亚等地。生山坡草地。喜阳光与冷凉气候；性耐寒，较耐旱，亦耐半阴；忌炎热与水涝。

园林应用 翠雀之蓝花为草花中的佼佼者，花形别致如飞燕，适宜作花坛、花境材料，亦可作切花。

大百合 *Cardiocrinum giganteum*(Wall.)Makino

别名 水百合   百合科，荞麦叶贝母属

识别特征 多年生草本。株高1~2m，具鳞茎，卵形，由基生叶柄基部膨大形成，在花序长出后随即凋萎。基生叶卵状心形，茎生叶向上渐小，靠近花序的几片为船形，网状脉。总状花序，有花十数朵，花狭喇叭形，筒长12~15cm，花白色，里面有淡紫红色斑纹，花期夏季。蒴果成熟期秋季。

主要习性 原产我国西藏、四川、陕西、广西、湖南，分布于海拔1 500~2 300m处，生林下阴湿草丛中。性喜凉爽、阴湿，要求疏松肥沃、富含腐殖质、排水良好的酸性土壤。

园林应用 园林中多栽于阴湿林下，观赏其长达80cm的大型花序与大型叶。鳞茎供药用。

大滨菊 *Leucanthemum maximum* (Ramood.) DC.
[*Chrysanthemum maximum* Ramood.]

菊科，滨菊属

识别特征 多年生草本。株高30～70cm。基生叶具长柄，簇生；茎生叶无柄，披针形，边缘具细尖锯齿。头状花序，径6～10cm，舌状花舌片宽，白色，具香气，花期6～7月。

主要习性 原产欧洲比利牛斯山。喜阳光，要求含腐殖质的疏松、肥沃、排水良好的沙壤土；较耐寒。

园林应用 大滨菊叶丛碧绿，大花朵洁白素雅。花枝挺拔，宜布置花境、林缘灌丛前，也可盆栽和作切花。

大花葱 *Allium giganteum* Regel

别名 高葱

百合科，葱属

识别特征 多年生草本。具鳞茎，鳞茎具白色膜质皮。基生叶宽带形，长约60cm，宽约5cm。花莛高可达120cm，小花多达2000～3000朵密集成球状大伞形花序，直径10～15cm，鲜淡紫色；花序开放前有一闭合总苞，开放时破裂；雄蕊伸出，花期5～6月。种子黑色，成熟期7月上旬。

主要习性 原产中亚。喜凉爽和阳光充足；忌湿热多雨；要求疏松肥沃、排水良好的沙质壤土。较耐寒。

园林应用 大花葱早已作为世界各国重要观赏花卉引种栽培，早春萌发时，肥大而覆有明显白霜的叶似玉带，嫩叶尖紫红色，叶丛姿色别致；花茎挺拔健壮，大圆球状花序极为壮观，在花卉中别具一格；多作花境条植或在灌木前、草坪上丛植，也可作切花。

大花剪秋罗 *Lychnis fulgens* Fisch.

石竹科，剪秋罗属

识别特征 多年生草本。株高 50～80cm，根肥厚呈纺锤状，茎直立，全株被长柔毛。叶卵状长圆或卵状披针形，两面及边缘有较短毛。聚伞花序有花 3～7 朵；花深鲜红色，径达 5cm，花瓣 5，先端 2 深裂；花萼密被蛛丝状绵毛。蒴果长卵形，种子肾圆形，黑褐色。花期 6～9 月。

主要习性 分布于我国东北、华北地区。喜凉爽、湿润气候；排水良好、肥沃的土壤，性耐寒，忌高温多湿。

园林应用 可作二年生花卉栽培，大花剪秋罗花大色艳，适宜作花境栽植。

大花金鸡菊 *Coreopsis grandiflora* Hogg.

菊科，金鸡菊属

识别特征 多年生草本。株高 30～80cm。基生叶匙形或披针形，茎生叶 3～5 裂。头状花序具长梗，径 6～7cm，花金黄色，舌状花通常 8 枚，顶端 3 裂；花期夏、秋季。瘦果具膜质翅。

主要习性 分布于北美，现广为栽培。耐寒、耐瘠薄土壤，喜光，适应性强，有自播繁衍力，生长势健壮。

园林应用 大花金鸡菊花色鲜艳，适宜布置花坛、花境或篱旁、公路旁绿地，亦可作小切花。

大花美人蕉 *Canna generalis* Bailey.

别名 红艳蕉   美人蕉科，美人蕉属

识别特征 多年生草本植物。多种源杂交的栽培种。具肉质粗壮根状茎，地上茎高 80～150cm，茎叶被蜡质白粉。叶大型，椭圆状披针形，全缘，粉绿、亮绿或古铜色，也有红绿镶嵌或黄绿镶嵌的花叶品种。总状花序，花瓣直伸；花径 10～20cm，有乳白、黄、橘红、粉红、大红与鲜黄相嵌'绝世美人'、红紫或镶有金边等鲜亮色泽，亦有叶色、株型高矮不同的品种。主要花期 4～6 月，9～10 月。

主要习性 亲本种主产美洲热带。喜阳光充足，日照 7 小时以上，温暖、湿润的气候；要求疏松肥沃、排水良好的深厚土壤。对土壤酸碱度要求不严。

园林应用 庭园中多大片自然式丛植，或用于花坛中心、花境背景，公路旁、建筑物或灌木前、草坪、湖畔等处丛植，亦可盆栽观赏。

大花旋覆花 *Inula britannica* L.

菊科，旋复花属

识别特征 多年生草本。株高 50 ~ 60cm，全株被长柔毛。叶矩椭圆状披针形，基部宽大半抱茎。头状花序，径 3 ~ 5cm，舌状花柠檬黄色，舌片条形。花期夏末秋初。

主要习性 广布于我国各地，自生于河岸、田埂、路旁。性耐寒，喜温暖、湿润，亦耐干旱、瘠薄与略带石灰质土壤。有自播繁衍力。

园林应用 庭院中适宜花境、野生花卉园、岩石园栽植，或墙边丛植、群植。全草入药。

大花亚麻 *Linum grandiflorum* Desf.

亚麻科，亚麻属

识别特征 一年生草本。茎纤细，高30～60cm。叶互生，线状披针形，灰绿色。圆锥花序松散，花径2.5～3.5cm，粉红至红色，花瓣5，阳光下开放，1天即谢。

主要习性 原产北非。喜光照充足、土壤肥沃、排水良好富含腐殖质土壤；不耐严寒，忌酷热。

园林应用 大花亚麻株态纤细优美。庭园中宜作花坛、花境栽植或岩石园丛植点缀；亦可盆栽。

大花淫羊藿 *Epimedium grandiflorum* Morr.

小檗科，淫羊藿属

识别特征 多年生草本植物。有木质匍匐地下根状茎，茎丛生，常绿，高约 20～30cm。叶二至三回三出复叶，小叶卵形，长 3～5cm，端渐尖，基心形而偏斜不对称，缘具细刺状齿；上面绿色具光泽，下面灰绿色稍被白粉。总状花序腋生，具多花而下垂，花乳黄色至玫瑰色，花径约 2cm，花瓣常具反卷距。蒴果椭圆卵形，长约 2cm，紫黑色，背裂。花期 5～6 月。

主要习性 产辽宁至山东、江苏、浙江、安徽、河北、山西、陕西、河南及西南、中南各地；朝鲜及日本亦有分布。多生于海拔 900～1500m 山地阴湿处或密林下。好湿润、冷凉，常生腐殖质多、枯枝落叶厚积地上，在阴湿岩缝上亦见生长。

园林应用 本种耐阴喜湿，是林下优良地被，也为岩石园配植材料，叶光洁而花色秀丽。

大丽花 *Dahlia pinnata* Cav.

菊科，大丽花属

识别特征 多年生草本。株高可达 1.5m，具纺锤状肉质块根。叶对生，一至三回羽状裂，裂片卵形或长圆状卵形，缘具粗齿。头状花序具长梗，花径可达 25cm，舌状花有白、黄、粉、橙红、紫等多种颜色，管状花黄色或全为舌状花。花型花色丰富多彩，品种繁多。

主要习性 原种产墨西哥，生于海拔1500m高原。性喜温暖、阳光充足、干燥凉爽环境，不耐寒，生长适温10～25℃，气温下降到4～5℃时即进入休眠。忌高温高湿。要求肥沃、疏松及排水良好的沙质壤土。

园林应用 大丽花是世界栽培最广的观花植物，园林中大花品种主要用于专类盆栽展览，矮生类型主要盆栽或花境花坛镶边；长花梗品种是优良的切花。

大芦荟 *Aloe arborescens var. natalensis* Berg.

别名 西非芦荟

百合科，芦荟属

识别特征 多年生肉质多汁草本。枝干高可达2m。盆栽植株通常多具高莲座状簇生叶，叶缘具白色刺状硬齿。总状花序，花朵长约3.5cm，红色，花期4~6月或冬至春。

主要习性 原产南非。喜温暖、阳光充足、春夏空气湿润、秋冬略干的环境，易受霜害，要求排水极好的沙质壤土。

园林应用 芦荟花序高出叶面，红色鲜艳的花朵冬春开放，极为醒目，是一种较为理想的室内盆栽花卉。

大魔杖花 *Sparaxis grandiflora* Ker – Gawl.

别名 水仙菖蒲　　　　　　　　鸢尾科，魔杖花属

识别特征 多年生草本。球茎椭圆形。茎高可达 60cm。叶 2 列，披针状剑形。穗状花序，有花 3 ~ 5 朵，花莛单生或三叉，圆柱形；花被管漏斗状，长约 2.5cm；花被片 6 枚相等，黄色或紫色，雄蕊带白色或黄色，花期春季。

主要习性 原产南非。喜温暖，好肥沃、疏松、排水良好的土壤。不耐霜冻。

园林应用 植株低矮，花色鲜艳，在冬暖之地适宜作冬春花坛花卉，北方是早春美丽的盆花。

'大王'黛粉叶 *Dieffenbachia amoena* Bull. 'Tropic Snow'

天南星科，花叶万年青属（黛粉叶属）

识别特征 常绿多年生植物。茎圆柱形，肉质，粗壮，高可达2m，少自然分枝，上有叶片脱落留下的环纹痕。叶片长圆形或卵圆形至长圆形，长45cm，叶柄长达30cm，叶色暗绿，侧脉间有乳白色不规则斑点或条纹，甚美丽。肉穗花序为绿色叶状佛焰苞片所包。浆果。

主要习性 原种分布在西印度群岛和南美洲哥斯达黎加等地。性健壮，喜高温多湿环境。忌强直射光与霜寒。

园林应用 本种叶片舒展宽阔，株形整齐，富质朴自然之感，是最著名的室内观叶植物之一，但其组织汁液有毒，对皮肤与呼吸道黏膜均有刺激，置放位置应在儿童与猫、狗不易触摸到的地方。

大吴风草 *Farfugium japonicum*（L.）Kitam.

菊科，大吴风草属特有种

识别特征 多年生草本。根状茎粗壮。叶互生，基生叶有长柄，肾形，长 4 ~ 15cm，宽 6 ~ 30cm，革质，有光泽。花茎高 30 ~ 70cm，苞叶无柄，抱茎；头状花序在顶端排成伞房状，径 4 ~ 6cm，花黄色；花期夏至冬季。

主要习性 分布于我国东部各省及沿海岛屿。生长于落叶阔叶林下，略耐阴。

园林应用 园林中可配置于高层建筑物或岩石墙以北，或作落叶、常绿混交林下地被，在城市立交高架桥下构成耐阴观花地被，植株高度整齐，叶片肥厚光亮，花期长达 4 ~ 5 个月，具较高观赏价值。

大星芹 *Astrantia major* L.

伞形科，星芹属

识别特征 多年生草本。株高 60 ~ 90cm，多分枝丛状。叶大部基生，有长柄，叶片 5 掌状深齿裂；茎生叶少，3 ~ 5 深裂，叶柄宽大而抱茎。复伞形花序为总苞片所包，苞片约 12 ~ 20 枚，紫色；花杂性，可孕花花梗短，不孕花花梗长；花小，粉红色、玫瑰色或白色；花萼裂片具针状尖，较花瓣长。双悬果倒卵状圆柱形，有棱，并被有膀胱状鳞片。花期夏、秋。

主要习性 原产欧洲与亚洲西部。性耐寒，喜阳光与排水良好环境。

园林应用 园林多作花境装饰。

倒提壶 *Cynoglossum amabile* Stapf. et Drumm.

别名 中国勿忘草 紫草科，琉璃草属

识别特征 二年生草本。高 30 ~ 60cm，茎丛生，全株密被灰色贴伏短柔毛。基生叶具长柄，披针形至长圆状披针形，茎生叶小而无柄。花偏生于总状花序之一侧，花冠漏斗状，5 裂，蓝色或白色，喉部有 5 鳞片，花期 4 ~ 8 月。果为 4 小坚果，果期 5 ~ 9 月。

主要习性 原产我国云南、贵州、西藏、四川及甘肃等地。生于海拔 1400 ~ 3000m 山地草坡或松林边。喜阳光，稍耐荫蔽，择土不严。

园林应用 园林中可种植在岩石园，草坪边缘，路边，观赏其灰绿色叶片及天蓝色花朵。全草入药，有消肿、利尿及治黄疸之功效。

灯台花　*Anthurium andraeanum* Lind.

别名　大叶花烛、蜡烛花　　　　　　天南星科，花烛属

识别特征　多年生草本。株高可达 100cm，具肉质根，无茎。叶自根颈抽出，具长柄，单生，心形，鲜绿色，纸质，叶脉凹陷。单花顶生，花梗长约50cm；佛焰苞广心形，鲜红色；肉穗花序圆柱状，黄色，花期夏季。现代栽培品种按佛焰苞色的变化大致可分为 10 类：鲜红色类，绯红色类，粉红色类，粉色类，紫色类，酱红色类，绿色类，绿红色类，绿白色类，白色类。另有绿黄色佛焰苞等变化各异品种。

主要习性　原种产南美热带雨林下阴暗湿润沟谷中。性喜高温、高湿，较低光照，忌炎热，怕直射光。土壤要求富含腐殖质、通气良好。

园林应用　灯台花叶形别致。佛焰苞火红挺直，犹如灯台上点燃蜡烛，是较珍奇的观赏花卉，更是近年重要高档切花。

地黄 *Rehmannia glutinosa* (Gaert.) Libosch. et Fisch. et Mey.

玄参科，地黄属

识别特征 多年生直立草本。株高 10~30cm，全体密被白色长腺毛，根肉质。茎紫红色。叶多基生，莲座状，卵形至长椭圆形，边缘具齿。总状花序顶生，花萼筒状，萼齿 5 枚，花冠紫红色，长约 4cm，2 唇形，裂片 5 枚，两面被毛，花期 4~5 月。蒴果卵形至长卵形，种子细小。

主要习性 产我国东北、西北、华北以及江苏、安徽、湖北；朝鲜、日本也有，生海拔 50~1100m 的沙质壤土、荒坡、路边，耐瘠薄、干旱；国内外均有栽培。其根茎供药用。喜温和气候及阳光充足之地，性耐寒，耐干旱，怕积水，忌连作，其块根在 25~28℃时增长迅速。

园林应用 我国栽培多作药用，园林中可在岩石区、药用园内种植。西方园林种植多供观赏。

地涌金莲 *Musella lasiocarpum* (Franch.) E. E. Chees.

芭蕉科,地涌金莲属

识别特征 多年生多浆肉质草本。植株丛生,亦具水平生长匍匐茎,地上部分假茎矮小,高不及 60cm,基部径约 15cm,有宿存的前 1 年叶鞘。叶片长椭圆形,长约 50cm,宽约 20cm,有白粉。花序出于假茎顶,莲座状,苞片金黄色,有花 2 列,每列 4~5 花,花序下部为雌花,上部为雄花;花被合生,顶端 5 裂,微带浅紫色。果被密毛,种子球形,光滑,黑褐色。

主要习性 我国特有植物。产云南中、西部山间坡地。海拔 1450~2500m。喜光,亦耐半阴;好温暖,绝对低温不得低于 −5℃。要求夏季湿润、冬春稍干的气候。在排水好、肥沃而疏松沙质壤土上生长最好。

园林应用 庭园中作花坛中心或与小竹一起配植山石旁、墙隅,背衬粉墙,观赏金黄色的莲座花。花入药有收敛、止血功效。长江以北多盆栽。

颠茄 *Atropa belladonna* L.

茄科，颠茄属

识别特征 多年生草本，作一年生栽培。高 1 ~ 2m，根粗壮，圆柱形，茎下部带紫色，上部分枝。叶在茎下部互生，上部一大一小呈双生，叶片卵形，卵状椭圆形或椭圆形，全缘。花单生于叶腋，俯垂，花萼钟状，长为花冠一半，5深裂，花冠筒状钟形，淡紫褐色。种子扁平、肾形，花果期6~8月。

主要习性 原产欧洲中部、西部和南部。我国有栽培。性喜温和湿润气候，适宜生长气温为20~25℃，不耐寒，不耐旱，喜通风透光及富含有机质的沙壤土。

园林应用 根和叶为镇痉及镇痛药，园林中可种在药草园展示，又可种在坡地、林缘、丛植、行植。

点地梅 *Androsace umbellata*（Lour.）Merr.

报春花科，点地梅属

识别特征 一、二年生无茎小草本。全株被节状细柔毛。小叶通常 10～30 片丛生，有 1～2cm 长柄，叶近圆形，径 5～15mm。伞形花序有 4～15 朵花，花白色，径 4～6mm。蒴果球形，种子细小，多数，棕色。花期 4～5 月。

主要习性 广布于我国南北各地。喜湿润、温暖、向阳环境，肥沃排水好的土壤。也耐瘠薄。常生于山野草地或路旁。

园林应用 植株低矮，花期早，是华北极早的露地花卉，适宜池旁坡地、岩石园栽植及作灌木丛旁地被，更是草地缀花良好材料。全草可药用。

吊 兰 *Chlorophytum capense* （L.） Kuntze
[*C. elatum* R. Br.]

别名 宽叶吊兰

百合科，吊兰属

识别特征 多年生常绿草本。具粗根状茎。叶基生，叶片条形，自叶丛中常抽出长匍匐茎，匍匐茎先端节上常滋生带根的小植株。花茎细长，高出叶面，总状花序，花小，常 2～4 朵簇生，白色，花期夏季，冬季室温 12℃以上时，也可开花。

主要习性 原产南非。喜温暖湿润气候和半阴环境，易受霜冻，要求土壤疏松肥沃、排水良好。

园林应用 吊兰枝叶铺散下垂，作悬盆观叶花卉，可悬挂廊下或楼房阳台，摆放在高几或书橱顶部，或装点岩壁、山石也相宜。

吊竹梅 *Zebrina pendula* Schnizl.

鸭跖草科，吊竹梅属

识别特征 多年生草本。茎匍匐，多分枝，疏生毛。叶卵形或长椭圆形，先端渐尖，具紫及灰白色条纹，背紫红色，叶鞘上下两端均有毛。花簇生于 2 个无柄的苞片内，萼管与花冠管白色，花被裂片玫瑰色，花柱丝状，花期夏季。

主要习性 原产墨西哥。喜温暖、耐半阴。

园林应用 枝条垂悬，叶色别致，是良好的悬垂观叶植物。

钓钟柳 *Penstemon campanulatus* Willd.

玄参科，钓钟柳属

识别特征 多年生草本。株高60cm，全株被绒毛。叶交互对生，卵形至披针形。花单生或3~4朵生于叶腋或总梗上，组成顶生长圆锥花序，花冠筒长约 2.5cm，有紫、玫瑰红、紫红或白等色，内有白色条纹，花期5~6月或7~10月。

主要习性 原产墨西哥及危地马拉。性喜阳光充足，空气湿润及通风良好的环境，不耐寒，忌炎热干燥，要求肥沃、疏松及排水良好的含石灰质土壤。雨季时节应及时排水，防止湿涝。

园林应用 钓钟柳花色鲜明，花期长，栽培管理简便，适宜花境种植，草坪点缀，也可以坡地大片种植。亦可盆栽及作切花。

杜衡 *Asarum forbesii* Maxim.

马兜铃科，细辛属

识别特征 多年生常绿草本。高仅15～20cm，地下有块状茎，下生多数肉质根，有特殊辛香气味。块茎仅生1～2枚叶片，肾状心形，端钝或圆，基心形，上面深绿并杂有白色斑点或斑块，下面色浅并疏生柔毛，叶柄长，浅绿色。花单生，紧贴地面顶生叶柄基部，花被钟状，暗紫色，有明显脉网凸起。蒴果肉质。花期3～4月。

主要习性 产我国江南各地。喜温暖湿润气候，好生富含有机质的湿润荫蔽林下或潮湿崖壁草丛中，畏干燥及寒冷。

园林应用 是室内几案盆栽观赏植物。

缎花 *Lunaria annua* L.
别名 钱币花　　　　　　　　十字花科, 缎花属

识别特征 一、二年生草本。茎直立, 高45~90cm, 多分枝。叶单生, 卵圆形或卵圆状三角形, 边缘有粗锯齿, 上部叶无柄, 下部叶有柄常对生。总状花序顶生, 花堇色、紫色或白色, 萼常为紫色, 长约2.5cm, 花瓣有长爪, 芳香。花期5~6月。短角果夏末成熟后, 果皮开裂而脱落, 留下有光泽的隔膜, 冬季宿存。

主要习性 原产欧洲东南部, 欧、美多有分布。喜光线充足或半阴, 富含腐殖质的疏松土壤。

园林应用 缎花宿存花枝的隔膜, 特殊雅致, 如银币, 供干花观赏。

堆心菊 *Helenium autumnale* L.

菊科，堆心菊属

识别特征 多年生草本。株高 1m 余。叶披针形至卵状披针形，边缘具锯齿。头状花序，径 3～5cm，舌状花黄色，管状花黄色或带红晕，半球形。花期夏末秋初。

主要习性 原种产北美。性耐寒，喜温暖、向阳，要求土层深厚、肥沃，但不过于干燥的土壤；适应性强。

园林应用 庭园中多丛植或大面积背景栽植，也可作切花。

蛾蝶花 *Schizanthus pinnatus* Ruiz et Pav.
[*S. grandiflorus* Hort.]

别名 蝴蝶草　　　　　　　　茄科，蛾蝶花属

识别特征 一、二年生草本。株高 45～120cm，多分枝，全株有腺毛。叶一至二回羽状全裂，裂片有齿或深裂。总状圆锥花序，花冠漏斗状，略 2 唇，冠筒比萼片短，花径 2～4cm，花色变化大，有白、红、堇、紫等色及花纹变化，园艺上有矮生及大花品种，花期 4～6 月。蒴果。

主要习性 原产智利。性喜凉爽温和及通风环境，不耐高温高湿，要求阳光充足，土壤肥沃。

园林应用 园林中可供花坛、花境种植，亦作盆栽及切花，其花朵秀丽，开花繁茂，色彩丰富，现世界各地均有栽培。

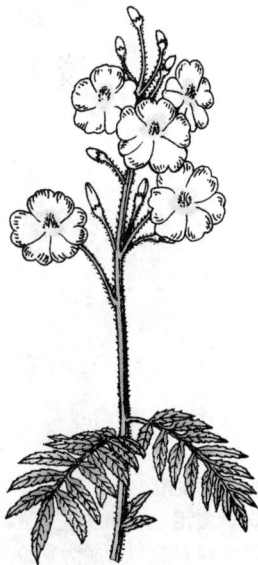

萼距花　*Cuphea ignea* A. DC. [*C. platycentra* Lem.]

别名　火红萼距花　　　　　　千屈菜科，萼距花属

识别特征　多年生草本。多分枝而铺散，高约30cm。花单生叶腋，有细长花梗；花冠筒细长，约2cm，基部有距，口部偏斜，具6齿；鲜红色，在花冠筒基部有深色晕圈，口部白色。自春至秋均有花可开。

主要习性　原产墨西哥。喜温暖气候，耐贫瘠土壤。

园林应用　萼距花花色鲜艳，花形奇特，适宜作花坛、花境材料栽植，颇为别致。

二唇花 *Jovellana violacea* G. Don

玄参科，二唇花属

识别特征 矮小灌木。茎直立，多分枝。单叶对生，叶片具深锯齿。花与蒲包花属植物相近，花冠二唇形，上下唇大小近等，下唇不膨大为荷包状，其花冠淡紫色，有深斑点，花蕊黄色，花期7~8月。

主要习性 产智利和新西兰。喜温暖湿润气候及肥沃疏松土壤，不甚耐寒，温暖地区可露地栽培。

二色菖蒲鸢尾 *Acidanthera bicolor* Hochst.

鸢尾科，菖蒲鸢尾属

识别特征 多年生草本植物。具球茎，球形，被褐色皮膜，径约2.5cm。茎单生，高 30 ~ 45cm。叶 3 ~ 4 枚剑形或线形。疏散穗状花序，花 1 至数朵，栽培中可达 10 ~ 12 朵，花径约 5 ~ 7.5cm，外佛焰苞片，长可达7.5cm，绿色，花乳白色，略下垂，具长圆筒状花管，长约 10 ~ 12cm，向上略扩张，花被片长约 4 ~ 5cm，先端尖，内面基部有深咖啡褐色斑块；具浓香气；花期 8 ~ 9 月。

主要习性 原产非洲热带埃塞俄比亚。喜向阳地势、温和气候。

园林应用 园林中多栽植于花境或草地丛植。

番红花 *Crocus sativus* L.

鸢尾科，番红花属

识别特征 多年生草本。高仅 15cm，地下球茎扁圆形，底部凹陷，外被褐色膜质鳞片，径约 2.5～3cm。叶片 9～15 枚，基生，窄条形，表面有沟，边缘反卷，具纤毛，长可达 45cm，叶丛基部有 4～5 片鞘状鳞片。叶、花同时抽出，花 1～3 朵顶生，花被长 3.5～5cm，开展，花被管细长；花柱细长，3 深裂，伸出花被外，血红色；花色变化多，有雪青、红紫或白色；昼开夜合，芳香；花期 9～11 月。

主要习性 原种产小亚细亚。喜凉爽湿润气候，阳光充足，但亦耐半阴，较耐寒。忌酷热、积涝与连作。要求富含腐殖质、疏松、肥沃、排水良好的沙质壤土，pH 值 5.5～6.5。

园林应用 适宜作花坛、草地镶边，岩石园栽植或草坪丛植点缀，也可盆栽或水养，促成栽培观赏。柱头药用，俗称"藏红花"。

飞蓬　*Erigeron speciosus* DC.

菊科，飞蓬属

识别特征　多年生草本。株高 40～90cm。基生叶匙形，茎生叶披针形。头状花序伞房状簇生，径约 3.5cm，舌状花蓝堇色，管状花黄色；花期夏季。

主要习性　原产北美西部。喜光，性耐寒；要求疏松、肥沃、湿润而排水良好的土壤，忌湿涝。

园林应用　园林中宜作背景栽植，亦可与其他花卉配置于花境、篱旁、山石前，或林缘点缀，也可作切花。

飞燕草   *Consolida ajacis* Schur [*C. ambigua* (L.) P. W. Ball. et Heyw.]

别名 千鸟草　　　　　　　　　毛茛科，飞燕草属

识别特征 一、二年生草本。株高 30 ~ 50cm，被疏反曲微柔毛。叶互生，叶片卵形，3 全裂，裂片 3 ~ 4 回细裂，小裂片线状条形。总状花序长 7 ~ 15cm 以上；萼片 5，堇蓝紫色或粉色，上萼片有长距；花瓣 2，合生，与萼片同色，花期 5 ~ 8 月。栽培品种很多，有高、矮、重瓣及花色各异等不同。

主要习性 原产南欧。喜凉爽、高燥，忌湿涝，需日光充足、土层较深厚的肥沃沙质壤土。

园林应用 飞燕草植株挺拔，叶纤细清秀，花穗长大，花朵繁密，色彩丰富，适宜花境条植或绿地丛植，也是优良的小切花材料。全草有毒，种子油可工业用。

非洲菊　*Gebera jamesonii* Bolus ex Gard.

别名　扶郎花　　　　　　　　　　菊科，扶郎花属

识别特征　多年生无茎草本。全株被细毛。基生叶多数，长椭圆状披针形，羽状浅裂或深裂，下面具长毛。头状花序，单生，高出叶面，径8～12cm；总苞盘状钟形，总苞片线状披针形；舌状花橘红、黄红、深红、淡红至白色，变化多。

主要习性　原产南非。喜冬暖夏凉、阳光充足、空气流通环境，要求疏松肥沃、排水良好、含腐殖质丰富、土层深厚的微酸性沙质壤土，在土壤pH值6～7.5间均可生长。

园林应用　园林中矮生品种适宜布置花境、花坛或布置专类品种园，或盆栽或镶边花饰；高型品种是世界著名切花；单花寿命可保持6～8天，是花篮、花束及瓶插装饰中的重要花材。气候适宜地区终年有花。

非洲紫罗兰 *Saintpaulia ionantha* Wendl.

苦苣苔科，非洲紫罗兰属

识别特征　无茎
多年生草本。全
体被软毛。叶基
生，肉质，具长
柄，叶片圆形或
长圆状卵形，边
缘有浅圆齿或近
全缘，叶背常带
紫色。花 1～6
朵簇生于长梗
上，呈聚伞状排
列；花萼深 5
裂；花有短筒，花冠 2 唇形，径约 3cm，裂片不相等，
堇紫色。蒴果短圆形或狭长圆形。花期春、夏季为主，
通常全年有花。栽培变种与品种极多。

主要习性　原种产东非热带；现在世界各地广泛栽培。
性喜温暖、湿润，部分蔽荫和肥沃土壤。

园林应用　植株小巧，花期长，是优良小盆花，布置窗
台、客厅极相宜。

狒狒花　*Babiana stricta* (Ait.) Ker – Gawl.

鸢尾科，狒狒花属

识别特征　多年生草本。具球茎，外包被柔软纤维状膜。茎直立或下弯，高约 20 ~ 30cm。叶 6 ~ 8 枚，线形至披针形或剑形，褶扇状排列，长约 12cm，宽约 1.3cm。穗状花序短，具 4 ~ 8 朵花；苞片草质，有毛；花冠整齐，花被筒直立，长约 2cm，花被片长约 2.6cm，长圆或倒卵状长圆，紫红色至红紫蓝色或黄色，下 2 片或内 3 片色较浅，芳香；花期春季。蒴果。

主要习性　原产南非好望角。性喜温和气候，要求疏松、富含腐殖质而排水良好的土壤。

园林应用　适宜冬暖地区春季庭院观赏或盆栽早春室内装饰。

肺草　*Pulmonaria angustifolia* L.

紫草科，肺草属

识别特征　多年生草本。株高 30～
40cm，<u>茎丛生</u>，<u>直立</u>，不分枝。基
生叶具长柄，长圆形至线状披针
形，茎生叶互生，均无斑点。聚伞
花序顶生，花冠漏斗状，5 裂，通
常初开时为粉红色，渐变为天蓝
色，花萼钟状，5 浅裂，花期 4 月。
有深蓝色品种。

主要习性　原产欧洲，分布在法
国、德国、瑞典和波罗的海沿岸。
性耐寒，喜阴湿环境，择土不严。

园林应用　园林中常用作岩石园和
阴地覆盖材料，是较普遍应用的早
春花卉，可植于疏林下、建筑物
旁，其花朵和叶片都十分美丽。

风铃草 *Campanula medium* L.

别名 钟花

桔梗科，风铃草属

识别特征 二年生草本。全株具粗毛，株高达1.2m。花冠膨大，径2~3cm，长约5cm。栽培品种极多，有白、粉、蓝及堇紫等色，有花萼瓣化和彩色重瓣与矮生变型。花期5~6月。

主要习性 原产南欧。性喜温暖、向阳，耐寒性较差，忌干热。要求土壤排水良好，在中性或微碱性土中均能生长良好。

园林应用 风铃草以其花色鲜丽而富于变化的小巧玲珑钟状花，在夏季给人以凉爽的感觉，是园林中一类重要的花卉，高株型多作花境背景和切花，中矮型多用于岩石园、花坛及盆栽观赏。

风信子 *Hyacinthus orientalis* L.

别名 洋水仙、五色水仙 　　　百合科，风信子属

识别特征 多年生草本。鳞茎球形，皮膜白、蓝、紫、粉色，具光泽，常与花色相关。叶 4 ~ 6 枚，带状，长 20 ~ 25cm，较肥厚，先端钝圆。花茎中空，略高于叶，高约 40cm，总状花序上部密生小钟状花 10 ~ 20 朵，花长 2.5cm，斜生或略下垂，单瓣或重瓣，芳香。花期春季。

主要习性 原产南欧、地中海东部沿岸及小亚细亚。冬季喜温暖、湿润、阳光充足；夏季喜凉爽稍干燥及半阴环境。耐寒性较差。要求疏松肥沃、排水良好的沙壤土。

园林应用 风信子植株低矮整齐，花色丰富，花姿秀丽、优美且具芳香，为著名秋植球茎花卉，可栽植毛毡花坛或布置林缘、草坪、花境及小径旁，又可盆栽观赏。

凤仙花　*Impatiens balsamina* L.

凤仙花科，凤仙花属

识别特征　一年生草本。株高 20 ~ 80（150）cm，茎多汁，近光滑，色浅绿、紫红或黑褐色。叶互生，似桃叶，叶柄两侧有腺体，边缘具锐齿。花多侧垂；单朵或数朵簇生于上部叶腋或呈总状花序；花大，花瓣 5，左右对称，后瓣有膨大中空向内弯曲的距，旗瓣有圆形凹头，翼瓣宽大 2 裂。蒴果成熟时 5 瓣裂，种子弹出。

主要习性　原产印度、中国南部、马来西亚。喜温暖、畏霜寒，要求阳光充足，适宜疏松肥沃、土层深厚而又排水良好的微酸性土壤；但对土壤适应能力较强。

园林应用　凤仙花是现代极为流行的花坛、花境植材，片植、群植、模纹花坛及草地镶边盆栽或花钵装饰等均能获得极佳的宏观效果，花期长，花色鲜艳及低矮株丛等绝佳的习性使之成为众人瞩目的佳品。

福禄考 *Phlox drummondii* Hook.

花葱科，福禄考属

识别特征 一年生草本。茎直立，多分枝，高 15～45cm，被腺毛。叶宽卵形、长圆形至披针形，基部叶对生，上部叶互生。圆锥状聚伞花序生于枝顶，花冠高脚碟状，直径 2～2.5cm，裂片 5 枚，圆形，花红色，花期 5～6 月。蒴果椭圆形。

主要习性 原产墨西哥，我国各地庭园有栽培。性喜温暖向阳，稍耐寒，怕湿热天气及酷暑，要求肥沃、疏松及排水良好的土壤，尤喜凉爽环境，忌积水。

园林应用 福禄考花色鲜艳，色彩丰富，花期较长，园林中可用于花坛、花境、岩石园或作盆栽，也有用作插花的材料。

甘菊 *Matricaria chamomilla* L.

别名 洋甘菊

菊科，母菊属

识别特征 一年生草本。株高约 30 ~ 60cm，多分枝。叶二至三回羽裂，小裂片狭线形。头状花序径约 2.5cm，总苞片近等长，边缘膜质；舌状花 10 ~ 20 枚，白色，强反卷；有浓香气；花期 4 ~ 5 月，果熟期 5 ~ 7 月。

主要习性 分布在欧、亚、北美洲。我国华东地区有荒生自繁植株。喜温暖阳光之地，疏松肥沃的沙质壤土。忌炎热多雨与水涝环境。

园林应用 甘菊小花芳香，株态细腻，园林中最适宜作花境、花坛中与其他花卉配置。全草含大量维生素 A 和维生素 C，头状花还可入药，有发汗与镇痉作用。

高雪轮 *Silene armeria* L.

别名 捕虫瞿麦

石竹科，蝇子草属

识别特征 一、二年生草本。高可达 60cm，茎细，直立，上部有一段具黏液。叶对生，卵状披针形。复聚伞花序，顶生，具总花梗，小花梗短，花瓣粉红色、雪青色或白色、玫瑰红色，先端凹入，花径约 1.8cm。花期 5~7 月。

主要习性 原产南欧。喜阳光充足的温和气候，不择土壤，在轻松肥沃排水良好的土壤上生长更好。

园林应用 高雪轮适宜花境、花坛丛植或条植，亦可作小切花。

狗舌草 *Antiotrema dunnianum*(Diels)Hand. – Mazz.

别名　长蕊斑种草　　紫草科，长蕊斑种草(滇紫草)属

识别特征　多年生草本。茎丛生，1～2条，高 10～30cm，密生短柔毛。基生叶匙形至狭椭圆形，茎生叶倒披针形至狭卵状长圆形。花序顶生有分枝，呈圆锥花序，花冠蓝、白或淡紫色，漏斗状，裂片 5，雄蕊 5，伸出，花期 5～6 月。小坚果，肾形，果期 7～8 月。

主要习性　产我国云南、四川、广西及贵州。生于海拔1600～2500m 山地草坡、松林及灌丛下。喜冷凉气候，耐半阴，要求肥沃疏松土壤。

园林应用　园林中可供观赏，根和叶供药用。

古代稀　*Godetia amoena* Don

别名　晚春锦、别春花　　　　柳叶菜科，高代花属

识别特征　一、二年生纤细草本。株高 50 ~ 60cm。疏松穗状花序，花漏斗状，紫红或淡紫色，径约 5cm。与月见草的区别在于其花药为底部着生，与山桃草的区别主要是果非坚果而为蒴果。花期春夏之间。有高仅 20 ~ 30cm 的矮生品种，花色自白色至深红，还有重瓣等变化。

主要习性　原产北美西部。喜凉爽半湿润气候，忌酷暑；耐寒性不强；要求略湿润而疏松壤土和向阳地势。

园林应用　园林中多用作春夏间花坛、花境及盆花材料。

瓜叶菊 *Senecio cruentus* DC. [*Cineraria cruenta* Mass.]

菊科，千里光属

识别特征 多年生草本，通常作一年生栽培。株高 30 ~ 50 (60) cm，全株被毛。叶心状卵圆形或心状三角形，具柄，叶面浓绿，叶背有白毛。头状花序多数，排列成伞房状，舌状花有红、粉红、白、蓝、紫等色和具各种环纹或斑点；花期 11 月至翌年 4 月。栽培类型、品种很多。

主要习性 原种产大西洋加那利群岛。喜凉爽通风、潮湿环境，要求富含腐殖质的疏松、肥沃、排水良好的沙质壤土。不耐寒，忌炎热干燥、雨涝、强光和霜冻。

园林应用 瓜叶菊花型花色丰富多彩，花期长，是冬春季布置厅堂、会场的重要盆花，亦可作切花供制花环、花篮。

观赏蓖麻 *Ricinus communis* L.

大戟科，蓖麻属

识别特征　草本或多年生灌木。高达5m，疏分枝。叶掌状 5 ～ 11 中裂，叶幅大达90cm，叶柄长。观赏品种叶色有暗紫、红、黄铜及橙红等变化。圆锥花序与叶对生；花单性同株，无花瓣。果实长2.5cm，有软刺。

主要习性　原产热带非洲。现世界广泛栽培。喜充足阳光、温暖气候。要求排水良好而肥沃的沙质土。

园林应用　红色软刺果艳美，是极好的观赏盆栽或地栽材料。种子有毒，但为工业用油原料，医药上是一种缓泻剂。全株均可入药，有祛湿通络、消肿拔毒之效。

观音兰 *Tritonia crocata* Ker – Gawl.

鸢尾科，观音兰属（蒙蒂兰属）

识别特征 多年生草本。地下球茎径约 2.5cm，具网状被膜。叶线形或剑形，基部具鞘。花莛高 30~45cm，顶生穗状花序，松散，花朵侧向一边，鲜黄褐色，长约 3cm余，花被片 6，花被管短。蒴果长圆至卵珠形，佛焰苞片顶端具细尖。花期春季。

主要习性 原产南非。性健壮，略耐霜寒；喜阳光充足与排水良好沙质土壤。

园林应用 适宜花境栽植或作切花，亦可盆栽观赏。

广东万年青 *Aglaonema modestum* Schott

天南星科，广东万年青属

识别特征 多年生草本。株高 60 ~ 150cm。叶暗绿色，卵形，长 10 ~ 25cm，宽 8 ~ 10cm，叶柄长，基部具阔鞘。肉穗花序，长 3 ~ 5cm，花小，绿色，具柄；花期夏秋。浆果成熟后黄色或红色。

主要习性 原产我国南部；马来西亚、菲律宾等地也有。性喜温暖阴湿，能耐0℃低温；要求疏松肥沃的酸性土壤。

园林应用 万年青叶子清秀，终年常绿，果实殷红，经冬不凋，华南阴地片植是地被、护坡的良好材料，华北盆栽或用悬篮容器悬挂装饰，也可用玻璃瓶水插养植，更清洁、方便，更富有情趣。广东万年青极耐阴的特性格外适宜中国式建筑的厅堂、书房等处点缀。

龟背竹 *Monstera deliciosa* Liebm.

别名 电线兰、蓬莱蕉

天南星科，龟背竹属

识别特征 常绿大藤本。茎粗壮，气根可长达 1～2m，细柱形，褐色。嫩叶心形，无孔，长大后呈羽状深裂，各叶脉间有穿孔，革质，下垂。花茎多瘤，佛焰苞淡黄色，长可达 30cm；花穗长 20～25cm，乳白色。浆果球形，成熟后可食，味似菠萝。

主要习性 原产墨西哥。野生龟背竹缠绕树木向上生长，高达 7～8m 以上。性喜温暖、半荫蔽、湿润，不耐寒；忌夏季阳光直晒；要求土质肥沃、排水良好。

园林应用 龟背竹攀援性强，气根延伸似电线，叶大多孔，佛焰苞大如灯罩，株态具有豪迈、开拓、自由的象征。又别具热带风趣，盆栽装饰厅堂、会场阴暗角隅，极为适宜。

桂圆菊 *Spilanthes oleracea* L.

菊科，金纽扣属

识别特征 一年生草本。植株铺散，高 30～50cm。叶对生，广卵形，缘具波状浅锯齿。头状花序卵圆形，长约 2.5cm，黄带绿色，后转为褐色；无舌状花，总苞片长圆形，花期夏、秋季。

主要习性 原产亚洲热带。喜温暖、向阳环境，要求疏松、肥沃、湿润土壤。不耐寒，忌干旱。

园林应用 桂圆菊花型新颖，花色暗淡，可与其他色泽鲜艳花卉配置花境、花坛。叶有辛辣气味，可生食作调味料。

桂竹香 *Cheiranthus cheiri* L.

别名 香紫罗兰、黄紫罗兰　　　　十字花科，桂竹香属

识别特征 多年生草本，常作二年生栽培。株高 20 ~ 60cm。叶互生，披针形。长总状花序顶生，花径 2 ~ 2.5cm；花瓣 4，基部具爪，橙黄色或黄褐色；具香气。栽培品种很多。花期 4 ~ 6 月。

主要习性 原种产南欧。半耐寒，喜向阳地势，冷凉干燥气候和排水良好、疏松肥沃土壤。忌湿热、水涝。

园林应用 桂竹香高矮品种齐全，花色浓艳，又具芳香，是春季优良的花坛、花境与切花花材；亦可盆栽观赏。

海芋 *Alocasia macrorrhiza*(L.)Schott

天南星科，海芋属

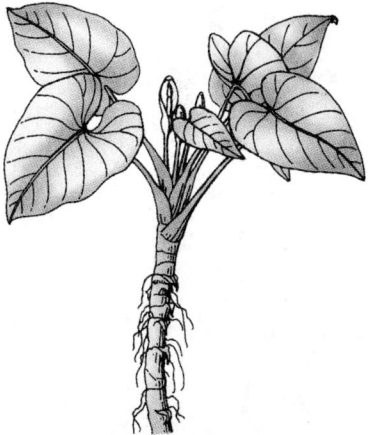

识别特征 多年生常绿草本。茎粗壮，高达 3m。叶聚生茎顶，叶片卵状戟形，长 15~90cm。总花梗长 10~30cm，佛焰苞全长10~20cm，下部筒状，上部稍弯曲呈舟形，肉穗花序稍短于佛焰苞；雌花在下部，仅具雌蕊，子房 1 室；雄花在上部，具 4 个聚药雄蕊。

主要习性 产中国华南、西南及台湾，东南亚也有分布。喜温暖、潮湿和半阴环境，排水良好的土壤。

园林应用 大型观叶植物，北方多以大桶栽培，布置大型厅堂、室内花园或热带温室，十分壮观。

含羞草 *Mimosa pudica* L.

豆科，含羞草属

识别特征 多年生草本或半灌木。高可达1m，茎上有倒钩刺和粉红色倒刺状刚毛。二回羽状复叶，2~4羽片掌状排列于一总柄顶端，小叶10~20对，条状长圆形，长0.6~1.2cm，受触动小叶闭合至整个复叶闭合下垂。头状花序矩圆形，腋生，花淡红色，两性或单性。荚果扁平，长1.5~2.5cm，具3~5节。

主要习性 产热带美洲，现广泛分布于热带各地，华南及云南西双版纳、台湾、福建南部、江西南部及贵州等地均有生长；各地也多盆栽观赏。含羞草喜温暖、湿润，为阳性植物，但亦较耐旱；在荫蔽处生长不良，苗期生长缓慢；不耐水涝。

园林应用 因其羽叶触动后闭合下垂，为人喜爱，盆栽植于室内案头，开花时红花绿叶，前后延续时间很久。

旱金莲 *Tropaeolum majus* L.

别名 金莲花、旱荷花 旱金莲科，旱金莲属

识别特征 一年或多年生草本。茎蔓生，灰绿色，光滑无毛。叶互生，具长柄，近圆形，盾状，形似莲叶而小，具9条主脉，叶绿色，有波状钝角。花腋生，梗细长，花瓣5，有距，花色紫红、橘红、乳黄等，花期2～3月（秋播的）；或7～9月（春播的）；在气候适合的条件下，全年可开花。栽培品种多。

主要习性 原产南美洲。我国各地均有栽培。性喜温暖湿润及向阳之地，性强健，易栽培。在我国南方作多年生栽培，华北地区在庭院中作一年生栽培或作盆栽。

园林应用 叶肥花美，可用以盆栽装饰阳台和窗台，或置于室内书桌、几架上；庭院中可栽植于低矮的栅篱旁，令蔓茎蜿蜒生长，或在矮墙边和假山石旁种植。气候适宜地区也可作地被栽植。

旱伞草 *Cyperus alternifolius* ssp. *flabelliformis* (Rottb.) Kkenth.

莎草科，莎草属

识别特征 多年生草本。株高 60～100cm，茎秆丛生，三棱形，直立无分枝。叶鞘状，秆顶有多数叶状总苞苞片，密集螺旋状排列，伞状。复伞形花序，小穗短矩形，扁平，每边有花 6～12 朵，聚于辐射枝顶；无花被。花果期 4～8 月。

主要习性 原产非洲马达加斯加，世界各地广为栽培。喜温暖、潮湿及通风良好环境；耐阴性极强，不耐寒及干旱，生长期适宜温度 15～20℃，冬季最低温度 5～7℃，要求富含有机质黏重土壤。

园林应用 冬暖之地露地丛植或片植，作湖岸浅水区水湿之地装饰，且有净水之效，北方盆栽或配以山石制作盆景，赏其优美姿态；茎秆可供造纸。

合果芋 *Syngonium podophyllum* Schott.

别名 长柄合果芋 天南星科，合果芋属

识别特征 多年生常绿蔓性植物。根略肉质、肥厚。枝上具气生根，可缠绕攀援。叶片近三角形，有叶裂；叶脉及其周围呈黄白色。园艺品种很多。

主要习性 原种产中、南美洲墨西哥至巴拿马热带雨林。喜高温、高湿的半阴环境；忌低温寒冷。

园林应用 合果芋最适宜作图腾柱式栽植，或立支架任其攀援。作悬垂吊盆装饰栽培的，节间会逐渐加长，叶片越来越窄，观赏效果渐差。‘白蝶’合果芋耐阴性更强，最忌直射日光。长期置于房内光线差的角落，也能生长良好，是典型的室内观叶植物上品。

荷包牡丹 *Dicentra spectabilis* Lem.

紫堇科，荷包牡丹属

识别特征　多年生草本。根粗壮而脆；株高40～70cm。叶对生，3出羽状复叶，似牡丹。总状花序长可达50cm，向一侧成弓形，弯垂；花瓣4，交叉排列为两层，外层稍联合为心脏形，基部膨大成囊状，上部有2短钝距，外瓣玫瑰红色，内瓣白色，花长约3.5cm。花期春季。

主要习性　原产我国北部及日本、西伯利亚。性耐寒，喜向阳，亦耐半阴，好湿润、富含腐殖质、疏松肥沃的沙质壤土。忌高温、高湿。

园林应用　荷包牡丹姿态优美，花如玲珑绚丽的小荷包，花期亦较早，正值"五一"前后，庭院中适宜布置花境、山石旁丛植；也可盆栽或作切花。

荷兰菊 *Aster novi – belgii* L.

别名 柳叶菊

菊科，紫菀属

识别特征 多年生草本。株高可达1m，全株光滑。叶互生，长圆形或线状披针形。头状花序集成伞房状，径2~3cm，舌状花蓝紫或白色；花期夏秋。

主要习性 原种产北美。性耐寒、耐旱，喜阳光、干燥和通风良好；要求富含腐殖质的疏松肥沃、排水良好的土壤。

园林应用 荷兰菊花朵繁密，群植效果极佳，适宜布置花坛、花境，也可盆栽。

褐花延龄草 *Trillium erectum* L.

别名 直立延龄草

百合科，延龄草属

识别特征 多年生草本。具纤细根状茎。株高达40cm。叶片3裂，阔斜方卵形，长达18cm，无柄。花单生，长5cm，具 10cm 长梗，略下倾，花褐红色，外花被 3 片略带绿色，内花被 3 片略长，花药紫红色。花期春季。

主要习性 原产美国东南部。性耐寒，喜部分蔽荫或全荫环境，具深厚腐殖质层、潮湿、肥沃、酸性至中性土壤。

园林应用 褐花延龄草富宁静色彩，适宜野生花卉园、林下空地阴生环境栽植。

鹤望兰 *Strelitzia reginae* Ait.

别名 极乐鸟之花　　　　　　　旅人蕉科，鹤望兰属

识别特征 多年生草本。高 1 ~ 2m，茎不明显。叶基生，两侧对生，硬革质。花顶生或腋生；佛焰苞高于叶片，水平生长，基部及上部边缘近紫色，花 3 枚外瓣为橙黄色，3 枚内瓣为亮蓝色，色彩鲜艳，花形奇特美丽，犹如仙鹤翘首远望；花期春夏或夏秋季。

主要习性 原产南非。喜温暖湿润气候、光照充足；在富含有机质而深厚的黏重土壤上生长为宜，不耐霜寒。

园林应用 鹤望兰是温室中极美丽的观赏花卉，盆栽可布置大型会议室、厅堂，更是重要切花；冬暖之地作庭园露地丛植，终年赏叶、观花。

黑心菊 *Rudbeckia hybrida* Hort.

菊科，金光菊属

识别特征 多年生草本。株高约 1m，全株被粗毛。叶互生，长椭圆形，基生叶 3~5 浅裂，边缘具粗齿。头状花序，径 10~20cm，舌状花金黄色，瓣基部棕红色或无，管状花古铜色，半球形，花期 5~9 月。

主要习性 本种为园艺杂种。多个亲本种均产于北美。性耐寒，耐旱。喜向阳通风环境，对土壤要求不严，一般园土均可生长。适应性强，偶能自播繁衍。

园林应用 黑心菊花朵棕红色与黄色对比醒目，适宜布置花境背景，或篱旁、林缘带植、丛植，亦可作切花。

黑种草 *Nigella damascena* L.

毛茛科，黑种草属

识别特征 一年生草本。高30～50cm。叶互生，二至三回羽状深裂，裂片细条形。花单生，径3～5cm，浅蓝色，下部具叶状总苞；萼片5，花瓣状；花瓣5，基部狭细成爪；栽培品种花瓣增多，桃红、紫红、淡黄、白色或浅蓝色。花期春夏间。

主要习性 原产地中海及西亚。喜向阳、疏松的肥沃土壤，凉爽与阳光充足环境。

园林应用 黑种草枝叶秀丽，花色淡雅，用作配置花坛、花境，也可作切花。嫩茎叶可蔬食。

红柄喜林芋 *Philodendron erubescens* C. Koch. et Aug.

天南星科，喜林芋属

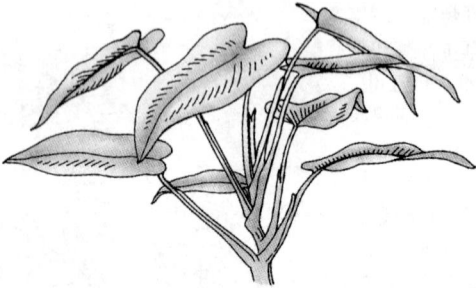

识别特征 多年生常绿藤本植物。茎粗壮，基部稍木质，节部有气生根。叶柄、叶背和幼嫩部分常为暗红色，叶片卵圆状三角形，长达30cm，宽15cm，有光泽。佛焰苞长达15cm，紫红色，肉穗花序白色，通常不开花。

主要习性 原产美洲热带哥伦比亚一带。喜温暖、潮湿和半阴环境。

园林应用 本种是室内著名大型观叶植物，株态壮观。

红花 *Carthamus tinctorius* L.

别名 菊红花

菊科，红蓝花属

识别特征 一年
生草本。株高可
达1m。叶互生，
质硬，卵圆形或
卵状披针形，先
端尖，基部抱
茎，边缘齿裂，
先端锐尖具芒
刺。头状花序，
径约4cm，总苞
片多列，叶状披
针形；小花筒
状，橘黄或橘红
色，上部开展，
先端5裂，花期
6～8月。瘦果
白色。栽培品种
很多。

主要习性 原产埃及。现我国西部分布较多。性喜温
暖、向阳、较干燥地势；忌积水、雨涝和连作。

园林应用 红花可供花坛、花境作背景栽植，也可作切
花。花朵为红色染料，种子油用。

红花菖蒲莲 *Zephyranthes grandiflora* Lindl.

[*Z. carinata* Herb.]

别名 风雨花、菖蒲莲

石蒜科，葱莲属

识别特征 多年生草本植物。鳞茎卵形有膜，径约 2.5cm。叶条形。花葶高约 30cm，花单生花葶顶端，苞片红粉色，花梗长约 2cm；花冠漏斗状，花被长 5 ~ 7cm，粉红色或淡玫瑰红色；花期 6 ~ 9 月。

主要习性 原产中、南美洲。喜阳光充足和排水良好、有机质丰富的沙质壤土；亦可耐半阴和潮湿，性较耐寒。

园林应用 植株低矮，叶绿花繁，花期长。宜作花坛、花境、草地镶边栽植，或盆栽观赏。亦可作半阴处地被花卉。

红花酢浆草 *Oxalis rubra* St. Hil.

别名 三叶草

酢浆草科，酢浆草属

识别特征 多年生草本。具根茎。叶基生，具长柄，掌状复叶，小叶3枚，叶片两面有白色绢毛。花茎长10~15cm，伞形花序，花深红色带纵裂条纹，小花长1.3~1.8cm，花期5~9月，花朵每日清晨开放，傍晚闭合。

主要习性 原产南美巴西。性喜荫蔽、湿润，要求排水良好且富含腐殖质的沙质壤土，不耐寒，忌霜冻。

园林应用 盆栽红花酢浆草可用来布置室内阳台、窗台、书桌、几架。我国南部、西南部冬季温暖地区可在庭院栽植，也可作花坛镶边材料，或进行丛植、片植。全草可入药。

红花烟草 *Nicotiana sanderae* Sander [*N. alata* ×
N. forgetiana]

茄科，烟草属

识别特征 一年生草本，为一杂种。株高60 ~ 90cm，多分枝，全株被黏性柔毛。叶对生，基生叶匙形，茎生叶矩圆状披针形。疏散圆锥花序生于枝顶，花冠筒长 7cm，为萼长 2 ~ 3 倍，花冠漏斗状，深玫瑰红至深红色，花期 6 ~ 8 月。蒴果球形，种子细小。

主要习性 本种为花烟草与福氏烟草的杂交种，父母本原产南美，现普遍栽培。性喜温暖向阳，不耐高温高湿，喜疏松、肥沃及排水良好的沙质壤土，为长日照植物。

园林应用 红花烟草花大色艳，园林中适作花坛、花境材料，成片种植观赏效果好，可植于坡地，树丛旁，也可盆栽观赏。

红蓼 *Polygonum orientale* L.

别名 东方蓼、狗尾巴花

蓼科，蓼属

识别特征 一年生草本植物。高可达2m。茎直立，分枝，有节，被密毛。叶大，有柄，互生，阔卵形或心脏形，先端尖。花序顶生或腋生，穗大艳丽，粉红或玫瑰红色。花期7~9月。

主要习性 原产澳大利亚及亚洲。我国东北地区以及河北、山东、安徽、江苏、江西、湖北、云南、四川等地均有分布。本种适应性很强，耐土质贫瘠，但以在土层深厚而肥沃的土壤中生长最好，喜阳光及水旁湿地生长。

园林应用 红蓼花穗大，每逢开花季节，粉红的花序随风摇曳，惹人喜爱。可用来美化村庄、门前或庭院，亦可与其他低矮观赏植物相间种植，或可作插花装饰。

红球姜　*Zingiber zerumbet*（L.）Sm.

姜科，姜属

识别特征　多年生草本。高 0.6 ~ 2m，根状茎块状。叶片披针形，长 15 ~ 40cm，宽 3 ~ 8cm，叶舌长 1.5 ~ 2cm。花葶自根状茎发出，花序球果状，长 8 ~ 9cm，苞片紧密覆瓦状排列，由淡绿色转为红色，花冠管长 3cm，白色；唇瓣具 3 裂片，浅黄色，中央裂片近圆形，长约 2cm；药隔附属体喙状，长 1cm；花期 7 ~ 10 月。

主要习性　分布于广东、广西、云南；亚洲热带地区也有分布。性喜温暖、潮湿与部分蔽荫环境。忌霜冻。

园林应用　园林中适宜冬暖之地露地布置山石角隅；赏其碧绿叶丛与鲜红球果状花序；根状茎药用治肚痛、腹泻。

红网纹草 *Fittonia verschaffeltii* Coem.

别名 费通花 爵床科，网纹草属

识别特征 多年生常绿草本植物。植株低矮，茎匍匐，茎着地常生根。叶椭圆形至卵圆形，长 7～12cm，先端钝，全缘，对生，深绿色，有红色叶脉，脉形似网，故名网纹草。花小，花冠黄色，生于叶腋，筒状，二唇形，有较大苞片，生于柱状花梗上。

主要习性 原产秘鲁。喜温和湿润气候及荫蔽环境，要求肥沃、疏松及排水良好土壤，生长适宜温度为 18～22℃，不耐寒，不耐旱，其越冬温度不得低于 15℃。生长期应保持土壤湿润及空气湿度，每 2 周施用稀薄肥水 1 次，并避免强烈阳光直射。栽培以酸性土壤为宜。

园林应用 适宜盆栽观赏，为良好温室观叶植物，可用于室内外布置装饰。

红叶恭菜 *Beta vulgaris var. cicia* L.

别名 红厚皮菜

蔾科，恭菜属

识别特征 二年生草本。主根直立，不肥大。叶片呈暗紫红色，叶面皱缩不平，有粗壮的长叶柄，基生叶片矩圆形，茎生叶菱形或卵形，较小。

主要习性 原产欧洲。早已引入我国长江流域栽培。喜光，但略耐阴；好肥，耐寒力较强，短期-10℃左右不致受冻害。适应性强，对土壤要求不严，以在排水良好的沙壤土中生长较好。

园林应用 庭院中布置花坛、花境或盆栽室内观叶。嫩叶可食用。

红叶苋　*Iresine herbstii* Hook. f.

别名　血苋、红洋苋　　　　　　　　　苋科，血苋属

识别特征　多年生草本。高可达 18m。常作一年生草本栽培。茎直立，少分枝，茎及叶柄带紫红色。叶对生，广卵形至圆形，全缘，端钝或凹陷，绿色或紫红色，叶脉黄红、绿色或青铜色，侧脉弧状弯曲。伞房花序顶生或腋生，花小，淡褐色。

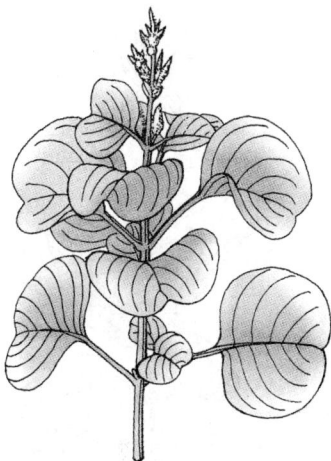

主要习性　原产南美洲。喜阳光，温暖湿润，耐干热环境和瘠薄土壤；畏寒冷，忌湿涝。

园林应用　适宜与五色草或冷色花卉配置毛毡花坛、花境，或草坪边缘镶边、丛植，亦可盆栽，赏其浓艳经久的叶色。

猴面花 *Mimulus luteus* L.

别名 锦花沟酸浆

玄参科，沟酸浆属

识别特征 多年生草本。株高 30 ~ 40cm，茎平卧，匍匐生根。叶对生，卵圆形至心形。花单生叶腋或集成稀疏总状花序，花冠漏斗状，花筒长 3 ~ 4cm，黄色，有红色或紫色斑点，形似猴面，花期 4 ~ 5 月。

主要习性 原产智利。性喜凉爽气候，忌炎热，耐半阴，要求肥沃、疏松且湿润的沙质壤土。常作二年生栽培。

园林应用 猴面花株型矮小，花色艳丽，园林中宜作花坛、草坪及花境、路边栽植，或盆栽观赏，亦可在坡地作地被栽种。

虎斑花 *Tigridia pavonia* (L. f.) DC.

别名 老虎花　　　　　　　鸢尾科，虎皮花属

识别特征 多年生草本。有皮球茎，圆锥形，径约 3.5cm。茎高 40～60cm。有叶 1～5 枚，扁平剑状。花梗顶端着生花 6～7 朵，酒杯状，花瓣 6 枚，外 3 瓣大，内 3 瓣小，红色，花被片中央有鲜明相异的黄色或紫色斑点；有白、黄、粉、深红等各色花品种；花期春、夏。

主要习性 原产墨西哥、危地马拉。喜温暖、湿润及强日照，要求微酸性、有机质丰富的肥沃沙质壤土；不耐寒。

园林应用 虎斑花作春植球茎花卉，花色鲜丽，姿态别致，单花寿命 1 天，但一花谢后，他花继放；多作花坛、花境条植或丛植，亦可盆栽。

虎耳草 *Saxifraga stolonifera* Meerb.

虎耳草科，虎耳草属

识别特征 多年生草本。叶基生，具丝状匍匐枝，枝梢着地可生根另成单株。叶肾脏形，上面绿色，具白色网状脉纹，下面紫红色，两面均生白色伏生毛，叶柄长，多紫红色。圆锥花序，花稀疏，夏季开放，白色，不整齐。蒴果。

主要习性 产我国，秦岭以南各地均有；朝鲜、日本也分布。多生海拔 1500m 以下山地、河谷、水泉等阴湿处。

园林应用 植株小巧，叶形奇特，好阴湿，故多用作吸水石盆景和岩石园栽植材料，也可在池塘、小溪旁阴处栽植。盆栽悬挂廊下，室内欣赏。

虎尾兰 *Sansevieria trifasciata* Prain

别名 千岁兰

龙舌兰科，虎尾兰属

识别特征 多年生常绿草本。具水平生长根状茎。叶簇生，厚硬革质，扁平狭披针形或基部具凹沟或呈圆筒形，两面具白绿和深绿色相间的横带状斑纹。花葶高达80cm，短于叶，小花 3～8 朵一束，1～3 束簇生在花序轴上，花绿白色；花期夏季。

主要习性 原产非洲西部。喜阳光充足、温暖而湿度大、通风良好环境；不耐寒，耐半阴；排水良好的沙质或黏重壤土均可生长。

园林应用 虎尾兰为常见栽培的盆栽观叶花卉，适合装饰书房、客厅，四季青翠，极为清雅。

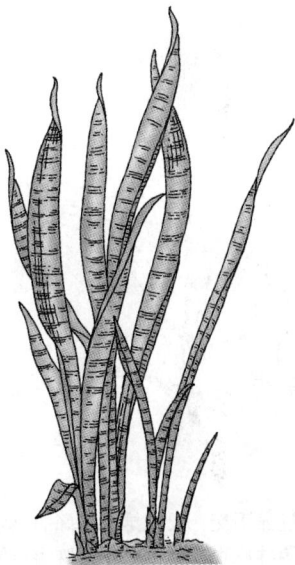

虎眼万年青　*Ornithogalum caudatum* Ait.

别名　鸟乳花　　　　　百合科，虎眼万年青(鸟乳花)属

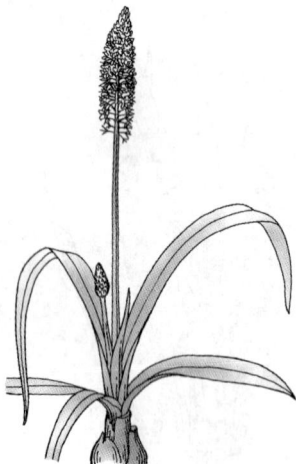

识别特征　多年生草本。具卵圆状淡灰绿色大鳞茎，径可达10cm。叶5~6枚，带状，先端具长尖，长可达60cm，近肉质。花莛粗壮，长约1m，长总状花序具小花50~60朵，边开放边伸长，花星形，径2.5cm，花被片白色，中间有一条绿色带；花期夏季。

主要习性　原产南非；欧、亚、非广为分布。喜阳光或部分荫蔽；忌过强阳光，要求排水良好的土壤，不耐寒。

园林应用　虎眼万年青既耐半阴又耐适度干旱，适宜北方室内布置，观其大型淡绿色鳞茎和常绿叶丛。

互叶奇瓣葵 *Actinomeris alternifolia*（L.）DC.

菊科，奇瓣葵属

识别特征 多年生草本。株高可达 2m。头状花序聚成伞房状，径 2.5～5cm，黄色，花期夏秋。与向日葵属近似，不同点为瘦果扁平有翅，舌状花不规则，2～10 枚不等。

主要习性 原产美洲。对气候、土壤要求不严，适应性极强。

园林应用 园林中在篱边、灌木林缘、岩石园、山石旁或宅院中自然式丛植，甚别致，亦可作切花。

花菱草 *Eschscholzia californica* Cham.

别名 金英花、人参花　　　　　　　罂粟科，花菱草属

识别特征 多年生草本。株高30～60cm，被白粉，全株呈灰绿色。叶互生，多回三出羽状深裂至全裂。花顶生长梗端，径5～7cm，花瓣4，易脱落，亮鲜黄色，有杏黄、橙红、玫瑰红、淡粉红、乳白、猩红、玫红等色及半重瓣、重瓣品种。花期春夏。花朵在充足的阳光下开放，阴天及夜晚闭合。果熟期7月。

主要习性 原产美国加利福尼亚州。喜冷凉、干燥的气候和疏松肥沃、排水良好的沙质壤土。忌高温、水涝。

园林应用 花菱草枝叶细密灰绿，花朵色泽鲜艳丰富，为优良的花带、花境材料，盆栽亦十分美丽。

花毛茛 *Ranunculus asiaticus* L.

别名 芹菜花、波斯毛茛　　　　　　毛茛科，毛茛属

识别特征 多年生草本。地下部有小形块根，顶部数芽有白茸毛包被。叶片根出，二回三出羽状浅裂或深裂。春季抽生直立地上茎，高 25~45cm，中空，有毛。花单朵或数朵顶生；萼片绿色；花瓣 5 至数十枚，主要为黄色。园艺品种有红、白、橙、栗等深浅各异之别。花期 4~5 月。

主要习性 原产土耳其、叙利亚、伊朗及欧洲东南部。性喜向阳环境和通风凉爽气候，亦可耐半阴。忌湿热与强直射光暴晒；较耐寒，但不耐冻，越冬温度不得低于 3℃。长江流域地区稍保护可露地越冬，适宜排水良好、疏松肥沃的沙质壤土；喜湿润、忌积水，怕干旱。夏季多休眠。

园林应用 花朵艳丽多彩，栽培品种重瓣度高，品质尤佳。可布置花坛、花境、或在草地、林缘丛植。亦宜盆栽观赏或切花插瓶。

花葱 *Polemonium coeruleum* L.

花葱科，花葱属

识别特征 多年生草本。茎直立，高 50 ~ 100cm，全株有腺毛。奇数羽状复叶，互生，小叶片 19 ~ 27 枚。聚伞圆锥花序顶生，花萼钟状，裂片卵形或卵状披针形，花冠蓝紫色，管状漏斗形，花径约 2.5cm，花期夏季。蒴果卵形。

主要习性 原产我国东北、内蒙古、山西、河北、新疆、云南等地；欧洲、亚洲北部及北美亦有分布。性耐寒，喜凉爽和稍湿润气候，不耐高温，要求肥沃、疏松土壤。

园林应用 欧洲园林中栽培极为普遍，作花坛栽培已有 200 多年历史，我国也已栽培多年。适宜花坛、花境、林缘及草坪中栽种，也作切花使用。

花叶蕺菜 *Houttuynia cordata* var. *variegata* Hort.

三白草科，蕺菜属

识别特征　多年生具根茎爬行草本。部分茎直立。叶互生，心脏形或宽卵形，长 3～8cm，宽 4～6cm，托叶条形，膜质，长 1～2cm，下部与叶柄合生，叶面夹杂金黄色斑块，叶心绿色，边缘红紫色，下面常紫色。穗状花序，长 1.5cm，生于枝上部与叶片对生；花序基部有 4 片白色花瓣状苞片，长 1.2cm；花极小，无花被，果穗长 5cm。花期夏季。

主要习性　原种分布于爪哇、尼泊尔，日本等，是药用与蔬菜植物，具特异气味。一名鱼腥草，变种供观赏。性较耐寒。喜半阴与潮湿土壤或浅水沼泽环境。

园林应用　长江流域以南是美丽的林下地被植物。北方是矮型观叶盆栽植物。

'花叶'如意 *Ligularia kaempferi* Sieb. et Zucc. 'Aureo – maculata'

菊科，橐吾属

识别特征 多年生常绿草本植物。具根茎。叶近圆肾形，基部簇生，径可达25cm，边缘呈棱齿状，深绿色具黄白色斑点，有光泽。花茎高30~60cm，头状花序多数，径4~5cm，淡黄色，花期4~5月。

主要习性 原种分布于日本、朝鲜。耐寒性差；栽培品种更喜温暖、向阳、湿润，不耐寒。要求含腐殖质、疏松肥沃、排水良好的沙质壤土。

园林应用 北方用于盆栽赏叶，冬暖地区作花坛镶边或湖畔、向阳坡地地被。

花叶芋 *Caladium bicolor*(Ait.) Vent.

别名 彩叶芋   天南星科，花叶芋属

识别特征 多年生草本。株高50～70cm，块茎扁圆形，黄色。叶心形，长达30cm，表面绿色，具红或白色斑点，背面粉绿色，叶柄长为叶片3～7倍。佛焰苞外面绿色，里面粉绿色，喉部带紫，苞片锐尖，顶部褐白色。

主要习性 原产西印度群岛至巴西。性喜高温、高湿、半阴；不耐寒，要求土壤疏松、肥沃、排水良好。

园林应用 花叶芋绿色叶片上嵌红、白斑点或条纹。色彩浓淡协调，夺目，是盛夏最好的室内装饰植物，巧置案头，极雅致。

华丽龙胆 *Gentiana sinoornata* Balf. f.

龙胆科，龙胆属

识别特征 匍匐状常绿多年生草本。具肉质根；地上茎高仅 5～15cm，斜生，光滑。叶对生，条形，长 1～3.5cm。花单生顶端，近无柄，花萼漏斗状，长约 4.5cm，裂片条状披针形，长不超过 2cm；花冠漏斗状，长约 5～6cm，鲜蓝色，或有淡黄色条纹，裂片 5，卵状三角形；雄蕊 5，花丝生于筒中部。蒴果。花期 5～6 月或秋季。

主要习性 分布于甘肃、青海、四川、云南、西藏；生山顶或山坡草地，海拔 1800～3500m 处。性耐寒，喜阳光或半阴及湿润环境。

园林应用 园林中可供树木、树丛等半阴及潮润坡地、岩石园美化、绿化。株丛低矮，大蓝色花成片展开犹如蓝色织锦装点地面，十分优美。

皇冠贝母 *Fritillaria imperialis* L.

别名 花贝母

百合科，贝母属

识别特征 多年生草本。鳞茎大，径可达15cm，鳞片少数，肥厚。地上茎健壮，高60～120(150)cm，上部有紫红色点；具浓异味。叶片多数，散生，披针形，浅亮绿色，宽约2.5cm，光滑。花数朵簇生于梗顶叶丛之下；花钟形，下垂，长约5cm，黄色，花期春季。

主要习性 原产喜马拉雅山至土耳其东南部及伊朗西部，巴基斯坦、克什米尔地区也有分布。自然生长在海拔1000～3000m多石砾山坡或悬崖上及灌丛旁。耐严寒，喜凉爽温和气候，阳光充足或略遮荫，排水通畅的肥沃深厚沙壤土环境。

园林应用 庭院中作花坛、花境、疏林丛植，也可盆栽，花朵集中，花色艳丽，观赏效果极好。

黄海罂粟 *Glaucium flavum* Crantz

罂粟科，海罂粟属

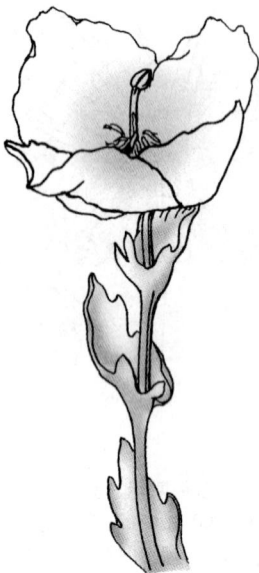

识别特征 二年生或短命多年生草本。具橙色汁液。株高 40～90cm。基部叶有柄，上部叶抱茎，叶具波状裂片，边缘有齿。单花顶生，花瓣 4，径 6～10cm，金黄至橙色。角状蒴果，长 15～30cm。花期 6～9 月。

主要习性 原产欧洲西部、北非，北美东部有分布。要求排水良好、肥沃壤土，阳光充足又较凉爽环境。

园林应用 用于布置花坛或自然式群植。

黄堇　*Corydalis pallida*(Thunb.) Pers.

别名　珠果紫堇　　　　　　　　紫堇科，紫堇属

识别特征　二年生草本植物。株高 20 ~ 60cm；直根系。叶二或三回羽状全裂，小裂片卵形或狭卵形。总状花序长可达25cm；花黄色，长约2.3cm；距圆筒形；北京地区 3 月下旬至 5 月上旬开花。蒴果串珠状，5 ~ 6 月间成熟。

主要习性　分布于浙江、江苏、东北等地；生丘陵山地林下或沟边潮湿处。耐寒，喜光；耐半阴，不耐高温强光、干旱。有自播繁衍能力。

园林应用　黄堇叶多细裂，鲜黄色横展花序成片，实为春季较早的露地草本花卉，适宜林缘、花境或草地丛植，景观效好良好。

黄芩 *Scutellaria baicalensis* Georgi

唇形科，黄芩属

识别特征 多年生草本。根茎肥厚，茎基部伏地，高 30 ~ 120cm，茎四棱，多分枝。叶披针形，全缘，暗绿色，两面无毛或微被柔毛。总状花序顶生，花冠檐部 2 唇形，紫色、紫红色至蓝色，花期 7 ~ 8 月。小坚果卵球形。果期 8 ~ 9 月。

主要习性 产我国东北、西北及华北，生于山地阳坡，前苏联、蒙古、朝鲜、日本均有分布。喜温暖气候，耐寒，耐旱，择土不严，怕涝，忌连作。

园林应用 黄芩是一种冷凉生境条件下生长的花卉，直立的花序，色彩淡雅，适于岩石园种植，也是一种地被材料。根茎为清凉解热消炎药。

黄秋葵 *Abelmoschus moschatus*(L.)Medic.

别名 黄葵、麝香秋葵　　　　　　　锦葵科，秋葵属

识别特征 一、二年生草本。高约 1m，有粗毛。叶片 3~5 深裂，边缘有不规则锯齿。花黄色，花瓣基部红褐色，径约 7~10cm，小苞片线状，通常 8 枚，短于萼片。蒴果长圆形，有黄色硬毛。种子肾形，有麝香味，花期夏季。果期 9~10 月。

主要习性 产亚洲热带。喜阳光、排水良好之地，不耐寒。华南山地有野生。

园林应用 本种花朵朝开暮落，花色清秀，是庭园中良好的背景材料，也可植于篱旁墙角空隙地。

回欢草 *Anacampseros arachnoides* Hort.

马齿苋科，回欢草属

识别特征 多年生草本。叶倒卵状圆形，肉质，绿色，长 2cm，宽 1.5cm，叶尖外弯，有蛛丝状毛，叶腋有少数刚毛状毛。花莛高 10cm，花 2~4 朵排成总状；白色带粉，径 3cm。花期夏季，仅阳光下开放。

主要习性 原产南非。习性健壮。

园林应用 适宜作小型盆栽植物，可布置窗台、几案、书桌。冬季温暖之地可作岩石园点缀。

活血丹　*Glechoma longituba*(Nakai)Kupr[*G. hederacea* L.]

别名　佛耳草、金钱草　　　　　　　　唇形科，活血丹属

识别特征　多年生草本。具匍匐茎，上升，逐节生根，高 10~30cm，茎四棱，基部常淡紫红色。叶对生，革质，心形或肾形，缘有钝齿，叶柄长，为叶片 2 倍，叶下面常带紫色。轮伞花序，花少，苞片刺芒状，花萼筒状，有 5 齿，花冠 2 唇形，淡蓝色至紫色，下唇具深色斑点，花期 4~5 月。小坚果长圆状卵形，果期 5~6 月。

主要习性　我国除青海、甘肃、新疆及西藏以外各地均有。多生于林缘、溪边、疏林、草地荫湿处。前苏联、朝鲜也有分布。凡在湿润之地均可生长。

园林应用　活血丹植株低矮，可用作地被，全草还可入药，治膀胱结石。

火炬花 *Kniphofia uvaria* Hook.

别名　火把莲　　　　　　　　　百合科，火把莲属

识别特征　多年生常绿草本。根状茎稍带肉质，通常无茎。基生叶丛生，革质，稍带白粉，长 60~90cm。花葶高约 120cm，总状花序长约 30cm；小花圆筒形，长约 4.5cm，顶部花绯红色，下部花渐浅至黄色带红晕，雄蕊伸出。花期夏季。

主要习性　原产南非。性喜温暖，光照充足，对土壤要求不严，但以腐殖质丰富、排水良好的轻黏质壤土为适宜，忌雨涝积水。

园林应用　庭园中多群植作花境、花坛中心背景或坡地片植，鲜丽如火把的独特花序挺立在翠绿的叶丛中，别具特色。

火燕兰 *Sprekelia formosissima* (L.) Herb.

石蒜科，龙头花属

识别特征 多年生草本植物。被膜鳞茎卵形。叶线形，与花莛同长。花莛中空，高约 30cm；花单生，花被下部有 3 个花被片彼此卷绕形成一个水平圆筒，在圆筒一端有 3 个直立窄花被片，长约 10cm，宽约 2.5cm，花冠倾斜，形成二唇状，有红花白边及中央裂片有黄色纵条等品种；花鲜绯红色；花期春夏季。

主要习性 原产墨西哥和危地马拉。喜向阳、温暖气候和轻松、排水良好的土壤。冬季温度不低于 10℃，并保持较干燥条件。

园林应用 火燕兰是极美丽的盆栽花卉。冬暖之地亦可地栽。

藿香 *Agastache rugosa*（Fisch. et Mey.）O. Ktze.

唇形科，藿香属

识别特征 多年生草本。茎直立，高 0.5 ~ 1.5m，茎四棱，全株有短柔毛。叶对生，心状卵形至长圆状披针形，缘具齿，纸质，有香气，具长柄。轮伞花序，长达 12cm，花萼管状倒圆锥形，花冠淡紫蓝色，上唇直伸，先端微凹，下唇 3 裂，花具香气，花期 6 ~ 9 月。小坚果卵状长圆形，果期 9 ~ 11 月。

主要习性 我国各地广泛分布，且大面积药用栽培；前苏联、朝鲜、日本及北美洲有分布。性喜温暖湿润气候，要求向阳、疏松、肥沃及排水良好的沙壤土；耐寒、耐旱，适应性较强。

园林应用 园林中可种植在草坪边缘、路旁及坡地。

藿香蓟　*Ageratum conyzoides* L.

菊科，藿香蓟属

识别特征　一年生或多年生草本。株高 30 ~ 60cm，全株具毛。叶对生，卵形，具钝齿。头状花序缨络状，密生枝顶，径约 1cm；花小，筒状，粉蓝、浅蓝或白色；花期夏秋。

主要习性　原产美洲热带。性喜温暖、向阳环境，对土壤要求不严，适应性强，偶有自播繁衍能力。

园林应用　藿香蓟花朵繁多，颜色素雅别致，高型品种适宜布置花坛、花境或作切花；矮型品种是作毛毡花坛和地被植物的好材料，也可点缀岩石园或盆栽。

鸡冠花 *Celosia cristata* L.

苋科，青葙属

识别特征 一年生草本。茎直立粗壮，高50~90cm。叶卵形至卵状披针形。花序扁平，顶生或腋生鸡冠状。花期夏、秋至"霜降"。花色有红、紫红、棕红、橙红、淡红、火红、金黄、淡黄及白等，丰富多彩。栽培品种很多：有早花种、晚花种，有矮生型，高仅 10~15cm，中生型及高生型等各种不同花型花色系列。还有适宜作切花用的品种。

主要习性 原产亚洲热带。性喜干热、阳光充足的气候，疏松、肥沃、排水良好的土壤，不耐瘠薄。忌霜冻。

园林应用 高茎品种可用于花境、花坛中心或作切花，矮生品种适宜花坛、草地镶边与盆栽。花序与种子可入药，有止血与止泻等功效。

吉祥草 *Reineckia carnea* Kunth

百合科，吉祥草属

识别特征　多年生常绿草本。地上匍匐根状茎节处生根与叶，叶3～8枚，簇生于根状茎顶端，长 10 ～ 38cm。花莛高约15cm，通常短于叶，穗状花序长约6cm，花无柄，粉红色，芳香，花期秋季。浆果球形，鲜红色。有金边、银边叶类型。

主要习性　原产我国南方各地及日本。生阴湿山坡、山谷及密林下。性喜温暖、阴湿，较耐寒；要求富含腐殖质、排水良好的湿润沙质壤土。

园林应用　长江流域以南是优良的林下地被植物，北方盆栽作室内观叶、观果植物，效果均佳。全株供药用。

蓟罂粟 *Argemone mexicana* L.

罂粟科，蓟罂粟属

识别特征 多年生草本，多作一、二年生栽培。株高可达90cm，有黄色汁液，散生刺。叶羽状深裂，边缘具波状锯齿，叶面有白色斑纹，叶背覆白粉。花单生，浅黄色或橙色，径5～6cm。花期6～8月。

主要习性 原产墨西哥。喜向阳温暖环境，不耐寒；忌高温湿涝。好疏松略高燥土壤。

园林应用 蓟罂粟叶、花均可观赏，适宜花境、野生花卉园栽植。

嘉兰 *Gloriosa superba* L.

百合科，嘉兰属

识别特征 多年生蔓性草本，蔓长可达 3m。根状茎横生，块状，肥大。叶互生、对生或 3 片轮生，卵状披针形，先端延长卷曲。花单朵或数朵在顶端组成疏散的伞房花序，花被片 6，上部红色，下部黄色，瓣宽为长的 1/6，反曲，边缘皱波状；花期夏季。

主要习性 原产云南南部，亚洲和非洲热带也有分布，生密林及潮湿草丛中。性喜温暖、湿润；要求土壤疏松肥沃、保水力强而又排水良好，耐阴，不耐寒。

园林应用 嘉兰花姿别致，花色鲜艳，花期长，是热带、亚热带地区垂直绿化装饰廊架的良好攀援花卉，北方盆栽是室内摆放的美丽盆花。根状茎药用，全株有毒。

假百合 *Notholirion bulbuliferum*（Lingelsh.）Stearn

百合科，假百合属

识别特征 多年生鳞茎植物。鳞茎卵形，鳞茎皮膜质，淡褐色，下面有多数须根，上生鳞茎。茎高 60 ~ 150cm，基生叶 5 ~ 10 枚，长条形，长约 30cm，宽约 2.5cm，茎生叶互生，条状披针形，长 10 ~ 18cm，宽 1.5 ~ 2cm，总状花序，具 10 ~ 24 朵花；花被片6，倒披针形，长约 3.5cm，淡紫色或淡粉色，花期夏季。

主要习性 产西藏、云南、四川、陕西和甘肃。生高山草丛或灌木丛中，海拔 3000 ~ 4500m，略耐霜寒，喜半阴或光线充足、含丰富腐殖质的土壤。

园林应用 适宜夏季凉爽或高海拔地区庭园或岩石园种植，或盆栽观赏。

假龙头花 *Physostegia virginiana* Beath.

别名 芝麻花、随意草　　　　　　唇形科，假龙头花属

识别特征 多年生草本。株高约1m，茎直立，丛生，四棱形，地下具匍匐状根茎。叶亮绿色，披针形，长达12cm，先端渐尖，缘有锐齿。穗状花序顶生，长可达30cm，小花花冠唇形，花筒长2.5cm，花粉红或淡紫色，花期7～9月。

主要习性 原产北美。性较耐寒，喜深厚、肥沃、疏松且排水良好的沙质壤土，夏季干旱则生长不良。

园林应用 假龙头花开花繁茂，花朵秀丽，群体观赏效果好，园林中用于布置花坛、花境，也可盆栽观赏或作切花。

假马齿苋 *Bacopa monnieri*(L.)Wettst.

玄参科,假马齿苋属

识别特征 匍匐草本。茎节处生根,多少肉质,似马齿苋。叶矩圆状倒披针形,对生。花单生于叶腋,萼片5,花冠钟状,蓝色、紫色或白色,长约1cm,二唇形,花期5~10月。蒴果长卵状,种子椭圆状锥形。

主要习性 分布于我国台湾、福建、广东及云南等地,全球热带广布,生水边、湿地及沙滩。

园林应用 园林中用于水生植物区,或供水景布置材料观赏。

姜花 *Hedychium coronarium* J. Köenig.

姜科，姜花属

识别特征 多年生草本植物。有根状茎和直立茎，高可达2m。叶无柄，长圆披针形，长达60cm，叶背有细绒毛。穗状花序顶生，长10～20cm，苞片4～6枚，覆瓦状排列，每一苞片内有花2～3朵，花冠管长8cm，后部的一枚花被兜状；退化雄蕊侧生花瓣状，长5cm，唇瓣长、宽约6cm，花白色，芳香；花期秋季。

主要习性 分布在我国南部至西南部海拔1300m左右的山地；印度、越南、马来西亚至澳大利亚也有。喜温暖湿润气候和微酸性、湿润、肥沃、沙质壤土；忌霜冻。冬季休眠期需干燥。

园林应用 冬暖地区露地庭园栽植，寒冷地区多盆栽或温室地栽，赏其白色如蝶般的芳香花朵及嫩绿色叶丛。

角蒿 *Incarvillea sinensis* Lam.

紫葳科，角蒿属

识别特征 一年生至多年生直立草本。茎具分枝，高80cm，根近木质。叶互生，二至三回羽状细裂。顶生总状花序，疏散，长达20cm，花萼钟状，绿色带紫红色，花冠钟状漏斗形，基部细筒状，长4cm，花冠淡玫瑰紫色或粉色，有时带紫色，裂片圆形，花期5～9月。蒴果淡绿色，种子扁圆形。

主要习性 产我国东北、西北及华北，至云南、四川及西藏等地。性耐寒，喜阳光充足及湿润且排水良好的沙质土壤，适应性较强。

园林应用 其叶似蒿，青翠碧绿，花色鲜艳，园林中可植于岩石园和花境中，盆栽亦可。

金苞花　*Pachystachys lutea* Nees

别名　黄虾花　　　　　　　　爵床科，厚穗爵床属

识别特征　多年生草本植物。灌木状，茎直立，具分枝，株高可达70cm。叶对生，长卵形，长10~12cm，叶脉纹理鲜明，边缘波状。穗状花序顶生，长10cm余，由金黄色苞片组成四棱形，苞片心形，约2~3cm长，花冠唇形，乳白色，长5cm，花期从春夏至秋，从花序基部陆续向上开放，长达2~3个月。

主要习性　原产秘鲁，世界各地多有栽培。性较强健，喜阳光充足，喜温暖气候及肥沃、疏松、排水良好的沙质壤土，夏日酷热要避免强烈阳光直晒，保持空气湿度，冬季室内气温不得低于13℃，并要求充分光照。

园林应用　金苞花花期长，花色鲜明，是优良盆栽花卉，可用于室内布置，温暖地区可布置花坛、花境或在草坪中点缀。

金鱼草 *Antirrhinum majus* L.

别名 龙头花、龙口花、洋彩雀　　玄参科，金鱼草属

识别特征 多年生草本，作一、二年生栽培。株高20~90cm，茎基部木质化。叶片长圆状披针形，茎下部叶对生，上部叶互生。总状花序顶生，长可达25cm，花冠筒状唇形，长3~5cm，外被绒毛，基部膨大成囊状，上唇2裂，下唇3裂；花色极多，除蓝色外，几乎都有，花期自春至秋。果熟期在花后1个月，蒴果，种子细小。

主要习性 原产地中海沿岸及北非。现世界各地均有栽培。性耐寒，喜光，不耐酷暑，稍耐半阴，要求肥沃、疏松及排水良好的沙壤土，耐石灰质土壤，在凉爽环境中生长健壮。种子可自播繁衍。

园林应用 金鱼草色彩丰富，品种多，适宜在花坛、花境、岩石园及草地边缘种植，亦可盆栽或切花观赏，还可在缓坡地大片种植。

金盏花 *Calendula officinalis* L.

菊科，金盏花属

识别特征 一、二年生草本。株高可达 60cm，微有毛。叶长圆倒卵形，基部抱茎。头状花序径约 10cm，单生，总梗粗壮。舌状花乳黄或橘红色，栽培中有单瓣、重瓣和矮生，乳白、淡黄、金黄、橙红等变化；花期 3~6 月。

主要习性 原种产地中海至伊朗。性喜凉爽湿润，较耐寒，适应性强；对土壤要求不严，偶有自播繁衍力。

园林应用 金盏花花色鲜艳夺目，花期又早，是冬春花坛、花境的主要花卉，也可盆栽或作切花。

筋骨草 *Ajuga ciliata* Bunge

唇形科，筋骨草属

识别特征　多年生草本。高 20～40cm，茎四棱，基部略木质化，紫红或紫绿色，幼茎有长绒毛。叶对生，卵状椭圆或狭椭圆形，两面有粗毛。轮伞花序生于枝顶，花密生，苞片叶状，有时紫红色，花萼漏斗形，花冠紫色具蓝色条纹，二唇形，花期 4～8 月。小坚果长圆状或卵状三棱形，果期7～9 月。

主要习性　我国华北、西北、四川、浙江均有野生。生于山谷溪旁，阴湿等地或林下湿润处。喜温和湿润气候，耐寒，喜土壤肥沃而湿润，耐半阴。

园林应用　园林中作为阴生植物种植在林下，建筑物旁较阴处或山坡荫蔽处。全草还可入药，治跌打损伤、扁桃体炎、咽喉炎等。

锦葵 *Malva sylvestris* L.

别名 小熟季花

锦葵科，锦葵属

识别特征 一、二年生或多年生草本。株高 60～100cm，直立，多分枝。叶圆心形或肾形，具长柄。春、夏开花，数朵聚生于叶腋，花淡紫红色，具深紫红色纹，径3.5～4cm，萼钟形，被柔毛。

主要习性 产亚洲、欧洲及北美。性健壮；较耐干旱与贫瘠，亦耐部分荫蔽。

园林应用 通常用于花境背景，向阳或局部荫蔽地。在肥沃湿润地生长的枝条细弱，需立杆支撑；在肥力中等旱地生长反而苗壮。如夏季行短截修剪，可促新枝萌发，株形更为紧凑，防止锈病，注意通风，土壤不可过湿。

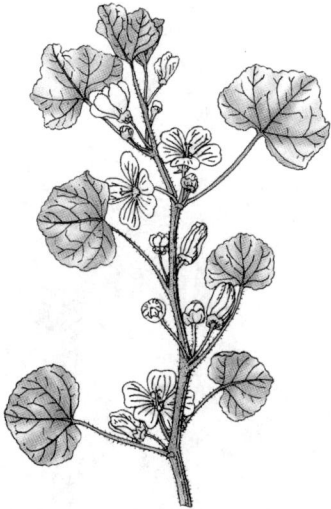

荆芥 *Nepeta cataria* L.

唇形科，荆芥属

识别特征 多年生草本。茎直立，多分枝；株高可达 1.5m，基部近四棱形，木质化，常被白色短柔毛。叶卵状至三角状心形，边缘具齿，叶片草质。聚伞花序下部的腋生，上部的为顶生圆锥花序，具叶状苞片，花萼管状，花冠白色，2唇形，下唇有紫色斑点，花期 7～8 月。4小坚果，果期 9～10 月。

主要习性 分布欧亚两洲，我国西北、西南及山东、河南、湖北等均有。性喜温暖气候及阳光充足环境，也可耐半阴，耐寒，要求土壤肥沃、湿润的沙质壤土。

园林应用 本种可作芳香油及蜜源植物栽培，全草药用。园林中可植于坡地，路边，树下，作为地被覆盖和边缘植物材料。

酒瓶兰   *Beaucarnea recuvata* Lem.［*Nolina tuberculata* Hort.］

别名   象腿树　　　　　龙舌兰科，酒瓶兰属（短马尾属）

识别特征　植株树状。茎直立，原产地可高达10m；基部膨大似酒瓶状。叶线形，簇生于干顶，长 1～2m，宽 1～2cm，粗糙外弯，略革质，蓝绿色或灰色。圆锥花序，小花白色。

主要习性　分布于墨西哥。喜阳光充足，排水极好的肥沃土壤环境；耐旱，不耐寒。

园林应用　酒瓶兰以其茎干畸形膨大而称奇，为室内盆栽佳品。

桔梗 *Platycodon grandiflorus* A. DC.

别名 僧冠帽、气球花

桔梗科，桔梗属

识别特征 多年生宿根草本。具肥厚粗壮圆锥根。茎高 30～100cm，枝铺散，有乳汁。叶互生或 3 枚轮生。花通常 2～3 朵成疏散总状花序，顶生；含苞时，花冠形如僧冠，开放后花冠宽钟状，径可达 6.5cm，蓝紫色，有白花、大花、星状花、斑纹花、半重瓣花及植株高矮不同等品种，花期 6～9 月。与风铃草的主要区别在于蒴果的顶端瓣裂。

主要习性 分布我国各地，多生长于山坡、草丛间或林边沟旁。性喜凉爽、向阳、湿润，要求含腐殖质、排水良好的沙质壤土。

园林应用 桔梗花期长，花色美丽，适宜栽植岩石园或花坛，也可盆栽或作切花。根为镇咳、祛痰重要药材，又可制酱菜或酿酒。

菊花 *Dendranthema × grandiflora*(Ramat.)Kitam.

菊科，菊属

识别特征　多年生宿根草本。株高可 20 ~ 200cm 不等。茎直立，粗壮，多分枝，木质化，呈灰褐色；嫩茎绿色或紫褐色，被灰色柔毛。单叶互生，叶卵形至长圆形，叶缘有缺刻与锯齿。花(头状花序)生于枝顶，径 2 ~ 30cm；边缘舌状花，中央管状花，花色除蓝色与黑色外，其他各色均有，有的还具香气。花期通常 10 ~ 12 月。菊花为高度杂交种。

主要习性　菊花较耐寒，性喜凉爽和通风良好、阳光充足、地势高燥的环境，要求富含腐殖质的肥沃、疏松、排水良好中性或稍偏酸性的沙质壤土。最忌连作与积涝。

园林应用　菊花为园林中重要花卉，广泛应用于花坛、花境或假山。制作盆花、盆景；更是当前市场上五大切花之一，此外菊花还有药用、食用价值。

巨独尾草 *Eremurus robustus* Regel.

百合科，独尾草属

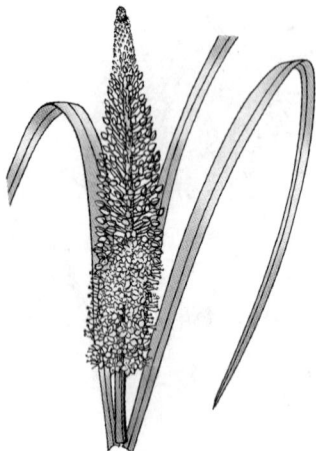

识别特征 多年生草本。根肉质，肥大。根状茎粗短。叶莲座状基生，叶片带状，长约60cm，宽2.5～5cm，边缘软骨质。花葶高60～120cm或更长，笔直，无分枝，密总状花序60～90cm长，花朵具带关节的花梗，花序开展宽约13cm；花朵粉红色，具褐色的脊，径约4cm。花期夏季。

主要习性 原产亚洲中部。性耐寒，要求向阳的地势，排水良好而富营养的土壤。较耐旱。

园林应用 巨独尾草植株大，花葶高可达3m以上，花序长而挺拔壮观，奇特；庭院中宜栽于墙隅。

聚铃花 *Scilla hispanica* Mill.

别名 蓝钟花 　　　　　　　百合科，绵枣儿属

识别特征 多年生草本。鳞茎卵状，白色光滑。叶窄带状，长达 50cm，总状花序自鳞茎抽出，有花 10～30 朵，小花钟形，下垂，花被片开张不外弯，蓝色至玫瑰紫色或白色，花期 5～6 月。

主要习性 原产葡萄牙及西班牙。喜温暖、向阳、湿润，但亦耐半阴及干旱；要求腐殖质丰富、排水良好的土壤。

园林应用 聚铃花植株低矮，花色明快，适应性强，宜作草坡地及疏林下的地被植物，或在花坛、岩石园栽植，亦可盆栽观赏。

君子兰 *Clivia miniata* Reg.

别名 大花君子兰　　　　　　　　石蒜科，君子兰属

识别特征 多年生常绿草本。根系粗大，肉质。叶基部形成假鳞茎；叶片宽带状，革质，深绿色。伞形花序有花数朵至数十朵；花漏斗形，直立，橙红色。浆果熟时紫红色。花期冬、春季。现代栽培中，花型与叶型、花色等变异极多。

主要习性 原产南非。性健壮，喜温暖湿润而半阴环境。要求排水良好、肥沃壤土。不耐寒冷。

园林应用 华南可布置花坛或作切花，华东及长江流域以北地区作室内盆栽，观叶观花。

块根糙苏 *Phlomis tuberosa* L.

唇形科，糙苏属

识别特征 多年生草本。株高 40 ~ 150cm，具块根，茎四棱。基生叶和茎下部叶呈三角形，中部叶三角状披针形，叶缘有齿，叶片常被硬毛，周身较粗糙。轮伞花序，30 ~ 40 朵花密集轮生，花萼管状钟形，花冠紫红色，冠檐二唇形，花期 6 ~ 7 月。小坚果顶端被星状短毛，果期 9 月。

主要习性 原产中欧和东南欧至伊朗、西伯利亚和蒙古；我国黑龙江、内蒙古和新疆有分布。多生于湿草原和山沟中。性喜阳光充足，空气湿润及土壤较为干燥的环境，耐贫瘠，无需大水大肥，适应性较强，且能耐 -25℃低温。

园林应用 园林中可种植在岩石园、花境或坡地上。

款冬 *Tussilago farfara* L.

菊科，款冬属

识别特征 多年生草本。根状茎褐色，地下横生。早春抽生花葶数枚，高 5 ~ 10cm，被白色绒毛，先花后叶。叶 10 多片基生，阔心形，边缘有波状、顶端有增厚的黑褐色疏齿，掌状网脉，下面密生白色绒毛。头状花序顶生，径 2.5 ~ 3cm，黄色；中央为两性筒状花，边缘多层舌状雌花；花期早春。

主要习性 分布于我国华北、西北、华中等地；印度、伊朗、前苏联及西欧、北非亦有。性耐寒，喜阳光充足、排水良好肥沃土壤。

园林应用 款冬适宜作坡地护坡或地被栽植，早春赏其幼嫩色泽花葶、花蕾，初夏观其被白绒毛的绿色株丛。花蕾入药，有温肺止咳、下气祛痰之效。

昆明滇紫草

[*O. tsiangii* Johnst]

Onosma cingulatum W. W. Smith

紫草科，滇紫草属

识别特征 多年生草本。高 50 ~ 70cm，植株黄绿色，密生黄色长硬毛及白色反曲短硬毛，茎不分枝。基生叶披针形，茎生叶披针形或卵状披针形，几无柄。大型圆锥花序顶生或腋生，长 25 ~ 45cm，花冠红色，筒状，5 浅裂，初开时夹杂有深蓝色，花期 7 ~ 10 月。坚果黑色，光亮。

主要习性 产我国云南昆明及昭通一带。多生于海拔 2000 ~ 2300m 的多石山坡地及灌丛草地。喜光耐旱。

园林应用 在园林中可植于岩石园中或与其他灌木配植。

阔叶山麦冬 *Liriope platyphylla* Wang et Tang

别名 麦冬、麦门冬　　　　　　　　百合科，山麦冬属

识别特征 多年生常绿草本。根系长，分枝多，有时具局部膨大呈纺锤形或椭圆形肉质小块根。叶宽线形，长 40 ~ 65cm，密集成丛。花莛高 45 ~ 100cm，总状花序可长至 40cm；花小，4 ~ 8 朵簇生在苞片腋内，红紫色或紫色，花期夏季。

主要习性 分布在我国华中、华南、西南等地；日本也有。生于海拔 100 ~ 1400m 山地林下或潮湿处。性喜阴湿，忌阳光直晒，较耐寒；对土壤要求不严，但在湿润肥沃土壤中生长更好。

园林应用 宽叶麦冬株丛繁茂，终年常绿，为良好的地被植物，亦可作花境、花坛镶边材料。盆栽可作大盆花或组合盆栽的镶边材料。

蜡菊 *Helichrysum bracteatum* Andr.

别名 麦秆菊

菊科，蜡菊属

识别特征 一年生草本。株高40~90cm。叶长披针形。头状花序，径约3~6cm，总苞片干膜质，有光泽，花瓣状，紫、红、橙、黄、白等色，管状花集于中心，圆形花盘呈黄色；花期5~7月。瘦果光滑，有近羽状糙毛。

主要习性 原产澳大利亚。喜阳光充足、空气干燥环境，不耐寒，忌酷热。不择土壤，适应性强。

园林应用 蜡菊总苞片色泽绚丽，干后经久不凋，常用以制作干花，供室内装饰。庭院中可布置花坛或林缘丛植。

兰花蕉 *Orchidantha chinensis* T. L. Wu

芭蕉科，兰花蕉属

识别特征 多年生草本。具根状茎，高达 45cm。叶 2 列，叶片椭圆状披针形，长达 30cm，宽 7 ~ 8cm，先端渐尖，基部楔形，侧脉每边 5 条，横脉平行，方格状；叶柄长 14 ~ 18cm。花单生，自根状茎生出，紫色，苞片矩圆形，花瓣 3，唇瓣大狭条形，中部稍收缩，长约 9cm，侧生 2 花瓣小，长约 2cm，顶端有芒状小尖头；雄蕊 5；柱头 3。

主要习性 产我国广东南部。生高温、高湿、荫蔽山谷中。

园林应用 适宜冬暖之地林下栽培或盆栽观花赏叶。

蓝翅蝴蝶花 *Torenia fournieri* Lindl. ex Fourn.

别名 蓝猪耳

玄参科，蝴蝶草属

识别特征 一年生草本。茎直立，高 15 ~ 50cm，茎具4窄棱，节间通常6 ~ 9cm。叶对生，长卵形或卵形，边缘具粗齿。总状花序顶生，小花对生，萼绿色或边缘与顶部略带紫红色，花冠筒淡青紫色，背黄色，上唇淡蓝色，张开如翅，下唇深蓝色，中间裂片基部黄色。蒴果长椭圆形，种子细小，黄色。花果期6 ~ 12 月。

主要习性 原产越南；我国南方常见栽培，偶有逸生。喜温暖湿润气候及部分荫蔽条件，土壤要求肥沃而湿润，不耐寒。

园林应用 盆栽、地栽均可，盆栽温室培养可冬季开花，温带地区地栽作一年生草花种植。

蓝雏菊 *Felicia amelloides* Voss

菊科，费利菊属

识别特征 多年生草本或灌木状亚灌木。高30～90cm。叶对生，椭圆或长圆状倒卵形，长约2.5cm，基部渐窄成具翼短柄。头状花序单生，径约3cm，有长梗；总苞2层，舌状花多数，天蓝色；管状花黄色；花期6～8月。

主要习性 原产南非。喜向阳排水好地势，性健壮，不耐寒。

园林应用 园林中适宜花境、花坛镶边、窗台饰盒栽植，或作温室盆栽观赏。

蓝春星花 *Brodiaea uniflora* var. *violacea* Kunth

石蒜科，卜若地属

识别特征 多年生球根草本。植株低矮。叶自基部抽生，扁平，阔线形，略肉质。花莛高约20cm，花冠高脚碟形，径约3.5cm，淡蓝色，花期春季；花朵在夜间和阴雨天闭合。

主要习性 原产阿根廷。喜温暖，阳光充足，对土壤要求不严，但在疏松肥沃、排水良好的土壤中生长良好，忌过肥、过湿。

园林应用 庭园中适宜作花坛、草地镶边或岩石园点缀，北方盆栽观赏。世界各国庭园中早有栽培。

蓝蓟 *Echium vulgare* L.

紫草科，蓝蓟属

识别特征 二年生草本。高达100cm，全体被灰白硬毛，多分枝。单叶互生，基生叶和茎下部叶线状披针形，长达15cm，中脉明显，茎下部叶较小，无柄。狭长圆锥花序紧密，花有蓝、紫、粉红和白色，雄蕊5，4雄蕊伸出花冠外，1雄蕊不外露，花冠斜钟状，沿部不等浅裂，花期6~8月。坚果。

主要习性 原产欧亚两洲，后传至北美；我国新疆有产，生于低山山谷草地。喜阳光与排水良好环境。

园林应用 温暖地区可供露地花坛、花境布置使用，寒冷地区室内盆栽。

蓝目菊 *Arctotis stoechadifolia* var. *grandis* Less.

别名 非洲雏菊　　　　　　　　　　菊科，蓝目菊属

识别特征 多年生草本。株高40～60cm。叶长圆至倒卵形，羽裂或琴裂；幼嫩叶有白色绒毛。头状花序，径约8cm；总苞有绒毛，舌状花单轮，表面白色，背面淡紫色，管状花蓝紫色。花期4～6月。

主要习性 原产南非。性喜温暖、向阳、干燥，不耐寒，亦忌酷暑，要求富含腐殖质的肥沃、排水良好的沙质壤土。

园林应用 蓝目菊花大色鲜，适合布置花坛、花境，可丛植建筑物前、山石旁、池畔、湖岸，亦适宜作切花。

蓝羊茅 *Festuca glauca* Lam. [*F. ovina* var. *glauca* Koch.*]

禾本科，羊茅属

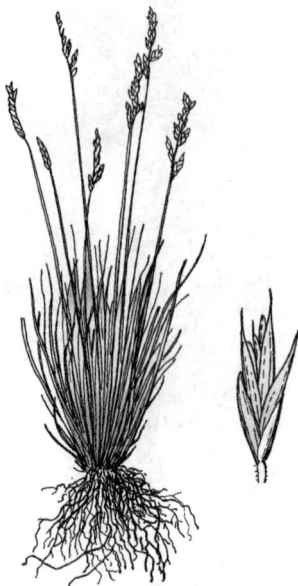

识别特征 多年生草本。秆密丛生，直立平滑，高 15～35cm，超出叶丛很多。叶片强内卷几成针状或毛发状，具银白霜。圆锥花序长 5～15cm，常侧向一边；每小穗有 3～6 花；花期夏季。

主要习性 原种广泛分布于北温带地区。喜阳光充足，干燥之地。不择土壤，适应性强，耐寒，耐旱。

园林应用 园林中供花坛镶边或花境、地被、岩石园栽植，赏其蓝灰色叶丛。冬季温暖之地可四季常青。

狼毒 *Stellera chamaejasme* L.

别名 甘遂

瑞香科，狼毒属

识别特征 多年生草本。高 20~50cm，茎丛生，直立。叶互生、无柄。头状花序顶生，花黄或白色，花被管筒状细长，先端 5 裂，裂片白、黄或紫红色，未开放时色深，开放后色浅，花期 5~6 月。

主要习性 分布于我国东北、河北、河南、山西、陕西、甘肃、青海及四川西北等地。性喜干燥冷凉气候，要求向阳，沙质土壤、碱性土中生长良好，耐寒，冬季以粗壮地下茎露地越冬。

园林应用 其毒性大，可制农药，或于药圃中作展示栽培。根入药。

狼尾草 *Pennisetum alopecuroides*(L.)Spreng.

禾本科，狼尾草属

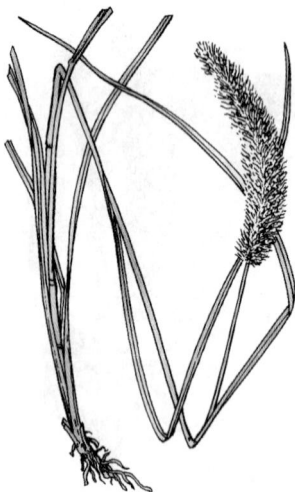

识别特征 多年生草本。秆细长丛生，高约1m。叶条形，狭长至50cm，亮绿色。穗状圆锥花序顶生，长5~20cm，主轴密生柔毛，银白色；完全花小穗通常单生于小秆顶端，其下为带紫红色雄花。颖果。花果期7~10月。

主要习性 广布于我国南北各地，常成片生长于山区湿润处；田边山坡，道沟旁也有。极耐寒。喜阳光充足、要求较干燥的土壤环境，栽培容易。

园林应用 供野生园、花境栽培，赏其银白色穗、紫红色雄蕊与长而显著的芒刺，经久不凋，嫩叶可作饲料，亦可作干切花。

冷水花 *Pilea cadierei* Gagnep. et Guillaum

荨麻科，冷水花属

识别特征 亚灌木或多年生草本，常绿。高不过 50cm，多分枝；茎、叶肉质多汁。叶交互对生，广椭圆形至卵状椭圆形，长约 3～6cm，端尖，基圆，缘稍具浅齿，叶面光滑，叶脉下陷，脉间具银白色斑纹或斑块。

主要习性 原产东南亚热带各地，我国引入栽培，在福建、广东、广西、云南南部均可露地栽培，冬季最低温在 10℃以上可安全生长，低于 10℃就有冷害发生，华北只宜盆栽室内越冬。除喜温暖外，本种还要求空气湿润，耐阴能力强，且忌夏季暴晒；是室内盆栽观赏佳品。

园林应用 南方供露地林缘、灌丛前栽植或花境镶边，北方多盆栽或垂吊栽培赏叶。

立金花 *Lachenalia tricolor* Thunb.

百合科，立金花属

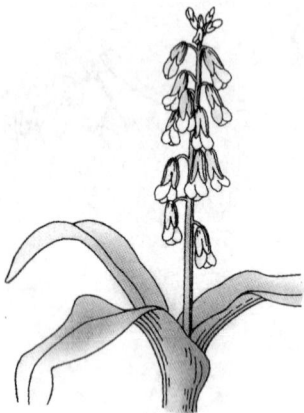

识别特征 多年生草本。具小鳞茎。基生叶常 2～3 枚，披针形。花莛高约 25cm，总状花序有花 10 多朵，筒状，下垂，外花被片短于内花被片，花黄色，先端或基部具红色条纹晕，筒部偶有绿色晕，长3cm。花期冬、春季。

主要习性 原产南非。性健壮，喜光照充足、温暖气候；不耐寒；要求排水良好的肥沃土壤。

园林应用 立金花适宜冬暖之地花境栽植，北方温室盆栽。

灵芝草　*Phinacanthus nasutus*(L.)Kurz

别名　白鹤灵芝、仙鹤灵芝草　　　　　爵床科，灵芝草属

识别特征　多年生直立草本或亚灌木。茎稍粗壮，密被短柔毛。叶椭圆形或卵状椭圆形，全缘或稍波状，叶背具密柔毛。圆锥花序由小聚伞花序组成，顶生或生于上部叶腋，花萼5裂，条状披针形，两面均被绒毛，花冠二唇形，冠筒细长，白色，长约2cm，花期夏季。

主要习性　产亚洲热带地区；我国云南有野生；菲律宾有分布；我国广东、海南及印度至中南半岛与爪哇有栽培。喜温暖湿润气候及半阴条件，要求腐殖质丰富、排水良好的土壤，不耐寒，北方栽培时室内越冬气温为10℃。

园林应用　园林中可做林下栽植或作花境配置。

铃兰 *Convallaria majalis* L.

别名 君影草、草玉铃

百合科，铃兰属

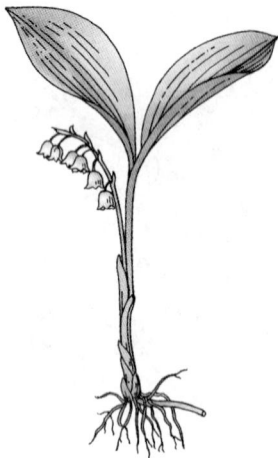

识别特征 多年生草本。具长匍匐根状茎。多分枝，端部具肥大地下芽。叶通常 2 枚，上面粉绿色，具长柄，鞘状相抱。花莛高 15～20cm，稍向外弯；总状花序偏向一侧，着花 10 余朵；花小，径约 8mm，钟状下垂，芳香，花期春季。浆果成熟时红色，有毒。

主要习性 欧亚大陆及北美广泛分布，我国东北、华北、西北林区有野生，生于半阴坡林下，在杨桦林下常自成群落，多生于排水良好的沙质壤土上。性健壮，耐严寒，喜湿润及半阴凉爽气候，忌炎热干燥。

园林应用 铃兰是世界庭园中著名的一种耐阴花卉，作为花境、树荫下草坪、坡地、林缘的地被花卉；室内盆花观赏亦极适宜。花朵与花梗可提取高级香精——铃兰香，根茎药用，园艺品种色、香尤佳，可作切花、花束等装饰品。

留兰香　*Mentha spicata* L.

别名　绿薄荷

唇形科，薄荷属

识别特征　多年生草本。高 0.4 ~ 1.3m，茎直立，四棱形，绿色。叶对生，具短柄，卵状矩圆形或矩圆状披针形，缘有锯齿，叶背脉上带白色明显隆起。轮伞花序聚生于茎及分枝顶端，组成圆柱形假穗状花序，花萼钟状，具腺点，花冠淡紫色，雄蕊及花柱均伸出，花期6 ~ 9 月。小坚果椭圆形，平滑。

主要习性　原产地不详，我国新疆有野生，现世界各地广泛栽培。喜温暖湿润气候，喜阳光及肥沃、湿润、排水良好的沙质壤土，耐寒，适应性较强。连续栽种 3 ~ 4 年的植株需要更新，否则长势和抗寒力减弱。

园林应用　留兰香是很好的地被植物材料，其香气甜爽，茎叶可提取芳香油，广泛用于医药、食品及化妆品。

琉璃苣 *Borago officinalis* Linn.

紫草科，琉璃苣属

识别特征 一年生草本。高达 60cm，茎中空，全株有毛。单叶，互生，长圆形或卵圆形。花朵下垂，5 枚花瓣呈星状，花冠蓝色、粉红或白色，花径约 2.5cm，花期 6～9 月。果为小坚果。

主要习性 原产北非及欧洲；我国有引种。喜温凉气候；要求充足阳光及水肥，择土不严。种子成熟时易散落。

园林应用 园林中可用于布置花坛、花境，或作配植材料，还是很好的蜜源植物。其花朵和叶片可食，可作调料。

琉维草 *Lewisia cotyledon* (S. Wats.) B. L. Rob.

马齿苋科，琉维属

识别特征 肉质多年生常绿草本。根肉质肥大，富含淀粉。叶根出，多簇生，茎生叶少，宽匙形，长约10cm。花茎长约30cm，圆锥状花序，花长约1.3cm；花瓣约10～12枚，粉红色具白色脉纹或条纹。蒴果顶部开裂。花期初夏。

主要习性 分布于美国西北部。性耐寒，喜排水良好的酸性沙砾土，忌高温高湿与积涝。

园林应用 最适宜岩石园及中、高海拔石砾缝隙及墙体装饰点缀，或冷室盆栽，色彩丰富，甚为美观。

柳穿鱼 *Linaria vulgaris* Mill.

玄参科，柳穿鱼属

识别特征 多年生草本。株高 30 ~ 60cm，茎直立，上部常分枝。叶多互生，有时轮生，条形，常单脉。总状花序顶生，花萼裂片披针形，花冠筒基部成长距，距与花冠近等长，上唇长于下唇，花冠淡黄色，口喉部附属物为黄色，花期 6 ~ 9 月。蒴果卵球状，种子盘形，边缘有翅。

主要习性 产欧、亚两洲；我国东北、华北及西北、江苏北部均产，生山坡、草地、路边。性喜阳光充足及凉爽气候，要求肥沃、湿润及排水良好的沙质壤土，耐寒，畏酷热，能自播繁衍。

园林应用 柳穿鱼枝叶柔细，花型、花色别致，适宜用于布置花坛、花境及草坪点缀，也可盆栽或作切花。

柳兰 *Chamaenerion angustifolium*（L.）Scop.

柳叶菜科，柳兰属

识别特征 多年生草本。高约1m，通常不分枝。单叶互生，叶长披针形，边缘有细锯齿。总状花序顶生；花红紫色，径约2～3cm。蒴果长圆柱形，长约10cm；种子顶端具1簇长约1.5cm的白色种缨。花期6～8月，果熟期8～9月。

主要习性 北半球温带广布。自然生长于海拔稍高山坡草地、林缘或河岸草丛。性耐寒，喜凉爽、湿润气候及湿润、肥沃、排水良好的土壤；稍耐阴，忌炎热、干旱。

园林应用 柳兰花序长，花色艳，性健壮，适宜作花境背景材料，也可作切花。全株含鞣质，可提制栲胶，是值得引种栽培的野生花卉。

六出花 *Alstroemeria aurantiaca* D. Don ex Sweet.

别名 秘鲁百合 　　　　　　　　石蒜科，六出花属

识别特征 多年生草本。根肥厚肉质。茎自根茎上不定芽萌发，直立细长。叶片多数，互生状散生，披针形，光滑，长 7.5～10cm，叶柄短而狭，平行脉数条。总花梗5，各具花 2～3 朵，鲜橙色或黄色，花瓣 6，排成 2 轮，无管筒，长短不规则，内轮 3 片常上部 2 片大，上有红褐色条纹斑点，下部 1 片较小；外轮 3 片较大而形似，外缘中部微凹。

主要习性 本属各种均产南美智利、巴西、秘鲁、阿根廷及墨西哥等地，多生长于森林覆盖率较高的山地、排水良好多砾石的沙质土壤中，沿海丘陵及沙滩上也有分布。忌积水，有一定的耐旱能力。喜肥沃、湿润而排水良好的中性土壤。较能耐寒。

园林应用 花期长，植株秀丽，是优良的花坛装饰材料，也可盆栽观赏。生产上广泛用于保护地栽培，生产鲜切花。

龙面花 *Nemesia strumosa* Benth.

玄参科，龙面花属

识别特征 一年生草本。株高 30 ~ 60cm，茎多分枝。叶对生，基生叶倒匙形，全缘，茎生叶披针形，有齿，无柄。总状花序生于枝顶，长约10cm，花冠为偏斜两唇状，基部袋状，上唇4浅裂，下唇2浅裂，唇宽约2cm，有白、淡黄、黄、橙红、红及玫瑰紫等色，喉部黄色，有深色斑点及须毛，花期6 ~ 9 月。蒴果，种子外被透明假种皮。

主要习性 原产南非。性喜温和而夏季凉爽气候，冬季不耐寒，夏季不耐热，喜阳光充足而肥沃、排水良好的沙质土壤，土质微酸性。

园林应用 龙面花花形优美，色彩鲜艳，为良好的花坛布置材料，亦可作盆花和切花。

龙舌兰 *Agave americana* L.

别名 世纪树、番麻　　　　　　　　龙舌兰科，龙舌兰属

识别特征 多年生常绿草本。茎短。叶片肥厚，莲座状簇生，长至1m，灰绿色，带白粉，先端具硬刺尖，叶缘具钩刺。圆锥花序顶生，在原产地高可达13m，常见盆栽的约2m，花多数，稍漏斗状，黄绿色，径约6cm。栽培品种有：'金边'龙舌兰 'Marginata'，叶片边缘黄白至深黄色。

主要习性 原产美洲热带墨西哥东部。喜阳光充足；耐干燥、贫瘠土壤。

园林应用 庭园中栽培作观叶植物，叶具优质纤维。

楼斗菜 *Aquilegia vulgaris* L.

别名 西洋楼斗菜、楼斗花　　　　毛茛科，楼斗菜属

识别特征 多年生草本。株高40~80cm，具细柔毛。叶基生及茎生，灰绿色，叶端裂片阔楔形。花下垂（重瓣者近直立），萼片5，花瓣状；花瓣5，卵形，蓝、紫或白色，径约5cm。花期5~7月。

主要习性 原产欧洲、西伯利亚。性健壮，可耐－25℃严寒。喜富含腐殖质、湿润而又排水良好的土壤；宜较高的空气湿度与充足阳光，但盛夏应略有荫蔽。

园林应用 楼斗菜叶型、叶色优美，花姿独特，可丛植花境、林缘或疏林下，是岩石园的优良植材；也可作小切花装饰。

芦苇 *Phragmites communis* Trin.

禾本科，芦苇属

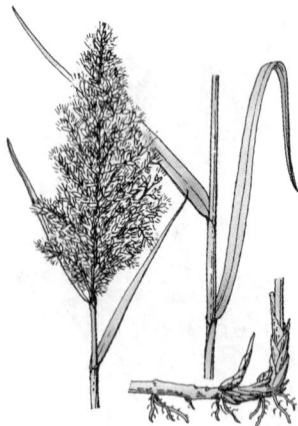

识别特征 多年生高大草本。具粗壮根状茎。秆高 1～3m，茎节有白粉。带状披针形叶，基部微收缩紧接叶鞘，叶鞘圆筒形，叶舌极短。圆锥花序顶生、疏散多分枝，长可达 40cm，小穗有花 4～7 朵；第 1 小花常为雄性，花期 8～9 月。颖果外稃的基盘具长 6～12mm 的柔毛，成熟期 10～11 月。

主要习性 分布几遍全国及全球温带地区，常生于河旁、池沼、湖边，大片形成芦苇荡。耐盐碱、水涝与严寒，但干旱沙丘也能生长。

园林应用 适宜庭院池边种植，春夏赏翠绿叶丛，秋冬大型花序随风摇曳，野趣盎然，花序可作切花；嫩茎叶作饲料，秆供造纸，编织帘、席等供防寒与防强光灼晒，也是固堤植物。

芦竹 *Arundo donax* L.

别名 芦荻竹

禾本科，芦竹属

识别特征 多年生草本。株高 3 ~ 6m，具根茎，秆稍木质化，粗壮，可分枝。叶片扁平，宽 2 ~ 5cm，阔披针形，除边缘外两面光滑无毛，叶散生于秆上。圆锥花序直立，长 30 ~ 60m，穗多，较紧密，每小穗含 2 ~ 4 花。花期 7 ~ 9 月。

主要习性 原产地中海地区，我国长江流域以南亦有分布；多生于河岸、湖滩及道旁湿地。性喜温暖、水湿，较耐寒，对土壤适应性较强，可在微酸或微碱性土壤中生长。

园林应用 庭园中可丛植、行植，花叶及高大花序供观赏。茎纤为造纸原料，秆可做乐器簧片，秆内薄膜可做笛膜，根茎药用。

绿萝 *Scindapsus aurens* Engler.

别名 黄金葛

天南星科，藤芋属

识别特征 常绿大藤本。蔓长达 10m 以上，具气根，可附着其他物体上。茎节间具小沟。叶卵形，全缘或少数具不规则深裂，光亮，淡绿色，有淡黄色斑块，长达 60cm，垂挂。

主要习性 原产马来半岛。性喜温暖、荫蔽、湿润；要求土壤疏松、肥沃、排水良好。

园林应用 绿萝攀援性极强，吸附墙壁或树干生长极为繁茂，是华南地区园林中吸附墙壁垂直绿化或攀附林下的良好观叶花卉。又可作大型立柱观赏，上盆后不能换盆。盆栽适宜作大、中型立柱装饰、壁挂，也可作水瓶插或悬吊植物。

轮锋菊 *Scabiosa atropurpurea* L.

别名 紫盆花、松虫草

川续断科，蓝盆花属

识别特征 一、二年生草本。株高 30 ~ 100cm。茎多分枝。基生叶长圆状匙形，不分裂或琴状羽裂；茎生叶对生，羽状裂。花序圆头形，径 5cm，具长总梗，萼片刺毛状 3，花冠 4 ~ 5 裂，黑紫、粉红或白色。

主要习性 原种产欧洲南部。喜向阳通风环境，耐寒，适应性强，但忌炎热、高湿和雨涝，要求排水良好的石灰质壤土。

园林应用 轮锋菊花色多，花期长，适宜作花坛、花境条植或丛植材料，亦可盆栽或作切花。

轮叶马先蒿 *Pedicularis verticillata* L.

玄参科，马先蒿属

识别特征 多年生草本。株高 15～30cm，茎丛生，上部具毛脉 4 条。基生叶矩圆形至条状披针形，羽状深裂至全裂，茎生叶常 4 枚轮生，叶片较短宽。总状花序顶生，花萼球状卵圆形，前方深开裂，花冠二唇形，上唇盔状，下唇与盔等长或稍长，花冠紫红色，长 13mm，花期 6～7 月。蒴果多少披针形，9～10 月成熟。

主要习性 本种广布于北半球寒温带，我国东北、内蒙古、河北及四川西南部均有，喜生阴湿处。性耐寒，喜光及凉爽气候，在肥沃、深厚、酸性、阴湿之地生长良好。怕热及通风不良。

园林应用 由于轮叶马先蒿植株翠绿优美，花型奇特，花色鲜明，园林中可在花境、岩石园种植。

落新妇 *Astilbe chinensis* Franch. et Sav.

别名 升麻　　　　　　　　虎耳草科，落新妇(升麻)属

识别特征 多年生宿根草本。地下有粗壮根状茎。基生叶为二至三回羽状复叶，小叶卵形或长卵形，缘有重锯齿。圆锥花序长达 30cm，密生褐色弯曲柔毛，花密集，具苞片，花小，5瓣，初开粉红色，后变白色，花期初夏。

主要习性 产我国长江流域至东北各地；朝鲜、俄罗斯亦有分布。生山谷溪流、林缘的湿润而肥沃的半阳坡，有时也生稀疏林下。耐半阴，喜腐殖质多的酸性和中性土，也耐轻碱地。

园林应用 花虽小，但花序大，且花色艳丽；叶大而奇特，园林中植于林下或半阴处观赏，花序可作切花；根、茎含单宁丰富，为制鞣酸原料，亦可入药。

马利筋 *Asclepias curassavica* L.

别名 莲生桂子花

萝藦科，马利筋属

识别特征 多年生直立草本。高60～100cm，无毛，具白色乳汁。叶对生，椭圆披针形，长10～13cm。聚伞花序顶生，有花10～20朵，花径约2cm，萼片5枚，绿色，花瓣5，红色，开花时向后反卷如莲，雄蕊5，相连成一圆形柱状物的副冠，鲜黄或橙色。蓇葖果细长角状，种子顶端具白绢质长达2.5cm的种毛。

主要习性 原产南美洲热带。喜向阳、避风、温暖、干燥环境；不择土壤。

园林应用 适宜花坛、花境配置，也可盆栽，花冠如莲，副冠如桂，甚别致；亦可作切花。

马络葵 *Malope trifida* Cav.

锦葵科，马络葵属

识别特征 一、二年生草本。株高 60～80cm，光滑。叶互生。花单生叶腋，径约 5～7.5cm；花瓣 5，红色微带紫，基部色较深，花下具 3 心形分离苞片。花期春、夏季。

主要习性 原产北非至西班牙。喜温暖向阳、沙质壤土环境。耐寒性不强。

园林应用 园林中多作花坛、花境材料，亦可盆栽或作切花。

马蹄金 *Dichondra repens* Forst.

旋花科，马蹄金属

识别特征 多年生草本。茎匍匐地面。节上生根，被短柔毛。叶互生，心形或肾形，全缘。花单生叶腋，小形，黄色，花冠钟状。蒴果近球形；种子 1 ~ 2 粒。

主要习性 产我国浙江、江西、福建、台湾、广东、广西、云南等地。多生于山坡林边或田边阴湿处。喜荫蔽或半阴环境，富含腐殖质的湿润土壤。

园林应用 供地被覆盖与药用，能消炎解毒和接骨。

马蹄莲 *Zantedeschia aethiopica* Spreng.

别名 慈姑花、水芋、观音莲　　　天南星科，马蹄莲属

识别特征 多年生草本。株高 70～100cm。地下具褐色肥大肉质根茎，根茎节间处向下生根，向上长茎。基生叶片箭形或戟形，长 15～45cm，鲜绿色，有光泽。花茎基生，高与叶长相同，顶端着一肉穗花序，包于佛焰苞内，白色，形似马蹄状；肉穗花上部雄花，下部雌花。

主要习性 原种产非洲南部。喜温暖湿润、略蔽荫的气候环境。不耐寒，忌干旱与夏季暴晒。要求疏松肥沃、排水良好的黏质壤土。

园林应用 马蹄象征"永结同心、吉祥如意、圣洁虔诚"，给人以美好、幸福与喜悦的感受，是喜庆花篮、花束重要切花，叶片挺拔鲜绿光亮，又是很好的切叶。矮小品种适宜盆栽，既赏叶又观花。冬暖之地也是庭院重要宿根花卉，可植于湖边或塘畔观赏。

麦仙翁 *Agrostemma githago* L.

石竹科，麦仙翁属

识别特征 一年生直立草本。高50～60cm，全株具白色长柔毛。叶对生，条形。花多单生，具长梗，径约2.5cm，紫红色，萼筒外有10条凸起脉，花期5～6月。

主要习性 分布于我国东北、内蒙古、新疆；欧、非、亚洲温带半干旱地带，生于干旱山坡或路边。适应性强，能自播繁衍，生长旺盛。

园林应用 用于花坛、花境或岩石园、野生花卉园等丛植或片植，也可作小切花配花。植株有毒。

满天星 *Gypsophila elegans* Bieb.

别名 丝石竹、霞草 　　　　　　石竹科，丝石竹属

识别特征 一、二年生草本。株高30 ~ 45cm，全株光滑，被白粉。叶对生，粉绿色。聚伞花序呈疏松扩展状，花小，径约 1cm，白色或淡红色，花朵分布均匀，各有 1 长花梗；似繁星点点。蒴果球形，4 裂，种子细小。花期 5 ~ 6 月；果期 6 ~ 7 月。

主要习性 原产小亚西亚及高加索一带，现各地有栽培。耐寒，喜阳光，要求含石灰质、肥沃而排水良好的微碱性沙壤土。忌炎热和过于潮湿。

园林应用 满天星枝、叶纤细，分枝多，小花繁密，轻盈飘逸，适宜花境、花丛及岩石园配置，可单作切花或插花配花，同时也是理想的干花花材。盆栽点缀案头，清新素雅。

曼陀罗 *Datura stramonium* L. ［*D. inermis* Jacq.；*D. tatula* L.］

别名 醉心花、狗核桃 　　　　　茄科，曼陀罗属

识别特征 一年生直立草本。高 1～2m，全体近光滑，茎粗壮，下部木质化。叶大，广卵形，边缘有不规则波状浅裂，有时有波状牙齿。花单生枝杈间或叶腋，直立，有短梗，花萼筒状，顶端 5 浅裂，紧围花冠筒，花冠漏斗状，下半部带绿色，上部白色或浅紫色，长 6～10cm，径 3～5cm，花期 6～10 月。蒴果直立，卵状，外被硬刺或无刺，种子黑色，果期 7～11 月。

主要习性 广布于世界温带及热带地区，我国各地也有分布。喜温暖向阳及排水良好的沙质土壤，适应性极强。

园林应用 园林中栽培，观赏其大型喇叭状花朵，有自然野趣，叶、花和种子含生物碱，有毒，可供药用。

芒颖大麦草　*Hordeum jubatum* L.

别名　芒麦草、野麦草　　　　　　　禾本科，大麦属

识别特征　多年生或二年生草本。秆直立，高约30~60cm，纤细。叶片短。顶生圆锥花序，长5~10cm，下垂；每节生2~3小穗，小穗无柄，具1发育完全花，颖片芒状细长可达7cm；花期夏季至初秋。

主要习性　原产北美及欧亚大陆，广泛分布于温带。性耐寒，喜阳光充足、排水良好的土壤环境。

园林应用　可成为荒生杂草，园林中栽培于花境、秋色景区或岩石园，欣赏其丝毛状光泽的银白花序，亦可供干花装饰。

毛地黄 *Digitalis purpurea* L.

别名　自由钟、洋地黄、德国金钟　　玄参科，毛地黄属

识别特征　二年生或多年生草本。株高 90 ~ 120cm，除花冠外，全体被灰白色短柔毛和腺毛，茎单生或数条丛生。基生叶呈莲座状，叶柄具狭翅，长 15cm，叶片长椭圆形，缘具齿，茎生叶叶柄短。总状花序顶生，长可达 90cm，花冠大，钟状，长 5 ~ 7cm，于花序一侧下垂，紫红色，内面具斑点，花期 5 ~ 6 月。蒴果卵形。

主要习性　原产欧洲，我国有栽培。性耐寒、耐半阴，喜略旱，要求肥沃、疏松及排水良好的沙质土壤。在贫瘠土壤上亦能生长。

园林应用　毛地黄植株挺拔，花形优美，色泽鲜艳，是园林中花坛、花境、庭院布置的优良夏季开花材料，亦可盆栽或促成栽培。叶入药，为强心剂，有利尿作用。

玫红永生菊　*Helipterum roseum* Benth. [*Acroclinium roseum* Hook.]

菊科，小麦秆菊属

识别特征　一年生草本。株高 30～60cm。叶披针形至线形。头状花序，径 3～5cm，花两性，黄色，总苞片干膜质，内片渐大呈花瓣状，粉红或白色，花期夏季。瘦果冠毛刺毛羽状，此特征区别于蜡菊。

主要习性　原产澳大利亚。适应性强，一般土壤中均可生长，但以贫瘠、排水好的沙壤土与向阳地势生长最好。

园林应用　园林中主要用作干切花栽培，待花朵充分开展前剪下，成束倒置通风处晾干备用。

梅花草 *Cymbalaria muralis* P. Gaertn.

别名 蔓柳穿鱼 　　　　　　　　玄参科，蔓柳穿鱼属

识别特征 多年生草本。枝条蔓性伸展，茎光滑，节处可生根。叶心形，有不规则 3～7 裂，叶脉掌状分歧，平滑无毛。花单生叶腋，花冠筒状 5 裂，上部 2 裂较小，下部 3 裂大而反卷，堇紫色，喉部带黄色斑纹，花期夏季。

主要习性 原产欧洲。喜温和湿润，不耐寒，要求肥沃湿润土壤，耐半阴。

园林应用 用于地面覆盖、悬吊或作墙垣美化。

美国薄荷 *Monarda didyma* L.

唇形科，美国薄荷属

识别特征 多年生草本。株高 100～120cm，茎直立，四棱形。叶对生，卵形或卵状披针形，质薄，缘有锯齿，叶片有薄荷味。轮伞花序聚生枝顶成头状，苞片红色，萼细长，花冠长 5cm，猩红色，花期 6～9 月。果实为 4 小坚果。

主要习性 原产北美，现世界各国多有栽培。性喜凉爽气候，要求疏松、肥沃及较湿润土壤，在阳光及半阴下均可生长，较耐寒。

园林应用 美国薄荷株丛繁茂，开花整齐，花色艳丽，品种繁多，园林中可成片种植，作背景材料，或丛植、行植在林缘、岸边、溪旁，是良好的宿根花卉，还可作切花装饰。

美女樱　*Verbena hybrida* Voss

别名　五色梅、铺地马鞭草　　　　马鞭草科，马鞭草属

识别特征　多年生草本。株高 15 ~ 30cm，茎四棱，被柔毛。叶对生，长卵圆形或披针状三角形，缘具齿。穗状花序顶生，有长梗，花序直径达 7 ~ 8cm，花冠漏斗状，5 裂，有白、粉、红、蓝、紫等色，中央有淡黄或白色小孔，花期 6 ~ 9 月。蒴果 9 ~ 10 月。园艺品种很多。常作一年生栽培。

主要习性　原产巴西、秘鲁、乌拉圭等热带美洲。现世界各地广泛栽培。性喜温暖湿润气候，喜阳光充足，不耐阴；要求疏松肥沃，湿润且排水良好的沙质壤土，不耐寒，不耐干旱。

园林应用　花色丰富多彩，色泽艳丽，花期长，是重要的地被覆盖材料和夏秋季节重要花卉，宜用不同颜色布置花坛和花境，组成色块；亦可盆栽观赏，或作悬篮垂吊，直立类型品种还可作切花。全草入药。

绵毛水苏 *Stachys byzantica* C. Koch. [*S. lanata* Jacq.]

唇形科，水苏属

识别特征 多年生草本。株高 30~45cm，茎直立。叶柔软、对生，基部叶为长圆状匙形，茎上部叶椭圆形，枝与叶被白色绵毛。轮伞花序，萼片齿裂为萼片长 1/3，花冠筒长约 3cm，粉或紫色，上面生满白色绵毛，沿部 2 唇形，上唇 2 裂，下唇 3 裂，花期 6~9 月。小坚果卵圆形。

主要习性 原产土耳其北部及亚洲西南一带，多生于多砾石的山丘、荒地上。性喜阳光充足，耐热、耐旱及半阴，不甚耐寒，适宜种植在排水良好的沙质壤土上。

园林应用 园林中种植，观赏其枝叶上白色绵毛与浓艳粉、紫色花朵。

魔芋 *Amorphophallus rivieri* Durieu

天南星科，魔芋属

识别特征 大型多年生草本。块茎扁圆形，直径达 25cm。叶通常 1 片，高约 1m，叶片三至四回羽状分裂，叶柄有深紫色或白色斑纹。花葶长 50~70cm，佛焰苞长 20~30cm，卵形，下部漏斗状筒形，外面绿色并有紫绿色斑点，里面黑紫色；肉穗花序直立于佛焰苞内，长于佛焰苞 2 倍，有令人不愉快的气味。

主要习性 分布在我国华南、西南；喜马拉雅山至泰国、越南也有，生疏林下，林缘或溪谷两旁湿润地，四川多栽培。喜温暖，畏霜寒，越冬温度为 10℃。

园林应用 魔芋叶大而美丽，适宜庭院半阴处栽植或盆栽室内装饰。块茎淀粉可食用、工业用或入药。

木犀草 *Reseda odorata* L.

别名 香木犀

木犀草科，木犀草属

识别特征 一、二年生草本。株高 30 ~ 70cm，初直立，后略俯伏。总状花序开后渐伸，花小，径约 0.7cm，花瓣 4 ~ 7 枚，具齿或裂，黄白、橙黄或橘红等色，芳香，花期春夏季。

主要习性 原产北非。喜冬季温和夏季凉爽气候和疏松肥沃、排水良好的碱性土壤；不耐寒，忌酷热。

园林应用 木犀草花香似桂花芳香，宜作花境、花坛或切花或盆栽观赏。

尼润 *Nerine bowdenii* W. Wats.

别名 鲍氏娜丽花   石蒜科，尼润属（娜丽花属）

识别特征 多年生鳞茎草本。基生叶带状，通常花后发出。伞形花序高达60cm，无茎生叶，有花5～12朵，水平状，鲜玫瑰粉红色，花径10～15cm，花瓣6，带状，边缘常波状或略扭曲，先端反折，花丝粉红色。秋季开花，种子次年春季成熟。

主要习性 原产南非。喜温和、阳光充足环境与排水良好的土壤；忌水涝与高温。

园林应用 花大美丽，通常花叶不遇，冬暖之地布置花坛或点缀岩石园。北方盆栽为秋冬季重要鳞茎花卉，近年培育新品种甚多。亦可供切花栽培。

欧蓍草 *Achillea millefolium* L.
别名 多叶蓍

菊科，蓍草属

识别特征 多年生草本。株高 30~90cm。叶长而狭，无柄，二至三回羽状全裂，裂片线形，边缘锯齿状。头状花序，白色，密集成复伞房状。花期 6~7 月。

主要习性 分布于欧、亚与北美洲。我国西北、东北有野生。性耐寒；喜土层深厚、排水良好及含腐殖质的沙质壤土，喜日光充足环境，但亦耐半阴与瘠薄土质。

园林应用 庭园(院)中适宜花境带状栽植、坡地片植或作切花。茎叶可作调香原料。

欧洲银莲花　*Anemone coronaria* L.

别名　罂粟牡丹

毛茛科，银莲花属

识别特征　多年生草本。小圆柱形根状茎；不整齐，地上茎极短；株高30～40cm。基生叶多；叶片掌状 3 裂，各裂片 2～3 回羽裂。花莛自叶丛中抽出，高出叶面；花萼花瓣状，径 6cm，有黄、白、粉、橙、红、紫或复色花，另有重瓣与半重瓣品种；雄蕊蓝色，形似罂粟花，花期4～5 月。

主要习性　原产地中海地区。喜凉爽潮润气候，阳光充足的环境；较耐寒、忌高温多湿。要求富含腐殖质、排水良好的沙质壤土。

园林应用　花色绚丽多彩，花朵大，适宜布置花坛、花境或作盆栽，是春季优良的球根花卉。

佩兰 *Eupatorium fortunei* Turcg.

泽兰属，菊科

识别特征 多年生草本。株高约 1m，茎被短柔毛。大部分叶 3 全裂，中裂片较大，矩卵形或卵状披针形，无柄，边缘粗锯齿。头状花序小，含小花 5 个，在顶端紧密排成伞房状，全为管状花，红紫色；花期秋季。

主要习性 产我国，南北各地均有分布；野生荒地、村旁、路边。喜光亦耐半阴，适应性强，不择土壤，但较喜适当潮湿环境；能自播繁衍。

园林应用 可作花境背景，篱旁、林缘、湖岸丛植；全草入药。

匍匐蛇目菊 *Sanvitalia procumbens* Lam.

菊科，圣族菊属

识别特征 匍匐性一年生草本。株高 15cm，茎多分枝。单叶对生，卵状圆形，具尖，全缘，3 主脉明显。头状花序单生茎顶，有 1 对叶状苞片，花径约 2cm，舌状花单性，黄色，瘦果三角形，有 3 芒刺；筒状花暗紫色，两性，瘦果多少压扁状，无芒刺或偶有 1~2 芒刺。

主要习性 原产墨西哥。性健壮，喜温暖、阳光充足环境，疏松肥沃、排水良好土壤，亦稍耐凉爽；忌水涝。

园林应用 适宜花境、草地镶边，亦可盆栽垂吊观赏。

葡萄风信子 *Muscari botryoides* Mill.

别名 蓝壶花

百合科，蓝壶花属

识别特征 多年生草本。小鳞茎卵圆形，白色。叶线状披针形，长约 20cm。花莛高 15～25cm，顶端簇生多数小坛状花，蓝色或先端带白色。花期春季。

主要习性 原产中南欧至高加索。喜温暖，向阳，亦可耐半阴；要求富含腐殖质、疏松肥沃、排水良好的土壤。

园林应用 葡萄风信子植株低矮，蓝色小花集生成串，适宜花坛、草地镶边及岩石园栽植，又可小盆栽，供室内装饰。

蒲包花 *Calceolaria herbeohybrida* Voss [*C. crenatiflora* Cav.]

别名 荷包花

玄参科，蒲包花属

识别特征 一年生草本。为园艺杂交种。株高30cm。叶片卵形或卵状椭圆形，叶缘具齿，两面有绒毛。不规则伞形花序顶生，萼片4，花瓣2唇，上唇小，稍向前伸，下唇发育呈荷包状，径约4cm，有乳白、淡黄、粉、红、紫等花色及红、褐等色斑点，产生很多品种及品系，色彩斑斓，花朵繁多，抗性强。

主要习性 原种产于智利。性喜温暖、湿润及通风良好环境，不耐寒，怕高温、高湿，要求肥沃、疏松及排水良好的沙质壤土。生长最适温度为7～15℃，温度高于20℃时，不利于生长和开花；同时它又是长日照植物，延长光照时间可提早开花。

园林应用 蒲包花为冬春季节重要温室花卉，其花色丰富，花型奇特，又正值元旦、春节期间开花，故备受欢迎。

千日红　*Gomphrena globosa* L.

别名　火球花

苋科，千日红属

识别特征　一年生草本。全株有毛，高可达60cm，有矮品种高仅15cm。叶对生，长椭圆形或长圆状倒卵形。头状花序球形，单生或2~3个集生枝端，径约2.5~3cm；小花着生于两个苞片内，苞片干膜质，干后不落，有紫红、红色、淡粉、白色等栽培品种。花期6~10月。

主要习性　原产热带。喜阳光、温暖、干燥；性健壮。不耐寒，宜疏松肥沃土壤，但一般土壤亦可生长。

园林应用　适宜作花坛、花境材料，也可盆栽或作切花。花头色泽经久不衰，近年多作干花装饰品。花序入药。

茄参 *Mandragora caulescens* C. B. Clarke

别名 曼陀茄

茄科，茄参属

识别特征 多年生直立草本。高 15~60cm，全体生短柔毛。根粗壮、肉质。茎上部分枝细长。叶在茎上部不分枝时簇集，倒卵状矩圆形至矩圆状披针形，基部下延到叶柄成翼状。花单独腋生，常多花同叶集生于茎顶，花萼辐射状钟形，花冠暗紫色，5 中裂，径 2.5cm，花梗长 4~8cm，花果期 5~8 月。浆果球形。

主要习性 产我国四川、云南、西藏。常生于高山向阳坡地。

园林应用 根含莨菪碱和山莨菪碱，供药用，且因花朵紫黑色，有一定观赏价值。

秋水仙　*Colchicum autumnale* L.

百合科，秋水仙属

识别特征　多年生草本。鳞茎具膜质外皮。一般9~10月间自地下茎抽出花1~4朵，近无梗，径5~10cm，堇红色，花丝贴生于细长花冠筒内壁上。春季发叶3~5片，阔披针形至卵状披针形。子房在球茎内部。花后次年发叶时抽出葶，顶部着生蒴果。

主要习性　原产中南欧、北非至中亚。性喜冬季温暖湿润、夏季凉爽干燥和阳光充足。要求疏松肥沃、排水良好的沙质壤土。春季发叶，秋季开花，种子次年成熟。华北地区可露地越冬，如不覆盖保护，很难结实。

园林应用　秋水仙适宜高山园、岩石园及凉爽气候地区植于灌木丛旁或花境、草坪丛植。在有阔叶落叶树的疏林林缘栽培的，秋季落叶是最好的覆盖材料。鳞茎可提取秋水仙碱，供药用。

球蓟　*Echinops ritro* L.

菊科，蓝刺头属

识别特征　多年生草本。植株高 30 ~ 60cm(有高达 1.5m 的)。茎通常不分枝，无腺体。叶互生，一至二回羽裂，裂片披针形，边缘有带针的齿；叶上表面无毛，下面密生灰绿色绒毛。头状花序球形，径约 5cm，管状花蓝色具光泽，外层苞片刚毛状；花期 7 ~ 8 月。

主要习性　原产欧洲巴尔干(半岛)。喜阳光充足与排水良好土壤，性耐严寒又极耐贫瘠。

园林应用　园林中作花境背景或花坛中心栽植，亦可作干切花装饰。

屈曲花 *Iberis amara* L.

十字花科，屈曲花属

识别特征 一、二年生草本。高约 40cm，疏生柔毛。叶披针形。大型总状花序，初开时密集成伞房状，花瓣 4，外两枚花瓣较大，白色，芳香；花期春夏间。有大花及矮生品种，高仅 15cm；切花品种高 60cm。

主要习性 原产欧洲。较耐寒，喜夏季凉爽向阳环境，对土壤要求不严格，忌暑热湿涝。

园林应用 是布置花坛、花境、岩石园、草地边缘及盆栽的良好花卉。也可作切花。

全缘叶绿绒蒿 *Meconopsis integrifolia*（Maxim.）Franch.

罂粟科，绿绒蒿属

识别特征 多年生草本。高 25 ~ 90cm，生棕色长柔毛。基生叶多数倒披针形或倒卵形，长达 30cm。花通常 1 朵顶生，其他 3 ~ 4 朵生茎上部叶腋；花瓣 6 ~ 10 枚，花径约 12cm，浅黄色；花期 5 ~ 7 月，果熟期 7 ~ 8 月。

主要习性 分布我国云南西北部、四川西部、青海和甘肃南部。生于海拔 3 500 ~ 5 000m 的山坡草地或多石砾处。性耐寒，喜冬季干燥、夏季湿润而冷凉、土壤排水良好的高山环境条件。

园林应用 绿绒蒿花大，色彩鲜亮，花姿娇柔，有较高的观赏价值，是著名的高山花卉，适宜岩石园、花境、野生花卉园或疏林空间布置。

绒缨菊 *Emilia sagittata* DC. [*E. flammea* Cass.]

别名 一点缨 　　　　　　　菊科，一点红属

识别特征 一年生草本。株高 30～60cm。叶片披针状矩圆形至长圆状披针形，上部叶叶柄有阔翅，呈抱茎状。头状花序疏散伞房状，小花径 1.3～1.5cm，全为管状花，两性，橙红或朱红色，花期夏秋。瘦果有白色冠毛。

主要习性 原产南美。喜温暖、向阳、湿润，要求排水良好的土壤，偶有自播繁衍力。

园林应用 适宜绿地丛植点缀，也可配置花境、林缘与儿童乐园，或作小切花。

三色吉利花 *Gilia tricolor* Benth.

别名 三色介代花 花葱科，吉利花属

识别特征 一年生草本。高 30～60cm，茎直立，纤细，疏生腺毛。叶互生，二回羽状分裂，裂片条形。伞形花序顶生，小花花冠漏斗状，花径约 2cm，花冠 5 浅裂，裂片近圆形，淡堇紫色，喉部有紫色斑，花期 5～6 月。蒴果淡黄褐色。

主要习性 原产美国加利福尼亚州。不甚耐寒，喜向阳疏松土壤。

园林应用 园林中可植于岩石园中或在花坛、花境栽植。栽培时注意控制水肥，保持植株丰满壮实。

三色堇 *Viola tricolor* var. *hortensis* DC.

别名 蝴蝶花、鬼脸花 董菜科，董菜属

识别特征 多年生草本。全株光滑，高约10～20cm。叶互生，基生叶较茎生叶圆，有钝锯齿，托叶大。花大腋生，两侧对称，径4～6cm，花瓣5，一瓣有距，两瓣有附属体，每花有黄、白、蓝3色或单色。花期冬春。园艺品种极多，在花形、大小、色彩等性状上均与原种大不相同。

主要习性 本种原产欧洲。较耐寒，喜阳光充足、凉爽气候和富含腐殖质的疏松肥沃土壤。略耐半阴，忌炎热和雨涝。

园林应用 三色堇是早春重要花坛花卉，亦适宜布置花境、点缀草坪边缘，亦可作小盆栽，是案头、茶几上受欢迎的装饰，全草药用有止咳之效。

三色菊 *Chrysanthemum carinatum* L.

菊科，茼蒿属

识别特征 一、二年生草本。株高 60 ~ 90cm，茎叶柔嫩、光滑。叶片 2 回羽裂，裂片线形。头状花序径约 6cm，舌状花基部黄色，外有白、雪青、深红、玫瑰红、黄褐等色圈，管状花紫褐色；花期 4 ~ 6 月。园艺品种较多，色泽极艳丽。

主要习性 原产北非摩洛哥等地。性喜温暖向阳，不耐寒；忌酷暑与水涝，在疏松肥沃排水良好的土壤中生长良好。

园林应用 三色菊花色新颖，供花坛、花境或作切花，亦可盆栽装饰室内。

伞形蓟 *Eryngium planum* L.

伞形科，刺芹属

识别特征 多年生草本。高约90cm。叶两型，缘具尖刺状锯齿。头状花序球形，深蓝色，长约1.3cm；总苞片披针形；花期6~8月。

主要习性 产欧洲东部、亚洲。性喜阳，不择土壤，但需排水良好。

园林应用 伞形蓟适宜林缘花境、风景林地被栽培；花头更是优良干花花材。

扫帚草 *Kochia scoparia* Schrad.

别名 绿帚、地肤

连香树科，地肤属

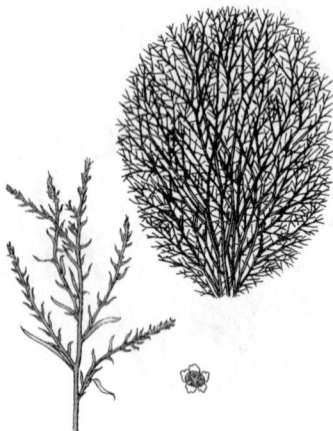

识别特征 一年生草本。茎直立粗硬，高约 1m；分枝多，株丛密集成圆球形。叶互生，披针形或线状披针形。花小，腋生，集成稀疏穗状花序。花期秋季。

主要习性 原产欧洲、亚洲。喜温暖、光照充足，耐旱、耐碱，但不耐寒。

园林应用 庭院中作边缘栽植，亦可盆栽观赏柔嫩细密的椭圆卵状株丛；园林景观中作花坛、花境、草地丛植均相宜。嫩茎苗可作蔬食。果实称"地肤子"，可入药，有清湿热和利尿的功效。

沙参 *Adenophora tetraphylla* Fisch.

别名 南沙参、轮叶沙参　　　　　桔梗科，沙参属

识别特征 多年生宿根草本。根粗壮，茎高可达1m；有白色乳汁。叶4～6片轮生，边缘具细锯齿。花序圆锥状，花枝轮生，花长2～2.5cm，蓝色，下垂，花期夏季。与风铃草的主要区别在于花柱基部有深环状花盘或腺体。

主要习性 我国各地广为分布；越南、朝鲜、前苏联、日本也有。常生于阴湿草坡或林缘。性耐寒，喜排水好的地势，疏松、肥沃、湿润的土壤。

园林应用 园林中可作花境、岩石园及自然式布置。根茎入药，有清肺化痰之功效。

山梗菜 *Lobelia erinus* L.

半边莲科，半边莲属

识别特征　一、二年生草本。株高约30cm，直立，部分蔓延。总状花序顶生，花冠在一侧裂至基部，先端5裂，上3裂构成一唇，下2裂小；花碧蓝色或堇色，喉部白色或淡黄色，径约1.8cm；花期春、夏季。有各色花及重瓣矮生栽培变种与品种。

主要习性　原种产南非。性喜凉爽，忌霜冻。在湿润、肥沃、排水良好的土壤中生长繁茂。

园林应用　园林中多作花境、花台丛栽或与其他花卉配植，是很好的悬篮花卉，矮生品种是岩石园的好材料。

山桃草 *Gaura lindheimeri* Engelm. et Gray

柳叶菜科，山桃草属

识别特征 多年生草本。株高约1m，全株具粗毛。叶无柄，披针形或匙形，长4~9cm，叶缘外弯，具疏波状齿，两面疏生柔毛。单穗状花序，顶生或呈圆锥穗状，细长而疏散；花小，花瓣4，白色，匙形，反折。坚果有3~4棱。花期5~9月。

主要习性 分布北美洲温带。性喜凉爽及半湿润气候，较耐寒；要求阳光充足，肥沃、疏松及排水良好的沙质壤土。

园林应用 生长强健。庭园中适宜花坛、花境、坡地栽植或草坪点缀。

珊瑚花 *Jacobinia carnea* (Lindl.) Nichols.

爵床科，珊瑚花属

识别特征 多年生草本或亚灌木。株高约15m，茎四棱，具叉状分枝。叶具柄，对生，卵形或长圆形至卵状披针形，长 9～15cm，全缘或微波状。穗状圆锥花序，顶生，长 8～12cm，苞片长圆形，长约2cm，花萼裂片5，花冠粉红紫色，长约5cm，二唇形，花冠筒稍短或与唇瓣等长，花期6～8月。蒴果含4粒种子。

主要习性 原产巴西；我国各地有栽培。性较强健，生长迅速。喜温暖湿润气候，喜光，不耐寒，在富含有机质且排水良好的土壤中生长迅速。

园林应用 珊瑚花花序较大，花期长，适合盆栽观赏，深受人们喜爱。温暖地区可用于花坛、点缀绿地，也供盆栽或切花。

商陆 *Phytolacca acinosa* Roxb.

别名 白母鸡、长老、胭脂　　　　商陆科，商陆属

识别特征 多年生草本。块根肥厚，圆锥形。茎粗大，高可达1.5m。叶互生，椭圆形或卵状椭圆形，全缘，质柔嫩。总状花序短，有总梗，直立，顶生或侧生，初花白色，后变为淡红色，花果期6~9月。

主要习性 广布于我国各地；印度、日本亦有分布。喜温暖、阴湿气候和富含腐殖质的疏松深厚沙壤土，忌积水。

园林应用 园林中作为绿化材料，可与其他花卉配置，用以美化宅旁庭院，或点缀山石岩边。长江流域露地越冬，北方作一年生栽培，根供药用。

芍药 *Paeonia lactiflora* Pall. [*P. albiflora* Pall.]

别名 将离 毛茛科，芍药属

识别特征 多年生宿根草本。具肉质根，株高可达 1m。丛生。基部及顶端为单叶，其余为二至三回羽状复叶，小叶深裂呈阔披针形。花单生，具长梗，大型，花色多样，品种繁多。花期 5 月。

主要习性 产我国北部；西伯利亚及朝鲜、日本亦有分布。分布于东北、华北、陕西及甘肃；生长于海拔 480～700m（东北）或 1 000～2 300m；山坡草地及疏林下。栽培地选地形高燥、土层深厚、疏松肥沃壤土，排水良好地段。

园林应用 为我国传统名花，古称"花相"，适应性强、花期长、观花效果比牡丹尤胜。可布置花境、花带或专类花园，亦可筑台种植于庭院天井中；是春季重要切花，水养时间长。根入药即"白芍"，有养阴、镇痛、镇痉、通经之功效。

蛇鞭菊　*Liatris spicta*(L.)Willd.

菊科，蛇鞭菊属

识别特征　多年生草本。具地下块根，从块根上抽生 30 ~ 50cm 直立多叶的花茎。叶片线状披针形。头状花序 1 ~ 1.5cm 宽，全为两性管状花，紫红色或白色，紧密排列成穗状，长可达 30cm，花期 7 ~ 8 月。

主要习性　原产北美东部和南部。性耐寒，喜光与排水良好的肥沃沙质土，亦稍耐阴与较贫瘠土壤。

园林应用　园林中与其他色泽花材布置花境背景，或自然式群植；作切花栽培的可调控花期，5 ~ 6 月或 9 ~ 12 月采花。

射干 *Belamcanda chinensis*(L.)DC.

别名 扁竹兰

鸢尾科，射干属

识别特征 多年生宿根草本。根状茎短而硬。叶扁平宽剑形，2列，嵌叠状排列成一平面。二歧伞房花序顶生；花被片长2~3cm，橘黄色，有暗红色斑点，径5~8cm，花被片6，不明显2轮排列。花期夏季。

主要习性 广布于我国。朝鲜、日本、俄罗斯、印度也有。多生于山坡、草地、沟谷及滩地。适应性强；虽喜稍湿润、排水良好并适度肥沃的沙质壤土，但在任何土壤上均可生长；亦较耐旱。

园林应用 园林中多栽植于花境或草地丛植，亦可作切花，根状茎药用。

狮子尾 *Leonotis leonurus* R. Br.

别名 狮子耳

唇形科，狮子尾属

识别特征 多年生灌木状草本。株高可达2m，全株密被柔毛。叶对生，披针形，有短柄，叶缘具粗齿，叶面粗糙，叶脉下陷。轮伞花序生于叶腋，花萼管状，黄绿色，花冠唇形，花冠管长约5cm，先端2唇，上唇大而长，有密而长的硬毛，下唇小而外折，红黄色或橙红色，花期10~12月。

主要习性 原产南非，我国各地多栽培。性喜阳光充足和温暖湿润气候，要求肥沃、疏松、深厚及排水良好的沙质壤土，不耐寒，不耐涝。寒冷地区温室内越冬，越冬温度最好不低于5~7℃。

园林应用 狮子尾生长健壮，花序成串，其色、形极似狮子尾，因而得名。园林中可供花坛、路边及坡地种植，也可盆栽观赏，或作切花配材。

石碱花 *Saponaria officinalis* L.

别名 肥皂草

石竹科，肥皂草属

识别特征 多年生草本。根茎横生，株高30～90cm。叶对生，长圆状披针形，明显3脉。聚伞状花序呈圆锥状，花淡红或白色，单花径约2.5cm。花期7～9月。

主要习性 原产欧洲及西亚。性强健，既耐寒又耐热，不择土壤。

园林应用 石碱花适宜作花坛、花境栽植，或布置野生花卉园、岩石园或在林缘、篱旁丛植。亦可作地被材料或药用。

石龙尾 *Limnophila sessiliflora* (Vahl) Blume

别名 菊藻 玄参科，石龙尾属

识别特征 多年生两栖草本。茎细长，沉水部分无毛或几无毛，气生部分 6～40cm，多少分枝，被短柔毛。沉水叶多裂，裂片细而扁平或毛发状，长 5～35mm，气生叶轮生，椭圆状披针形，具圆齿或开裂，密被腺毛。花无柄，单生叶腋，花萼 5，深裂，花冠 2 唇形，长 6～10mm，紫蓝色或粉红色，花期夏季。蒴果近球形，果期秋至冬。

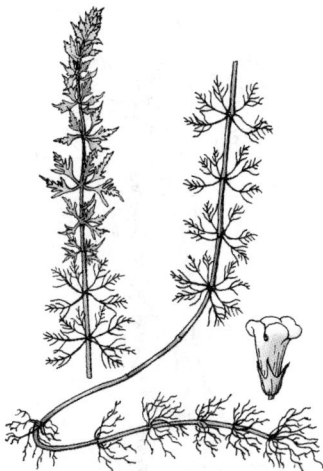

主要习性 分布于我国长江以南各地。河南、辽宁及台湾；日本和印度也有。喜温暖，阳光充足，肥沃黏质土壤，多生水塘、沼泽、水田或路边、沟边湿处。

园林应用 园林中用于水池、水生植物区或金鱼池、玻璃缸水景布置材料。

石蒜 *Lycoris radiata* Herb.

别名 龙爪花、蟑螂花

石蒜科，石蒜属

识别特征 多年生鳞茎草本。基生叶线形，5~6片，长30~60cm，表面深绿，背面粉绿色，秋冬季抽出，夏季枯萎。花莛在叶前抽出，与叶近等长；伞形花序有花2~10朵，鲜红色或具白色边缘；花被片6，向后反卷；雄蕊及花柱伸出甚长，花期8~10月。

主要习性 分布在我国长江流域至西南。多生于阴湿的山坡及河岸草丛中。喜富含腐殖质而排水通气良好的土壤，性较耐寒亦较耐旱。

园林应用 石蒜宜作疏林下地被，或栽植于溪涧、石旁作自然点缀，颇有野趣。因花期无叶，配置时，需与其他低矮草本混植，观赏效果更好。亦可作盆栽、切花、水培之用。鳞茎富含淀粉和多种生物碱，有毒。

石竹　*Dianthus chinensis* L.

石竹科，石竹属

识别特征　多年生草本，常作二年生栽培。株高 20~40cm。叶对生，线状披针形，先端渐尖，基部抱茎。花单生或数朵簇生，红、粉、白、紫红等色，有香气。花期4~5月，果熟期6月。

主要习性　原产我国，分布广。性耐寒也耐旱，怕热，忌水涝。喜阳光充足、高燥、通风、凉爽环境，含石灰质的肥沃土壤。

园林应用　石竹形似竹，花朵繁密，色泽鲜艳，质如丝绒，适宜布置花坛、花境或岩石园，矮生品种配置毛毡花坛或草坪镶边，亦可盆栽。植株较高的可作切花。全草入药。

莳萝 *Anethum graveolens* L.

别名 土茴香

伞形科，莳萝属

识别特征 一、二年生草本。高约60cm，全株有茴香味。叶二至三回羽状复叶，裂片羽状细裂。复伞形花序顶生，无总苞和小总苞，伞幅5~15cm；花小，黄色，花期夏秋。双悬果椭圆形，有棱。

主要习性 原产亚洲西南部，现在世界各地均有栽培。喜阳光和温暖湿润气候。

园林应用 我国有引种。园林中可种植在向阳坡地，路边。开花时供观赏黄色小花，且有气味。栽培多用茎叶作调味料，或用种子制酒；果实可提取芳香油或入药。

矢车菊　*Centaurea cyanus* L.

别名　蓝芙蓉　　　　　　　　　　菊科，矢车菊属

识别特征　一年生草本。株高 30～70cm，枝细长，多分枝，幼时被白色绵毛。叶线形，互生。头状花序径约 4cm，总苞针状，舌状花较大，偏漏斗形，缘 5～6 裂，向外放射状，蓝、紫、紫红、淡红、粉或白色。花期春夏。

主要习性　原产欧洲东南。较耐寒，忌炎热，喜阳光、好肥，要求排水良好的土壤。有自播繁衍力。

园林应用　高茎品种，'黑球'（'Black Ball'）高达 80cm，花咖啡紫色，阴天更显暗色，是稀有切花品种，亦可作花境背景。矮品种'蓝侏儒'（'Utra Dwart Blue'）高仅 15～20cm，花型整齐，花朵丰满，最适宜花坛、草地镶边或作盆栽。

鼠麹草 *Gnaphalium affine* D. Don

别名 佛耳草

菊科，鼠麹草属

识别特征 二年生草本。高10～50cm。茎直立，少分枝。全株有灰白色绵毛。基部叶花期即枯萎；中、下部叶倒披针形或匙形，长2～7cm。头状花序多数集生于枝顶成伞房状。总苞球状钟形，长0.3cm，总苞片3层，金黄色，干膜质，花黄色，外围雌花，中央两性花筒状，冠毛黄白色。

主要习性 我国南北都有分布。喜温暖向阳环境，可耐霜寒与较贫瘠的土地。畏酷暑。

园林应用 叶色银白，是优良的观叶植物；花型、色经久不变，现已广为栽培供干花用，亦为岩石园很好植材。全株可提取芳香油。

蜀葵 *Althaea rosea* Cav.

别名 蜀季花

锦葵科，锦葵属

识别特征 多年生常作二年生栽培。株高 1～3m，茎直立，全株被柔毛。叶互生，近圆形，叶基心脏形，缘5～7浅裂，具长柄。花腋生，花瓣5，径约10cm，7～9月开花，有白、粉、黄、红、紫等色和单瓣、重瓣等。近年国外选育不少优良品种。

主要习性 原产我国。性喜肥沃、深厚土壤，能耐半阴环境，较喜冷凉气候。

园林应用 本种植株挺立，叶大花繁，颜色丰富，抗寒力较强，庭园利用中可沿建筑物列植或作花坛背景，也可在墙垣、篱边种植，或盆栽。

双距花 *Diascia barberae* Hook. f.

玄参科，双距花属

识别特征 一年生草本。茎直立，高30～40cm，全株光滑。叶卵形，暗绿色，对生，边缘有齿，叶片长 3.5～4.5cm。总状花序顶生，长可达15cm，花冠2唇形，几乎无花冠筒，下部2唇呈距形，上唇3片开张向前呈壳状，花径约1.5cm，玫瑰粉色，喉部具黄斑，花期5～9月。蒴果。

主要习性 原产南非，现世界各地有栽培。喜温和湿润气候，不耐干旱，喜光，不耐寒，要求肥沃、疏松、排水良好的沙质土壤。

园林应用 园林中可用于花坛、花境、岩石园，也可作冬季室内盆栽花卉。其形同蚌壳的花瓣及美丽色彩，使人喜爱。

水飞蓟 *Silybum marianum*(L.)Gaertn.

菊科，水飞蓟属

识别特征 一、
二年生草本，株
高 30 ~ 150cm。
叶长椭圆状披针
形，基部抱茎；
边缘不规则裂，
具硬刺锯齿，鲜
绿色，上面有乳
白色斑纹。头状
花 序，径 约
6cm，淡紫色或
白色；总苞片革
质，具长尖刺，
花期夏季。瘦果
长椭圆形，成熟
后黑色。

主要习性 原产
南欧、北非。性
强健，对环境条件要求不严。

园林应用 园林栽培观其带白斑的大型鲜绿色叶丛。
叶、种子、根均入药。

丝兰 *Yucca filamentosa* L.

龙舌兰科，丝兰属

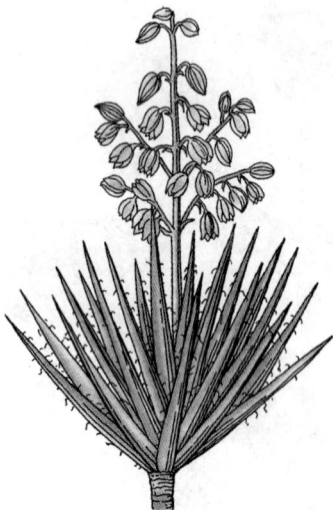

识别特征 常绿木本植物。茎短或近无茎。叶基部簇生，长 75cm，宽 30cm，匙形、线状披针形，渐尖长成一硬刺状尖端，直伸开展，革质，稍具白粉，边缘有分离卷曲的白色纤维。圆锥花序从枝顶叶腋抽出，高出叶丛；花杯形，下垂，径 5～7cm，白色，花期夏季。干蒴果。

主要习性 原产北美东南部。喜光、喜温暖气候，也较耐寒；喜排水良好，肥沃沙质壤土。

园林应用 庭院中可单植或丛植作花坛中心，或植于山石旁、墙垣、草地一隅、庭院石阶两侧，也可与乔灌木混合条植，观赏其刚劲有力的叶姿和高大挺拔、壮观的花序。

四季海棠 *Begonia semperflorens* Link et Otto

别名 常花海棠、瓜子海棠 秋海棠科，秋海棠属

识别特征 肉质
多年生草本。高
15～30cm，茎光
滑，多由基部分
枝。叶卵形或卵
圆形，基部微
斜，缘有齿及睫
毛，有绿、紫红
或绿带紫晕等变
化。聚伞花序，
雌雄同株异花，
花色红、粉红及
白，花瓣或重或
单，品种繁多；
花期长，可四季
开放。蒴果绿
黄色。

主要习性 原种产巴西。性喜温暖湿润气候，要求微荫
蔽，不耐暴晒，忌高温及渍涝，不耐寒。喜长日照。

园林应用 四季海棠为小型盆栽花卉，花、叶美丽娇
柔，适宜书案、茶几、案头和商店橱窗装饰。庭院中适
宜布置花坛、草地镶边和立柱、花墙种植。

四季樱草　*Primula obconica* Hance

别名　仙鹤莲、鄂报春　　　　　报春花科，报春花属

识别特征　多年生草本，常作一、二年生栽培。高 20~30cm。叶基生，具长柄，叶片椭圆形至卵状椭圆形；缘具缺刻状齿。花莛高 15~30cm，为顶生伞形花序；花粉红或淡紫色，稍有香气。花期随播种期不同而异，通常 12 月至翌年 5 月。品种株型、花色丰富，更适宜盆栽。

主要习性　原产我国西南，分布于湖北西部、四川、云南（丽江）、西藏南部、贵州（贵阳）等地。生长于海拔 1 000~2 000m 山地石灰岩区。性喜温凉，要求含腐殖质肥沃土壤，适宜中性土栽培，排水良好和空气流通环境；耐潮湿，忌暴晒，幼苗不耐高温。

园林应用　株丛低矮雅致，花姿艳丽多彩、花期长，是重要的室内盆花。部分种类可作春季露地花坛、花境、假山、岩石园、野趣园等景点栽植，观赏效果极佳。

松果菊 *Echinacea purpurea* Moench

菊科，紫松果菊属

识别特征 多年生草本。株高 60 ~ 150cm。茎、叶密生硬毛。叶互生，卵状披针形至阔卵形，长 5 ~ 20cm。头状花序单生或数朵聚生，径可达 15cm，舌状花瓣宽，略下垂，玫瑰红或淡紫红色，少数白色；管状花橙黄色，突出呈球形；花期夏秋季。

主要习性 原产北美。性喜温暖向阳，耐寒，要求含腐殖质的肥沃、深厚土壤，亦耐贫瘠。

园林应用 园林中适于野生花卉园自然式背景栽植；或与其他花卉配置花境，或林缘、坡地条植、丛植；也可作切花，尤以红松果菊更佳。

宿根天人菊　*Gaillardia aristata* Pursh.［*G. grandiflora* Hort.］

菊科，天人菊属

识别特征　多年生草本。株高 40～50cm，全株被粗毛。下部叶长椭圆形或匙形，中部叶披针形，灰绿色。头状花序，径 8～10cm，总苞片披针形，舌状花黄色，基部红紫色；管状花裂片尖芒状，红紫色，花期 6～10 月。

主要习性　原产北美。性耐寒、耐旱，喜阳光充足，要求土壤排水良好。偶有自播繁衍力。

园林应用　宿根天人菊植株繁茂，花色艳丽，花期较长，可群植、丛植，或作小切花。

酸浆　*Physalis alkekengi* var. *franchetii*(Mast.) Makino

别名　天泡、锦灯笼、红姑娘　　　　茄科，酸浆属

识别特征　多年生草本。株高 30~80cm，地下具爬行根茎，茎直立，节膨大。茎下部叶互生，上部叶假对生，宽卵形，菱状卵形或长卵形，基部歪斜，缘具波并具粗齿。花单生于叶腋，花萼钟状，5 裂，被短柔毛，花冠辐射状，白色，花径 1.5~2.0cm，花期 6~9 月。浆果圆球形，熟时橙红色至橘红色，由膨大宿存萼片包裹，果期 7~10 月。

主要习性　本变种分布广泛，我国除西藏外各地均有分布；日本、朝鲜也有。常生于田野、沟边、山坡等地及林下或水边。性喜温暖湿润气候，耐寒、耐贫瘠，阴湿处亦可生长，对土壤要求不严。

园林应用　酸浆是我国民间传统观果植物，主要观赏鲜红的果实，为重要干花材料，果实甜酸可食，全草入药。

唐菖蒲 *Gladiolus hybridus* Hort.

别名 什样锦

鸢尾科，唐菖蒲属

识别特征 多年生草本。球茎扁圆形，外有4~6干膜片。叶剑形，灰绿色。花莛直立，高90~150cm；穗状花序长50~100cm，有花多达20朵以上；每花基部有2叶状苞片；单花径8~14cm，花被6，上3枚较大，花冠基部具短筒，呈偏漏斗状，有红、黄、白、紫、蓝等深浅不同或具复色、洒金等品种；花瓣类型有平瓣、波瓣、皱瓣等变化。

主要习性 本种为杂交种。主要亲本种均产非洲热带和地中海地区，南非好望角是种类最多的地方。唐菖蒲为喜光性长日照植物。夏季喜凉爽气候，不耐过度炎热，27℃以上生长受阻，10℃以下生长缓慢；忌寒冻。栽培地要求排水良好微酸性至中性肥沃沙壤土。

园林应用 唐菖蒲主要供作切花。制作花篮花束，有"切花之王"的美誉。也可布置花境或专类花坛。

唐松草 *Thalictrum minus* L. [*T. majus* Smith；*T. adiantifolium* Hort.]

毛茛科，唐松草属

识别特征 多年生草本。高25～40cm。复叶，叶柄基部膨大，托叶具叶耳。花小，两性，下垂，由上升的分枝组成，总状圆锥花序，长达15cm，花绿黄色，花期夏季。

主要习性 分布在欧、亚、北美。性耐寒，喜阳也耐半阴，要求疏松肥沃、潮润而排水良好的深厚土壤。

园林应用 唐松草枝叶细腻，色泽绿灰，似覆白霜，颇似蕨的姿态；小花繁密，花萼花丝疏挂下垂，株形潇洒，适宜野生园大面积栽种，或岩石园点缀。

嚏根草　*Helleborus niger* L.

毛茛科，铁筷子属

识别特征 多年生常绿草本。高30~45cm。基生叶掌状裂，具长柄。花茎单生或分叉，花朵单生于有红色斑驳的花梗上，径约5~6cm；萼片5，花瓣状，绿白色或粉红色；花瓣小而色淡。花期自冬季至次春。

主要习性 原产欧洲中部和南部。性较耐寒，喜半阴环境，忌干冷；在肥沃湿润、排水良好的土壤中生长良好。

园林应用 嚏根草是气候温和地区冬季及早春花卉，适宜花境或灌木丛前栽植，也可盆栽供冬季室内观赏。

天仙子 *Hyoscyamus niger* L.

别名 莨菪、牙痛子

茄科，天仙子属

识别特征 二年生草本。高达 1m，全体有短腺毛和长柔毛。根粗壮、肉质。基生叶莲座状，卵状披针形，长达 30cm，缘具粗齿或羽状浅裂，茎生叶互生，卵形或三角状卵形，边缘羽状浅裂或深裂，长达 10cm。花单生于叶腋，在茎上端聚集成顶生的穗状聚伞花序，花萼筒状钟形，5 浅裂，果时增大为壶状，花冠漏斗状，黄绿色，基部和脉纹紫堇色，花期 6~7 月，果期 9~10 月。种子圆盘形，淡黄棕色。

主要习性 分布于我国华北、西北及西南；蒙古、俄罗斯、欧洲、印度亦有，常生于山坡、路边、宅旁及河岸沙地。喜温暖和阳光充足、夏季冷凉气候，不耐高温高湿，要求土壤为排水良好的沙质壤土。

园林应用 花果均有观赏价值。全株有毒，欧美栽培取其干叶供制莨菪碱。园林中可在药用植物区展示。

天竺葵 *Pelargonium hortorum* Bailey

别名 洋绣球、洋葵、石蜡红　　牻牛儿苗科，天竺葵属

识别特征 多年生草本。茎肉质，老茎木质化，多分枝，茎多汁，全株密被细白毛，具特殊气味。叶互生，圆形至肾形，基部心脏形，叶缘具波状浅裂，表面或有较明显暗红色马蹄形环纹。伞形花序顶生，有长总梗；单花花瓣长约2.5cm，花色多，有红、粉、白等，花期夏季或冬季(温室)。

主要习性 原产南非。我国各地均有栽培。性喜阳光充足、温暖湿润气候及肥沃疏松土壤，耐旱怕涝。习性强健，适应性也较强。

园林应用 天竺葵是布置庭院、花坛及室内厅堂的理想材料，由于花期持续的时间长，长达3个月；开花犹如大彩球，花色丰富艳丽，栽培繁殖简便，颇受群众的喜爱。

通泉草 *Maazus japonicus* (Thunb.) O. Kuntz

玄参科，通泉草属

识别特征 多年生草本。株高 3 ~ 30cm，丛生，茎常倾卧，地上部分节处可生根，分枝披散。基生叶莲座状，倒卵形至卵状披针形，茎生叶对生或互生。总状花序生于枝茎顶端，常在花序基部生花，花萼钟状，花冠白色、紫色或蓝色，2 唇形，花果期 4 ~ 10 月。蒴果球形。

主要习性 产我国除内蒙古、宁夏、青海及新疆以外各地；越南、日本、俄罗斯、朝鲜、菲律宾也有。喜半阴及湿润环境，要求肥沃、疏松及排水良好的土壤，土壤不可过干。

园林应用 适于作岩石园栽培或作林下地被覆盖植物。

兔尾草 *Lagurus ovatus* L.

禾本科，兔尾草属

识别特征 一年生草本。茎簇生直立，高 30 ~ 60cm。叶窄而长、扁平。花序圆锥状卵球形，长 3 ~ 5cm；小穗具 1 花，小穗轴延伸成刚毛，颖片具长柔毛，1 脉，芒尖超出外稃，外稃具纤细长芒，长 1cm 余，柱头羽状，雄蕊 3，金黄色，花期初夏至秋季。

主要习性 地中海地区有分布，美国加利福尼亚州也有。喜阳光。

园林应用 兔尾草如丝般柔软的光亮花序可经久保持，是极好的干花素材。

万年青 *Rohdea japonica* Roth.

百合科，万年青属

识别特征 多年生常绿草本。根状茎粗。叶矩圆披针形，3～6枚，纸质。穗状花序长3～4cm，无柄，花数十朵密集于花莛上部；花被合生，球状钟形，淡黄或乳白色，花期夏季。浆果球形，橘红色。

主要习性 原产我国南部及日本，秦岭有野生；生于山涧、沟谷、林下湿地。性健壮，喜温暖、湿润及半阴，忌强光；微酸性沙质壤土或黏土均可生长。

园林应用 万年青四季青翠，鲜红果秋冬不凋，宜作林下地被或盆栽，为良好的观叶、观果花卉。根茎及叶入药，有强心利尿功效。

万寿菊 *Tagetes erecta* L.

别名 臭芙蓉

菊科，万寿菊属

识别特征 一年生草本，株高30~90cm。叶羽状全裂，裂片带尖锯齿和油腺，有特殊气味。头状花序，径5~10cm，舌状花重瓣或单瓣具长爪，缘部略皱曲，鲜黄或橘红色，花期6~10月。

主要习性 原种产墨西哥。喜温暖、向阳，也耐凉爽和半阴，对土壤要求不严。适应性强，偶能自播繁衍。

园林应用 园林中适于布置花坛、花境，也可作切花；矮生品种更适宜镶边或盆栽。

晚香玉　*Polianthes tuberosa* L.

别名　夜来香、月下香　　　　　石蒜科，晚香玉属

识别特征　多年生草本。地下部分为鳞茎状块茎（上部分为鳞茎，下部分为块茎）。基生叶 6~9 片，带状披针形，茎生叶越向上越短。总状花序高约 1m，有花 10~20 朵，成对着生；自而上陆续开放；花漏斗状，白色，芳香（夜间更浓）。

主要习性　原产墨西哥。喜温暖湿润、阳光充足的环境，要求土层深厚肥沃、黏质壤土；耐冷凉，忌寒冻与积水。无休眠期，如气温适宜，四季均可生长开花。生长适温 25~30℃；生长期白天不低于 20℃，夜间不低于 8℃。

园林应用　晚香玉为重要的切花材料，亦宜丛植或条植于花坛、花境或散植于石旁、路旁、草坪或花灌木丛间。花朵可提取香精。

维西美花　*Veltheimia viridifolia* Jacq.

百合科，维西美属

识别特征　多年生丛状草本。高 30 ~ 45cm。有皮鳞茎，径约 7cm。基生叶带状至长圆形，长达 30cm，宽 10cm，两面有光泽，边缘波状。花葶高可达 60cm，深紫色具黄色斑点，顶生密总状花序，花筒状，长约 4cm，下垂；花被合生，宿存，先端有齿状浅裂，粉紫色具黄色斑点；雄蕊 6，贴生于花被筒部或喉部；冬季开花。

主要习性　原产南非。喜充足阳光、排水良好的土壤，畏霜寒。

园林应用　园林中可布置花境，或在草地边缘作带状栽植。

文殊兰 *Crinum asiaticum* L.

石蒜科，文殊兰属

识别特征 多年生常绿草本。大鳞茎长圆柱形，有毒。叶多数，基生，带状披针形。花葶腋生，高达 1m；伞形花序外具 2 个佛焰状大型苞片，苞片反折，有花 20 多朵；花被筒直立，细长约 7 ~ 10cm，呈高盆状，花被片线形，白色，有香气。花期春、夏季。

主要习性 原产亚洲热带，我国海南岛有野生。喜温暖湿润、光照充足环境，能耐盐碱，不耐寒。

园林应用 叶丛洁净，花色素雅，芳香清馥，冬暖地区庭院栽培，盆栽适宜布置厅堂、会场。中国文殊兰根、叶可入药。

文竹 *Asparagus plumosus* Bak.
别名 云片竹

百合科，天门冬属

识别特征 多年生草本。茎柔细伸长，略具攀缘性。叶枝纤细如羽毛状，水平开展，叶小，长3～5mm，成刺状鳞片。花小，两性，白色，花期多在2～3月或6～7月，亦有时一年开花两次。浆果成熟后黑色。

主要习性 原产南非。喜温暖、湿润、略荫蔽，忌霜冻，不耐旱；要求土壤层深厚、富含腐殖质，肥沃和排水良好的沙质壤土。

园林应用 文竹枝叶纤细，清秀，盆栽室内观赏，又是重要的切叶材料。

乌头 *Aconitum carmichaeli* Debx.

别名　草乌

毛茛科，乌头属

识别特征　多年生草本。块根倒圆锥形。茎高达 150cm。叶五角形，3 全裂，侧生裂片斜扇形，不等 2 深裂。总状花序狭长，顶生，密生反曲微柔毛；花多成串，侧向；萼片 5，蓝紫色，上萼片高盔形，长 2～4cm；花瓣 2，有长爪。蓇葖果，种子有膜质翅。花期 9～10 月。

主要习性　原产我国长江中、下游。生山地草坡灌丛中。喜阳光、凉爽湿润环境，耐寒性较强，忌酷暑炎热和黏土。

园林应用　乌头花形奇特，花姿美丽，庭院中适于灌木丛中配置，也可布置花境或作切花。根有毒，含亚科尼丁，可入药。

五色草 *Alternanthera bettzickiana*(Regel.)Nichols.

别名 锦绣苋、红草、红节节草　　　苋科，莲子草属

识别特征 多年生草本。茎直立或基部匍匐，高约15~40cm，多分枝，呈密丛，节膨大。叶对生，长圆倒卵状披针形或匙形，全缘，绿色或红色，或部分绿色杂以红色或黄色斑纹。头状花序腋生或顶生，2~5个丛生，无花瓣。

主要习性 原产南美巴西，现世界各地栽培。夏季喜凉爽气候，高温高湿则生长不良；冬季要求温暖，宜在15℃的温室中越冬。生长期要求阳光充足，土壤湿润、排水良好。

园林应用 五色草植株低矮、叶色鲜艳，耐修剪，是优良的观叶植物，是布置毛毡花坛及立体花坛的好材料。切枝叶也可作花篮配叶。

五色菊　*Brachycome iberidifolia* Benth.

菊科，五色菊属

识别特征　一年生草本。株高 20～45cm；多分枝。叶互生，羽裂。头状花序花梗纤细，单生或在枝顶成疏散伞房状聚伞花序；花径约 2.5cm。舌状花蓝色、玫瑰粉或白色。花期 5～6 月。

主要习性　原产澳大利亚。性喜温暖、向阳，不耐寒，忌炎热；要求疏松肥沃、排水良好的土壤，忌涝。

园林应用　五色菊是优良的花坛镶边材料，以其低矮细腻的株形和娇柔细微多变的花色取胜。新优品种更适宜窗台盆栽或篮柜装饰。

勿忘草 *Myosotis sylvatica* Hoffm.

别名 勿忘我

紫草科，勿忘草属

识别特征 多年生草本。茎直立，高 20 ~ 45cm，丛生，具分枝，被糙毛。叶披针形或条状倒披针形，两面被糙毛，茎上部叶无柄，均为互生。镰状聚伞花序，花冠高脚碟状，裂片 5，花冠蓝色、粉色或白色，喉部黄色；花期 4 ~ 6 月。小坚果卵形。

主要习性 产欧亚两洲，分布较广；我国云南、四川、江苏以及东北、西北、华北均有，生于山地林缘或林下、山坡或山谷草地等处；伊朗、前苏联、巴基斯坦、印度和克什米尔也有。性耐寒，喜凉爽气候和半阴环境，要求土壤疏松、湿润及富含有机质。

园林应用 勿忘草花朵小巧，生长快，如早春播种可在夏秋开花，为春夏之间花坛、花境材料，可在岩石园点缀或在坡地片植，还可盆栽或作切花。

西瓜皮椒草 *Peperomia argyreia* E. Morr.

胡椒科，豆瓣绿（椒草）属

识别特征 多年生常绿草本植物。又名西瓜皮叶豆瓣绿，银斑叶豆瓣绿。茎矮，一般高不超过40cm。茎基抽叶，叶盾状，宽卵形，长8～12cm，宽6～10cm，上面深绿色，有8～11条银白色斑纹极似西瓜皮；叶柄红色，长约7～24cm，肉质。穗状花序长约10cm，由叶腋抽出。一般栽培难以结实。

主要习性 原产巴西，在南美及中美热带地区都有分布，我国各地公园多有盆栽。为林下植物，喜阴湿而忌强光暴晒；好暖而畏严寒；要求半阴，最低温度不得低于12℃。不能盆内积水，否则易因土壤缺氧而窒息死亡。

园林应用 盆栽置于案头、几架，或放在不受阳光直晒的窗台上，可随时欣赏鲜丽绿白相间的叶及亭亭玉立的红叶柄。

喜荫花 *Episcia cupreata* Hanst.

别名 红桐草

苦苣苔科，喜荫花属

识别特征 多年生常绿草本。茎常呈匍匐状，高仅10cm余。叶对生，椭圆形，叶暗红褐色，皱，主、侧脉银白色；叶腋处有走茎，全株密生细毛。花3～4朵生叶腋间，筒长3.5cm，花径约2.2cm，裂片5，鲜红色，喉部黄白色；花盘后部有一大腺体。花期夏、秋季。

主要习性 原种产委内瑞拉与哥伦比亚。现作为喜荫植物广泛栽培。

园林应用 喜荫花是花、叶俱美的低矮匍匐喜荫观叶植物，最适宜冬暖地区作林下地被，北方盆栽作悬挂装饰，形如毛毡状地被，点点红花夹杂在叶丛中，观赏效果极佳。

虾衣花

Callispidia guttata（Brandegee）Bremek［*Beloperone guttata* F. S. Brandegee；*Justicia brandegeana* Wasshet. L. B. Sm.］

别名 麒麟吐珠　　　　　　　爵床科，虾衣花属

识别特征 多分枝草本植物。高 20～50cm，茎被短硬毛。叶卵形，长 3～6cm，对生，两面被短软毛。穗状花序顶生，稍弯，长约 10cm，苞片砖红色，萼白色，花冠白色，二唇形，伸出苞片之外，长约 2～3cm，下唇 3 裂，有 3 行紫斑，花期春、夏、秋三季。其形、色似狐尾，故亦称狐尾木。

主要习性 原产墨西哥，热带地区广为栽培，我国南方庭园、花圃中常见。性喜温暖湿润气候，夏季要求适当荫蔽及通风良好。栽植以肥沃、疏松及排水良好的沙质壤土为宜。不耐寒，北方寒冷地区室内盆栽越冬气温不得低于 7～10℃，并放在阳光充足处。

园林应用 虾衣花的花型奇特，有较高观赏价值，园林中南方可在花坛、花境种植，北方可盆栽摆放或温室栽培。

狭叶庭菖蒲 *Sisyrinchiun angustifolium* Mill.

别名 狭叶蓝眼草 　　　　　　　　　鸢尾科，庭菖蒲属

识别特征 多年生宿根草本。高约50cm，具短地下根茎，茎高 25 ~ 60cm。叶基生，深绿色，线形，宽6mm。花茎高 10 ~ 60cm，常二叉分枝，有宽翅，鞘苞粗大；花冠径 2cm，长1cm，星形 6 裂，裂片近相等，开展，淡蓝至深紫色，花筒极短，雄蕊 3，花丝基部联合，花柱 3裂；花期 5 ~ 10 月。蒴果含种子多数。

主要习性 原产北美。多生长于潮湿草甸或开放林地；喜阳光充足湿润，排水良好环境，不耐严寒。

园林应用 园林上可种植于花境或路边、屋檐下和窗前。

夏风信子 *Galtonia candicans* Decne.

百合科，夏风信子属

识别特征 多年生草本。鳞茎球形。基生叶长约60cm；带状，略肉质。花葶高 60～100cm，总状花序有花 20～30 朵，白色，略带绿色条纹，窄钟状，长约 3.5cm，微具芳香，花期夏秋。

主要习性 原产南非。性喜温暖湿润；土壤要求排水良好。不耐寒。

园林应用 夏风信子植株秀丽，花色明亮，适合花坛条植或丛植。

仙客来 *Cyclamen persicum* Mill.

别名 萝卜海棠、兔耳花、一品冠　报春花科，仙客来属

识别特征 多年生宿根草本。具扁圆形多肉块茎。叶丛生块茎顶端，具长柄，近心形；表面绿色，有银白色斑纹。花单朵腋生；花梗细长，高 15~20cm；花稍下垂，花瓣向外反卷如僧帽状；有白、粉红、洋红、紫红等色，还有皱、齿边及具香气的类型和品种。蒴果球形。花期自秋至春。

主要习性 原产南欧及突尼斯和近东等地。性喜温凉湿润及阳光充足的气候和肥沃、疏松、排水良好的微酸性沙质壤土。忌夏季高温高湿，休眠期喜冷凉干燥。生长期适宜的相对湿度为 70%~75%。

园林应用 花色艳丽，花形多姿，花期长又适逢圣诞节、元旦、春节等重大传统节日，是当今世界各国重要盆花。华南地区可以用作岩石园布置，露地栽培。

仙人笔 *Kleinia articulata* Haw.

菊科，仙人笔属

识别特征 多年生肉质草本。株高 30～70cm。茎直立棒状，具节，全株被白粉。叶扁平，提琴状羽裂。头状花序全为管状花，花径 2～3cm，白色，花柱分枝顶端细圆锥状，花果期5～6月或早春(温室)。

主要习性 原产南非。喜温暖向阳干旱气候。耐高温和半阴，不耐寒，要求排水良好的石灰质沙砾土，忌湿涝。

园林应用 仙人笔茎肉质棍棒状挺立，全株葱绿，供盆栽室内装饰。

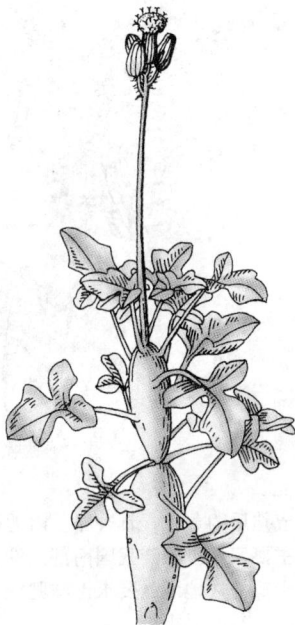

香蕉 *Musa nana* Lour.

芭蕉科，芭蕉属

识别特征 多年生高大草本植物。由叶包围而成的假茎粗壮，浓绿色带黑斑，高 1.5～3.5m。叶巨大，侧脉羽状，平行，多数，叶柄短粗，张开，叶翼显著，边缘褐红色，密被白粉。穗状花序下垂，序轴被褐毛，花单生，乳白或稍带浅紫色，雄花生于花序上部，雌花在下部。果实成熟后为黄色，具香味，内无种子。

主要习性 原产我国南部。性喜温暖、湿润气候，多生于低海拔地区，要求土壤肥沃、深厚及排水良好，不耐寒，易遭风害。

园林应用 香蕉树姿优美，果穗金黄，除果实为重要水果外，更是温室重要观赏植物。

香龙血树 *Dracaena fragrans* Ker. – Gawl.

别名 巴西铁

龙舌兰科，龙血树属

识别特征 常绿灌木或乔木。株高可达 6m，有时分枝。叶多聚生于干顶，长圆披针形，长30~90cm，宽 6~10cm，绿色或有变色条纹。圆锥花序顶生，花小，黄白色，极香。

主要习性 原产非洲西南部。性喜阳光充足、高温、多湿，肥沃疏松、排水良好的钙质土壤。不耐寒，忌水涝。

园林应用 园林中作观叶花卉，高大盆景为厅堂、场馆装饰，冬暖地区供庭院栽植。

香石竹 *Dianthus caryophyllus* L.

别名 康乃馨、麝香石竹

石竹科，石竹属

识别特征 多年生草本。茎直立，高60～100cm，基部半木质化；多分枝，植株灰绿色，被白粉，茎干硬而脆，节膨大。叶对生，线状披针形。花单生或2～6朵聚伞状排列；花萼长筒状，花瓣扇形，内瓣多呈皱缩状，有不规则缺刻，原种花深桃红色或白色，径约2.5cm；栽培品种花瓣增多，花色、花姿丰富多彩；多芳香。

主要习性 原产南欧、地中海北岸、法国至希腊一带。现代栽培品种各地广泛栽培。喜冷凉气候，但不耐寒。好腐殖质丰富、通透、排水好的肥沃黏壤土。需阳光充足才生长良好。喜空气湿度低、通风良好干燥的环境。最忌高温多湿。

园林应用 是当今世界产量最大、应用最广的主要切花之一。园林中，可选用矮生品种布置花坛、花境或盆栽。

香水草 *Heliotropium arborescens* L.

别名 南美天芥菜

紫草科，天芥菜属

识别特征 多年生草本。呈亚灌木状。茎基部木质化，高1.2m，全株被毛。叶互生或近对生，卵圆形或长圆状披针形。镰状聚伞花序顶生，花朵密集，花小，径约0.5cm，紫罗兰色至白色，芳香，花期长，2～6月。核果圆球形。

主要习性 原产南美秘鲁，我国各地多引种栽培。喜温暖气候，要求肥沃、疏松及排水良好的土壤。光线充足或部分荫蔽。有一定空气湿度，不甚耐寒，越冬气温在7～10℃，开花最适气温在16℃。

园林应用 香水草的香气宜人，园林中可作镶边植物，也可盆栽观赏。

香雪兰 *Freesia* × *hybrida* L. H. Bailey

别名 小菖兰、洋晚香玉　　　　　鸢尾科，香雪兰属

识别特征 多年生草本。球茎卵圆形或圆锥形，外被棕褐色薄膜，径约2cm。球茎基部根一年生。叶片剑形或线形，长15~30cm。花茎细，有分枝，花10朵以上，排列成螺旋状聚伞花序，每5~6花有1佛焰状膜质苞片，花多偏生一侧或倾斜；花被狭漏斗形，长约5cm，上部分裂为6片；有黄绿色至鲜黄色、粉红、玫瑰红、雪青及紫色等色系，芳香；花期冬、春季。

主要习性 原种产南非好望角一带。性喜温凉湿润、阳光充足环境；耐寒性差，高温休眠。忌水涝。在原产地秋季2~3月萌芽，冬季(7~8月)8~10℃开花；花后茎叶枯萎。

园林应用 香雪兰花色明亮、香味浓、花期长，又正值元旦、春节佳期，是重要的切花与盆花。

香雪球 *Alyssum maritimum* Lam. [*Lobularia maritima* Desv.]

十字花科, 庭荠属

识别特征 多年生草本, 作一、二年生栽培。植株矮小, 高仅 8 ~ 16cm, 株幅可达 20 ~ 25cm。叶互生, 线形或倒披针形。总状花序疏松, 果时伸长, 花白色或略带粉堇, 有微香。种子扁平。花期 3 ~ 6 月。

主要习性 原产欧洲、西亚。性健壮、稍耐寒, 喜冷凉、干燥气候, 需向阳、湿润、疏松肥沃而又排水良好的土壤; 忌酷暑、湿涝。

园林应用 香雪球株丛铺地, 花开一片白、粉堇色, 极美, 是优良的岩石园花卉、坡地地被花卉, 也适宜毛毡花坛、花境镶边; 又是很好的蜜源植物。

向日葵 *Helianthus annuus* L.
别名　葵花

菊科，向日葵属

识别特征　一年生草本。茎高 1～3m，全株具粗硬刚毛。头状花序单生茎顶，径可达40cm，具向日性；舌状花黄色，雌性，管状花紫褐色，两性。花期7～10 月，果熟期 9～11 月。

主要习性　原种产北美。喜温暖、向阳环境，疏松、肥沃、土层深厚的沙质土壤；亦稍耐干旱、瘠薄盐碱地。适应性强。偶有自播繁衍力。

园林应用　向日葵具观赏与食用价值，适宜栽植宅旁空闲地作背景或屏障，高大品种适宜作切花。矮生、重瓣品种适宜盆栽布置花境、庭院。种子可榨油食用，油粕作饲料，果壳可制糠醛或酿酒。茎秆纤维可制人造丝、隔音板、造纸等。

小驳骨 *Gendarussa vulgaris* Nees [*Justicia gendarussa* L. f.]

别名 接骨草

爵床科，驳骨草属

识别特征 多年生直立草本或亚灌木。株高约1m，茎节膨大。叶对生，深绿色，狭披针形至披针状线形，长5~10cm，全缘。穗状花序顶生，花穗上部花朵密集，下部间断，花冠二唇，白色或粉红色，花期春季。蒴果棒状，具4粒种子。

主要习性 分布于印度、斯里兰卡、中南半岛至马来半岛；我国台湾、福建、广东、海南、广西、云南等地有产。性强健，喜温暖湿润气候，喜阳光，亦耐半阴，稍耐干旱，分枝力强，耐修剪。不耐寒，北方寒冷地区只能温室内栽培，越冬气温为8~10℃。

园林应用 园林中可用于坡地美化，或做绿篱栽植，布置庭园，盆栽亦可。茎叶入药，有舒筋活络之功效。

蝎尾蕉 *Heliconia rostrata* Ruiz et Pav.

别名 垂花火鸟蕉   芭蕉科，蝎尾蕉属

识别特征 多年生常绿大型草本植物。株形似香蕉，高达 2m。叶直立长大椭圆状矩圆形，有长柄。花梗自叶腋抽出后向下垂悬，花序长达 60cm 以上，鲜艳的大苞片 15 ~ 20 枚，苞片长达 10cm，边缘带绿色，上部黄色，下部木质化的苞片鲜红色，花朵黄绿色；春末夏初开花。

主要习性 原产美洲热带，阿根廷至秘鲁一带。性喜高温及阳光充足环境，亦耐半阴，但夏季忌强光暴晒。

园林应用 叶色浓绿，花序色泽艳丽，花姿奇特，极受人们喜爱，热带地区栽培作庭院观叶赏花的佳品。花枝亦是极好的高档切花材料。

新疆党参 *Codonopsis clematidea* Clarke

桔梗科，党参属

识别特征 多年生草本。根胡萝卜状圆柱形，长达45cm。茎高约50cm，幼时有短柔毛，下部分枝较多。叶片对生或互生，卵形或狭卵形，长约3cm。花顶生和腋生，钟状下垂，花萼裂片5，花冠开张或先端裂片略外展，蓝色，筒长3.5cm，有深蓝色脉纹，内中下部有紫色环纹2圈。雄蕊5，柱头明显3裂。花期夏季。

主要习性 分布于我国西藏西部、新疆；前苏联中亚地区至阿富汗。生海拔1 700～2 500m山地林中。喜排水良好肥沃壤土，向阳环境，但亦耐半阴；极耐寒。

园林应用 庭院中可栽于花境或岩石园观花。根供药用。

绣球百合　*Haemanthus katharinae* Bak.

石蒜科，网球花属

识别特征　多年生草本。叶自鳞茎上方短茎上抽出，3～5枚，长可达30cm，与花同时生长。圆球状伞形花序顶生，径约20cm，具小花30～100朵，鲜红色；花期夏秋季。

主要习性　原产南非。性喜温暖、湿润向阳或半阴环境，要求排水良好的沙质壤土或泥炭土，不耐寒。

园林应用　绣球百合花色艳丽，小花朵密集四射，形如彩球，为美丽鳞茎花卉。

萱草 *Hemerocallis fulva* L.

别名 忘忧草

百合科，萱草属

识别特征 多年生宿根草本。具短根状茎和肉质肥大的纺锤状块根。叶基生，条形，排成两列，长可达 80cm。花葶粗壮，高约 100cm；螺旋状聚伞花序，有花十数朵，花冠漏斗形，径约 12cm，橘红色；花瓣中部有褐红色"∧"形色斑。花期夏季。

主要习性 原产我国南部，欧洲南部至日本均有分布。性耐寒，亦耐干旱与半阴，块茎可在冻土中越冬；对土壤选择性不强，但以富含腐殖质、排水良好的湿润土壤为最好。

园林应用 花色鲜艳，单朵花只开 1 天，但一花开完他花继放，且春季叶子萌发早，绿叶成丛，亦甚美观，园林中多丛栽于花境、路旁，也可作疏林地被植物。

雪光花 *Chionodoxa luciliae* Boiss.

百合科，雪光花属

识别特征 多年生草本。具白色小鳞茎。叶基生，狭条形，2~3 片；早春自中央抽生花葶，高约 15cm，叶与花葶近等长。总状花序，具花 4~6 朵；花鲜蓝色，中央白色，径约 2.5cm，花冠裂片舌状，开展，基部连成筒，花期夏季。

主要习性 原产小亚细亚。喜温暖潮湿和阳光充足环境。对土壤要求不严，但须湿润、排水良好。

园林应用 暖地园林适宜岩石园或花坛边缘丛植；冬季寒冷之地区盆栽，早春室内观花。

雪花莲 *Galanthus nivalis* L.

别名 小雪钟、雪地水仙　　　　　石蒜科，雪花莲属

识别特征 多年生草本。鳞茎小，卵形，黑色。叶线形，2～3片，具白霜。花莛实心，高约15cm；花单生，下垂，径约2.5cm；花瓣裂片成2轮，内轮裂片较短；白色似雪，而于内轮片弯处带绿色。花期早春。

主要习性 原产欧洲中南部至高加索一带。喜凉爽气候。性健壮，要求疏松肥沃、含腐殖质的湿润沙质壤土。不耐寒。

园林应用 多植于路旁，花境或草地丛植，或岩石园点缀。

雪花水仙 *Leucojum vernum* L.

别名 雪片莲、雪铃花　　　　　　石蒜科，雪片莲属

识别特征 多年生小鳞茎草本。株高 20 ~ 30cm。基生叶条形，长至 22cm。花莛短而中空，顶端着生单花或极少数聚生成伞形花序；花白色，广钟形，无筒，下垂；花被片长约 1.8cm，先端具一点绿色，芳香；花期春季。

主要习性 原产中欧。喜凉爽、湿润向阳环境；要求肥沃、富含腐殖质排水好的土壤；耐寒性较强。

园林应用 雪花水仙株丛低矮，花叶清秀，宜坡地及草坪丛植。冬季温和地区作地被花卉，或作花境、花坛丛植及岩石园点缀，亦供作小切花。

雪莲花 *Saussurea involucrata* Kar. et Kir.

菊科，风毛菊属

识别特征 多年生草本，高 15~25(35) cm。根状茎粗，颈部被多数纤维状残叶基。叶密集，矩圆形或卵状矩圆形，边缘有尖齿，齿间有头状腺毛。头状花序 10~20 个在茎端密集成球状，无梗；总苞半球形，总苞片 3~4 层，被白色疏长毛，花冠紫色，长约 14mm；冠毛糙毛状，污白色，内层羽毛状；花期 7~8 月。

主要习性 分布于新疆天山；俄罗斯西伯利亚东部地区、蒙古也有。常生高山近雪线处，海拔 2 500~3 500m 范围内石缝中；喜阳光充足、冷凉与排水好环境。忌高温。

园林应用 雪莲花花序大型，总苞具白色疏长毛，犹如雪中之莲花，极为别致，是著名的高山花卉，适宜高海拔地区岩石园栽培或作盆栽观赏。

勋章花　*Gazania rigens*（L.）Gaertn.

菊科，勋章花属

识别特征　多年生草本。株高20～30cm。茎短，叶密生其上，披散成簇；叶片线状披针形至倒卵状披针形，全缘或略羽状裂，基部渐窄成具翼叶柄，叶背密生白色茸毛。头状花单生，径约7～8cm，有长梗，总苞片2层或更多，基部相连成杯状，舌状花橙色，基部有黑、白眼点或棕色斑块；花期自春至秋。花凋萎后约半个月种子成熟。栽培品种很多。

主要习性　原种产南非。喜温暖、向阳、排水良好、肥沃疏松土壤，好凉爽、耐低温，但不耐冻，忌高温高湿与水涝。环境条件适宜处可自播繁衍。

园林应用　勋章花株丛低矮，花态新颖，气候适宜地区，适宜布置花坛、花境、草地镶边或作地被、温室盆栽。

薰衣草 *Lavandula angustifolia* Mill.

别名 香草 唇形科，薰衣草属

识别特征 多年生草本或矮小灌木。多分枝，被星状茸毛，株高可达 1m。叶对生，线形或披针状线形，被灰色星状茸毛，叶缘反卷。轮伞花序顶生，长 15～25cm，每轮有小花 6～10 朵，花萼近管状，花冠下部筒状，上部唇形，上唇 2 裂，下唇 3 裂，花淡蓝色，或粉红至粉白色，花期 6 月，全株浓香。小坚果光滑。

主要习性 原产地中海地区。冬季喜温暖湿润，夏季宜凉爽干燥，喜阳光，要求高燥地势，肥沃、疏松及排水良好的沙质壤土，不耐高温高湿和水涝，抗寒能力较弱。

园林应用 园林中适于用在花境或沿路、墙垣成行栽种，也可种在坡地、岩石园，还可盆栽观赏。其枝叶丰满，花色淡雅，芳香可人，花穗含 3% 芳香挥发油，称薰衣草油，为世界重要香精原料。

鸭跖草　*Commelina communis* L.

鸭跖草科，鸭跖草属

识别特征　一年或多年生草本。茎叶绿色、光滑，茎基部匍匐分枝，上部向上斜生，高约 20cm，长可达 90cm。叶片披针形至卵状披针形，具白色膜质叶鞘，鞘口部密生短毛。花深蓝色，花期 6～9 月。蒴果 2 室，种子暗褐色。

主要习性　我国华东、华北、西南均有分布。喜温暖、略荫、湿润和通风；要求疏松、肥沃、排水良好的土壤。

园林应用　绿色柔嫩茎叶最适宜盆栽装饰布置窗台，或作几架悬垂吊挂欣赏。

亚马孙石蒜 *Eucharis grandiflora* Planch. et Linden

别名 南美水仙

石蒜科，南美水仙属

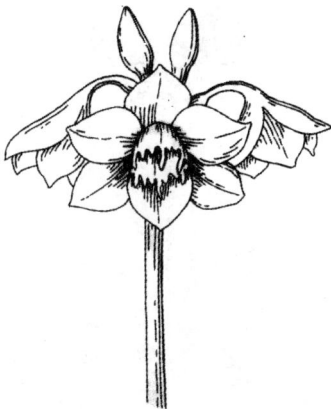

识别特征 多年生草本植物。有皮鳞茎，径达 5cm。叶基生，叶片宽展，长 30cm，宽 15cm。伞形花序，有花 3 ~ 6 朵，花莛近圆筒形，高约 60cm，花白色，径约 8cm，芳香，略下倾；花冠筒状，纤细，裂片 6，开张呈星状，雄蕊着生于喉部，花丝宽展相连，呈明显的杯状；花期冬、春季。以后有短暂休眠。

主要习性 原产南美安第斯山脉。喜温暖潮湿热带雨林气候，富含腐殖质、排水良好的土壤。

园林应用 冬暖地适宜花坛、花境作宿根花卉栽植，或作盆栽花卉，供室内装饰，赏其似水仙的芳香花朵与翠绿叶丛。

岩白菜 *Bergenia purpurascens* Engl.

虎耳草科，岩白菜属

识别特征 多年生草本。具地下根状茎，地面茎多匍匐并有分枝。叶基生或生枝顶，单叶互生密集成簇生状；花序总状，有花6~9朵，花瓣5片，玫瑰红色，初夏开花。蒴果2裂，种子细小。

主要习性 原产我国西南各地，多生于海拔2000~4000m的高山杂木林缘，草坡或岩石缝隙间。要求空气湿润、排水良好的半阴环境。

园林应用 园林中可利用花期长、花色鲜艳的特点，布置于岩石园或在林下栽植，亦可盆栽欣赏。根、茎入药。华北因不耐寒多作盆栽。

艳山姜 *Alpinia zerumbet* (Pers.) Burtt et Smith

姜科，山姜属

识别特征 多年生草本。株高可达 2～3m；具根状茎。叶片披针形，长 30～60cm，宽 5～10cm，顶端渐尖有一旋卷的小尖头，边缘具短柔毛。总状圆锥花序生于具叶的茎上，下垂，长达30cm；苞片白色，顶端及基部粉红色；花冠管长约 3cm，乳白色，顶端粉红；唇瓣长约4cm，顶端皱波状，黄色有紫红色条纹。蒴果球形，径约2cm，成熟时橙红色。花期夏季。

主要习性 分布于我国东南部至西南部；亚洲热带其他地区也有。生于林荫下。喜温暖、潮湿、深厚肥沃的土壤，半阴或光线充足的环境。

园林应用 绿叶艳花，是冬暖地区露地栽培的优良花卉；寒冷之地多作盆栽；根茎和果实供药用。

雁来红 *Amaranthus tricolor* L.

别名 三色苋、老来少

苋科，苋属

识别特征 一年生草本。株高 1 ~ 15m，基粗壮，少分枝。叶卵状椭圆至披针形，绿、黄、红或紫色。花密集成圆球形花簇，腋生或顶生成穗状花序；花期夏末初秋，顶叶变色。

主要习性 原产亚洲热带、印度，现各地广泛栽培。喜阳光、湿润及通风良好环境，对土壤要求不严，耐旱，耐碱，在排水良好的沙壤土中生长良好。

园林应用 园林中可作花坛中心、花境背景材料，或美化庭院角隅，亦可盆栽装饰；初秋顶叶鲜艳绝美。嫩茎叶可食用。全草入药，有明目、利尿、解毒之效。

药百合 *Lilium speciosum* var. *gloriosoides* Baker

别名 鹿子百合　　　　　　　百合科，百合属

识别特征 多年生草本。鳞茎无皮膜。茎高约1m。花1至多朵，花瓣开张反卷，径约13cm，花被片6，纯白色，有血红色斑点，花极美丽。花期自春至秋，而以夏季最盛。

主要习性 产安徽、江西等地，分布于海拔650～900m阴湿林下及山坡草丛中。性喜凉爽、荫蔽、湿润，要求腐殖质丰富的酸性土壤。忌连作与湿热通风不良环境。

园林应用 百合种、品种资源丰富，庭院一次栽植，多年欣赏，花期6～9月，是夏、秋园林中的佼佼者。庭园配置中，多用高、中茎种类在灌木林缘配置，中、低种类作疏林下片植；亦可作花坛中心及花境背景，草地丛植；矮生品种更适宜岩石园点缀与盆栽观赏。高秆品种最适宜作切花，百合花枝已成为插花装饰中的名贵花卉。

夜落金钱　*Pentapetes phoenicea* L.

别名　午时花

梧桐科，午时花属

识别特征　一年生草本。高达 50cm。花腋生，径 2.5 ~ 3cm，开时下垂，红色，花瓣 5，平展。蒴果圆形。花期自春至秋，花朵正午开放，午夜整个花瓣成环形圈脱落，因而得名。在原产地及我国华南为多年生，冬季仅梢部略枯萎。

主要习性　原产印度。喜高温、充足的阳光和适当的湿度，以疏松肥沃、排水良好的土壤为好。

园林应用　夜落金钱宜植成花境，配植花坛中心部位，或于篱旁、池畔条植、丛植观赏。但现极少有栽培者。

一串红 *Salvia splendens* Ker. Gawl.

别名 鼠尾草

唇形科，鼠尾草属

识别特征 多年生草本或亚灌木，常作一年生栽培。株高 30 ~ 90cm，茎四棱，基部木质化。叶片卵圆形或三角状卵圆形，对生、有柄，缘有齿。总状花序顶生，苞片卵圆形，花前包裹花蕾，花萼钟状，2唇，宿存，花冠筒长 4cm，萼片与花冠均为鲜红色，花期 8 ~ 10月。小坚果卵形，黑褐色。

主要习性 原产南美，现世界各地广为栽培。性喜阳光充足及温暖湿润气候，宜肥沃、疏松及排水良好的沙质壤土，不耐寒，10℃ 以下叶片易变黄脱落，也不甚耐热，超过 30℃ 时则花、叶变小，适宜生长气温为 20 ~ 25℃。

园林应用 一串红常用于布置花坛、花丛、花境，大面积片植观赏效果良好，也可以盆栽或作切花材料。

一叶兰 *Aspidistra elatior* Blume

别名 蜘蛛抱蛋　　　　　　　　百合科，蜘蛛抱蛋属

识别特征 多年生常绿草本。具粗壮匍匐根状茎。株丛高约 70cm。叶基生，长可达 70cm，质硬，基部狭窄形成沟状长 12～18cm 的叶柄。花单生短梗上，紧附地面，径约 2.5cm，乳黄至褐紫色，花期春季。

主要习性 原产我国，海南岛和台湾有野生。性喜温暖阴湿，易受霜害，耐贫瘠，在空气较干燥的地方也能适应，但喜疏松、肥沃、排水良好的沙质壤土；忌直射阳光。

园林应用 一叶兰叶片挺拔、浓绿、光亮，又极耐阴，冬暖地区适宜林荫下地被、花境、建筑物阴面丛植，北方盆栽是装饰厅堂会场的良好观叶花卉，全草药用。

一枝黄花 *Solidago canadensis* L.

菊科，一枝黄花属

识别特征 多年生草本。株高 1～1.5m，全株具粗毛。叶狭披针形，表面粗糙，背面有柔毛。头状花序成偏向一侧的复总状，再与下部叶腋的花序集成为顶生的圆锥状花丛；花黄色。花期夏、秋季。

主要习性 原产北美。性耐寒，喜凉爽、向阳、高燥环境；耐高温、干旱、略荫蔽，对土壤要求不严。适应性强。

园林应用 园林中可作自然式布置，丛植或作背景，富野趣，亦可作切花配花，有飘逸之感。

异果菊 *Dimorphotheca sinuata* DC.

菊科，异果菊属

识别特征 一年生草本。高约30cm，基部分枝疏散，有腺毛。叶长圆披针形，边缘有深波状齿。头状花序，径约4cm，舌状花橙黄色，有时基部紫堇色，管状花黄色，花期4～6月。瘦果2型：舌状花果3棱或近圆柱状；管状花果心脏形，扁平，有变厚的翅。栽培中有柠檬黄、杏黄及乳白色品种。

主要习性 原产南非。喜向阳、温暖，不耐寒，忌炎热，要求排水良好的土壤。在优良环境中，偶能自播繁衍。

园林应用 园林中用作花坛、花境或岩石园种植材料。

益母草 *Leonurus artemisia* （Lour.） S. Y. Hu
[*L. heterophyllus* Sweet]

唇形科，益母草属

识别特征　一年生草本。茎直立，株高约1.2m，钝四棱形，具倒向糙伏毛。叶对生，具柄，有毛，茎下部叶掌状3裂，裂片再分裂，茎中部叶通常3裂，裂片矩圆形，花序上的叶呈条形。轮伞花序腋生，具8~15朵花，花萼管状钟形，花冠筒沿部2唇形，粉红至淡紫红色，花冠筒内有毛环，花期6~9月。小坚果长圆状三棱形，果期9~10月。

主要习性　原产亚洲、非洲和美洲，我国各地均有分布，生长于多种生境，尤以阳处为多。喜阳光充足，也耐半阴，土壤以疏松、富含腐殖质壤土为好，但在其他土壤上亦能生长，适应性强。能自播繁衍。

园林应用　全草供药用，为妇科良药。适于药圃栽培，在岩石园、野生花卉园、花境、坡地均可种植。

薏苡 *Coix lacrymajobi* L.

别名 川谷、菩提子、草珠子

禾本科，薏苡属

识别特征 一年生草本。秆高 1～1.5m，直立，丛生，秆中空。叶互生，条状披针形，先端渐尖，边缘粗糙，基部具广阔的叶鞘。总状花序成束腋生，花单性，雌雄同株异穗，雄小穗在花序上部，雌小穗位于总状花序基部，在圆卵形空心的变态叶鞘内，成熟时变成硬果实，似小珠子。花期 7～9 月。果坚硬，具白色种苞，10 月成熟。

主要习性 原产东亚，广布于温带地区。性喜温暖、向阳、湿润和通风良好环境，在土层深厚富含有机质的排水良好的肥沃沙质壤土中生长最好。

园林应用 庭院中可用作布置花坛、花境，或沿坎前、墙边条植，秋季景色别致；果实含淀粉，脱壳后可供粥料或酿酒，药用为滋补品；坚硬总苞可制串珠等工艺品。茎叶可造纸。

银苞菊　*Ammobium alatum* R. Br.

别名　翼枝菊　　　　　　　　　　　菊科，银苞菊属

识别特征　一年生草本。株高可达 1m。枝茎具翼翅及白茸毛。基生叶卵形，基部长渐尖，长 25cm；茎生叶长披针形，较小。头状花序单生枝顶，径约 3cm；管状花两性，黄色；总苞片卵形，花瓣状干膜质为本属特征，白色，基部略带绿色，花期夏秋。

主要习性　原产澳大利亚。性喜温暖、干燥，适应性较强，对土壤要求不严。

园林应用　银苞菊总苞片色泽经久不退，适宜长期保存，可作干花装饰。冬季插瓶，白瓣黄心，甚美。

'银叶'蒲苇 *Cortaderia selloana* Asckers et Graebn. 'Silver Comet'

禾本科，蒲苇属

识别特征 秆高 1.2 ~ 1.5m。叶基生，狭长约 1m，边缘银白色，粗糙。雌雄异株，雄花穗白色或粉红色；雌花穗呈圆锥花序，小穗光裸，小花 2 ~ 3，有银白色长芒；外稃被长毛。颖果，花、果期夏末至秋冬季。

主要习性 原产南美洲阿根廷。喜温暖、阳光充足与排水良好的土壤环境，略耐霜寒。

园林应用 适宜花境、步阶角隅、岩石园、斜坡丛植点缀，9 ~ 12 月银白色羽状穗，极其诱人；银叶品种更以其特色叶丛自春至冬可供欣赏；是我国长江流域以南地区优良的观草植物；亦可作干切叶。

油点草 *Tricyrtis macropoda* Miq.

百合科，油点草属

识别特征 多年生草本。株高可达1m。茎直立，上部有短糙毛。叶互生，无柄，矩圆形、椭圆形至倒卵形，有透明油点；上部叶基部抱茎。二歧聚伞花序顶生或上部叶腋生；花疏生，花被6片，长约2cm，绿白色或白色，内有紫红色斑点，开放后强烈反卷。蒴果直立，具三棱。花期夏季。

主要习性 产浙江、江西、福建、安徽、江苏、湖北、湖南、广西和贵州；日本也有分布。生海拔800～2 400m的山地林下、草丛中或岩石缝隙中。

园林应用 适宜花境、宿根园、岩石园栽植。

虞美人 *Papaver rhoeas* L.

别名 丽春花

罂粟科，罂粟属

识别特征 一、二年生草本。株高 30～60cm，全株被柔毛，有乳汁。叶不整齐羽裂，叶缘有锯齿。花单生长梗上，蕾时下垂；花瓣 4，近圆形，有半重瓣与重瓣品种，有深红、大红、粉红、白或条纹环圈等复色；单朵花开放 1～2 天，但每株上花蕾众多，此落彼开，使花期可延至月余。花期(4)5～6 月(因地区而异)。果熟期 6～7 月。

主要习性 原产北美西部。喜阳光充足，温暖气候环境，不耐高温，忌高湿。对土壤要求不严。

园林应用 花色绚丽，姿态飘逸，是春季公园、庭院栽植花境、篱旁点缀的好材料。

羽扇豆　*Lupinus polyphyllus* Lindl.

豆科，羽扇豆属

识别特征　多年生草本。高 1 ~ 1.5m。掌状复叶，小叶 10 ~ 17 枚。总状花序，顶生，长达 60cm；5 ~ 6 月开花，蓝色或红色，萼片 2 枚，唇形，齿裂，旗瓣阔，直立，边缘背卷；龙骨瓣弯曲。荚果扁，长 3 ~ 4cm，种子扁圆，黑褐色。有很多园艺品种，耐寒性也较强。

主要习性　产北美西部。性喜凉爽、阳光充足、忌炎热，略耐阴。要求土层深厚、疏松肥沃、排水良好、微酸性沙壤土；在中性或微碱性土中生长不良或苗期即死亡。

园林应用　羽扇豆花序挺拔丰硕，花色艳丽，多变化，是供片植或带状花坛的良好材料。

羽叶香菊 *Cladanthus arabicus*(L.)Cass.

菊科，羽叶香菊属

识别特征 一年生草本。高0.7～1m，多分枝。叶互生，1～2回羽状分裂，无柄，长5cm，有腺点，具香气。头状花序单生枝顶，径7.5cm；总苞半球形，苞片两层，花黄色，中盘花两性，舌状花单性，不育。瘦果近圆柱形，无冠毛。

主要习性 分布于西班牙、摩洛哥等地。较耐寒，喜阳光充足与排水良好的土壤。

园林应用 庭院栽培，供欣赏羽裂芳香叶与似雏菊般金黄色花朵，为一年生花卉新秀。

羽衣甘蓝 *Brassica oleracea*（L.）var. *acephala* f. *tricolor*

别名 叶牡丹　　　　　　　　　　　十字花科，芸苔属

识别特征 二年生草本。为食用甘蓝的一个变种。高30~40cm；莲座状叶丛。叶大，略肥厚，重叠着生在短茎上，被白霜；形态与叶色多变化；有皱叶，不皱叶，叶缘有翠绿、深绿、黄绿等变化；叶中心有白、淡黄、肉色或紫红等变化。总状花序顶生，高可达120cm；花期4~5月。长角果6月成熟。

主要习性 原产欧洲。喜冷凉气候，阳光充足环境。

园林应用 羽衣甘蓝观赏期间叶型叶色优美鲜丽，适宜布置花坛、花境或作盆栽，观叶期长，是冬、春季重要半耐寒观叶花材。

玉带草 *Phalaris arundinacea var. picta* L.

别名 丝带草

禾本科，虉草属

识别特征 多年生草本。具根茎，秆高 30 ~ 50cm。叶扁平，线形，长约 30cm，绿色间有白或黄色条纹，质地柔软，形似玉带。圆锥花序紧密窄狭成圆柱状，花果期 6 ~ 8 月。

主要习性 原产北美和欧洲，我国南北各地广为栽培。较耐寒，忌雨涝，对土壤要求不严，但在气候温暖和沙质土中生长最茂盛。

园林应用 园林中常作花坛镶边或护坡地被植物栽植，盆栽可装饰会场、客厅。

玉簪 *Hosta plantaginea* Aschers.

别名 玉春棒

百合科，玉簪属

识别特征 多年生草本。地下茎粗壮。叶基生成丛，卵形至心状卵形，具长柄。顶生总状花序，高出叶面；花被筒长约13cm，下部细小，形似簪，白色，具浓香气，花期夏秋季。

主要习性 原产我国及日本。性健壮，耐寒、耐阴，忌强烈日光照射，在浓荫通风处生长繁茂；喜土层深厚、肥沃湿润、排水良好的沙质土壤。

园林应用 玉簪是庭园中林下地被植物，岩石园、建筑物北面蔽荫处重要的绿化材料，亦可盆栽观赏，洁白花朵夜晚开放，芳香袭人；也可切取初开的花茎配以碧玉般的新叶，作切花配置，装饰成洁白素雅的瓶花，别具风格。同属中各种彩色花叶玉簪是极好的观叶植物。

郁金香 *Tulipa gesneriana* L.

别名 洋荷花　　　　　　　　　百合科，郁金香属

识别特征 多年生草本。鳞茎扁圆锥形，有淡黄色至棕褐色皮膜。茎叶光滑，被白粉，叶3~5枚，披针形至卵状披针形。花大，单生，直立杯形，花期春季。

主要习性 全属植物约150余种，多产于地中海沿岸、中亚、土耳其；我国产约14种，主要分布在新疆。生长在夏季干热、冬季严寒环境中，具极强的耐寒性，冬季可耐－35℃低温。但在冬季最低温度8℃的地区亦可生长。适应性强。

园林应用 园林中可用低矮品种布置春季花坛，或在草地边缘作带状栽植。冬季用早、中花品种作促成栽培，可供"元旦"、"春节"室内装饰。高秆品种适宜作花坛中心栽植或丛栽，点缀林缘或灌木丛间，更是著名的切花。低矮种类是岩石园步阶、石隙间极好的栽植材料。

鸢尾类 *Iris* spp.

鸢尾科，鸢尾属

识别特征 多年生草本。具根茎或球茎。叶剑形或线形。花被 6 片；外 3 片大，外弯或下垂，称为"垂瓣"；内 3 片较小，直立或呈拱形，称为"旗瓣"；有蓝、白、黄、堇、粉、古铜等色；花期春、夏季。

主要习性 分布在整个北温带。我国野生分布 45 种以上，多为美丽花卉。大多数种类喜阳光充足、土壤环境清洁。鸢尾类植物种类丰富，品种繁多，株形高矮大小差异显著，花姿花色多变，生态适应性各异，有耐寒、耐旱、喜湿、耐涝、耐瘠薄、耐盐碱、喜酸性等多种变化，是园林中重要的宿根花卉。

园林应用 主要应用在鸢尾专类园、风景园林中丛植、布置花境、草地镶边，水湿溪流、池边湖畔散植，石间路旁、岩石园台地点缀；也是重要的地被植物与切花材料。荷兰鸢尾(球根鸢尾)花枝，是世界著名的切花。

鸢尾蒜 *Ixiolirion tataricum*(Pall.) Herb.

石蒜科，鸢尾蒜属

识别特征 多年生草本植物。具卵球形鳞茎，长约2.5cm。茎纤细，直立；高25～35cm。叶近基生，常3～8枚，狭条形，冬季出叶。花葶具1～3枚较小叶；顶端由3～6朵花组成伞形花序或伞形总状花序，具2～3枚总苞片；花淡蓝色或蓝紫色，花被片6，倒披针形，长3.5cm。蒴果。

主要习性 分布在我国新疆北部，生于山谷岩地或荒草地上。性耐寒、耐旱，喜凉爽、阳光充足与排水良好的地势。

园林应用 适宜岩石园种植，或布置花境与作切花。

圆盘花 *Achimenes hybrida* Hort.

苦苣苔科，圆盘花(猴面蝴蝶草)属

识别特征 多年生草本。有地下茎。株高 15 ~ 30cm。叶对生或偶有轮生，卵圆状披针形，边缘有细齿。花单生叶腋；萼筒与子房贴生，不规则 5 小裂，花冠高脚碟状，上部圆形，5 浅裂，基部筒状，红色、堇色或白色；雄蕊4，着生于花筒下部，花药靠合，有 1 退化雄蕊。蒴果 2 片开裂。花期春夏或夏秋。

主要习性 本杂交种亲本为原产墨西哥的大花圆盘花 *A. grandiflora* DC. 与原产危地马拉的喇叭圆盘花 *A. longiflora* DC. 等。喜温暖而潮润空气。

园林应用 园林中多盆栽观花或吊挂观赏。

圆叶肿柄菊 *Tithonia rotundifolia* S. F. Blake

别名 墨西哥向日葵 菊科，肿柄菊属

识别特征 一年生草本。茎直立，高可达 2.8m。叶互生，宽卵圆形，基部心脏形下延至叶柄，边缘有钝锯齿，3 主脉，脉上有毛。头状花序径约 8cm，舌状花单性，橙黄色，管状花两性，花柄长而中空，近花序处肿大而得名。花期自夏至秋末。

主要习性 原产墨西哥及中美洲地区。喜阳光充足及高温环境。适应性强。

园林应用 园林中多作花境或墙垣前栽植，亦是优良的切花材料。

月见草　*Oenothera biennis* L.

别名　夜来香、山芝麻　　　　　　柳叶菜科，月见草属

识别特征　一、二年生草本。株高 60～100cm，全株具毛。下部叶为狭倒披针形；上部叶卵圆形，缘具明显浅齿。抽薹前根肉质，白色肥大，抽薹后主根木质化。花大，黄色，夜间开花，天明闭合，有香气；花序穗状，着生枝顶；花序下部花稀疏，越向上越紧密，花径约 5cm，花瓣倒心脏形。花期 6～9 月。

主要习性　原产北美。植株强健，耐寒、耐旱、耐瘠薄；性喜阳光及肥沃土壤，要求排水良好。少有自播繁衍。

园林应用　月见草植株高大，庭院中丛植或作大型花坛中心栽植；也可在大片空地上片植作背景，前面种植一串红或其他矮型花卉。种子油含有丰富亚油酸，是治疗心血管、脑血栓等疾病药物的重要原料，药用价值很高。

芸香 *Ruta graveolens* L.

芸香科，芸香属

识别特征　多年生草本。高可达 1m，各部无毛但具腺点，有强烈异香气味。二至三回羽状复叶，深裂至全裂，羽片倒卵状长圆形、倒卵形或匙形，叶蓝绿色。聚伞花序顶生，花黄色，花期 5 ~ 6 月。蒴果，种子有棱，种皮有瘤状突起。

主要习性　原产欧洲。我国南方江苏、浙江、广东、广西等地常见栽培。性喜温暖、湿润气候和排水良好的沙质壤土。

园林应用　园林中可成片栽植，观赏光亮绿叶及黄色的花朵，或用于大型花坛的中心栽植。枝叶含芳香油，可作调香原料，全草入药。

杂种大岩桐　*Sinningia hybrida* Hort.

苦苣苔科，大岩桐属

识别特征　多年生块茎草本。块茎褐色，幼时球形，长成后近扁圆形，中部略下凹；无明显地上茎。叶基部对生，卵圆形，具柄，多毛。单花顶生；花冠阔钟形，5裂，径5~8cm，有深紫红、红、粉、蓝、白等色。本种为园艺杂种。

主要习性　性喜温暖、湿润，略有荫蔽，忌阳光直晒，怕寒冷，喜大肥。

园林应用　大岩桐植株小巧，花大色艳，为优良的室内盆花。

杂种庙岭苣苔 *Smithiantha hybrida Zoss.*

苦苣苔科，庙岭苣苔属

识别特征 多年生草本。有块状根状茎。茎直立，高可达60cm。叶片大，广卵形，缘具不规则圆齿，叶色如绿宝石般，具深红色叶脉，富有丝绒般光泽。筒状花橙红色或黄色，下垂，长达5cm。花期夏、秋季。

主要习性 原始种均产美洲热带，本种为杂交种。喜温暖、潮湿，惧霜寒。

园林应用 杂种庙岭苣苔花、叶均优美，热带地区林缘栽植，北方温室盆栽，供夏、秋季赏花观叶。

杂种扭果苣苔 *Streptocarpus × hybridus*

苦苣苔科，扭果苣苔属

识别特征 多年生草本。无茎。带状叶长达 20～30cm，莲座状着生，具柄。花多朵集成聚伞状；花莛有总梗与单花梗；花大，径5cm，具长筒，略2 唇；花色变化大，有白色、粉红色、肉色、堇色、紫色、深蓝色与亮蓝色等；花瓣 5 裂，瓣片近圆形，喉部带有黄、白色斑块或深色条纹；花期春、夏季，气温合适，花期可长达数月。

主要习性 杂种扭果苣苔的亲本大多均为原产南非的原种。喜阳光、温暖、潮湿空气，含腐殖质丰富而潮湿土壤环境，但忌强光直射；不耐寒又怕酷暑。

园林应用 目前国际流行栽培的 21 世纪新品种如：'蓝婴'，'口红一代'，'皇家一代'，'蓝泉'等花色有洋红、深紫红，白色喉部有鲜粉色条纹及蓝堇色等混合花色的丰富品系。最适宜盆栽观赏。

珍珠菜 *Lysimachia clethroides* Duby.

报春花科，珍珠菜属

识别特征 多年生草本。高 40 ~ 100cm，茎直立，被黄褐色卷毛。单叶互生，卵状椭圆形或阔披针形。总状花序顶生，初开时花密集，后渐伸长，结果时达 40cm；花冠白色，长 5 ~ 8mm。花期 5 ~ 6月，种子 8 月成熟。

主要习性 原产我国，遍布华北及长江南北各地；朝鲜、日本亦有。喜生于山坡、溪边等沙质土壤及较湿润的向阳环境。

园林应用 园林中可片植、丛栽，或配置假山石缝间美化环境，亦可作矮生花卉背景；种子含脂肪 32.24%，可用制肥皂；全草均可入药，叶可食用。

智利喇叭花 *Salpiglossis sinuata* Ruiz et Pav.

别名 朝颜烟草、美人襟　　　　茄科，智利喇叭花属

识别特征 一、二年生草本。株高达80cm，全株具腺毛，茎直立有分枝。单叶互生，下部叶椭圆形，有柄，边缘有深波状齿或羽状半裂，上部叶披针形或条形，全缘，几无柄。花大，花冠斜漏斗状，先端5裂，花径7cm，有白、黄、粉、红、紫等色，上面有蓝、黄、褐、红等色斑纹，花期4～6月。蒴果。

主要习性 原产智利，现世界各国有栽培。性喜凉爽温和气候及阳光充足环境，不耐寒，要求疏松、肥沃而湿润的沙质壤土，忌干旱。

园林应用 园林中可供花坛、花境栽植，亦作盆栽及切花。

蜘蛛兰 *Hymenocallis speciosa* Salisb.

别名 美丽水鬼蕉 　　　　　　　石蒜科，水鬼蕉属

识别特征 多年生常绿草本。具鳞茎。叶基生，椭圆形至长圆状椭圆形，长至60cm，先端急尖。花葶硬，高30～70cm；伞形花序顶生，有花7～12朵，花径约20cm；花被筒长至7.5cm或稍长，花被裂片窄，长达11cm，形如蜘蛛，绿白色，有香气；花期夏、秋季。

主要习性 原产美洲西印度群岛。性健壮，喜温暖湿润气候和黏质土壤。

园林应用 庭院供花境条植，或草地、灌木前丛植。叶姿健美，花形特殊，又具芳香，是很好的观花赏叶植物。

中国水仙 *Narcissus tazetta* var. *chinensis* Roem

石蒜科，水仙属

识别特征 多年生草本。为法国水仙变种。鳞茎肥大，卵形至广卵状球形，外被棕褐色薄皮膜。叶带状线形或近柱形。叶芽 4～9 叶，花芽 4～5 叶。伞形花序有花 1 至多朵，花被 6 片，平展如盘，基部合成筒状，中央有杯状副冠，长短不一。副花冠黄色浅杯状。花期冬、春季。

主要习性 产西班牙和葡萄牙。性喜温暖、湿润、阳光充足之环境，尤喜冬无严寒，夏无酷暑，春秋多雨之地。喜水、耐肥，要求富含有机质、水分充足而又排水良好的中性或微酸性疏松壤土。亦耐干旱、瘠薄土壤和半阴。

园林应用 中国水仙多盆栽水养，置于几案、窗台装饰点缀，其他各种水仙除盆栽观赏及作切花外更适宜布置专类花坛、花境或成片栽植在疏林下、溪流坡地、草坪上，是优良的地被花卉。

中华补血草 *Limonium sinense* (Girard) Kuntge

别名 海赤芍

白花丹科，补血草属

识别特征 多年生草本。株高 30~80cm。叶基生莲座状排列。花常 2~3 朵组成聚伞花序，穗状排列于分枝顶端成圆锥状花序；苞片短于花萼，紫褐色，边缘膜质；花萼漏斗状，粉白色或金黄色，不脱落；花瓣 5，黄色，很小。花期 6~7 月。

主要习性 分布于辽宁、河北、山东、江苏、福建、广东。生海滨盐碱地及沙碱地，含盐量 0.6%~0.8%、有机质含量 0.3%~0.5% 的土壤。

园林应用 中华补血草萼苞长期不凋，是重要的干花花材。全草药用，有祛湿、清热、止血之效。

朱顶红 *Amaryllis vittata* Ait. [*Hippeastrum vittata* Herb.*]

别名 华胄兰

石蒜科，孤挺花属

识别特征 多年生草本。大球形鳞茎。叶6~8枚，宽带状，略带肉质，与花同时或花后抽出。花茎自叶丛抽出，粗壮、中空；伞形花序，有花3~6朵；花梗短；总苞2，分离；花大，花被漏斗状，长约12~18cm，花被片不相等，基部分离，雄蕊在花喉部着生；花鲜红色或带白色，或有时有白色条纹。

主要习性 原产秘鲁。生长期要求温暖湿润和阳光不过强的环境；冬季休眠期要求不低于5℃的冷凉而干燥环境。要求富含腐殖质而排水良好的土壤，但忌过分疏松。

园林应用 朱顶红花大，色鲜，叶姿丰润，是重要的盆栽或花境、花坛栽植材料。

朱蕉 *Cordyline fruticosa* (L.) A. Cheval. [*C. terminalis* (L.) Kunth]

别名 红铁树、红竹

龙舌兰科，朱蕉属

识别特征 常绿灌木。株高可达3m。叶聚生茎顶，剑形或阔披针形至长椭圆形，绿色或带紫红色，叶柄长，腹面有深沟。圆锥花序生于上部叶腋，长30～60cm；花型小，淡红色或紫色，偶有淡黄色；花被片条形，长1～1.3cm，下部靠合成花被管。浆果球形，红色。花期春、夏季。

主要习性 原产大洋洲和我国热带地区，印度东部和太平洋诸岛也有分布。性喜高温多湿、肥沃、排水良好的土壤；夏季要求半阴；忌碱性土。

园林应用 朱蕉于冬暖之地多用作庭院栽植或寒冷地区室内盆栽，赏其特异茎干与叶丛姿态和色彩斑斓的叶片。

珠光香青　*Anaphalis margaritacea* Benth. et Hook. f.

别名　铃铃香　　　　　　　　　　　　菊科，香青属

识别特征　多年生草本。全株被蛛丝状毛及腺毛。根状茎细长匍匐。直立枝高达40cm。叶互生，无柄，线形或线状披针形，长10cm。头状花序多数（9～15），密集成复伞房状；总苞白色。花期自夏至秋。

主要习性　分布于我国北部；东亚、北美。喜排水良好至稍干的土壤，阳光充足的环境。

园林应用　庭院中可栽植于花境，赏其形如白色珍珠堆聚的头状花序。亦可成熟后剪下花枝风干，或染色，作冬季瓶插装饰。

诸葛菜 *Orychophragmus violaceus* (L.) O. E. Schulz

别名　二月蓝　　　　　　　　　十字花科，诸葛菜属

识别特征　一、二年生草本。高 20～50cm，有粉霜。叶薄，基生叶琴状羽裂，茎生叶肾形或三角状卵形。总状花序顶生，花径约 2cm，蓝紫色，或淡堇色；花期早春至 6 月。角果长条形，5～7 月成熟后自行开裂。

主要习性　原产我国华东、华北、西北、东北地区，生平原、山地、路边或田埂。耐寒、适应性强，有自播繁衍力并自成群落。在有一定散射光处，即能生长、开花、结实。耐贫瘠、干旱。

园林应用　我国南方冬季二月蓝叶绿青翠，早春开花成片，连续数月，是林缘、河滩坡地的良好地被植物；成片栽植充满野趣；也可作花境、草地缀花或岩石园点缀。嫩叶可蔬食。种子可榨油。

竹芋 *Maranta arundinacea* L.
别名 麦伦脱

竹芋科，竹芋属

识别特征 多年生常
绿草本。高可达 2m。
根状茎肥厚，淀粉
质，白色。叶片卵状
矩圆形或卵状披针形，
长 30cm，宽 10cm，绿
色，质薄。总状花序
顶生，有分枝，花
小，白色，花 1 ~
2cm。果褐色。

主要习性 原产美洲
热带。我国云南、广
东等地多有栽培。喜
高温、高湿，不耐
寒；宜半阴，要求土
壤排水良好。

园林应用 园林中多盆栽，观赏四季美丽的肥大叶片。

锥花鹿药 *Smilacina racemosa* Desf.

百合科，鹿药属

识别特征 多年生草本植物。根状茎厚肉质，茎高 30～90cm，弓形。叶互生，无柄。叶片长圆披针形至广椭圆形，长 8～25cm，浅绿色，下面有毛。花小，多数，聚生成大圆锥状花序，长可达 25cm；花白色，宽约 0.4cm；花被片 6，开展。浆果红色；花期春至仲夏。

主要习性 原产北美加拿大魁北克省至美国亚利桑那州一带。性耐寒，喜半阴和腐殖质丰富、潮湿、中性至微酸性土壤。

园林应用 园林中赏其翠绿优美株丛与秋季红果，宜林缘、溪沟坡地片植或群植。

紫背万年青 *Rhoeo discolor* Hance

鸭跖草科，紫背万年青属

识别特征 多年生草本。具短茎。披针形叶片，长约30cm，宽 7 ~ 8cm，覆瓦状集生茎顶，上面绿色，下面紫色，茎常伸长可达 20cm，有分枝。花小，聚生成密伞形，白色，具短梗，花下具 2 大紫色船形苞片，花期 8 ~ 10 月。蒴果。

主要习性 原产墨西哥及西印度群岛。喜温暖、向阳、湿润，不耐寒；要求土壤疏松、肥沃、排水良好。

园林应用 紫背万年青植株绿叶紫背，小巧玲珑，两枚船形苞片合抱形似蚌状，奇特别致，是装饰书房、窗前、几座优良小盆花。

紫背竹芋　*Stromanthe sanguinea* Sond.

别名　红背卧花竹芋　　　　　竹芋科，卧花竹芋属

识别特征　多年生常绿草本。根状茎肉质。高可达 150cm，直立，有分枝。叶片椭圆至长圆形，长可达 60cm，宽达 15cm，厚革质，上面深绿色有光泽，中脉色浅，叶背面紫红色或有绿色条纹。花序圆锥状，总梗长 30cm，苞片及萼片樱桃红色，花瓣白色；花期冬、春季，亦少有夏、秋季者。

主要习性　原产巴西。喜温暖、湿润和半阴环境。

园林应用　世界各地广泛栽培，是优良的观叶观花植物。

紫草 *Lithospermum erythrorhizon* Sieb. et Zucc.

紫草科，紫草属

识别特征 多年生草本。茎直立，高至1m，有粗糙毛。叶互生，无柄，披针形或狭卵形，全缘，两面有毛。总状或穗状花序，长达15cm，有苞片形同小叶，花萼裂片线形，花冠白色，漏斗状，喉部光裸，径约0.5cm，花期夏季。小坚果卵形。

主要习性 产我国东北、华北及江西、湖南、贵州、四川、广西、陕西、甘肃；朝鲜、日本也有分布。适应性较强，择土不严，要求阳光充足及一定水肥条件；耐寒。

园林应用 园林中可丛植、片植、镶边，或置于岩石园中。根含紫草素，可入药。

紫鹅绒　*Gynura aurantiaca* DC.

别名　金黄三七草

菊科，三七草属

识别特征　多年生或半灌木状草本。株高 60 ~ 100cm。茎多汁，全株密生紫堇色或紫红色毛。叶互生，卵形，叶面有美丽的紫红色或蓝紫色光泽，叶缘有大而不规则锯齿。头状花序，径约 2cm，花金黄或橙黄色；花期 4 ~ 5 月。

主要习性　原产爪哇。喜温暖、向阳环境，要求含腐殖质的疏松肥沃、排水良好的土壤；忌高温、干燥，不耐寒。

园林应用　紫鹅绒叶色极为艳丽，是良好的观叶花卉，适宜盆栽装饰。

紫罗兰 *Matthiola incana* R. Br.

别名 草桂花、草紫罗兰　　　　十字花科，紫罗兰属

识别特征 多年生草本。高 30~60cm，全株具灰色星状柔毛。顶生总状花序，萼片 4，两侧萼片基部垂囊状；花瓣 4，十字状着生，径约 2cm，紫红、淡红、淡黄、白色等，芳香。长角果，种子具白色膜翅。花期春季。

主要习性 原种产地中海沿岸。喜冷凉、光照充足、通风良好环境。高温多湿易死亡。对土壤适应性较强，以排水良好的中性壤土为佳，忌强酸性土，并有适度的抗旱力。

园林应用 紫罗兰色浓花香、花期长，是春季花坛重要花卉。切花花枝水养持久，又可周年供花，是重要小切花花材；矮生品种适宜盆栽。

紫毛蕊花 *Verbascum phoeniceum* L.

玄参科，毛蕊花属

识别特征　多年生草本。茎常单生，株高30～120cm，全株有毛。叶基生，卵形至矩圆形，边缘具齿。总状花序长可达70cm，花萼5裂，裂片椭圆形，花冠紫色，径2.5～3.5cm，花期5～6月。蒴果卵球形，果期6～8月。

主要习性　原产我国新疆；欧洲至中亚、西伯利亚也有。性强健，耐寒，喜排水良好的石灰质土壤，忌冷湿黏重土壤及炎热多雨气候。夏季凉爽地区，可作多年生栽培，南方湿热气候，夏季容易死亡，可作二年生栽培。

园林应用　其挺拔直立花序及红紫色花朵，使人喜爱。宜作坡地背景材料，花境及草坪中点缀。

紫茉莉 *Mirabilis jalapa* L.

别名 草茉莉、胭脂花

紫茉莉科，紫茉莉属

识别特征 多年生草本，常作一年生栽培。主根略肥大。茎直立，高 60~90cm，多分枝。叶对生，卵形或卵状三角形。花漏斗形，芳香，数朵集生枝端；有紫红、红、粉、白、黄及具斑点或条纹的复色品种；花被管圆柱形，筒长约 6cm，顶部平展，5 裂，径约 2.5cm。

主要习性 原产美洲热带。现普遍栽培。喜温暖，怕霜冻。

园林应用 紫茉莉花冠夜开昼合，夜间散发浓香。园林中用于林缘、路旁、篱边、建筑物周围丛植点缀，矮品种可盆栽。根、叶入药。种子胚乳粉可作化妆用香料粉。

紫苏 *Perilla frutescens* var. *crispa*（Thunb.）Deane [*P. nankinensis*（Lour.）Deane]

别名 回回苏

唇形科，紫苏属

识别特征 一年生草本。茎方形。叶片宽卵形，面皱，缘有锯齿，深紫色。总状花序顶生，花萼钟状，花冠唇形，淡紫色，下唇较长，花期夏季。种子球形，褐色。

主要习性 原产喜马拉雅山、日本等亚洲东部地区。喜温暖向阳及空气较湿润气候，要求肥沃、疏松及排水良好的沙质壤土。

园林应用 园林中栽培主要供作观赏深紫褐色叶片，可丛植、片植，或在坡地作背景材料栽植。叶可作烹饪作料及配料，亦可蔬食。茎叶可供药用。

棕叶芦 *Thysanolaena maxima*(Roxb.) Kuntze.

禾本科，棕叶芦属

识别特征 多年生高大草本。秆高 1～3m，实心，不分枝，具根状茎。叶片宽披针形，宽 3～7cm，基部心形，具细小横脉。圆锥花序大，多分枝，长 30～60cm，柔软；小穗小，含 2 小花，第二小花两性，边缘疏生丝状长柔毛，小穗柄短，具关节，成熟时自关节处整个脱落。

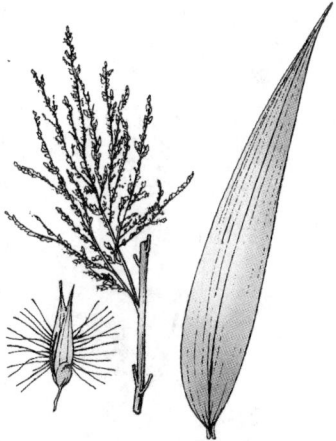

主要习性 产于我国华南、西南；印度及印度尼西亚也有。多生于灌木林、山坡与山谷。喜富含腐殖质湿润土壤，温暖、湿润的空气与半阴环境，适应性强，不耐寒。

园林应用 适宜冬季较温暖之地池岸、岩石园配植；叶可包裹粽子，秆坚实可作植篱，也供造纸。

醉蝶花 *Cleome spinosa* L.

别名 西洋白花菜

白花菜科，醉蝶花属

识别特征 一年生草本。株高可达 1m，全株具黏毛与强烈异味。掌状复叶，小叶 5~7 枚。总状花序顶生，花多数，花瓣 4，粉红、紫、白等色，径 10cm；雄蕊 6 枚，蓝色或紫色，长度超过花瓣 2~3 倍；雌蕊又长过于雄蕊。蒴果圆柱形。花期 6~8 月，果熟期 9~10 月。

主要习性 原产美洲热带。喜温暖向阳环境，能稍耐干燥及炎热，也略耐半阴。好富含腐殖质、排水良好、肥沃的沙质壤土。

园林应用 醉蝶花姿态轻盈飘逸，似彩蝶飞舞，适宜庭院花台、花境及花坛背景用，亦可作切花，还是极好的蜜源植物。

4 木本植物

　　本书植物通常有木质化的茎干，包括各种乔木、灌木和藤本植物等。为了方便读者使用，本书主要将阔叶乔木、灌木等归入本类，其它形态特征或习性独特的木本植物类型单独另列。木本植物资源丰富，分布广。无论是高大的乔木，还是花枝丰满的灌木，都是园林绿化、美化、改善环境的主力军。

　　本书介绍常见的、在园林中应用的木本植物358种，按中文名称的拼音字母顺序排列。

八角枫 *Alangium chinense* Harms

八角枫科，八角枫属

识别特征 落叶小乔木。高可达 12m，常呈灌木状多干丛生，小枝多"之"字形生长。单叶互生，近圆形或广卵状椭圆形，长 10 ~ 16 cm。聚伞花序腋生，具花 7 ~ 30，花瓣白色，6~8 枚，皆反卷。核果卵圆形，熟时黑色，长约 1cm。花期 5~6 月。

主要习性 产甘肃东南部、陕西秦岭以南、河南、山西中条山，山东沂蒙山及长江流域以南至华南。东南亚、日本、朝鲜、印度及非洲东部。多生于湿润中低山区，常在海拔 1 000m 上下河谷溪边或林缘散生。喜光并稍耐半阴，好湿润及排水良好沙壤土，但亦较耐干旱和瘠薄。

园林应用 叶色秀丽，花白，光洁而有芳香，花形奇特，花瓣反卷，秋叶鲜黄且无病虫。故为园林中观花赏叶树种。

八角金盘　*Fatsia japonica* Decne. et Planch.

五加科，八角金盘属

识别特征　常绿灌木或小乔木。高达3～5m，直立，少分枝。叶具长柄，掌状5～9裂，革质。10月开花，花序复伞房状，密生黄色柔毛；花两性或杂性，顶生；苞片白色，开后脱落。浆果球形，熟时黑色。

主要习性　产我国台湾及日本。性喜温暖湿润、向阳或局部荫蔽，要求土壤肥沃、排水良好。

园林应用　本种四季常绿，裂叶掌状，叶型大，是美好的观叶树种，盆栽布置会场效果很好。对二氧化硫有较强抗性，适宜厂矿区绿化。

八仙花 *Hydrangea macrophylla* Seringe

别名 绣球花   虎耳草科，八仙花属

识别特征 落叶灌木。干暗褐色，条片状剥裂；小枝及芽粗壮，枝绿色，光滑，皮孔明显。叶卵状椭圆形至椭圆形，对生。花序伞房状，顶生，径达20cm，不孕花特别发达，粉红色、淡蓝色或白色，可孕花花瓣早落，开花期自夏至深秋。蒴果有宿存的花柱，栽培中有很多园艺品种。

主要习性 原产我国长江中下游以南，各地普遍栽培，并早为国外引种，很受国际园艺界重视。喜荫蔽、湿润和温暖，好肥沃而排水好的疏松土壤。土壤酸碱度对花色影响很大。

园林应用 江南均可于庭院阴处栽植赏花，江北盆栽室内欣赏。花干后泡制入药。

白花杜鹃　*Rhododendron mucronatum* (Blume) G. Don

杜鹃花科，映山红亚属

识别特征　半常绿灌木。多分枝，枝密被灰褐色长柔毛。叶纸质，披针形至卵状披针形，长 2～6cm。伞形花序顶生，具花1～3 朵，花冠白色，有时淡红色，阔漏斗形，长 3～4.5cm，5 深裂，有香气，花期 4～5 月。蒴果圆锥状卵球形，果期6～7月。

主要习性　产我国江苏、浙江、江西、福建、广东、广西、四川和云南，各地栽培较多。有许多品种。喜温暖及湿润环境，要求肥沃、排水良好的酸性土壤，夏季避免阳光直射，并保持空气湿度。

园林应用　花朵洁白，叶色青翠，园林中可供林缘、坡地种植，亦可盆栽观赏。

白鹃梅 *Exochorda racemosa* (Lindl.) Rehd.

别名 金瓜果、茧子花　　　　　　蔷薇科，白鹃梅属

识别特征 落叶灌木至小乔木。单叶互生。总状花序顶生小枝上，着花 6~12 朵，花白色，花瓣 5 片，倒卵形，径 3cm 左右。蒴果倒卵形至球形，有 5 棱脊。

主要习性 产华中及华东，多生于海拔 500m 低山灌木丛中或荒坡上。喜光，耐半阴，好深厚、肥沃而湿润土壤，但亦耐旱、耐瘠薄和寒冷。

园林应用 花期正值"谷雨"前后，花密而大，洁白辉灿，果形奇异，适应性广，故园林中用作草地丛栽、林缘散栽或庭前、窗下孤植，或剪作切花亦佳。

白蜡 *Fraxinus chinensis* Roxb.

木犀科，白蜡属

识别特征 落叶乔木。高可达 15m。叶对生，羽状复叶具小叶 5～7，椭圆状卵形至广椭圆形，长 3～10 cm。圆锥花序顶生及近顶有少数腋生总状花序共组成圆锥花丛，雌雄异株，缺花冠。翅果长 3～5cm，翅平展。

主要习性 原产我国，分布极广，北起东北，南至南岭，东自山东、浙江，西到云南、西藏皆有。西南养殖白蜡虫很早就有栽培，黄河流域中下游护堤固沙、割条编织或做叉、杆，极为普遍。喜光，耐干喜湿，适应各种土壤，0.2％含盐的盐碱土上生长良好；根系发达，耐刈割而萌发力强。

园林应用 白蜡树形开展，秋季叶色变黄，可带来金秋盛意，是良好的庭荫树和道路绿化树；适应性极强，耐旱、耐湿，抗烟尘，是良好的治沙、防尘和水湿地绿化树种。

白兰花 *Michelia alba* DC.

别名 缅桂、黄葛兰　　　　　　　　木兰科，白兰花属

识别特征 常绿乔木。树冠宽卵形。叶薄革质，卵状椭圆形至卵状披针形。花腋生成簇，白色极香，花瓣披针形，长 4cm 左右，共 6～9 瓣，花萼、花瓣不分。果为蓇葖果，但多不结实。

主要习性 产东南亚及印度、孟加拉国、斯里兰卡等地；我国广东、广西、西南地区及东南沿海各地广为栽培。喜温暖、湿润、肥沃而排水绝对良好的沙壤土。长江流域及以北地区则为盆栽，冬季必须置室内越冬，最低不得低于5℃。

园林应用 广东、广西、福建、云南、四川南部及贵州南部各地可作庭荫观赏树。花香而持久，胸前佩戴或簪于发髻最适；花期可陆续数月，更多用于窨茶和提取香精浸膏。

白梨 *Pyrus bretschneideri* Rehd.

蔷薇科，梨属

识别特征 落叶小乔木。树高可达 8m，树冠卵形至广卵形。叶卵形至椭圆状卵形或广卵形，长 6~12cm，缘齿有芒尖。伞形总状花序，花白色。果卵形至近球形，浅黄色至鲜黄色，8~9 月成熟。

主要习性 产我国北方除东北外各地区，在辽宁南部、新疆、甘肃及沿黄河各地均有栽培。喜光、好冬季干燥而冷凉气候，要求深厚、肥沃及湿润沙质壤土，耐水湿，也适应于钙质土。

园林应用 梨树春花洁白而繁密，素有"梨花雪"之誉，秋季硕果亦可欣赏，深秋经霜梨叶艳红可爱，故在园林中孤植于庭院，或丛植于开阔地，丛栽于亭、台周边或溪谷口、小河桥头均甚相宜。梨果除生食外，还可制成梨膏，均有清火润肺的功效；木材质优，是雕刻、家具及装饰良材。

白千层 *Melaleuca leucadendron* L.

桃金娘科，白千层属

识别特征 常绿乔木。高 18m，树皮灰白，厚而松软，呈薄层状脱落。叶互生，革质，披针形或长圆形，具 3 ~ 7 条基出脉，全缘，叶片多腺点，揉之有香味。穗状花序生于枝顶，小花白色，雄蕊伸出花外，花序轴在开花后继续生长成带叶的新枝，花期 8 月。蒴果近球形。

主要习性 白千层原产大洋洲；我国广东、台湾、福建、广西多有栽培。性喜暖温潮湿气候，也能耐旱，但不耐寒，要求向阳和肥沃土壤。寒冷地区可室内栽培，冬季温度最好不低于 5 ~ 7℃。

园林应用 城市园林中可作行道树、风景树栽植。叶、枝含挥发油，与树皮同供药用。

白檀　*Symplocos paniculata*(Thunb.) Miq.

别名　蓝果子　　　　　　　　山矾科，山矾(灰木)属

识别特征　落叶灌木，亦可生长成小乔木。枝细长而坚硬。叶互生，倒卵形、椭圆状倒卵形或宽倒卵形、椭圆形至卵形，长 3 ~ 11cm，表面绿色，光滑，背面灰青色被柔毛。圆锥花序顶生，松散，白花有香气。核果卵形，偏斜，蓝色具光亮。花期初夏，果熟 9 月。

主要习性　产东北南部、华北、西北东部及长江流域各地。生于海拔 700 ~ 1 500m 山地溪河、谷底灌丛。喜湿，好光，要求肥沃土壤。

园林应用　园林中可观赏蓝果，是树林下配植或丛植草地和配山石的好材料。

白桦 *Betula platyphylla* Suk.

桦木科，桦木属

识别特征 落叶乔木。树皮白色，片状剥落。叶三角状卵形、菱状卵形或三角形，基部平截或圆楔形，长 3～7 cm。果序下垂，长 2.5～4.5 cm。

主要习性 产地遍及东北、华北及西北、西南山区，多分布于海拔 1000～3000m。喜光，喜冷凉湿润气候，耐寒、忌旱。东北各地栽培较多。

园林应用 洁白的树皮十分醒目，树皮可代纸。有关白桦林的故事很多，可以联想。

百里香　*Thymus mongolicus* Ronn.

别名　地姜、千里香、地椒　　　　　唇形科，百里香属

识别特征　半灌木。株高约 25cm，常平卧，茎叶有香味。叶对生，2～4 对，叶片卵形，全缘花枝自茎节处抽出，长 2～10cm，头状花序顶生，花萼筒状钟形或狭钟状，花冠紫红至粉红色，2 唇，芳香，花期 5～9 月。小坚果近圆形或卵圆形。

主要习性　分布在我国甘肃、陕西、青海、内蒙古、山西、河北等。生多石山地、溪旁及杂草丛中，海拔 800～3600m。性强健，喜光、耐寒，在夏季冷凉气候及排水良好的沙质土壤中生长良好，适应性较强。

园林应用　园林中适宜作镶边植物，布置在花坛、花境，道路边缘，也可在岩石园栽植或在坡地作地被种植。茎叶可提芳香油，也供药用。

板栗 *Castanea mollissima* Bl.

壳斗科(山毛榉科)，栗属

识别特征 落叶乔木。树冠扁圆形或伞状扁圆形。叶互生，椭圆形至椭圆状披针形，长9~18cm，缘齿芒状尖。雌雄异花，雄花序直立簇生于叶腋。果苞球形，直径6~8cm，被分枝刺包裹，内有坚果2~3，坚果暗红褐色，宽卵形。花期5~6月。

主要习性 产辽宁以南各地，除新疆、青海外各地有栽培，为我国特产干果；朝鲜亦有栽培。喜光，深根，耐寒耐旱，忌水涝，对土壤要求不严，寿命长，7年生开始开花结实。最喜深厚肥沃冲积壤土生长，对二氧化硫及氯气等有较强抗性。

园林应用 园林中可孤植，观赏广圆树冠，风吹树叶翻卷叶背白色可赏，或与松柏类间植混交，可以增添园林景色。

半日花　*Helianthemum apenninum* Mill.

半日花科，半日花属

识别特征　常绿或半常绿小灌木。枝条有时匍匐状，长达35cm。叶常外卷，两面有灰色绒毛。花3～10朵集合成总状花序，花白色，径约2.5cm，萼片5出，其中2片小。与岩蔷薇区别在于：子房胎座及蒴果3。花期春季。

主要习性　原产欧洲；我国内蒙古、新疆有分布。喜向阳温暖而干旱气候和通风排水良好的沙砾或石质土壤，能耐寒，但忌湿冷。

园林应用　为花境、岩石园栽植材料和地被植物。

扁核木　*Prinsepia uniflora* Batal.

蔷薇科，扁核木属

识别特征　落叶灌木。高约2m，具枝刺，小枝灰绿色，具片状髓。单叶互生，条状长圆形或卵状长圆形，长2.5～5cm。花单生或3～4簇生叶腋，花瓣白色。核果球形，熟时先红色后变紫红色至黑色，径约1～1.5cm。初夏开花。

主要习性　产甘肃、陕西、内蒙古西部、宁夏及山西、四川、河南等地，四川、江苏及浙江有栽培。喜光树种，常生于低山稀疏灌丛中或黄土丘陵崖畔，陕北黄土高原随处可见；深根性，侧根及须根不多，耐干旱瘠薄，忌水涝，抗碱性强，不耐过分荫蔽。

园林应用　绿叶白花相当耀眼，各色核果均悬于枝头。园林中植于草地、缓坡观花赏果，或在大型山石上、崖畔栽植，既可观赏，又有保持水土功能。果核可供玩赏。

扁 竹 蓼 *Homalocladium* *platycladium*
(F. J. Muell.) L. H. Bailey

别名 扁茎竹、竹节蓼、百足草　　　蓼科，竹节蓼属

识别特征 <u>直立灌木</u>。高可达 3m。茎分枝，扁平叶状，绿色，节和节间明显，具纵条纹，老枝圆柱形。叶少而稀，披针形或卵状披针形，早落。花小，绿白色，淡红或带绿色，簇生于节上叶腋内，花期 6～8 月。瘦果包于肉质花被内，浆果状。

主要习性 原产南太平洋所罗门群岛。喜温暖及通风良好但空气湿度较大的环境，土壤以排水良好的沙质壤土最为适宜；不耐寒，较耐阴，不宜直射阳光。

园林应用 扁竹蓼为华北常见的盆栽观赏植物，繁茂的株丛，绿色扁平的枝条，颇引人注目，可布置于庭院、檐下及室内窗前、几架等处，温暖地区亦可地栽。

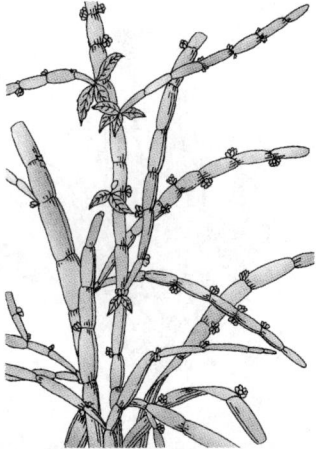

变叶木 *Codiaeum variegatum*（L.）Bl.

别名 洒金榕

大戟科，变叶木属

识别特征 直立分枝灌木。高1～2m。叶形与叶色多种多样，狭线形至阔披针形，全缘或分裂达中脉，有时叶顶端还附有小叶片，边缘波浪状甚至全叶螺旋状，淡绿色或紫色，有时杂有黄色斑块或斑点，有时中脉和脉上红色或紫色。总状花序腋生，长15～25cm，花小；雄花花瓣白色，雌花无花瓣，3月开花，2～6朵聚生。栽培品种多达500多个。

主要习性 产马来西亚及大西洋诸岛。性喜高温湿润向阳地，喜黏重肥沃、保水性强土壤；不耐寒。

园林应用 变叶木株形繁茂，叶形多姿，并具黄色及彩斑。华南地区露地条植，经修剪可作彩篱；北方盆栽，是布置厅堂会场的优良观叶植物。

伯乐树　*Bretschneidera sinensis* Hemsl.

别名　钟萼木　　　　　　　　伯乐树科，伯乐树属

识别特征　系伯乐树科唯一的种。落叶大乔木，高可达 25m，胸径达 1m。小枝暗红褐色，粗壮。大型奇数羽状复叶互生；小叶 7～15 枚，矩圆形、狭卵形或倒卵形。总状花序顶生，长 20～30cm，花萼钟状，花瓣 5，粉红色，长约 2cm。蒴果成熟时长 2～4cm，暗红色或红褐色，木质。花期 5～6月，果熟期 9～10 月。

主要习性　自然分布于华东南部至西南东部的广大亚热带山区，生于海拔 500～1500m 山地中，常与山谷、溪旁常绿、落叶阔叶林混生。喜温凉、湿润、多云雾气候，疏松、肥沃湿润的酸性或微酸性土壤。

园林应用　伯乐树为我国特有第三纪孑遗植物，也是国家一级保护植物；树干直、树冠大荫浓，盛花期满树花粉红，秋季浓褐红色果枝挂满枝梢，独具特色，是优良的园林观赏树种。

薄皮木 *Leptodermis oblonga* Bge.

别名 小丁香

茜草科，薄皮木属

识别特征 落叶或半常绿灌木。株高 1~2m，小枝有毛。单叶对生，椭圆状卵形，长 1~2cm。花无梗，数朵簇生叶腋，堇紫色，外部及喉部有毛，5 裂片，花期夏秋。

主要习性 原产我国，遍及华北南部、西北东部及长江流域以南各地。性喜阳光耐半阴，耐干旱，耐瘠薄。湿润河谷石隙灌丛中生长。

园林应用 园林中用以布置岩石园、路口或上坡石级两侧均可。

菜豆树　*Radermachera sinica* (Hance) Hemsl.

别名　山菜豆　　　　　　　　　　紫葳科，菜豆树属

识别特征　直立落叶小乔木。高 10m。二回羽状复叶，对生，革质，小叶卵圆形至卵状披针形，全缘。顶生圆锥花序直立，长 25～35cm，花冠钟状漏斗形，长6～8cm，白色至淡黄色，花期 5～9 月。蒴果细长，下垂，长达85cm，稍弯，种子椭圆形，果期 10～12 月。

主要习性　分布于我国台湾、广东、广西、云南、贵州等地，生海拔 340～750m 山谷或平地疏林中。喜温暖湿润气候和阳光充足环境，要求肥沃、疏松、湿润且排水良好的土壤。较耐旱，适应性较强，在石灰岩山地或酸性土中亦能生长。

园林应用　菜豆树树干通直，花、叶优美，蒴果细长，宜作庭荫树和行道树。木材供建筑用材，根、叶、果入药，有凉血解毒、接骨止痛功效。

糙叶树 *Aphananthe aspera* (Thunb.) Planch.

榆科，糙叶树属

识别特征 落叶乔木。高可达 20m 余，胸径 1m 许；树冠球形、半球形或广卵形。单叶互生，卵形至椭圆状卵形，长 4～12cm，缘齿细密，基部三出主脉，侧脉直达缘齿尖；两面均有平伏粗糙硬毛。核果球形至广卵状球形，黑色，被伏生硬毛，径约 8mm，10 月成熟。

主要习性 原产华东、华中至华南，山西中条山往南各地均有，而以长江流域为多。性喜光，但也能耐半阴，好温暖、湿润，忌干旱，北京地区冬春过旱难以适应；对土壤要求不苛，盐碱地上生长不良。寿命长。

园林应用 本种树干挺拔，树冠广展，枝叶繁茂，加之寿命长，且极少病虫、不择土地，是良好的庭荫树和四旁树；山谷、溪边种植，秋季满树黄叶，配植园林观赏亦很相宜。

草珊瑚 *Sarcandra glabra* (Thunb.) Nak.

金粟兰科，草珊瑚属

识别特征 亚灌木。株高 50 ~ 150cm，常绿，茎、枝节均明显膨大。叶对生，上部常 4 叶轮生，半革质，卵状宽披针形至卵状椭圆形。花顶生两性，穗状花序或多穗聚成圆锥花丛，花小，花被缺如。小核果红色或白色。

主要习性 产长江流域以南地区。好温暖湿润气候，喜荫蔽肥沃环境，多生潮润林下。

园林应用 花香幽雅，叶色鲜亮，是南方林下荫蔽处栽培和北方室内观赏佳品，冬季核果红艳，置于案头、几架均甚相宜。全草入药，消炎祛毒。

茶梨 *Anneslea fragrans* Wall.

山茶科，茶梨属

识别特征 常绿灌木或小乔木。高达 5m，全株无毛。叶厚革质，簇生小枝顶端，全缘。花白色，花径 5cm，花腋生或数朵至多朵近顶生，花萼肥厚，红色，花期 12 月~翌年 2 月。浆果直径 2cm，果期 8~10 月。

主要习性 产云南、贵州、广东、广西、江西等地。喜温暖湿润气候。

园林应用 其树冠整齐、果实繁多。园林中可供观赏，孤植、丛植均可。

檫树 *Sassafras tsumu* Hemsl.

樟科，檫木属

识别特征 落叶乔木。高可达 35m，树干通直，树冠卵形。叶卵形，多集生枝顶，长 8~10cm，端常 3 裂，下面灰白色。花黄色。核果熟时蓝黑色，外覆白粉，果柄红色。花先叶或与叶同放。

主要习性 原产长江以南各地，北起安徽南部、江苏南部、大别山南麓至广东、广西、江西、湖北、湖南、四川、云南。喜光，深根，好温暖湿润，要求土壤深厚、肥沃，不耐低温、积水和瘠薄土地。幼树宜有侧方荫蔽。生长速度快，寿命长，根萌蘖力强，伐后可萌蘖更新。

园林应用 檫木树干端直，叶大而奇特，早春黄花先叶开放，秋季叶色经霜变红，颇为秀丽，是良好的行道树和行列观赏树。木材坚实，耐湿耐腐，是上等建筑、造船及家具用材；树皮可提栲胶，种子含油 10%，可作皂烛、油漆原料，根可入药。

长柄双花木 *Disanthus cercidifolius* var. *longipes* H. T. Chang

金缕梅科，双花木属

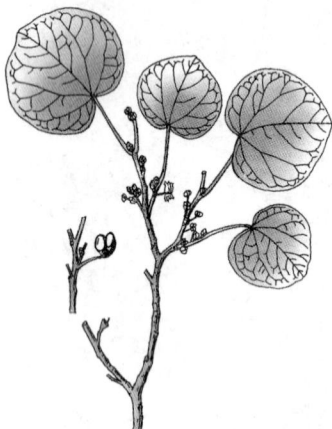

识别特征 落叶灌木。株高可达 5 ~ 6m。叶片近圆卵形，宽 4 ~ 7cm，叶柄细长。花序柄亦细长，花无梗，2 朵对生；花瓣 5，红色带状狭披针形。蒴果倒卵形，长 1.2 ~ 1.6cm，木质。花期10 月，果熟期翌年9 ~ 10 月。

主要习性 特产于湖南、广东交界的莽山、东、西军峰山、官山，海拔 1 000m 以上。喜湿润凉爽山地气候，肥沃疏松、排水良好土壤与空气湿度较大的森林环境。

园林应用 长柄双花木金秋时节叶片变红，衬之鲜红花朵与冬季双果悬挂于多态树姿上，是珍稀观赏树种，适宜长江流域以南山地庭院栽植或作盆景。

长春花 *Catharanthus roseus* (L.) G. Don

别名 五瓣莲、日日草 夹竹桃科，长春花属

识别特征 常绿直立亚灌木。植株矮小，高 30 ~ 50cm。4 ~ 10 月开花，花冠高脚碟状，具 5 裂片，平展，花径 3 ~ 4cm，白色、粉红色或紫红色，裂片基部色深。

主要习性 原产马达加斯加至印度。性喜高温高湿，耐半阴。

园林应用 长春花全草含长春花碱，为抗癌药物。又为檀香树的共生植物之一，单独栽植檀香难以生长，配以长春花则可正常旺盛生长。

柽柳　*Tamarix chinensis* Lour.

别名　三春柳、红柳、红荆条　　　　柽柳科，柽柳属

识别特征　落叶灌木或小乔木。树皮暗红褐色，枝细长而常下垂。叶钻形或卵状披针形，在枝上近鳞状排列如柏枝。大圆锥花丛由多数顶生总状花序集成，花粉红色，自春至秋陆续有花。种子细小，顶具白毛。

主要习性　产我国，分布广，从华北到华南都有，华北平原盐碱滩地即多野生。喜低湿盐碱，亦耐干旱，深根阳性树，亦耐半阴，萌发力强，不择土壤，极易成活，耐修剪刈割，寿命也长。

园林应用　叶形新奇，花色美而花期长，适应性广，尤以耐盐碱性强而可贵。可以作绿篱、整形栽植，或在庭院种植欣赏树姿；水池边、草地上种植均可。枝、叶可作解毒表热药用。

秤锤树　*Sinojackia xylocarpa* Hu

安息香科，秤锤树属

识别特征　落叶小乔木或灌木。高6m，枝纤细，暗灰褐色，被星状柔毛。单叶互生，椭圆形至卵状椭圆形或倒卵形，长4～8cm，缘齿浅硬。聚伞花序生小枝顶，有花3～7，花冠白色，裂片通常5，有淡香。核果卵形，木质，长2～2.5cm，径1～1.5cm，具钝或凸尖圆锥形喙，深黄褐色。花期4～5月，果熟期8～9月。

主要习性　产江苏、浙江、安徽、湖北、山东青岛、河南郑州及北京有栽培。喜光亦耐半阴，好湿润及温暖。

园林应用　春末白花满树，具长梗下垂，十分美丽而又有淡香，可作园林疏林下或庭院角隅栽培观赏。

赤杨叶 *Alniphyllum fortumei* Makino

安息香科，赤杨叶属

识别特征 落叶乔木。高可达20m。叶互生，椭圆形至倒卵状、卵状椭圆形，长 7 ~ 14cm，缘具细齿。圆锥花序顶生，同时有总状花序腋生，花白色，染粉红晕。蒴果卵状长椭圆形，长 1.4 ~ 2cm。花期 3 ~ 4 月。

主要习性 产长江中下游以南及四川、云南、贵州；越南、缅甸及印度亦分布。多生于中低山落叶和常绿阔叶林中。喜光、好温暖湿润，生长适应性强，常在荒山迹地形成次生纯林；速生树，寿命短。

园林应用 本种树干端直，春花繁，远看粉红，近似白色，秋叶金黄，可在风景区营造混交林或纯林，增加秋季景色。

重阳木 *Bischofia polycarpa* (Leveille) Airy Shaw

大戟科，重阳木属

识别特征 落叶乔木。掌状复叶，3 小叶，小叶卵形至椭圆状卵形，长 7 ~ 15cm，革质光滑，新叶淡红色。圆锥花序腋生，花小，单性，黄绿色，无花瓣，雌雄异株；花期 4 ~ 5 月。果红褐色，10 ~ 11 月成熟。秋叶红色。

主要习性 产四川、贵州、湖南、湖北、江苏、浙江、福建等地。喜光，稍耐阴；喜温暖、湿润气候；在肥沃湿润的土壤上生长良好；耐水湿；速生，根系发达，抗风力强；耐寒性弱。

园林应用 是我国南方地区优良行道树；北方多盆栽用作较大型观叶植物；树形优美；材质坚硬，可代替紫檀。

臭椿 *Ailanthus altissima* Swingle.

苦木科，臭椿属

识别特征 落叶乔木。树冠卵形；叶痕大，倒卵状近心形，维管束痕明显。奇数羽状复叶长大，小叶 11～25，窄卵形至卵状广披针形，长 4～14cm。花杂性异株，顶生圆锥花序，花瓣 5～6，黄绿色。翅果条状椭圆形，种子居于翅果中部，熟时黄褐色至红褐色。花期 4～5月，果熟期 8月。

主要习性 我国东北南部及华北、西北东南部往南至长江流域普遍分布；朝鲜、日本也有分布。喜光，耐干旱、抗瘠薄，但忌水湿，根系庞大但须根并不繁茂，肉质根深而分布广，伤后有萌蘖力，老树枯死后也能根蘖更新。

园林应用 臭椿树大荫浓，且适应性强，故可作行道树、庭荫树之用，有较强抗大气污染能力，尤抗烟尘，是很好的防护树种。

垂柳　*Salix babylonica* L.

杨柳科，柳属

识别特征　落叶乔木。树冠伞盖形，小枝细长下垂。叶披针形，长9～16cm。柔荑花序生小枝顶，雌雄异株。

主要习性　产长江流域南北，西起云南、西藏东部至江苏，南到广东、广西，北至河南、陕西、山东、安徽。各地普遍栽培，辽宁以南都生长良好。好水湿，亦耐干旱，喜阳光，不耐阴蔽，生长势强；在合适环境下寿命可达百年以上，萌发更新能力强，老树枯死后常能从根部萌生新干。

园林应用　垂柳枝柔下垂，随风飘拂，姿态优美而潇洒，植于河、湖岸边，小桥一侧，道路两旁或庭院中观赏，均甚相宜。嫩芽可为佳蔬，凉拌、炒食皆可；柳条去皮可为编织材料，编织工艺品；枝、叶、花、果及根入药，有发表解毒之效。

刺果茶藨子 *Ribes burejense* Fr. Schmidt

别名 刺梨、刺李子　　　　　　　虎耳草科，茶藨子属

识别特征 落叶灌木。高1m多，枝灰色，密生长短不等的刚毛及刺。叶近圆形，有3~5掌状大裂片，各裂片有圆锯齿，两面具毛。花单生或2朵成簇腋生，花大，玫瑰红色。果球形，橙黄色并具黄色条纹，生刺毛。花期初夏，浆果秋季成熟。

主要习性 原产我国东北、华北及西北山区；朝鲜、蒙古及西伯利亚均有分布。喜半阴，常生疏林下及溪旁林缘，耐强光，抗寒。

园林应用 园林中可选作刺篱，或配植假山石和岩石园。果实甜酸适度，维生素 C 含量高，可供食用。

刺槐 *Robinia pseudoacacia* L.

豆科，刺槐属

识别特征 落叶乔木。高可达 30m，树冠卵形。根系浅，一般在 50cm 以内。枝上具托叶刺，奇数羽状复叶互生，小叶 7~21，卵形至椭圆形，长 1.5~5cm。总状花序生小枝顶，下垂，花白色而有香气。荚果条形。花期 4~5 月，果熟期 9~10 月。

主要习性 原产北美，现各地皆有栽培。喜光，耐旱，但又因根浅而若土壤过旱亦易致枯死，且忌水涝，浸水 12 小时即可窒息死亡。

园林应用 园林中可孤植、群植，也是防护林、隔离林好树种，对大气中的氯气、二氧化硫及烟尘有一定抗性。花芳香，为优良蜜源，并可食。

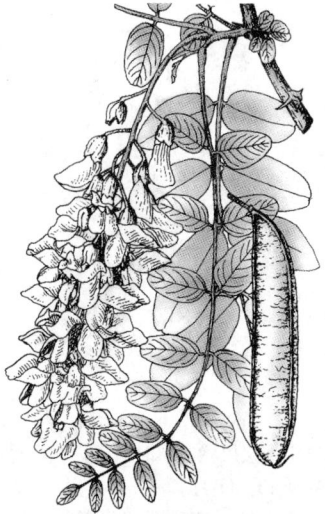

刺楸 *Kalopanax septemlobus* Koidz..

五加科，刺楸属

识别特征 落叶乔木。高可达 30m，树皮暗灰褐色，老树皮深纵裂，具皮刺。单叶互生，掌状 5～7 裂，长 10～20cm，长宽几相等，裂片卵状椭圆形至披针状长卵形，幼树或萌蘖枝深裂近基并成披针形，缘有细齿。花序顶生，由多数伞形花序聚合成复伞房总状花序丛花小而密集，花瓣白色。核果小，浆果状，熟时黑色，有宿存花柱。花期 7～8 月，果熟期 10～11 月。

主要习性 产我国东北南部，华北、华东、华中、西北东南部、西南、华南皆有分布；朝鲜、日本及俄罗斯远东滨海南部亦有分布。喜光，喜湿润及深厚土壤，能在酸性土、中性土及钙质土生长，但在中性土生长最好。

园林应用 园林中可孤植，亦可作为行列树，欣赏掌形大叶及夏季白花。分枝匀称，树冠高大而雄壮，入夏白花覆树，别具情趣。

刺桐 *Erythrina variegata* var. *orientalis* (L.) Merr.

别名 广东象牙红

豆科，刺桐属

识别特征 落叶乔木。高、冠幅均约为 10m，分枝粗壮、铺展，树皮灰色，有圆锥形刺。叶互生，小叶 3 枚，顶部 1 枚宽大于长，叶柄茎部各有 1 对腺体。总状花序长 15cm，花鲜红色。荚果厚，念珠状，种子暗红色。

主要习性 产印度及马来西亚。性喜高温、湿润、向阳、排水良好的沙壤土。

园林应用 1~2 月先叶开花，花繁艳，常招引小鸟啄食，花朵极易脱落，落红遍地，但花期长。树皮有刺。一般供边缘地带低湿处种植，供屏障用。

刺榆 *Hemiptelea davidii* Planch.

榆科，刺榆属

识别特征 落叶小乔木，常呈灌木状丛生。高可达 10m 以上；枝端刺状。叶互生，椭圆形至长卵形，长 2~5cm，缘有单钝齿，叶柄短，几近无，侧脉 8~14 对。花叶几同放，花序簇生，杂性同株。小坚果稍具翅，偏斜不整，扁平，上部翅呈鸡冠状，9~10 月成熟。

主要习性 产黄河流域以北，东北、华北、西北东部及华东各地均有分布；朝鲜亦产。为独种属，深根性树种，但其水平根发达，萌发力很强，数年间可单株成丛。喜光、耐旱，但也能耐半阴和水湿，无论酸性、中性或钙质土均能适应，抗污力强。

园林应用 本种适应性强，有一定观赏价值；枝刺坚硬而密，可作防护型绿篱。是山坡地、废弃地绿化及水土保持的好树种，防护林配植还可收隔离污染之效。

大果领春木 *Euptelea pleiosperma* Hook. f. et Thoms.

领春木科，领春木属

识别特征 落叶乔木。树冠广卵形，小枝紫褐色或暗灰褐色，有明显白色气孔。叶卵形至椭圆形，有时圆形至菱状卵圆形，长 4 ~ 12cm，基部 1/3 以上具粗锯齿，齿尖尖锐。先叶开花，无花被，花丝及花药均红紫色，簇生叶腋，极显眼。翅果初熟时白绿色正值秋季，熟后变红色而宿存树上，次春始落。新发嫩叶紫红色。

主要习性 产我国西南部；南至缅甸，印度也产。多生长于河谷溪旁湿润杂木林中。分布海拔自 600 ~ 2 000m。喜湿润气候，深厚而肥沃土壤，耐半阴，稍抗旱，但不耐长时间水浸，病虫害少。

园林应用 园林中可植为观赏用，与常绿树配植一处，春季红紫花和紫红嫩叶与绿树相衬，十分醒目；夏季叶色鲜绿，叶背灰白，微风吹拂叶背翻转如白蝶翻舞；初秋初熟白果如花；可四季观赏。

大叶朴　*Celtis koraiensis* Nakai

榆科，朴属

识别特征　落叶乔木。高可达15m，树冠广圆形至半圆形。叶互生，近圆形至倒卵圆形，长6～16cm，端近截形而有多数深裂，先端长渐尖；缘齿粗；基部三主脉明显，侧脉直达齿尖。核果近圆形，径约6～9mm，橙黄色，10月成熟，果核有明显4条纵肋隆起，表面呈网状凹凸不平。

主要习性　产我国长江流域以北广大地区，东北南部处处可见。天然分布于海拔800～1 600m山谷及山前台地杂木林中。喜光亦稍耐阴，好湿润环境但又较耐旱，不择土壤，生长速度中等，较小叶朴快；寿命可达百年以上。

园林应用　大叶朴树大荫浓，是良好的庭荫树，核果橙黄可赏；秋季叶色鲜黄，为秋季观叶树种，植于常绿树群中或池塘一隅、草地一角或沟谷入口与尽头点缀郊野均甚相宜。

代代花 *Citrus aurantium* var. *amara* Engl.

芸香科，柑橘属

识别特征 常绿灌木或小乔木。高 2~4m，嫩枝具短刺。叠生复叶，叶卵状长圆形或椭圆形，长 5~10cm，先端短而钝，渐尖，边缘波状，革质，叶色浓绿，叶柄有阔翅状叶。花白色，单生或簇生于叶腋，极芳香，花期 5~6 月。果实扁圆形。

主要习性 原产我国浙江。性喜凉爽，要求土层深厚、排水良好的微酸性土壤。

园林应用 代代花香气浓郁，果实美丽，是庭院和室内摆放的优美盆栽花卉，花可供窨制花茶，还可入药。

倒挂金钟　*Fuchsia hybrida* Voss

别名　灯笼海棠、吊钟花　　　　柳叶菜科，倒挂金钟属

识别特征　落叶或常绿小灌木。高 60～150cm，茎纤弱，枝平展或稍下垂弯曲。叶对生，光滑。花腋生，具长梗，萼片与萼筒近等长，萼红色，花冠紫红、粉红、橙红或白色等多种颜色；花期 1～6 月。浆果 4 室。

主要习性　主要产在墨西哥、智利、阿根廷。性喜温暖、向阳或微荫蔽而通风良好的环境，喜凉爽气候，忌酷暑。要求腐殖质丰富、肥沃而排水良好的沙质土壤。

园林应用　主要用作盆栽，观赏美丽花朵，用以布置室内、厅堂均极相宜，深为人们喜爱，冬暖夏凉之地可作露地栽培，装饰廊架，效果极好。

棣棠　*Kerria japonica*(L.) DC.

别名　黄度梅　　　　　　　蔷薇科，棣棠属

识别特征　落叶灌木。枝直立丛生，小枝绿色常有棱。单叶互生，卵形至椭圆状卵形，表面有皱折。花单生小枝顶端，花瓣黄色，5 片。瘦果黑色，有宿存萼片。其变种重瓣棣棠，花重瓣，为园林中普遍栽培。还有银边叶、金边叶、银斑、金斑等不少品种。

主要习性　原产我国秦岭以南各地；日本亦有分布。多生于海拔1000m上下的中山带河谷的乱石坡岸、平缓荒坡灌丛中，或林缘，能自成群落。喜温暖、湿润和肥沃条件；变种尤喜肥沃、湿润，并稍耐半阴。

园林应用　本种花色金黄，枝干鲜绿，花期初夏，重瓣棣棠更陆续有花直至入秋。故用以栽植花篱和建筑物基础，或于水池岸边、假山石旁、草地一隅丛栽，或中庭筑台栽植，冬赏翠枝，夏赏金花。

滇白珠 *Gaultheria leucocarpa* Bl.［*G. yunnanensis*（Franch.）Rehd.］

别名 满山香   杜鹃花科，白珠树属

识别特征 常绿灌木。高 1 ~ 3m，枝细长，左右曲折，具纵纹。叶多卵状长圆形，革质，有香味，长 7 ~ 9cm，边缘具锯齿。总状花序腋生，长 5 ~ 7cm，有花 10 ~ 15 朵，花冠白绿色，钟形，口部 5 裂，花期 5 ~ 6 月。蒴果浆果状，球形。

主要习性 产我国长江流域及其以南地区，分布较广。喜温暖湿润气候，不耐寒，要求阳光充足及肥沃、疏松及排水良好的酸性土壤。可耐半阴。

园林应用 本种枝叶含芳香油，全株入药，可治风湿性关节炎。园林中可种植于路边、花境及坡地，有一定观赏价值。

滇丁香　*Luculia pinceana* Hook.

茜草科，滇丁香属

识别特征　常绿灌木。高 2～4m。叶对生，纸质，椭圆形至倒披针形或椭圆状披针形，长 12～20cm，宽 4～8cm；叶柄长 0.8～2cm。伞房花序，径约 20cm，多花，花粉红色，萼筒陀螺状，花冠高脚碟状，长 5～5.5cm，径 3.5cm，极芳香；花期 5～10 月。

主要习性　产于云南西部；生于海拔 1350～2000m 山地常绿阔叶林缘或灌丛中。对土壤适应性强，在酸性至强碱性土壤上均可生长，但以含沙石多而排水好的黄壤、黄棕壤或石灰岩土为好。喜向阳而湿润环境，但在半阴处也能生长；相对湿度应不低于 80%。

园林应用　滇丁香花序密集而繁茂，花色艳丽芳香，花期长，适宜丛植或群植路旁、草坪边或孤植庭院；也是盆栽和切花好材料。植株耐修剪，更是难得的群植美丽花篱。滇丁香根是重要的中药材。

吊灯树 *Kigelia africana* (Lam.) Benth.

紫葳科，吊灯树属

识别特征 常绿乔木。高 13 ~ 20m，树冠圆伞形。奇数羽状复叶交互对生或轮生，小叶 7 ~ 9 枚，长圆形或倒卵形，全缘，叶面深绿光亮，羽状脉明显。圆锥花序生于小枝顶端，长而下垂，可达 50 ~ 100cm，有花 6 ~ 10 朵，花冠钟状漏斗形，巨大，花冠筒长 8cm，橘黄色或褐红色，裂片卵圆较大，长达 6.5cm。果大型，下垂，圆柱状，坚硬，不开裂，长达 30 ~ 45cm，十分奇特，故民间俗称之为吊瓜树。

主要习性 原产热带非洲，现世界热带地区多有引种，我国广东、海南、福建、台湾及云南均有栽培。性喜温暖湿润气候，较耐旱，不耐寒冷。

园林应用 园林中因其花大，果形奇特；叶色亮绿，成为优美的观赏树种，可作行道树。

吊钟花 *Enkianthus quinqueflorus* Lour.

别名 铃儿花 杜鹃花科，吊钟花属

识别特征 落叶或半常绿灌木。株高 1～3m，多分枝。叶常簇生于枝顶，互生，革质，长圆形或倒卵状长圆形，长 5～10cm，边缘反卷。花 3～8 朵组成伞房花序，花下垂，大苞片红色，花冠宽钟状，长 1.2cm，粉红或红色，口部 5 裂，花期 1～2 月。蒴果椭圆形，淡黄色，具 5 棱，果期 5～7 月。

主要习性 分布我国江西、福建、湖北、湖南、广东、广西、四川、贵州、云南，生海拔 600～2 400m 山坡灌丛中；越南也有分布。喜温暖湿润气候，阳光充足及肥沃、湿润、排水良好的酸性土壤。北方寒冷地区室内栽培。

园林应用 吊钟花的花形似铃，形态优美动人，花下垂，花期长，有较高观赏价值，不但可以用作园林美化材料，还可盆栽观赏，花枝可作切花插瓶。

丁香 *Syringa oblata* Lindl.

别名 紫丁香、华北紫丁香　　　　　　木犀科，丁香属

识别特征 落叶大灌木或小乔木，多呈灌木状多干丛生。单叶对生，卵圆至肾脏形，长 3～10cm，宽 4～12cm，通常宽大于长。花序为混合圆锥花序，顶生及近顶腋生，花紫堇色，花冠管柱状，裂片4，直角展开，芳香。蒴果卵状椭圆形，2 瓣裂。花期4～5月。

主要习性 产我国东北、华北及西北东部各地；朝鲜也有分布。野生丁香多见于海拔 300～1 500m 山地，常生于河谷、沟头及缓坡。喜光，稍耐半阴；喜肥沃而深厚的壤土，好湿润，耐旱忌水涝，抗寒性强，但不耐高温；寿命长，耐修剪，萌发性强，根部萌蘖多，老树常形成萌蘖盘。

园林应用 庭院、园林随处可植，公园、路旁列植为路树。花期芳香四溢。

丁香罗勒　*Ocimum gratissimum* var. *suave* (Willd.) Hook. f.

唇形科，罗勒属

识别特征　直立灌木，株高约 1m，被长柔毛。叶片卵状矩圆形或矩圆形。轮伞花序有 6 小花，密集组成顶生圆锥花序，花萼钟状，花冠白或黄色，有丁香气味。小坚果近球形。

主要习性　可能原产马达加斯加。我国南方有露地种植，北方可室内栽培，性喜温暖向阳及排水良好的沙质土壤，适应性强。

园林应用　园林中可种植于道路旁、疏林下及坡地。为芳香油和药用植物材料。

冬红 *Holmskioldia sanguinea* Retz.

马鞭草科, 冬红属

识别特征 常绿灌木。高可达 10m, 小枝四棱形, 具四槽, 被毛。叶对生, 膜质, 卵形或宽卵形, 缘有齿, 两面有稀毛及腺点。2~6 个聚伞花序组成圆锥花序, 每个聚伞花序有 3 朵花, 花萼朱红或橙红色, 萼片倒阔圆锥状, 径 3cm, 花冠朱红色, 花冠筒长 2.5cm, 花期夏季。核果倒卵形。

主要习性 原产喜马拉雅山, 我国南方有栽培。性喜阳光充足及温暖湿润环境。

园林应用 可供庭园观赏或作室内盆栽。

冬青卫矛　*Euonymus japonicus* L.

别名　大叶黄杨、万年青、正木　　　　　卫矛科，卫矛属

识别特征　常绿灌木或小乔木。枝叶繁密，小枝绿色，稍呈四棱。单叶对生，椭圆形至倒卵状椭圆形。聚伞花序腋生，花绿白色。蒴果扁圆至圆形，种子假种皮橘红色。

主要习性　产日本，我国各地多有栽培。喜光耐阴，要求温暖气候和湿润、肥沃土壤；较耐寒，在 - 15℃低温下可安全度过，朝鲜南部有天然分布。

园林应用　本种叶色浓绿而光亮，秋季红果缀于枝头，十分美丽，加之适应性强，又耐修剪，故为优秀绿篱植物和整形栽植材料。盆栽供布置会场、展览大厅、宾馆门厅也很相宜。

冬珊瑚 *Solanum pseudocapsicum* L.

别名 珊瑚樱

茄科，茄属

识别特征 常绿亚灌木。株高 60 ~ 120cm，全体无毛。叶狭矩圆形或披针形，基部狭楔形而下延至叶柄，全缘或波状。花单生或成蝎尾状花序，花白色，花径约 1cm，花萼 5 裂，花冠檐部 5 裂，花期 7 ~ 8 月。浆果球形，直径 1 ~ 1.5cm，熟时橙红色或黄色，果期 9 ~ 12 月，种子扁平，黄色。

主要习性 原产欧、亚热带，我国安徽、江西、广东广西和云南均有。性喜温暖及阳光充足环境，湿润而排水良好的土壤，不耐寒，冬季越冬温度为 5℃。

园林应用 冬珊瑚果实红艳，为良好观果植物，但全株有毒，果实不能食用。

杜鹃花　*Rhododendron simsii* Planch.

别名　山踯躅、映山红、照山红　　　　杜鹃花科，杜鹃属

识别特征　落叶灌木。高 2 (~ 5) m，枝纤细，密被亮棕褐色扁平糙伏毛。叶互生，革质，常集生枝端，卵形、椭圆状卵形或倒卵形至倒披针形，约 2 ~ 5cm，密被褐色糙伏毛。花 2 ~ 6 朵簇生枝端，花冠阔漏斗形，玫瑰色、鲜红色或暗红色，长 4 ~ 5cm，花期 4 ~ 5 月。蒴果卵球形，长约 1cm，果期 5 ~ 6 月。花色变化丰富，有白、黄、橙、橙红及重瓣或彩纹品种。

主要习性　产我国中部及南部，广布于长江流域各地，多生于海拔 500 ~ 1 200m 丘陵山地灌丛或松林下，为典型酸性土指示植物。喜冷凉湿润气候，耐寒怕热，要求肥沃、疏松通透、湿润且排水良好的酸性土壤，忌强烈日光直射，耐半阴。

园林应用　杜鹃花是世界著名花卉，也是我国十大名花之一，布置园林无处不可，盆栽也随处相宜。

杜英 *Elaeocarpus decipiens* Hemsl

杜英科，杜英属

识别特征　常绿乔木。树冠广卵形，树皮暗褐色而平滑。单叶互生，广披针形至狭卵形，长 7～12cm，缘有小浅齿。总状花序腋生，花萼、花瓣均 4～5，花瓣白色，花下垂，萼与瓣几等长，花瓣顶部撕裂状，有14～16 裂片。核果椭圆形。花期 4～5 月，果熟 10～11 月，果实由绿变红后成紫黑色。

主要习性　原产我国长江流域以南亚热带地区；日本亦有分布。多生于海拔 400～1200m 山地疏林或灌丛中，在云南西南可上升到 2000m 高度。喜温暖、湿润，好肥沃深厚土壤，忌土地积水，酸性及中性土皆适应；苗期要求稍荫条件。

园林应用　杜英叶除夏季外多有绯红色间杂其中，犹如红花开于树上，故多于庭院及园林栽培观赏。北方盆栽。

杜仲　*Eucommia ulmoides* Oliv.

杜仲科，杜仲属

识别特征　落叶乔木。高可达20m，树冠广卵形。叶卵状椭圆形，长5～15cm，缘有细齿。雌雄异株，先叶开花，无花被。翅果椭圆形，扁平，长约3.5cm，顶端2裂。树皮及叶、果均有白色丝状胶，断裂后丝状胶相连并有一定弹性，为其识别特点。

主要习性　原产中国，广泛分布于陕西南部、甘肃东南部、河南西部及四川、湖北、湖南、贵州、云南、广西、广东北部、安徽南部、江苏南部、江西、浙江等地。为古老孑遗树种。喜光，稍耐半阴，好温暖湿润，要求土壤深厚肥沃，不耐黏重板结通气性差和强酸性土，忌水涝。

园林应用　树冠匀整，树叶茂密，极少病虫，是很好的庭荫树和行道树种。树叶可防治高血压及壮筋骨，树皮入药，是提取杜仲胶、硬橡胶的主要原料。

多蕊木 *Tupidanthus calyptratus* Hook. f. et Thoms

五加科，多蕊木属

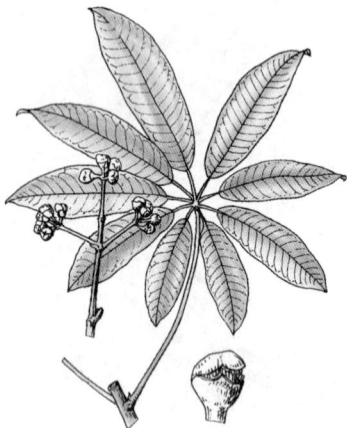

识别特征　常绿灌木。苗期直立，后为大藤本，长可达 30m。掌状复叶；小叶 7～9，革质，倒卵状矩圆形至矩圆形；托叶与叶柄基部合生成短鞘状。伞形花序有 3～7 花，3～5 个花序聚生成顶生复伞形花序；花稍大，径 1.5～2.5cm；花瓣合生成帽状体，早落；雄蕊 50～70；柱头极多数放射状排列，合生成纵的花柱状体。

主要习性　产云南南部；中南半岛，印度也有。生密林中。攀援其他树上。喜温暖、湿润、阳光充足的环境。

园林应用　青、幼龄期植株多盆栽供室内观叶；成龄株在冬季温暖之地供作攀援藤本。

鹅耳枥　*Carpinus turczaninowii* Hance

桦木科，鹅耳枥属

识别特征　落叶乔木。叶卵形、菱状卵形或长卵形，长2~6cm，半革质，重锯齿，上面深绿色而光亮，下面浅黄绿色而脉腋有簇毛。雌雄异花，雄花序生叶腋，雌花序生枝顶。小坚果着生果序叶状果苞基部，果序总状，长3~6cm，坚果广卵形扁平，两边各具4~5肋条。

主要习性　原产辽宁南部、山东、苏北云台山往西经河北、河南、山西、陕西、甘肃至四川北部。喜肥沃湿润土壤，但很耐干旱瘠薄。喜光，但亦耐强光和荫蔽，无论沟谷、崖畔均可适应；根系良好，且萌芽力强。但在条件差处生长的干形多扭曲、偏斜。

园林应用　由于枝叶经霜变为红褐色，且一冬不落，故植于园林山坡或与针叶树混交观赏；亦可植于山石旁，经修剪整形观赏；是可随意绑、扎、修剪制作盆景的树种。

鹅掌柴 *Schefflera octophylla* (Lour.) Harms

别名 鸭脚木

五加科，鹅掌柴属

识别特征 常绿灌木。高 2~5m。掌状复叶互生，小叶 5~8 枚，革质。圆锥丛顶生，长达 25cm；冬季开花，白色，芳香，花瓣 5 枚。肉质果黑色，圆球形。

主要习性 产我国福建、台湾、广东、广西等地。日本也有。性喜温暖、湿润及半阴环境和肥沃酸性土壤。

园林应用 在华南可露地丛栽。盆栽可赏叶，四季常青，叶面光亮，用以布置会场、厅堂。木材轻，纹理致密，颜色洁白，为笼屉及扎花圈材料，树皮及根药用。

鳄梨　*Persea americana* Mill.

樟科，鳄梨属

识别特征　常绿小乔木。高约 10m，树冠卵圆形。单叶互生，厚革质，椭圆形、倒卵形、卵形至椭圆状倒卵形，长 10～20cm，中脉上面基部明显下陷，下面凸起。聚伞花序，总梗而形成圆锥状，花被黄绿色。浆果梨形或倒卵形至球形，肉质大型，长 8～18cm，黄绿色或阳光照射强者红褐色。花期 3～5 月，果熟期 8～9 月。

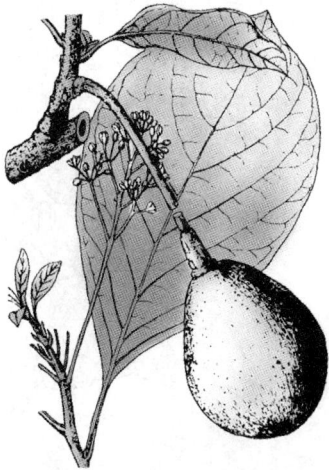

主要习性　原产中南美洲热带地区。喜温暖、湿润，好光，畏寒，在短期 0℃ 的低温下能不受冻，有的品种在短时间 -3℃ 也能安全越过；要求深厚土壤，对土质适应较广。

园林应用　鳄梨又名油梨、樟梨，为著名热带水果；种子含不干油，为医药及食品化妆工业重要原料。

番石榴 *Psidium guajava* L.

桃金娘科，番石榴属

识别特征 常绿灌木或小乔木。高达13m，树皮鳞片状，嫩枝4棱形。叶革质，长圆至椭圆形，对生，有短柄，叶背有短柔毛，叶脉明显，羽状，表面凹入。花单生或集生于叶腋，白色，芳香，花径约2.5cm，萼绿色，钟形，萼片4~5，花瓣4~5枚，花期4~5月和8~9月两次。浆果球形或梨形，黄色或胭脂红色，为可口水果。

主要习性 原产热带美洲，现热带、亚热带地区广为栽培。我国海南、广东、广西、福建、台湾等地均有栽培，有些地方已成为野生状态。性喜温暖及阳光充足，要求肥沃湿润的酸性土壤，不耐寒。

园林应用 栽培品种很多，多为水果生产之用。

番樱桃　*Eugenia uniflora* L.
别名　红果仔　　　　　　　桃金娘科，番樱桃属

识别特征　半常绿灌木或小乔木。高 2 ~ 3m，有时可达 5 ~ 6m。叶对生，纸质，卵形至卵状披针形。花单生或数朵聚生于叶腋，白色，具芳香，花期春夏。浆果球形，有 8 棱，熟时深红色，果期夏秋。

主要习性　原产巴西，我国南方多有栽培。性喜温暖湿润环境，喜光但亦耐半阴，要求肥沃及排水良好的土壤，不耐干旱。

园林应用　其果肉多汁可食，夏秋花果不断，城市绿化和庭园栽植可供观赏，还可盆栽。叶具刺激性芳香，可以驱虫，果还可制果酱、果冻、软糖。

仿栗 *Sloanea hemsleyana* Rehd. et Wils.

杜英科，猴欢喜属

识别特征 常绿乔木。树皮暗褐色，平滑。单叶密集互生枝顶，窄倒卵形、倒卵状广披针形或长椭圆状窄卵形，长 8 ~ 15cm，缘有不规则钝齿。花近枝顶腋生，单花，花瓣黄绿色，与萼几等长，上部齿状撕裂。蒴果具刺，长 1 ~ 2cm，红褐色，花期 5 ~ 6 月，果熟期 10 月。

主要习性 产我国西南及长江以南各地亚热带地区，越南亦有分布。自然生长于海拔 800 ~ 1 400m 山林，喜光，苗期稍耐阴；好湿润、深厚而肥沃土壤。

园林应用 树大叶密荫浓，花奇特而果红艳、新颖。在亚热带地区可作庭荫树、行道树；花、果也可剪切插瓶观赏。种子黑褐色，含油量高，可以食用。

非油果　*Feijoa sellowiana* Berg.

别名　南美稔、凤榴　　　　　　　桃金娘科，南美稔属

识别特征　常绿小乔木。高约5m，枝圆柱形，灰褐色，叶对生，革质，椭圆形或倒卵状椭圆形，叶面绿色，下面密被短的白色绒毛。花单生于叶腋，有长梗，花瓣白色，4枚，雄蕊多数，红色，花期夏秋。浆果卵圆或长圆形，熟时红色。

主要习性　原产巴西、巴拉圭、乌拉圭和阿根廷；我国广东、福建、云南有栽培。性喜阳光，温暖湿润气候，喜肥沃、湿润及排水良好土壤，稍耐寒，可耐 -9℃低温，北方寒冷地区应在室内栽培。

园林应用　非油果的果实可食，树姿美观，花色艳丽，对栽培土壤选择不严，园林中可于庭前、花境、草坪边缘种植，也可盆栽。

粉苞酸脚杆 *Medinilla magnifica* Lindl.

别名 宝莲灯

野牡丹科，酸脚杆属

识别特征 常绿灌木。高可达 2.5m，茎有 4 棱或 4 翅。单叶对生，卵形或卵状长圆形，长达 30cm，叶脉显著，无柄，稍肉质，光亮浓绿色。窄圆锥状总状花序下垂，长 45cm，花序外苞片明显，长 3 ~ 10cm，鲜丽红粉色，花瓣 5，花冠径 2.5cm，珊瑚红色，花药紫色，花丝黄色。浆果球形，顶端有宿存萼片。花期春末至夏季。

主要习性 分布于菲律宾热带雨林中。喜较高温度与湿度，光线充足。

园林应用 热带地区可供绿篱或沿建筑基础种植，北方可于高温温室盆栽，观赏其硕大亮丽的奇特花序与光亮的绿色叶片。

粉红绣线菊 *Spiraea japonica* L. f.

蔷薇科,绣线菊属

识别特征 直立落叶灌木。通常高约 1m,枝细长。叶卵形至卵状椭圆形,长 2 ~ 6cm,缘具缺刻状重锯齿。复伞房花序生小枝顶,花粉红色。花期初夏,有时于 7~8 月有二次花开。

主要习性 原产日本及朝鲜,变种及变型很多,我国东部各地有栽培。喜光,稍耐半阴,要求土壤肥沃、湿润,忌积水、过于荫蔽。

园林应用 观赏价值高,园林中应用面广。

风箱果 *Physocarpus amurensis* Maxim.

蔷薇科，风箱果属

识别特征 落叶灌木。高达 3m，枝开张。叶三角状卵圆形或宽卵形，长 3.5 ~ 5.5cm，3 ~ 5 浅裂，缘具重锯齿，托叶条状披针形。伞形总状花序顶生，花白色。果卵形，膨大，外被柔毛，熟时腹背两面开裂。种子黄色而有光泽。

主要习性 产我国黑龙江、河北雾灵山；西伯利亚及朝鲜亦分布，多生于山顶、开阔山坡及山谷向阳处，常于阔叶林缘或灌丛中生长。喜光亦稍耐半阴。根系发达，须根及侧根旺盛；喜肥沃湿润及深厚土壤，但亦耐干旱与瘠薄；忌水涝，耐修剪，萌发力强。

园林应用 风箱果适应性强，初夏白花盛开，入秋其果全部变成红褐色，是夏秋观花赏果兼得的灌木。用作园林中花篱，或配植于大型山石、庭院角隅，亦可剪枝插瓶在室内欣赏。

枫香 *Liquidambar formosana* Hance

金缕梅科，枫香属

识别特征 落叶乔木。通常高 30m，有达 40m 者。树冠广卵形，孤立木有时可呈扁圆形。叶掌状 3 裂，扁卵形（在萌生枝亦有 5 ~ 7 裂），长 6 ~ 12cm。花单性同株，无花瓣，头状花序。蒴果集生成球状果序，种子有窄翅。

主要习性 产东亚，我国分布极广，北起秦岭南坡及淮河以南，西自西藏东部以东皆有。喜光、好温暖湿润及深厚肥沃土壤，但又耐干旱瘠薄，幼树亦稍耐阴，忌湿涝，常自然生长于山谷两侧，山麓冲积扇，多能自成群落；适应性强，还能抗二氧化硫、氯气等有害气体。深根性，主根粗壮，侧根发达。

园林应用 枫香是著名高大红叶树种；一般都是树高干直，树冠广阔，有气势，深秋叶色红艳，著名的南京栖霞山红叶即为本种。园林中无论孤植、列植或群植都可观赏。

枫杨 *Pterocarya stenoptera* C. DC.

胡桃科，枫杨属

识别特征 落叶乔木。树皮灰褐色。羽状复叶，叶轴有窄翅，小叶9～23，长椭圆形，长5～11cm，缘有细锯齿。雌雄异花，雄花序秋季形成于叶腋；雌花序生于顶芽中，萌芽后伸出。果序下垂，长20～25cm，坚果卵形，两侧有斜展之椭圆形翅。

主要习性 原产我国黄河流域及以南各地。北起辽宁南部至广东，西至甘肃、云南都有分布；朝鲜亦产。多生于溪河沟谷河滩等湿润地带，喜光、耐湿，对土壤要求不苟，但酸、碱过重不能生存。有一定抗土壤干旱能力，根深而庞大，萌芽力很强。

园林应用 树体高大而雄伟，适应性强，根系庞大，是水边种植的好树种；其坚果两翅，落入水中很像小鸭浮于水面；果穗长，随风飘动也很动人。另外对二氧化硫等有害气体有过滤作用。

凤凰木　*Delonix regia*（Bij.）Raf.

豆科，凤凰木属

识别特征　落叶乔木。高 15m，冠幅 8m，分枝粗壮，斜出。二回羽状复叶，长 20 ~ 40cm，羽片对生，15 ~ 20 对，每羽片有小叶 20 ~ 40 对。花序长 20 ~ 40cm，花有长柄，花径 15cm，萼片厚，背面黄绿色，表面深橙红色，花瓣橙红色，基部缩小成线状爪，雌雄蕊直伸，深红色。荚果木质，下垂，长达 50cm，宽 5cm。

主要习性　产马达加斯加及非洲热带，现在各地广泛栽培。性喜高温、向阳、土壤肥沃、排水良好的环境。

园林应用　本种树冠宽阔，扁头形，叶片秀丽，花大茂密，色泽艳美，有如凤凰起舞。广东、海南、广西、云南多用作行道树。通常夏季开花，但亦有秋季开花的迟花品种，值得发展。

佛肚花 *Jatropha podagrica* Hook.

别名 珊瑚花

大戟科，麻疯树属

识别特征 常绿小灌木。高 30 ~ 160cm，茎直立，茎部膨大。叶盾状 3 ~ 5 裂，叶痕大，托叶有腺体，叶背粉绿色。几乎全年开花，花聚生于枝顶，珊瑚状，鲜红色，萼片 5 裂，基部联合，雄花着生花序外围，雌花着生花序中央；开花时人工辅助授粉易结果。

主要习性 产中美。性喜高温、干燥、排水良好的沙壤土，好阳光充足环境，也耐半阴。

园林应用 佛肚花茎肥厚多汁，花期长，每花序可开放 2~3 个月，色艳丽，是较奇特的观茎、观花植物，适宜盆栽观赏，也适宜热带干燥地区作庭院栽植。

伏牛花 *Damnacanthus indicus* Gaertn. f.

别名 虎刺

茜草科，虎刺属

识别特征 常绿灌木。多分枝并具刺，高不过1m。单叶对生，卵形，长 1~3cm，针状刺生叶间，长 1~2cm。花单生或对生叶腋，花小，花冠白色；漏斗状，4~5 裂片，喉部有浅黄色柔毛。核果熟时鲜红色，球形，径约 5mm。花期 8~9 月，果熟期 10~11 月，红果可挂至 1 月下旬春节前后。

主要习性 产我国长江流域及以南地区；日本亦有分布。喜光亦较耐阴，好温暖湿润；对土壤要求不苛，从微酸到中性至钙质土均能适应，但喜肥沃沙质壤土，要求排水良好，不耐过分黏重及干旱土壤；萌发力强，尤其多根蘖。

园林应用 长江以南可以露地栽培，淮河流域及以北则宜盆栽。园林中可以植为绿篱。入冬之果火红；江南各地多盆栽欣赏，素称"盆玩十八学士"之一。

富贵草 *Pachysandra terminalis* Sieb. et Zucc.

别名 三角咪、板凳果　　　　　　　黄杨科，富贵草属

识别特征 常绿亚灌木。茎匍匐生长。叶互生或簇生枝顶，菱状倒卵形，长 3～5cm，基脉 3 出。花序顶生，无花瓣，花芳香。核果状浆果，熟时紫黑色，倒三脚鼎状，花柱宿存成为鼎足。故又称三角咪和板凳果。

主要习性 产我国甘肃东南小陇山、秦岭、大巴山、神农架及天目山。概生于海拔 1 200～2 500m 的荫蔽而湿润山地，土壤以极松软的落叶腐殖质土为好。耐寒性强，冬季大雪覆盖仍枝叶翠绿。

园林应用 是常绿树下及背阴处极佳地被植物。

橄榄 *Canarium album* Raeusch.

别名 青果

橄榄科，橄榄属

识别特征 常绿乔木。高 15～20m，主干直立，树皮暗紫褐色，老后粗糙薄片开裂。奇数羽状复叶，互生，小叶 11～19，卵状长椭圆形至椭圆状披针形，长 6～16cm。圆锥花序顶生或近顶生，花小，白色而芳香，两性或杂性。核果纺锤状橄榄形，长约 3.5cm，熟时黄绿色。花期 5～6 月，果熟 10～11 月。

主要习性 产我国南部，分布于浙江南部、福建、台湾、广东、广西、海南、贵州、云南及四川长江南岸等地；越南亦产。喜温暖湿润，不耐寒冷霜冻。深根性树种，不耐移植。喜光、好肥，不耐水涝。

园林应用 橄榄树形优美，直立而宽阔，枝叶密而荫浓，且花芳香，果可腌制蜜饯及入药。为南亚热带优良庭荫树及行道树和行列栽植树种，为可赏可食树种。

珙桐 *Davidia involucrata* Baill.

紫树科(珙桐科)，珙桐属

识别特征　落叶乔木。高20余米，树冠塔形。单叶互生，宽卵形至卵状心形，长7～16cm，叶柄长5～12cm。花单性或杂性，亦有两性花，头状花序顶生，花序下有2白色叶状苞片，苞片椭圆状卵形，长7～15cm。核果椭圆形，长3～4cm。花期4～5月。

主要习性　中国特产，分布于东起湖北神农架及其周边到陕西镇坪，四川巫山、大巴山、川西及凉山州，甘肃文县，湖南西部武陵山，贵州梵净山，云南北部及西北高山地区。天然生长于潮湿的海拔1 300m上下山地。珙桐最喜空气湿润，大树喜光而幼苗要求荫蔽。不畏寒，极端低温－19℃绝无冻害。其根系较浅，无明显主根，但根系发达，萌芽力强。

园林应用　珙桐为世界著名的园林观赏树木，春季开花时两个大苞片白色张开，就像白鸽展翅欲飞，故又名"鸽子树"。

狗牙花　*Ervatamia divaricata*(L.)Burk. 'Gouyahua'

夹竹桃科，狗牙花属

识别特征　常绿灌木。最高约 3m。叶对生，椭圆形，长 5 ~ 10cm，端短渐尖，基广楔，全缘，上面深绿，下面淡绿。聚伞花序腋生，常两花并生一总柄上，每花序有 6 ~ 10 花，花冠白色，重瓣，芳香，花瓣裂片常显皱摺，雌雄蕊不见或雄蕊瓣化，仅见雌蕊隐于花心。原种单瓣狗牙花，花冠 1 轮，花钟形，5 裂。蓇葖果双生，种子被缘毛。花期5 ~ 11 月，果熟 9 ~ 12 月，重瓣则多无种子。

主要习性　产我国，分布于我国云南、广西、广东、海南及台湾、福建东南部南亚热带地区。喜温暖湿润，耐半阴，要求酸性土及多腐殖质土壤。我国除南部湿热地区可露地栽培外，皆盆栽，冬季室内越冬最低温 10℃。

园林应用　狗牙花四季常绿，花期长，白花素雅而芳香，宜在园林中林缘、疏林栽植观赏，也可剪下花枝插瓶或盆栽欣赏。

枸骨 *Ilex cornuta* Lindl.

别名 猫儿刺、老虎刺、圣诞树　　冬青科，冬青属

识别特征 常绿灌木或小乔木。树皮青灰色，不裂，枝密集而开张。单叶互生，在枝上螺旋状排列，硬革质，矩圆形，先端具 3 个等大的大硬尖齿裂，基部两侧各有 1～2 对大尖齿，缘向下反卷，叶面显鼓胀。花雌雄异株，黄绿色，簇生 2 年生枝叶腋。核果鲜红，球形，径约 1cm。花期 4～5 月，果熟期 10～11 月。

主要习性 产于河南、山东及长江中下游；朝鲜亦有分布。生山坡及溪流边杂木林中，耐半阴，喜温暖、湿润及肥沃而排水好的酸性土。

园林应用 枝叶茂盛，冬夏常青，叶形奇特而光亮，秋季红果累累，久留树上，是观叶和观果的树种。长江流域于岩石园，建筑阴面，亭、阁一侧栽植，或作林下布置和绿篱材料。枝、叶及根皮均可入药。

枸杞　*Lycium chinensis* Mill.

别名　枸杞子、枸杞菜　　　　　　茄科，枸杞属

识别特征　多分枝落叶灌木。高 1～2m，枝细弱，常俯垂，有棘刺。叶纸质，单叶互生或簇生，卵形、卵状菱形、卵状披针形，长可达 10cm。花在长枝上单生或双生于叶腋，在短枝上则同叶簇生，花冠漏斗状，5 深裂，淡紫色，花期 5～10 月。浆果红色，卵状，栽培者呈长矩圆或长椭圆形，果期 6～11 月。

主要习性　原产我国黄河流域以南地区，河北省有野生；朝鲜、日本及欧洲有栽培。性强健，喜温暖，耐寒，喜阳光充足，对土壤要求不严，且耐盐碱，是钙质土指示植物，忌黏质土及低洼湿涝地势。

园林应用　枸杞花果期长，入秋红果满枝，是庭园中重要观果花卉，还可供做绿篱、盆景。果实称枸杞子，根皮称地骨皮，叶称玉精叶，嫩叶称枸杞头，供药用及保健品用。

构树　*Broussonetia papyrifera*（L.）Vent.

桑科，构属

识别特征　落叶乔木。高可达 15m，树冠半球形至伞形。叶互生，有时在壮枝上近对生，广卵形，长 5 ~ 22cm，缘齿粗大，幼树常有 2 ~ 5 深裂，两面及叶柄均被密柔毛。雌雄异株，雄花序柔荑状生叶腋，下垂；雌花序头状。聚合果球形，熟时橘红色，瘦果突出。花期 5 月，果熟 7 ~ 9 月。

主要习性　原产东亚，我国辽宁以南往西到西北甘肃、陕西往南各地均有分布；日本、朝鲜、越南至印度亦有分布。喜光但能在半阴下生存；耐干旱瘠薄，也能在溪河、湖港岸边湿地生长；喜钙质土，也可在酸性土上生存，生长迅速，萌发力强。对大气中有害气体抗性强，叶面柔毛滞尘力强，是工矿区绿化优良树种。

园林应用　构树适应性强，生长快而成荫早，在园林中可作庭荫树栽培。

古城玫瑰树 *Ochrosia elliptica* Labill.

夹竹桃科，玫瑰树属

识别特征 常绿小乔木。高 5 ~ 10m，全株多乳汁；分枝多，茎枝灰色，嫩枝鲜绿。常 3 叶轮生，叶片倒卵状长圆形至椭圆形。聚伞花序着生于枝顶叶腋，花冠高脚碟状，裂片 5，向右旋覆，雄蕊着生于花冠筒中部以上；花小而密，乳黄白色。果实绯红色。花期 4 ~ 6 月；观果期多于下半年至年底。

主要习性 原产新喀里多尼亚至澳大利亚。喜温热、多湿和阳光充足环境。

园林应用 花香、果艳，花果观赏期长，是我国华南及气候适宜地区优良绿化树种与美丽庭荫树种。

瓜栗 *Pachira macrocarpa* Walp.

木棉科，中美木棉属

识别特征 常绿小乔木。幼树干皮绿色，幼枝栗褐色。掌状复叶有 3 ~ 11 枚小叶（通常 5 枚），小叶长椭圆形或倒卵状长椭圆形，长 8 ~ 22cm，全缘，总叶柄长 10 ~ 15cm。花单生叶腋，花瓣淡黄色，花梗粗壮，长 2cm，被黄色星状毛。蒴果卵球形近梨状，长 9 ~ 16cm；种子橘瓣形，长 2 ~ 2.5cm。花期长（5 ~ 11 月），果熟先后不一。

主要习性 产南墨西哥至哥斯达黎加；我国海南、广东、云南西双版纳有引种栽培。较耐阴，可较长期在室内仅有散射光条件下生存。

园林应用 华南可植为庭荫树或行道树，也有专作干果栽培者，种子可食。

瓜子金 *Carissa carandas* L.

别名 刺黄果

夹竹桃科，假虎刺属

识别特征 常绿灌木或小乔木。高5~6m，多分枝，枝条铺散，枝上有分枝刺。叶对生，革质，暗绿色有光泽；广卵形，长约3cm，先端微凸，叶基具先端分叉的刺。花单生叶腋，花冠先端5裂，左旋，夏季开花，白色或淡红色，具芳香。果实秋末成熟，长卵形，鲜红色后变黑色，具香味。

主要习性 产印度。性喜温暖向阳和稍干燥环境。

园林应用 瓜子金树冠开张，叶色浓绿而光亮，花、果均具芳香，白花红果色调明朗。华南植作花篱，有观赏及防护效益；北方盆栽，夏季移庭院摆放或陈设厅堂，优雅别致。花、果均可提制芳香油，果还可食，营养丰富。

桂花 *Osmanthus fragrans* Lour.
别名 木犀

木犀科，木犀(桂花)属

识别特征 常绿乔木。高可达 15m，胸径 100cm。单叶对生，革质；椭圆形至卵状椭圆形。花簇生叶腋呈聚伞花序；花小，黄白色，极芳香。核果椭圆形，紫黑色。花期仲秋；核果次年夏初成熟。

主要习性 原产我国西南、华中等地。各地普遍栽培，是传统的香花。性喜光，好温暖、湿润；不耐严寒和干旱；要求土壤肥沃、疏松、排水良好。能抗氟气。

园林应用 桂花为中国名花，庭院、园林随处可植，门前、庭前对植，是长江流域宅院习见方式，公园路旁列植为路树。盆栽桂花，无论南北均可届时置室内厅、堂欣赏。花为桂花食品加工原料、制糕、制饼、浸酒、窨茶，以及提取香精；花、果、根皮还可入药。

桂香柳　*Elaeagnus angustifolia* L.

别名　沙枣　　　　　　　　　　　胡颓子科，胡颓子属

识别特征　落叶乔木或灌木状生长。树皮黑褐色，不规则纵裂，枝具枝刺，幼枝密被银白和褐色糠秕状鳞状物。单叶互生，椭圆状披针形至条状披针形，长 4～8cm，两面均被白色糠秕状鳞及茸毛，下面更密而呈银白色。花序伞房状腋生，花单被，银黄色而芳香。核果椭圆形，黄色或红褐色，被白色鳞状物，果肉熟时粉状，味甜。花期 5 月，果熟期 9～10 月。

主要习性　产东北、西南、华北大部地区，西北各地及山东、河南等地有栽培；俄罗斯、哈萨克斯坦及中亚至东欧皆有分布。喜光，耐大气干旱，抗盐碱能力强，可在 0.5% 含盐量的土地生长，亦为耐水湿树种，在黏性土上生长不良。

园林应用　桂香柳树叶似柳，花香如桂。孤植、群植、混植都可。大果型果肉可食。同属树种均有固氮功能。

孩儿拳头 *Grewia biloba* G. Don

别名 扁担杆、扁担格子

椴树科，扁担杆属

识别特征 落叶灌木。高可达 5m，丛生，小枝绿褐色，被黄色星状毛。叶互生，菱状卵形、倒卵形、椭圆状倒卵形或倒卵状椭圆形，随环境而异，长 4 ~ 10cm，缘有重锯齿，手感粗糙，基出三主脉。聚伞花序腋生，花黄色。核果2分裂，各裂再有一浅裂，熟时橙黄至橙红色，形若幼儿攥拳露出四指，故名。花期 6 月。果熟期 9 ~ 10 月。

主要习性 产华北、西北东南部迄长江以南，多生于低山丘陵路旁、灌丛及稀疏林中。喜光亦耐半阴，喜湿润亦耐旱，萌发力强。

园林应用 果形奇异，颜色鲜丽，熟时有光泽，可供观赏，剪切插瓶可保持 20 天不皱。庭园中配植山石或植于坡地拾级两侧观赏。

海红豆 *Adenanthera pavonina* L.

豆科，海红豆属

识别特征 落叶乔木。高可达 15m，树冠伞形。二回羽状复叶，羽片 4~12 对，小叶 8~14 枚，小叶椭圆形至长椭圆状卵形或倒卵状椭圆形，长约 2cm。花序为多数总状花序形成的顶生圆锥花丛；花小，白色或浅黄色，具芳香。荚果条形，熟时扭曲开裂而旋卷；种子血红色极鲜艳，径约 1cm。花期 4~6 期，荚果 9~11 月成熟。

主要习性 原产印度、缅甸至东南亚各地。我国华南有野生群落。要求温暖而湿润的亚热带地区条件，忌 0℃以下低温，喜光，不耐阴蔽，要求土壤排水好及透气性强，不耐水湿及黏重土。

园林应用 海红豆树冠如伞盖，枝叶秀丽，花期芳香，种子艳红。唐代著名诗人王维的名句"红豆生南国，春来发几枝。愿君多采撷，此物最相思"就咏的是海红豆。木材坚实耐腐，为上等家具材。枝叶及树皮均含毒，不可误食。

海桐 *Pittosporum tobira* Ait.
别名 七里香

海桐科，海桐属

识别特征 常绿灌木或小乔木。树冠圆形，枝叶浓密。单叶互生，或有时在枝顶轮生，倒卵形，或倒卵状椭圆形，长椭圆形，厚革质有光泽。花序顶生，伞房状，乳白色稍带黄绿，有芳香，5~6月开放。蒴果卵形，具3棱；种子鲜红色，被黏胶质。

主要习性 产我国长江流域及东南沿海；朝鲜、日本也有分布。较喜光，在强光下及半阴处均生长良好。有一定抗旱、抗寒力，黄河以南各地均可露地栽培。喜温暖、湿润气候，要求土壤肥沃、排水良好，耐修剪，萌发力强。

园林应用 叶四季常青而具光泽，花香沁人；秋季黄果裂开后露出带胶的鲜红种子，晶莹可爱。并有较强的抗二氧化硫能力。用以作建筑物基础栽植，或作绿篱，修剪成圆球或其他形状。盆栽供室内陈设或布置会场。

合欢 *Albizia julibrissin* Durazz.

豆科，合欢属

识别特征 落叶乔木。高10m，幅6m，树冠伞形；枝粗大，稀疏。叶互生，二回偶数羽状复叶，长30~50cm，羽片对生，5~15对，各有小叶40~50枚，小叶夜间闭合。伞房花序头状，萼及花瓣均为黄绿色，花丝粉红色，基部联合，有清香。花期6~7月。

主要习性 产我国黄河以南各地及南亚至北非，日本有分布。性较耐旱，喜阳光，不甚选择土壤，生长迅速。华北地区露地栽培，4月发芽，10月下旬落叶。花期6~7月，果熟期10月。

园林应用 本种在园林上供行道树、庭荫树用，或配植山坡、丘陵；木材耐久，可供家具用材；树固沙，保土，改土；树皮、树叶供药用。

核桃 *Juglans regia* L.

胡桃科，核桃属

识别特征 落叶乔木。树冠扁球形至广卵圆形，树皮灰白色。奇数羽状复叶互生，小叶5～9，椭圆状卵形或椭圆形，长4～15cm。雌雄异花，雄花序秋季形成后裸露越冬，雌花序生于枝顶，春季萌芽后出现，有1～3花。核果球形，初被毛，熟时光滑，黑色。

主要习性 原产新疆及中亚地区，我国栽培历史悠久。喜温凉而有季节性干燥气候，要求强光而耐干凉，忌湿热和土壤积水，好肥沃、深厚土壤；深根性树种，在适应地区能活300年以上。

园林应用 核桃是著名干果及木本油料。树体庞大，树皮洁净，在庭园中植为庭荫树有很好遮荫效果；其枝叶具有杀菌挥发气体，可杀灭一定范围空气中飘浮的有害细菌，对净化居住环境空气有很高效应。

红豆树　*Ormosia hosiei* Hemsl. et Wils.

豆科，红豆属

识别特征　常绿乔木。高可达30m。羽状复叶互生，小叶5~9，长圆状卵形或椭圆形，长5~14cm。圆锥花序顶生或腋生，被浅棕色柔毛，花白色，有香气。荚果扁卵形，近木质，熟时栗褐色，含种子1~2粒；种子扁圆，深红色而具光泽，径约1.5cm，有白色种脐。花期4月，果熟期10~11月。

主要习性　产陕西汉中盆地，四川、湖北、湖南、江西、安徽、江苏南部及浙江、福建、广东及广西。多生于海拔700m以下低山谷底，溪河岸边。喜温暖湿润气候，要求土层深厚、肥沃而排水良好的土壤；幼苗期忌强光，生长缓慢。

园林应用　红豆树秋果开裂后红色种子亮丽夺目，既可玩赏，又可赠送友人寄托相思之情，故名相思树。可在园林中列植，利用其分枝矮作景区屏障，亦可在庭院中植为庭荫树。

红果树 *Stranvaesia davidiana* Dcne

蔷薇科，红果树属

识别特征 常绿小乔木。高可达10m，树冠窄卵形。单叶互生，椭圆形、椭圆披针形至倒卵状披针形，长5~12cm。复伞房花序顶生，径5~9cm，花白色，径约1cm。果红色，球形，径近1cm。红果10月熟后经久不落，缀于枝头艳丽可爱。

主要习性 原产云南、贵州、广西、四川、陕西、甘肃东南部与湖北西部、湖南西部和江西。多分布于海拔1000m以上山坡或山顶平缓地带。喜光、亦较耐阴，喜温暖湿润气候，要求深厚、含腐殖质丰富的中性及轻酸性土，轻碱土亦可生长。萌发力强，耐修剪。

园林应用 红果树常绿之叶，春花雪白，秋果火红而经久不凋，为极佳观赏树种，园林中孤植、丛栽或混植都很相宜，花枝、果枝可剪截在室内插瓶欣赏。

红花羊蹄甲 *Bauhinia variegata* L.

豆科，羊蹄甲属

识别特征 常绿乔木。高约 8m，幅约 6m。叶宽略大于长，顶端 2 裂，裂片深为叶的 1/3 ~ 1/4；背面有毛。花大，径 10 ~ 12cm，芳香，繁密，紫红色；花期秋季。

主要习性 分布我国华南地区以及越南、印度。性喜温暖、湿润、阳光充足、酸性土壤。

园林应用 广州地区普遍栽培，多作行道树或风景树，生长迅速，花期长。此树只见开花不见结实，可能为一杂交种。我国中、北部温室盆栽。

红桦 *Betula albo - sinensis* Burk..

桦木科，桦木属

识别特征 落叶乔木。树皮深红色或红褐色，具光泽，有黄白色皮孔横纹，纸质，薄片分层剥离。叶互生，卵形至长卵形，长 4～10cm，叶缘重锯齿钝尖或尖，有侧脉 10～14 对。雌雄异花。果序下垂，小坚果椭圆形，两侧具翅。

主要习性 产青海、甘肃、宁夏、四川、陕西、山西、河北及河南西部高山。喜光，喜冷凉湿润气候，一般均生长在海拔 1 200m 以上，多密集成独立群落或与白桦、山杨混交，极难见单株生长者。耐寒性强，忌干旱，要求群体生长。

园林应用 红桦树皮色艳，枝叶秀丽，秋叶色黄如金，是很好的观干、赏秋叶树种，尤其干皮红艳，四季均可观赏，冬季与常绿针叶树相配更可称羡。剥落树皮可做工艺品或贴画。

红千层　*Callistemon rigidus* R. Br.

桃金娘科，红千层属

识别特征　常绿灌木。高 2 ~ 3m，间有达 5m 者，树皮灰黑色，小枝红棕色。叶互生，线形，革质，全缘，有腺点。穗状花序生于枝顶，长约 10cm，顶尖继续生长，形同试管刷，花鲜红色，多数密生，雄蕊多数，亦为红色，长于花瓣，花期 5 ~ 7 月。蒴果半球形，果期秋冬。

主要习性　原产大洋洲；我国广东、广西、云南、台湾有露地栽培。性喜高温高湿气候，不耐寒，要求背风向阳，疏松肥沃酸性土壤。主根长，侧根少，不耐移植。

园林应用　红千层树冠茂密，花色艳红。花序形同瓶刷，美丽异常，是优良观赏树种，园林中可丛植、列植或盆栽。

红雀珊瑚 *Pedilanthus tithymaloides* (L.) Polt.

别名 铁杆丁香　　　　　　　　大戟科，红雀珊瑚属

识别特征 多浆灌木。茎高约可达1m余，肉质，常略呈"之"字形弯曲生长，有毒性乳汁。叶卵圆形，背面龙骨状凸起。聚伞花序顶生，总苞鲜红色或紫色，长约 2cm，花期夏、秋季。栽培品种还有斑叶种、矮生种等形、姿、色不同的变化。

主要习性 原产西印度群岛。性喜干热气候，疏松肥沃、排水良好沙质土壤。

园林应用 红雀珊瑚绿色曲枝、鲜红总苞，姿态秀雅，适合小型盆栽，装饰几案。

红瑞木 *Cornus alba* L.

山茱萸科，梾木属

识别特征 落叶灌木。高 2～3m，老树皮暗灰褐色，干直立，丛生，嫩枝橙黄色被蜡粉，落叶后变红紫色。叶对生，椭圆形或长卵圆形，长 5～8cm。顶生复伞房花序，花冠白色，4瓣。核果白色，宽椭圆形近圆形。花期5月，果熟9月。

主要习性 原产我国东北、华北、华东；俄罗斯西伯利亚和朝鲜。性耐寒，喜湿润、半阴及肥沃土壤，生活力强，适应性广。野生分布常在海拔 800～1 500m 山地溪谷岸边及阔叶混交林下；栽培于强光下亦可正常生长，但在干旱、寒冷地区最好植于半阴或荫蔽处。

园林应用 本种初夏白花成团，初秋白果晶莹，深秋叶色红艳，皆可观赏，尤以落叶后的枝条在寒冬呈现红色，若有白雪相衬则更显艳丽。园林中植于河岸、池畔、常绿树前或林下。

红桑 *Acalypha wilkesiana* Muell Arg.

大戟科，铁苋菜属

识别特征 直立多分枝灌木。高可达5m。叶互生，阔卵形，古铜绿色，常带有紫或红色，边缘有不规则钝锯齿；仅叶柄及叶腋有毛。穗状花序，长达20cm，淡紫色；无花瓣；夏、冬开花，花聚生。

主要习性 原种产裴济及南太平洋诸岛。性喜暖热强光、湿润的气候；光线不足时，叶色不艳。

园林应用 本种夏季摆设在阳光下，分外耀眼。但过多强烈直射光，也会使叶色变劣。冬季布置会堂极壮观。

厚皮香　*Ternstroemia gymnanthera*(Wight et Arn.) Sprague

山茶科，厚皮香属

识别特征　常绿小乔木或灌木。高约10m，小枝粗壮，带红褐色。叶全缘，革质，叶柄红色，近轮生。花淡黄色，浓香，花径近2cm，花序腋生，花期6月。果球形，果期10月。

主要习性　产我国南部；印度、日本也有。性喜温暖、湿润，稍耐阴，能忍受－10℃低温。要求土壤排水良好，中性至酸性土壤。

园林应用　树冠圆锥形，枝条平展，可供庭园风景树用，在建筑物旁孤植、对植或在草坪地种植。木材优良，可供建筑用材，种子含油。

胡豆　*Indigofera decora* Lindl.

别名　庭藤

豆科，木蓝属

识别特征　直立灌木或亚灌木。高30~90cm。奇数羽状复叶，小叶对生，7~13枚。春季开花，淡玫瑰紫色。

主要习性　产我国东南。性不耐寒，喜阳光、排水良好，不甚选择土壤。

园林应用　庭园上可作花坛、灌丛观赏。

槲树 *Quercus dentata* Thunb.

别名 波罗叶、橡子树　　　　壳斗科(山毛榉科)，栎属

识别特征 落叶乔木。树冠椭圆形、广卵形至伞形。叶倒卵形，长 10~30cm。雌雄异花。壳斗杯状，包被坚果 1/2~2/3，连苞片径达 4~4.5cm，坚果卵形至广卵形，长 1.5~2.5cm，径 1.2~1.5cm。

主要习性 产我国东北东南部、华北、华东、华中、西南至西北东南部各地，多分布于海拔 2 500m 以下的阳坡，常自成群落或与松类混交组成中低山的松栎混交林。喜光，深根性，耐旱耐寒，亦稍耐侧方荫蔽，对土壤要求不苛，生长速度中等；能适应多烟尘及氯气、二氧化硫等有害气体条件，寿命较长。

园林应用 槲树树体高大、雄壮，叶大荫浓，且适应性强，其叶在海拔 400m 以上、入秋后受温差影响变红，约可持续 20 天左右，十分艳丽；园林中用作草地一隅数株散植，单株成景，或作庭荫树均可。

互叶醉鱼草 *Buddleja alternifolia* Maxim.

马钱科，醉鱼草属

识别特征 落叶灌木。枝纤细，略有棱，上部拱曲呈弧形。叶互生，披针形，背面有白色细茸毛。花簇生叶腋，整枝上部均着花，呈圆锥花序状；花冠紫堇色，花筒长，裂片4，喉部有黄色斑，芳香。花期初夏。

主要习性 产西北及西南，子午岭多野生。生于干燥向阳山坡；耐旱，耐寒，亦耐半阴，忌水涝，深根性。耐修剪。

园林应用 本种花繁密，枝拱曲而细长，缀满紫色小花如紫色花带，十分优美，且有香气，故也可作切花用。

花椒 *Zanthoxylum bungeanum* Maxim.

芸香科，花椒属

识别特征 落叶灌木或
小乔木。高可达 7 ~
8m，全株均具挥发性香
气，茎均具增大皮刺。
奇数羽状复叶互生；小
叶 5 ~ 11，对生，小叶
卵形至椭圆状广卵形，
长 1.5 ~ 7cm，叶轴基部
具扁平托叶刺。聚伞状
圆锥花序顶生，花单性
或杂性同株。果球形，
熟时红色至紫红色。

主要习性 原产我国，
除东北及新疆外，几乎各地都有分布。喜阳光充足、温
暖而肥沃土壤，耐旱、耐碱，在 0.2% 含盐量的盐碱地
也能生存，但忌水湿，要求季节性干燥。

园林应用 花椒有杀菌物质挥发，可杀灭有害细菌，果
实熟后红艳，托于绿叶上可供观赏，枝叶有刺，是防护
绿篱的好材料。果皮味麻，是不可缺少的调料，有去
辛、膻怪味功效。

花楸 *Sorbus pohuashanensis* (Hance) Hedl.

蔷薇科，花楸属

识别特征 落叶乔木。树冠广卵形至伞形。奇数羽状复叶，小叶 9～15 枚，卵状披针形至椭圆状披针形，长 3～5cm，缘齿细尖。复伞房花序顶生，花白色。果橘红色，近球形，径约 1cm。

主要习性 产东北、华北及西北东部，山东有分布。多生于海拔 900m 以上山地，常在油松、桦木、辽东栎、落叶松、云杉等林中混生。喜湿润、深厚而腐殖质丰富处生长；不耐强光、高温及干旱。

园林应用 同属植物均可观赏。花、叶美丽，入秋团团红果或白果衬于绿叶之中，十分耀眼，亦可剪下插瓶欣赏。果还可加工成果酱、果酒及果醋，含丰富维生素。

华北香薷　*Elsholtzia stauntonii* Benth.

别名　柴荆芥、山荆芥、野荆芥　　　　唇形科，香薷属

识别特征　多年生亚灌木。全株有芳香气味，株高 0.7 ~ 1.7m，小枝与叶片两面脉上均被微毛。叶披针形至椭圆状披针形，叶下面密布凹腺点。轮伞花序顶生，长 7 ~ 13cm，苞片披针形，花萼钟状，花冠玫瑰紫色或白色，花朵近偏于一侧，花期 9 月。小坚果椭圆形。

主要习性　分布于华北、西北，生于河滩、溪边、草坡及石山上，海拔 700 ~ 1 600m。喜阳光，亦能耐阴，性耐寒、旱及贫瘠土壤，适应性强，生长健壮，常有组成阳坡纯群落。

园林应用　华北香薷株形健壮，具香气，其花形正是少花时节，开花时色彩淡雅，颇有静趣。园林中可作观赏灌木，种植在花境、山坡、林缘、路边，还可作林下地被；花又供提炼芳香油，为工业原料。

华西小石积 *Osteomeles schwerinae* Schneider

蔷薇科，小石积属

识别特征 常绿、半常绿或落叶灌木。主干直立，高约 3m，小枝平展、细弱而稍扭弯。奇数羽状复叶，小叶 15 ~ 33 枚，细小对生，椭圆形至卵状椭圆形，长 1cm 左右，排列整齐，叶轴有窄翅。伞房花序顶生，着花 5 ~ 7，花粉红色，花瓣外缘玫瑰红色，基部白色，雄蕊花丝鲜黄，花径约 1cm，花期 4 ~ 5 月。梨果卵圆近球形，径约 8mm，熟时先红后变蓝紫黑色，7 ~ 8 月成熟。

主要习性 产甘肃、四川、贵州、云南及西藏，分布于海拔 1 000 ~ 3 200m 山地，在温暖地区为常绿，往北、往高过渡成半常绿至落叶性状。喜光，多生阳坡较干燥弃耕地、荒坡或地边、路旁。

园林应用 植株矮小，分枝密集，叶小，花期粉红花朵集于枝头，绿叶红花十分可人。在园林中种植有别致之趣；植作盆景当更有情趣。

化香树 *Platycarya strobilacea* Sieb. et Zucc.

胡桃科，化香树属

识别特征 落叶乔木。通常高 8m 左右，但最高有达 20m 者。羽状复叶互生，小叶 7 ~ 19（罕 5 ~ 23），卵状广披针形至长圆状椭圆形，长 5 ~ 15cm。雌雄异花，均为柔荑花序，雌花序发育成果序。成熟后小坚果脱落具两侧翅。

主要习性 原产秦岭、沿伏牛山、大别山往南各地；朝鲜半岛及日本亦分布，是海拔 1 000m 以下低山丘陵常见树种，为采伐迹地次生林的先锋树种之一。喜光，耐瘠薄土壤，无论酸性土、钙质土均可适应，尤其在石脊荒岭，石灰岩缝隙极难生长树木之处亦可生存。

园林应用 园林中可以丛植或与其他树木间种，赏初夏奇特花序及秋季如同松球的果序，果序可作插花艺术材料，亦可制作工艺品，还是栲胶重要原料。

槐树 *Sophora japonica* L.
别名 国槐

豆科，槐属

识别特征 落叶乔木。树冠圆球形、伞形至扁球形，高可达 25m。奇数羽状复叶，小叶 7 ~ 19，卵形至卵状椭圆形或披针状卵圆形，长 2.5 ~ 5cm。圆锥花序顶生，花冠黄白色。荚果肉质，圆筒形，长 3 ~ 8cm，种子间缢缩成念珠状，熟后不开裂。花期 7 ~ 8 月，果熟期 10 月。

主要习性 原产我国，广泛分布于东北的南部、华北、华东、中南至广东、广西、西北至甘肃、陕西、西南至云南；朝鲜也有分布。适应性强，不择土壤，除强酸、重盐碱地外都能生长；喜光，苗期稍耐阴，在深厚肥沃土上生长快速，不耐积水，对多种有害气体均有较强抗性；深根抗旱，耐修剪，萌发力强；耐移植。

园林应用 槐树树冠圆整，枝叶茂盛，适应性强，寿命长可达千年，用作城市行道树、庭荫树很理想。

黄檗　*Phellodendron amurense* Rupr.

芸香科，黄檗属

识别特征　落叶乔木。高可达20m，老树木栓皮厚可见裂沟，皮下黄色。羽状复叶对生，小叶5～13，长卵形至卵状披针形。花顶生，雌雄异株，圆锥花序，花小，花瓣黄绿色。核果黑色，球形。全株皆有松节油气味。

主要习性　产东北、华北；俄罗斯远东地区及朝鲜、日本有分布。喜光，幼树稍耐半阴，好生湿润河谷，但稍耐旱，在酸土及中性土生长良好，但钙质土上也能正常生长；要求深厚而肥沃土壤。极耐寒，在高温期长的地方生长不良。

园林应用　在通风好的地方很少见有病虫发生，树叶挥发性气味具杀菌力，并对二氧化硫等有害气体有抗性。可作行道树、庭荫树、行列树，或片植、与针叶树混交，秋色叶金黄耀眼。树皮供药用。

黄蝉 *Allemanda neriifolia* Hook..

夹竹桃科，黄蝉属

识别特征 常绿灌木。高1~2m。叶3~5枚轮生，背面中肋上有柔毛，卵状披针形，长5~10cm，全缘。聚伞花序顶生；花柠檬黄色，内有红褐色条斑；花冠基部膨大呈阔漏斗状，长5~7cm，径约4cm。花期6~8月。

主要习性 原产巴西。喜向阳、温暖，要求沙质壤土。

园林应用 华南可作草地丛植；北方盆栽布置庭院或厅堂。

黄花夹竹桃 *Thevetia peruviana*(Pers.) K. Schum

别名 啤酒花

夹竹桃科，黄花夹竹桃属

识别特征 常绿灌木。高 2 ~ 5m，各部多乳汁。叶无柄，线状披针形，边缘稍背卷。花大，单生或数朵聚生于枝梢叶腋，花冠漏斗状，具长柄，径约 3 ~ 4cm，有黄、橙黄、粉红等色，几乎全年开花。核果大，三角状扁球形。

主要习性 产热带美洲。性喜高温、高湿，能耐干旱及半阴。

园林应用 夹竹桃为优良的观赏花木，列植、丛植于草地、墙隅、池畔或庭院中心；盆栽观赏亦甚相宜，花色艳丽，花期长，也可剪作切花插瓶。全株有毒，叶、花及树皮可供药用。

黄花木　*Piptanthus concolor* Horrow

豆科，黄花木属

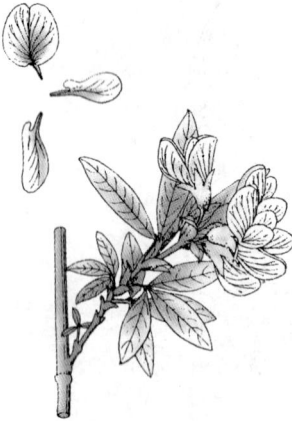

识别特征　落叶、半常绿至常绿灌木。高 2m 左右。3 小叶组成掌状复叶互生，小叶椭圆状广披针形至长椭圆形，长 5 ~ 8cm。总状花序顶生，具花 3 ~ 7 轮，每轮有花 3 ~ 7，花冠鲜黄色，蝶形。荚果条形，长 10cm 左右，熟时黑色而被柔毛。花期 4 ~ 5 月，果熟期 7 ~ 8 月。

主要习性　产陕西秦岭南坡、甘肃东南部经四川至云南及西藏东南部。多生于海拔 1 200m 上下河谷、山麓冲积滩及平缓湿润地上，常可形成小片群丛。喜温暖、湿润，较耐阴，能生于稀疏林下。在温暖地区可成常绿或半常绿，但在秦岭南坡于 12 月中旬落叶。

园林应用　黄花木，花色金黄可爱，在园林中植于疏林下或于密林中辟一片空地栽植，或在林缘植作花篱。种子可入药，煎服可治风湿头痛，急性结膜炎，高血压和慢性便秘。

黄槐 *Cassia suffruticosa* Koen.

豆科，决明属

识别特征 常绿小乔木或灌木。高4~5m，幅约2m。羽状复叶，叶具柄，总轴茎部小叶间有明显腺体，小叶7~9对。花瓣阔，花径约2cm，鲜黄色，花期9~12月。次年春季果熟。

主要习性 产印度、斯里兰卡、马来群岛和大洋洲。我国华南地区、福建、云南及四川西南有栽培。性喜高温、高湿、阳光充足、土壤疏松、排水良好。

园林应用 园林绿化可作行道树，选择避风处生长较好。我国中、北部只能温室栽培，室温最低10℃。

黄荆 *Vitex negundo* L.

马鞭草科，牡荆属

识别特征 落叶灌木或小乔木。高 5~8m，小枝 4 棱形，有灰白柔毛。掌状复叶具长柄，小叶长圆状披针形至披针形，全缘或稍有少数锯齿，叶背有白色柔毛。圆锥花序顶生，长约 20cm，花萼钟状，花冠淡紫色，顶端 5 裂成二唇形，有香气，花期 4~6 月。果实球形，黑色，果期 7~10 月。

主要习性 原产非洲东南部、亚洲东部及东南部；我国南北均有分布。性喜阳光充足，耐半阴，耐寒、耐旱、耐瘠薄，萌蘖力强，耐修剪。

园林应用 园林中可作池塘边坡地栽植，背景材料。也常作盆景、根雕观赏，还是良好的蜜源植物。茎、叶及根、种子均可入药。

黄连木　*Pistacia chinensis* Bunge

别名　楷木、黄鹂尖　　　　　漆树科，黄连木属

识别特征　落叶乔木。树冠卵形或圆形。偶数羽状复叶互生，小叶 10～16 枚，披针状卵形，长 5～9cm，全缘。圆锥花序顶生，雌雄异株。核果蓝绿色，球形，未受粉或受虫害果为红色。

主要习性　产我国，自太行山至华南均有分布。散生低山丘陵地带，太行山南段亦常见自然成林。喜光，亦稍耐半阴，畏寒忌湿，不择土壤，深根性，萌发力强，生长慢，寿命长，耐二氧化硫和烟尘。在干旱寒冷的华北，幼苗越冬力差。

园林应用　秋季经霜叶全变红，托以蓝绿大穗小果，十分美丽，可作行道树、庭荫树，或于常绿树丛中栽植以赏秋景。木材坚韧致密，是雕刻、建筑及家具用材；种子含油可食，嫩叶代茶。

黄栌 *Cotinus coggygria* Scop.

别名 红叶

漆树科，黄栌属

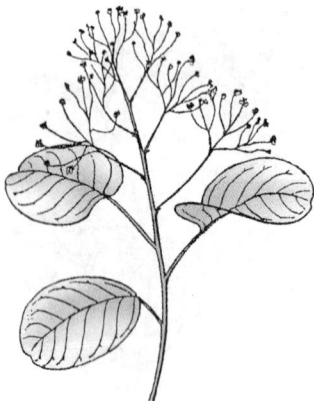

识别特征 落叶灌木或小乔木。树冠圆形或伞形，小枝紫褐色有白粉。单叶互生，宽卵圆至肾脏形，叶柄细长，紫红色。圆锥花序顶生，花瓣黄色，不孕花有紫红色羽状花柄宿存。小核果肾形。花期5月，果期7~8月。

主要习性 产我国华北、西北、西南地区以及西亚、南欧。生于海拔500~1500m间半阴坡及阳坡，常密集生长，自成群落。喜光亦耐阴，耐寒抗旱，能在瘠薄山地和盐碱不甚重的土地生长，但忌水涝。

园林应用 黄栌叶深秋全部变红，艳丽可爱，北京香山红叶即为本种，是北方极重要的秋季红叶观赏树种，另外花后残留满枝的不孕花，花柄呈紫色羽毛状，宿存很久，犹如青烟缭绕树间，引人注目，是很美的观赏部位。国外庭园中多有栽植，英语名为"烟树"(Smoke tree)。

黄皮　*Clausena lansium* Skeels

芸香科，黄皮属

识别特征　常绿小乔木。高 10m 余，树冠开展，常呈广卵形，枝干多有深褐色疣状凸起。奇数羽状复叶，小叶 5~11，长卵形，长 6~12cm，缘稍波状及稀疏浅齿，揉搓有柑橘挥发性气味。聚伞状圆锥花序顶生，花白色，芳香，花 5 数。浆果卵形，广椭圆形至圆形，熟时橙黄色，被短茸毛，径约 1.5~3cm，有甜酸及柑橘气味。3~4 月开花，8~9 月果熟。

主要习性　产华南、西南及湖南南部、江西南部、浙江南部等温暖湿润地区，为南方常见重要水果。喜光，好生肥沃而含钙土壤上，树势强健，在我国南方已有千余年栽培历史。

园林应用　园林可植于庭院、草地一隅赏叶观花及果。

黄杨 *Buxus sinica* Cheng

黄杨科，黄杨属

识别特征 常绿灌木或小乔木。树皮黄灰色，浅纵细裂，小枝绿色，具4棱，幼时被疏柔毛。叶对生，卵状或倒卵状椭圆形，长1.5～3cm。花腋生，簇生花序无花瓣。蒴果球形，熟时黄褐色或紫褐色开裂，具3室；种子亮黑色，长卵状偏半月形。

主要习性 产秦岭以南长江流域中下游各地，多生于海拔800～1 000m溪谷湿润山地，常于林下或半阴处自成小群丛。较喜光树种，喜湿润而肥沃土壤，生长缓慢，萌发力强，耐修剪；耐寒及抗旱性中等，轻碱地上能适应；在强阳光下叶色变淡。

园林应用 黄杨自然分枝较密，又耐修剪，四季常绿，是园林中作绿篱或整形栽植的上好树种。黄杨还可作大型花坛镶边、山石点缀及制作盆景；根、枝、叶均可入药。

黄药大头茶　*Gordonia chrysandra* Gowan

山茶科，大头茶属

识别特征　常绿灌木或小乔木。高4～6m，幼枝被短柔毛。叶薄革质，缘具齿，近基部全缘。花淡黄色，有香气，生于枝顶叶腋，花径5～8cm，萼片5，花瓣5，花期11～12月。果期次年8～9月。

主要习性　产我国四川、贵州及云南；缅甸北部有分布。性喜温暖湿润气候及富含有机质的酸性土壤。

园林应用　花朵较大，枝叶繁茂，冬季开花，园林中可丛植、行植，供观赏。

黄钟花 *Tecoma stans* H. B. K. [*Stenolobium stans* Seem.]

紫葳科，黄钟花属

识别特征 常绿灌木或小乔木。高可达 6m，枝条稍向下垂。奇数羽状复叶，对生，小叶 5~13 枚，披针形至长圆状披针形，边缘具齿。顶生总状花序或圆锥花序，花冠钟形，黄色，芳香，花期从春至秋。蒴果长 20cm。

主要习性 原产南美洲和西印度群岛。喜充足阳光和温暖湿润气候，不耐寒，冬季培养气温应不低于 10 ~ 13℃，短时间 0℃ 可以忍耐。在温暖湿润气候条件下生长迅速，开花繁茂。

园林应用 黄钟花的花色艳丽，花期长，是美丽的庭园观赏植物，北方寒冷地区室内盆栽观赏。

火把花 *Colquhounia coccinea* Wall. var. *mollis*(Schlecht.) Prain

别名　密蒙花、炮仗花　　　　唇形科，火把花属

识别特征　常绿灌木。高1～2m，枝密被锈色星状毛。叶卵形或卵状披针形，具柄，叶面有皱，下面密被锈色星状毛，边缘有齿，茎上部叶退化似苞片。轮伞花序腋生，集成假穗状或假总状花卉，花萼筒状钟形，花冠橙红至朱红色，二唇形，花期秋季。小坚果倒披针形，先端具膜质的翅。

主要习性　分布在我国云南西部、四川、贵州、广西及湖北西部；印度、锡金、泰国、缅甸也有。性喜阳光充足，温暖湿润，排水良好及富含腐殖质的酸性土壤。

园林应用　温暖地区庭园栽培，多在墙、栅栏等处栽种，盆栽应设支架，观赏其似炮仗的成串红花，寒冷地区温室盆栽，冬季温度应不低于10℃，花枝还可供药用。

火棘 *Pyracantha fortuneana* (Maxim.) Li

蔷薇科，火棘属

识别特征 常绿灌木。高可达 3m，枝具棘刺，短枝多成刺状。叶互生，倒卵形或倒卵状长圆形，长 2~6cm。复伞房花序，花白色，径 1cm。果红色，近球形稍扁，径约 5mm，经冬后始落。花期 4~5 月，果熟 9~10 月。

主要习性 产我国，沿秦岭、大巴山、伏牛山、大别山至天目山、武夷山及武陵山至南岭的广大地区均有分布，西至横断山脉到西藏。天然生长于海拔 400~1200m 的溪河、沟谷和湿润杂木林缘及疏林下。喜光，喜湿，亦稍耐阴及抗旱，但耐寒性稍差。要求土壤湿润而又不积水条件。

园林应用 火棘秋季红果满树且经久不落，十分艳丽。可在园林中丛植林缘、草地，也是绿篱的好材料。果实可酿酒及代粮；根可药用，治跌打损伤及筋骨疼，种子及叶也可药用，根皮还可提取鞣胶。

火炬树 *Rhus typhina* L.

漆树科, 漆树属

识别特征 落叶小乔木。常灌木状丛生, 高可达 10 余米, 树皮暗褐色, 不规则浅纵裂, 枝被红色绒毛。奇数羽状复叶, 小叶 9 ~ 31, 长 5 ~ 12cm, 长卵状披针形。顶生圆锥花序, 雌雄异株或杂性, 花序满被绒毛, 花小而紧密。花后果实发育整穗呈红色如火炬。花期 5 月, 观果穗期 6 ~ 7 月, 果熟 9 月, 10 ~ 11 月观红叶。

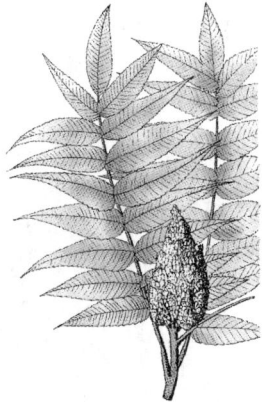

主要习性 产北美东北部, 世界各地均有引种栽培。强喜光浅根树种, 根深仅有 40cm, 水平分布, 根上密布芽点, 长势很旺。耐旱力强, 是水土保持优良树种; 耐盐碱, 也耐酸。忌水涝; 在黏土上生长弱。在寒冷地区越冬稍差。

园林应用 火炬树入夏果穗艳红, 秋季叶色如火, 是风景区观赏大景观效果的良好树种, 于荒岗、坡崖地种植, 管理粗放, 又可固土护坡和增加土壤有机质。

火烧花 *Mayodendron igneum* (Kurz) Kurz

别名 缅木

紫葳科，火烧花属

识别特征 常绿乔木。高达 15m，树皮光滑。叶对生，奇数二回羽状复叶，长达 60cm，小叶卵形至卵状披针形，全缘。短总状花序生于老茎或短侧枝上，有花 5~13 朵，花萼佛焰苞状，花冠橙黄至金黄色，筒状，长 6~7cm，径 1.5~1.8cm，裂片 5，半圆形，花期 2~5 月。蒴果长线形，下垂，长达 45cm，果期 5~9 月。

主要习性 产我国台湾、广东、广西、云南干热河谷及中、低山沟谷及山坡密林中；缅甸、越南、老挝、印度也有。性喜温暖湿润气候及肥沃、湿润土壤，不耐寒。

园林应用 园林中可作行道树和园景树，北方室内盆栽，供观赏；观赏其黄色花朵和长而下垂的果实。花可作蔬菜。木材结构细致，亦可供作家具。

火焰树 *Spathodea campanulata* Beauv.

别名 苞萼木、喷泉树　　　　　　　紫葳科，火焰树属

识别特征 常绿乔木。高约 15m，树冠阔展。奇数羽状复叶，对生，小叶 9～19 枚，卵圆形至倒卵形。伞房状的总状花序生于枝顶，花序长 12cm，花萼佛焰苞状，花冠钟状，径 5～6cm，长 5～10cm，整个花形似杯，外面橘红色，内面橘黄色，未开花时苞内含水，花开时水散落，故俗名喷泉树，花期 4～5 月。蒴果长 15～25cm，种子具膜质翅。

主要习性 原产非洲热带，现广植于世界热带及亚热带地区；我国南方有引种栽培。性喜温暖湿润气候，要求阳光充足和富含有机质的土壤，不耐寒，冬季适宜在 16～18℃的环境中培养，短时间 3～5℃低温亦能忍耐。

园林应用 火焰树树冠广阔，四季常青，花色艳丽，橙红色花序动人夺目，温暖地区适作行道树、庭荫树，寒冷地区室内栽培观赏。

鸡蛋花 *Plumeria rubra* L. var. *acutifolia* (Poir.) Bailey

夹竹桃科，鸡蛋花属

识别特征 落叶灌木至小乔木。高 3~6m，枝粗壮。叶大，革质，长圆状椭圆形至长圆状倒卵形，长 20~40cm，多聚生于枝顶，叶脉在近叶缘处连成一边脉。仲夏至晚秋开花；花梗抽生于叶腋；花数朵聚生于枝顶，花冠筒状，径约 5~6cm，具 5 裂片，外沿白色，中心鲜黄色，极芳香。

主要习性 产美洲热带。性喜高温、高湿、向阳和排水良好的肥沃壤土。

园林应用 本种花香，可提香料，或晒干后供泡水饮用；又可供药用。

鸡麻　*Rhodotypos scandens*(Thunb.)Mak.

蔷薇科，鸡麻属

识别特征　落叶灌木。枝开张，紫褐色。单叶对生，卵形至卵状椭圆形，表面皱折，叶脉下陷。花单生枝顶，花瓣白色，4 片，径 3～5cm。小核果 4，托于 4 片大的宿存萼片上。花期 5 月。

主要习性　产我国华东、华中地区；日本亦有。多生于海拔 800m 以上的山坡疏林、林缘及溪旁荒坡灌木丛中。习性与棣棠相近。

园林应用　园林观赏价值与棣棠相近，为初夏赏白花灌木；果及根入药。

鸡爪槭 *Acer palmatum* Thunb.

槭树科，槭树属

识别特征 落叶小乔木。树冠扁圆形或伞形；小枝细瘦。单叶对生，有 5～9 深裂片形成掌状。伞房花序顶生，花瓣黄色，有紫晕，径 6～8mm。翅果小，紫红色，成熟时黄色。

主要习性 产长江流域，北至山东、河南；日本及朝鲜南部亦有分布。喜光，喜温暖、湿润，不甚耐寒，华北栽培须选小气候好的环境。

园林应用 树姿优美，叶形秀丽，秋叶变红胜似红花；变种都是观赏佳品，庭园种植或盆栽观赏均可，制成盆景美化室内也极适宜。

基及树　*Carmona microphylla*(Lam.)G. Don

别名　福建茶　　　　　　　　　　紫草科，基及树属

识别特征　常绿小灌木。高1～3m，分枝茂密，幼枝被稀疏短硬毛。叶在长枝上互生，在短枝上簇生，革质，倒卵形或匙形，边缘上部有疏齿，叶面常带白点。聚伞花序腋生或生在短枝上，有花2～6朵，花冠钟状，白色，细小，花冠裂片5，花期春夏。核果球形，红色或黄色，秋季成熟。

主要习性　原产我国广东、海南及台湾。生低海拔平原、丘陵及空旷灌丛处。亚洲其他热带地区及大洋洲也有分布。性喜阳光及温暖湿润气候，可耐半阴及稍干旱，耐瘠薄而不择土壤，不耐寒。但在疏松、肥沃及酸性土壤中生长迅速。萌芽力强，耐修剪。

园林应用　基及树株形紧凑，四季浓绿，花期长，是良好的绿篱植物，园林中可丛植、行植，修剪成各种造型，又可盆栽，制作盆景。

檵木 *Loropetalum chinense* Oliv.

金缕梅科，檵木属

识别特征 落叶或半常绿灌木至小乔木。干灰色，小枝纤细，密生锈色星状毛。叶小，椭圆状卵形，互生，两面均有星状毛。花期初夏，花顶生，头状簇生花序，花瓣 4 片，乳白色，线形。蒴果 4 瓣裂，种子黑色有光泽。

主要习性 产我国山东蒙山、河南大别山及长江中下游以南地区。多生于低山丘陵荒坡灌丛中。喜酸性，喜阳光，稍耐半阴，有一定抗旱性，不耐寒，适应性较强。红花檵木主产湖南。

园林应用 可供草地丛植，乔木树丛边缘或园路转弯处栽植，变种红花檵木观赏价值尤高，用以制作盆景也是好材料。根、叶、花、果均可入药，有解热、止血之效。

蓟花山龙眼　*Protea cynaroides* L.

别名　巨大帕洛梯　山龙眼科，帕洛梯属（头花山龙眼属）

识别特征　常绿灌木。丛生无主茎，高 1.8m。叶互生；叶片近圆形至椭圆形，长达 13cm，深绿色，叶柄 10cm。花序头状，顶生，形如睡莲状，径 13～20cm，苞片花瓣状，粉色至红色；外部具白色丝般茸毛，内部红色，最内苞片突出，稍开张；花两性。紧密坚果具密髯毛。花期春至夏季。

主要习性　分布于南非。喜温暖、阳光充足，微酸性土壤。畏霜寒。

园林应用　园林栽培可全年赏其硕大顶生红色头状花序，甚为美丽而奇特。

夹竹桃 *Nerium indicum* Mill.

夹竹桃科，夹竹桃属

识别特征 常绿灌木。高 1.5 ~ 5.5m。叶革质，3 ~ 4 枚轮生，窄披针形，长 8 ~ 18cm，全缘，边缘反卷，多生于枝条上部。聚伞花序顶生，花冠白色、玫瑰红色或橙红色；花冠裂片 5 枚，花径 4 ~ 5cm，有微香，几乎全年有花。蒴果长角状。

主要习性 原产印度、伊朗。喜温暖、湿润，好阳光充足和土地肥沃，能耐一定大气干旱；生长繁茂，生命力强；受机械损伤后萌发旺盛。

园林应用 夹竹桃为优良的观赏花木，列植、丛植于草地、墙隅、池畔或庭院中心；盆栽观赏亦甚相宜，花色艳丽，花期长，也可剪作切花插瓶。全株有毒，叶、花及树皮可供药用。

假稠李　*Maddenia hypoleuca* Koehne

蔷薇科，臭樱属

识别特征　落叶小乔木或灌木。高可达10m，树冠卵形。叶卵状长圆形至倒卵状长圆形，长4～8cm，缘具缺刻状尖锐重锯齿，上面脉明显下陷，侧脉10～18对。总状花序长3～5cm，生侧枝顶部，花瓣缺。核果黑色，椭圆形，长约不足1cm。花期4～5月，果熟期7月。

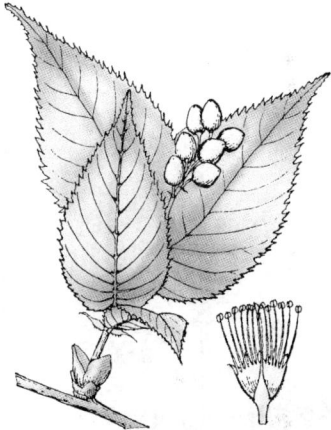

主要习性　产沿秦岭的甘肃、陕西、河南西部、湖北西北部、四川等地。多生海拔1 100m以上溪谷边及湿润平缓地。喜湿润、较耐阴；忌干旱。

园林应用　假稠李因其果苦涩不堪食，故土名臭樱桃，再从拉丁属名音译名马登木。树叶质厚近革质，且又耐阴，故在庭院大树荫下或房侧种植欣赏，当具较好效果。

假杜鹃　*Barleria cristata* L.

爵床科，假杜鹃属

识别特征　多年生直立亚灌木。株高 1 ~ 2m。叶对生，生于长枝的叶大，腋生短枝的叶小，全缘，具短柄，卵圆形至椭圆形，先端尖，两面有毛。花单生或数朵簇生于短枝叶腋，小苞片条形，先端有小刺，花冠漏斗状，长 5 ~ 7cm，淡蓝或带紫色，有白色条纹，花期 11 月 ~ 翌年 3 月。蒴果；种子卵形。

主要习性　产我国南部至印度，生山坡及灌丛中。性喜温暖湿润气候及排水良好的土壤，也生于干燥草坡或岩石缝中，要求阳光充足，通风良好。不耐寒，可耐半阴。

园林应用　园林中常用作绿篱、花境或疏林下，也供庭院布置或盆栽。全草药用。

假连翘　*Duranta repens* Linn.

马鞭草科，假连翘属

识别特征　常绿灌木。高可达 6m，枝条有皮刺，幼枝有柔毛，枝条较长，常平卧或下垂。叶对生，卵状椭圆形或卵状披针形，纸质。总状花序顶生或腋生，花萼管状，花冠蓝紫色，自春至秋几乎均有花开。核果球形，熟时红黄色，有光泽。

主要习性　原产热带美洲，我国南方常见栽培。性喜温暖湿润气候，喜光亦耐半阴，不耐寒，耐修剪，生长迅速。

园林应用　枝条柔细伸展，可利用棚架绿化环境，用于花架、花门、花廊、绿篱。其花色美丽，观果期长，入秋经久不落，效果良好。

假叶树　*Ruscus aculeatus* L.

百合科，假叶树属

识别特征　常绿小灌木。根状茎横生，多节，肉质黄色。茎高可达 90cm，绿色，有分枝。叶小，鳞片状，不明显；每鳞片叶腋部有扁化叶状枝，长 2.5cm，宽 0.6cm，绿色，革质，具基出弧形叶脉。雌雄异株，花小，绿白色，1～2 朵生于叶状枝中脉的中下部。浆果球形，红色；花期 1～5 月，果期 8～11 月。

主要习性　原产大西洋北部亚速尔群岛、西欧经地中海地区至伊朗。喜温暖、潮湿，耐阴与半阳；忌水涝，不耐寒。

园林应用　园林上赏其特异株形与秋冬红色浆果，供花坛、花境配置，或温室盆栽。枝干燥后，染色作装饰物。

接骨木 *Sambucus williamsii* Hance

别名 续骨木

忍冬科，接骨木属

识别特征 落叶灌木或乔木。高可达 8m，小枝光滑有白色明显皮孔。奇数羽状复叶对生，小叶 3~11，椭圆形、卵状广披针形，长 5~12cm。圆锥花序顶生，由多数聚伞花序组成，最大可长 12cm，花小，花冠白色有香气。浆果状核果，球形，红色或蓝紫色，径约 5mm。花期 4~5 月，果熟 8~9 月。

主要习性 产我国东北、华北、华东、华中、西北至西南各地，四川、贵州、江西、浙江多有栽培；朝鲜、日本亦分布。性强健，适应范围广，耐寒、耐旱，强光或稍荫均能生长。自然生长多在山洼半阴而湿润处。

园林应用 接骨木枝叶繁茂，无病虫害，春季白花满树还有香气，夏末秋初红果娇艳，是很好的观赏树。它对大气污染还有净化作用。枝、叶入药治跌打损伤，可化瘀、消肿、接骨。

结香 *Edgeworthia chrysantha* Lindl.

瑞香科，结香属

识别特征 落叶灌木。高 1 ~ 2m，3 叉状分枝，枝条粗壮柔软，小枝暗棕褐色，被黄色绢状柔毛。叶互生，常簇生于枝顶，落叶后保留明显叶痕。花黄色有浓香，先叶开放，头状花序有 40 ~ 50 朵聚生枝顶，下垂，花期 3 月。核果红色，果期 5 ~ 6 月。

主要习性 产我国长江流域以南及河南、陕西等地。性喜湿润凉爽气候，喜荫好肥，不耐水湿。萌蘖力强，萌芽力弱，不耐修剪。

园林应用 姿态清雅，花多且芳香浓郁，常置于建筑物旁、道边、墙隅或点缀于山石之间。茎皮纤维是高级纸张原料，根、茎、花均可入药。

金合欢 *Acacia farnesiana* (L.) Willd.

豆科，金合欢属

识别特征　常绿多刺灌木。高 8m，幅 3m；枝多，有锐刺。二回羽状复叶，羽片 4 ~ 8 对，小叶 10 ~ 20 对，小叶极小，条状长圆形，长 5mm 左右。头状花序球形，径约 1cm，单生或 2 ~ 3 枚成束腋生，有毛，花金黄色，繁密，极香，花期早春。

主要习性　产热带，各地栽培。广州及华南地区早已栽培。

性喜温暖、湿润、阳光充足，耐瘠薄土壤，生长迅速。

园林应用　本种露地栽培时，可供绿篱或丛栽用。木材坚硬供材用；根及荚果为黑色染料；花浓香，可制香料；树脂优良，胜过阿拉伯胶。

金锦香　*Osbeckia chinensis* L.

野牡丹科，金锦香属

识别特征　常绿亚灌木或多年生草本。高不足50cm，茎4棱，全株被粗糙平伏毛。叶对生或有时3叶轮生，条形或条状披针形至窄卵状披针形，长2~5cm。聚伞状头状花序顶生，着花4~8，萼筒染红色，花瓣4枚，粉红至玫瑰紫色，花径约3cm。蒴果球形紫红色，4纵裂，有宿存萼。花期7~9月，果熟10月。

主要习性　产长江流域以南；东南亚、日本、澳大利亚亦分布。多生酸性红黄壤上。喜光好温暖，常在迹地荒坡形成群落，为低山丘陵常见，萌发力强。

园林应用　夏季花开很美；稀疏林地或林缘、树丛周围或一侧点缀也很相宜。全株药用，有清热解毒、化淤止痛、止泻治痢和治蛇咬伤之效。

金链花 *Laburnum anagyroides* Medik.

豆科，毒豆属

识别特征 落叶小乔木或灌木。干直立，冬芽明显，卵圆形被灰白色柔毛。叶互生，3 小叶掌状复叶，小叶椭圆形，长 2 ~ 6cm。顶生总状花序下垂，长 10 ~ 30cm，花鲜黄色，蝶形。荚果条形，稍扁，长约 5cm，种子扁圆，黑色。花期 5 月，果熟 8 ~ 9 月。

主要习性 原产南欧地中海地区，现世界各地普遍栽培。性喜光，要求冬季湿润而温暖、土壤深厚、排水良好、中性至钙质土，畏冬季寒冷而干燥。

园林应用 本种开花下垂，花朵金黄如链可爱，树形端正，为园林中佳品。

金铃花　*Abutilon striatum* Dickson ex Lindl. ［*A. pictum* Walp.］

别名　网花苘麻、灯笼花　　　　　　锦葵科，苘麻属

识别特征　常绿灌木。单叶5～7裂，缘具粗齿。花单生叶腋，钟形，长约4cm，橘黄色，红紫色条纹，花梗下垂似灯笼。花期5～10月。

主要习性　原产危地马拉、巴西。喜温暖湿润气候，不耐寒。喜光，但在半阴处生长亦好。室内栽培温度13℃以上要注意通风，否则易受红蜘蛛危害。

园林应用　金铃花适宜南方庭院布置丛植或作篱垣；北方可温室盆栽，亦可作切花及悬篮等装饰。

金露梅 *Potentilla fruticosa* L.

别名 金老梅、木本翻白草　蔷薇科,委陵菜(金露梅)属

识别特征 落叶小灌木。高可达1.5m,树皮灰褐色,纵裂剥落。奇数羽状复叶,小叶3~7枚,矩圆形,长1cm左右,两面有柔毛。花多3~5朵成伞房状花序生枝顶,有时单花,花瓣黄色,5瓣如梅,径2~3cm,花期5~9月。瘦果细小有毛。果期11月。

主要习性 本种广泛分布在北半球高山及寒冷地区,我国三北地区及西南高山均有。多生长于海拔2 000~4 000m之山顶部,常在石岩底部或者石隙间灌丛中。喜冷凉、湿润、不积水处,向阳或半阴均可。

园林应用 因花期长,可在园林中作花篱栽植,也可于园路石级一侧或亭、廊一隅栽植,配植山石,草地丛植,制作盆景。嫩叶在华北山区代茶饮用,称棍茶。

金缕梅　*Hamamelis mollis* Oliv.

金缕梅科，金缕梅属

识别特征　落叶灌木或小乔木。枝具星状毛。叶宽倒卵形，表面粗糙，背面密被灰色茸毛。花簇生叶腋，有短梗，花瓣黄色，4 片，窄带形，长 1.5～2cm，弯曲皱缩，先花后叶，有香气。蒴果 2 瓣裂，种子黑褐色有光泽。秋季经霜叶多枯萎宿存枝上，次春萌芽时始脱落。

主要习性　原产我国，分布于华中、华东各地。喜生于海拔 1 000m 上下的次生林中。好温暖、湿润气候，喜光，但能在半阴下生长，对土壤选择不严，以肥沃、湿润的中性土最宜。

园林应用　本种开花较早，花色金黄，花形奇特而又具香气，为园林中重要早春观花树种，与紫荆配植一处，或丛植草地一角均极相宜，又可剪取切花插瓶，也是制作盆景的好材料。

金钱槭 *Dipteronia sinensis* Oliv.

槭树科，金钱槭属

识别特征 落叶乔木。枝灰绿色，因叶对生，叶落后叶痕相连如竹节。奇数羽状复叶，小叶 9 ~ 15，椭圆状卵形至长卵状披针形，长 5 ~ 10cm。雄花及两性花同株，常成顶生大型圆锥花序，长可达 20cm 左右，花白色，萼片长于花瓣，花径不足 3mm。翅果广倒卵状近圆形，径约 25 ~ 3cm，熟时淡褐色，有如古代紫铜钱。果熟 9 月。

主要习性 产甘肃南部、四川、陕西南部、河南西南部及湖南与湖北西部、贵州等地。多生于海拔 900 ~ 1 500m 的山地缓坡、河滩湿润而肥沃地上，苗期忌强光，成龄后喜光。

园林应用 金钱槭枝叶繁茂，病虫少，秋叶金黄，翅果如铜钱，在园林中栽植，为重要秋色叶树，若与常绿树或秋叶变红树种，如鸡爪槭、盐肤木、青麸杨等混植，则可使秋色绚丽。

金雀花 *Caragana sinica* Rehd.

别名 金雀儿、金雀锦鸡儿

豆科，锦鸡儿属

识别特征 落叶灌木。枝开张，具棱。羽状复叶，具4小叶，上面1对通常较大，落叶后叶轴宿存变刺状，托叶常为3叉刺状。花单生叶腋，花冠黄色带红晕，花期夏初。

主要习性 产我国，分布广及长江流域以及华北各地。生山坡向阳处，抗旱耐瘠，能在山石缝隙处生长，但忌湿涝。

园林应用 金雀花主要用于观赏，可在草地丛植或配植在坡地、山石边，亦可供作盆景。枝干富纤维，可当绳索捆物。

金雀梅　*Reinwardtia indica* Dum. [*R. trigyna* Planch.]

别名　黄亚麻　　　　　　　　　　亚麻科，石海椒属

识别特征　常绿亚灌木。高约1m余。叶互生，椭圆状倒卵形。花单生或少数簇生成聚伞状，金黄色，径约5cm，花瓣5，回旋状。花期春季。

主要习性　原产印度山区。喜温暖、阳光充足，畏霜寒，忌炎热高温。

园林应用　冬暖之地露地栽培作观花灌木，北方盆栽，也可供冬季促成开花之用。

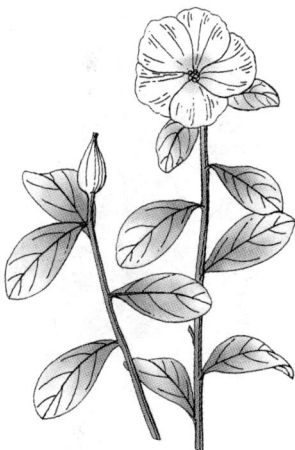

金丝桃 *Hypericum chinense* L.

藤黄科(金丝桃科)，金丝桃属

识别特征　常绿、半常绿或落叶灌木。高50~100cm，小枝红褐色，老枝片状剥裂。单叶对生，无柄，长椭圆形，长4~8cm，基常延至抱茎。花单生或成3~7朵聚伞花序顶生，花瓣金黄色，5枚，径4~6cm，花丝金黄，与花瓣等长或更长。蒴果卵圆，5裂。

主要习性　产我国黄河流域至岭南地区，各地低、中山区皆有野生。喜光亦耐半阴，多生于河谷滩地或阴坡平缓坡地；要求湿润而肥沃土壤，耐寒性稍差，性状随气候而变化，岭南及云南南部常绿，长江以南半常绿，长江以北则为落叶，北京常作盆栽室内养护。

园林应用　本种花叶秀丽，花冠如桃花，雄蕊金黄色而细长如金丝，故名金丝桃，是南方庭院中常见的观赏花木。植于庭院假山旁及路旁，或点缀草坪。

金粟兰　*Chloranthus spicatus* (Thb.) Makino

别名　珠兰　　　　　　　　　　金粟兰科，金粟兰属

识别特征　常绿亚灌木。高约60cm，直立或稍铺散。茎节明显，叶对生，边缘钝齿，齿尖有腺体。穗状花序多顶生，花小，两性，不具花被，黄绿色，幽香浓郁。花期8～10月，难见结实。

主要习性　分布我国南部，野生者少见，各地普遍栽培。性喜温暖、湿润、荫蔽环境和肥沃的土壤。

园林应用　本种枝叶青翠，郁香袭人，宜在室内陈设。鲜花是窨茶上品，称珠兰茶，也可直接折花掺入茶中沏泡；全草入药。

金银木　*Lonicera maackii* Maxim.

忍冬科，忍冬属

识别特征　落叶灌木或小乔木。高可达 6m，树皮灰黄色，纵裂。单叶对生，卵状椭圆形或长狭卵形，长 3～8cm。花成对腋生，具总梗，花冠白色唇形，上唇 4 浅裂，下唇多少反卷，后期变为黄色而脱落。浆果红色，球形，径约 7mm，经久不落。花期 5 月，果熟 10 月。

主要习性　产地极广，我国长江流域及以北地区除荒漠外，几乎都有分布；西伯利亚、朝鲜及日本都有。性强健，喜光而耐阴，山野中常生林下；好湿润，亦较耐旱；耐寒也耐高温，在 42℃高温暴晒条件下也未见枯叶现象；寿命长而极少病虫害；萌发力也强，耐修剪。

园林应用　金银木枝叶丰满，初夏满树白花而有芳香，秋季红果可延至初春，为优良观赏树木。园林中无论植于何处皆无不可；切枝花、果插瓶室内欣赏也是佳品。

金鱼苣苔　*Hypocyrta glabra* Hook.

苦苣苔科，金鱼苣苔属

识别特征　常绿小灌木。分枝直立或略呈弓形。叶片卵圆；长约4.2cm，深绿色，有光泽。花腋生，橙黄色，具蜡质，长约2.5cm，形似小金鱼；花期仲夏至秋季。

主要习性　原产美洲热带。喜温暖潮湿环境，不耐霜寒。

园林应用　热带地区地栽，北方盆栽观赏。

金枣 *Fortunella margarita* (Lour.) Swingle

别名 长实金柑、牛奶橘　　　　　　芸香科，金柑属

识别特征 常绿灌木或小乔木。高可达 3m，多分枝，通常无刺。复叶，小叶长圆状披针形。花单生或簇生于叶腋内，白色，具芳香气味。果实小，倒卵形或长圆形，熟时橙黄色。

主要习性 原产我国南部温暖地区。性喜湿润及凉爽气候。

园林应用 长江流域可露地栽培，华北地区盆栽，作为观果盆景，果实形似枣，室内布置，引人注目。果可食、入药，还可制成蜜饯。

金钟花 *Forsythia viridissima* Lindl.

木犀科，连翘属

识别特征　落叶灌木。高约可达3m，枝干直立，小枝绿褐色略呈4棱形，髓呈片状。叶对生，长椭圆形至卵状广披针形，稀呈倒卵状椭圆形，长3.5～12cm，有时萌蘖枝上有3裂片或成3小叶复叶。花1～3朵腋生，先叶开放，深金黄色，裂片4。较难结实，蒴果卵形，先端具喙。

主要习性　原产长江中下游各地，现华北及辽宁沈阳、山东、四川、重庆等地大都栽培。喜光、稍耐半阴，好湿润亦耐旱。

园林应用　园林中利用其花早而繁，色黄金灿，配植坡地、墙垣角隅、草地边缘、常绿树前、大型山石，或庭院孤植，尤与紫荆、榆叶梅、碧桃或红瑞木等共植一处，相映成趣，互为映衬，更显娇艳，实为早春盛景。

锦带花 *Weigela florida* A. DC.

忍冬科，锦带花属

识别特征 落叶灌木。高可达 3m，枝开张，小枝顺叶柄下延有 2 行柔毛线。叶对生，椭圆形、广椭圆形卵状椭圆形或倒卵状椭圆形，长 5～10cm，缘具齿。聚伞花序有花 1～4 顶生小枝上，花冠玫瑰红色，端 5 裂，长 3～4cm，钟状。蒴果柱状，长 1.5～2cm。

主要习性 产东北、华北、华东及西北东部各地。多生于海拔 1 200m 上下山谷杂木林缘、灌木丛中；喜湿润、耐半阴、耐寒、抗旱，忌水涝。日本、朝鲜也有分布；我国各地多栽培。

园林应用 锦带花适应性强，病虫害少，叶繁花艳，花期 5～6 月长达 50 余天，正值花少时节，庭院或河湖、池畔、草地、园路一侧丛植、列植甚佳，植作花篱或疏林下栽均极相宜。

锦绣杜鹃　*Rhododendron pulchrum* Sweet

杜鹃花科，映山红亚属

识别特征　半常绿灌木。高 2m，少分枝，枝开展，具淡棕色毛。叶薄革质，椭圆状长圆形至椭圆状披针形，或为长圆状倒披针形，长 2 ~ 6cm，边缘反卷。伞形花序顶生，有花 1 ~ 5 朵，花萼大，绿色，5 裂，花冠宽漏斗形，长约 5cm，径约 6cm，玫瑰紫色，裂片 5，上具深红色斑点，花期 4 ~ 5 月。蒴果长圆状卵球形；果期 9 ~ 10 月。

主要习性　产我国江苏、浙江、江西、福建、湖北、湖南、广东、广西。本种栽培历史长久，未见有野生种。

园林应用　园林中可植于庭园、林下或溪边坡地上，观赏效果良好。

旌节花 *Stachyurus chinensis* Franch.

旌节花科，旌节花属

识别特征 落叶灌木。高 3m，枝皮紫褐色，嫩枝绿色或褐色，平滑。叶广卵形或卵形，长 6~10cm 或更长，缘具粗齿，叶柄红褐色。总状花序秋季形成，有花 15~20，长约 6~10cm，腋生，花早春先叶开放，花下垂，黄绿色，犹如旌节杖状，花 4 数，花期 3 月。浆果球形。

主要习性 产甘肃东南部、陕西秦岭及河南太行山、山西中条山以南直至华南各地。多生于海拔 800~2 500m 山溪谷地两岸。喜湿润肥厚土壤，耐半阴，亦较耐旱，萌发力强。

园林应用 花期早，花形美致，花瓣如蜂蜡铸塑而成，花序下垂似古代宫庭执事之旌节而得名。可在园林中植庭前或桥头池畔栽培，为早春观赏花和水中倒影好材料。

九里香 *Murraya paniculata*(L.)Jacks.

别名 千里香　　　　　　　　　　芸香科，九里香属

识别特征　常绿灌木。高可达 3～4m。奇数羽状复叶，小叶 3～9 片，互生，叶形变化大，卵形至椭圆形至近菱形。伞房花序顶生、侧生或生于上部枝条的叶腋内，花白色，芳香，花期 7～11 月。果小，长椭圆形，熟时为红色，长约 1cm，有柑橘气味。

主要习性　原产亚洲热带、亚热带，我国福建、台湾、广东、广西、湖南、云南等地较干旱的空旷地或疏林下有生长。性喜温暖、湿润气候，要求阳光充足、土层深厚、肥沃及排水良好的土壤，不耐寒，稍耐半阴。

园林应用　九里香开花香气宜人，南方可做绿篱栽植，或做建筑物的基础栽植，亦可盆栽供室内观赏。花可提取芳香油。全株入药。

榉树 *Zelkova schneideriana* Hand. – Mazz.

榆科，榉属

识别特征 落叶乔木。高 20m 余，树冠伞形。叶卵形至卵状椭圆形，长 2.5～8cm，缘齿整齐。花单性同株，雄花簇生新枝下部，雌花单生新枝上部。坚果偏斜，似桃形，径约 2.5～4mm。

主要习性 产秦岭及淮河以南各地，多生于低矮山地土地平缓地区，在四川、云南西部可分布于 1 600m 高处。喜光、喜温暖湿润气候和肥沃土壤，在酸性、中性或轻碱土都能生长，忌水浸及过分干燥。深根性，寿命长，生长速度中等。有较强的抗大气污染能力。

园林应用 本种枝叶秀丽，树皮光洁，秋叶鲜红，病虫害少，是园林中可广泛应用的树种，无论植为庭荫树、行列树、孤立树或与其他树种混交都适宜；江南各地园林多有栽培。耐修剪和蟠扎，故也是良好盆景树种。

孔雀木　*Dizygotheca elegantissima* Vig. et Guill. .

别名　秀丽假五加　　　　　五加科，孔雀木属(假五加属)

识别特征　木本植物。株高可达 1.5m，冠幅 45～50cm，树干和叶柄都有乳白色斑点。叶互生，具长柄，掌状复叶，小叶约 7～11 枚，披针形，边缘具粗锯齿夹杂乳白色条纹，叶脉褐红色。幼株株态、叶片奇特。花小，着生于大型顶生伞形花序上，花瓣5，雄蕊5。核果。

主要习性　原产太平洋新喀里多尼亚与波利尼西亚群岛。性喜温暖、湿润半阴环境，肥沃腐殖质土壤；不耐寒。

园林应用　孔雀木植株挺立，叶姿、叶柄奇特，新嫩叶片更娇美，是较新颖的室内观叶植物。适宜宾馆、大楼门厅装饰，青翠醒目，独具南国风采。

苦楝 *Melia azedarach* L.

楝科，楝属

识别特征　落叶乔木。高达 20m，枝条扩展。叶多为二回羽状复叶，小叶 3～9，先端长尖，基部略偏斜，缘有钝锯齿。圆锥花序，花瓣淡紫色，雄蕊暗紫色，有芳香，花期春夏间。

主要习性　亚洲热带及亚热带，我国西南及中部地区生长极为普遍。性较耐寒，喜阳光充足、水分多的低湿地。

园林应用　本种栽培容易，庭园上多作行道树、庭荫树及观赏树。木材质软理粗，光泽美丽，可为建筑、家具等用材。树皮、根、种子等供药用。

苦木　*Picrasma quassioides* Benn.

苦木科，苦木属

识别特征　落叶小乔木。高可达 10m，树皮暗灰褐色，常被黑色粉状物。奇数羽状复叶，小叶 7～17，卵状披针形至卵状椭圆形，长 5～10cm。花雌雄异株或杂株，腋生聚伞花序，花瓣 4～5，黄绿色。果红色后变蓝紫色，卵圆形。叶经霜变黄而红。花期 4～6 月，果 9 月熟。

主要习性　产我国河北、山东、山西、河南、陕西、甘肃、四川、湖北、湖南及沿长江的安徽、江苏、江西、云南、贵州等；朝鲜、日本均有分布。耐旱、耐寒，也耐盐碱，忌水涝，也稍耐半阴。

园林应用　因其叶近楝树，又有黄楝树之别名。其叶秋变黄至红，核果橙黄至蓝紫色，均具观赏价值，可群植也可与常绿树混植。树皮味极苦，故名苦木，有消炎祛火功效，也是生物治虫农药原料。

宽叶山月桂 *Kalmia latifolia* L.

别名 山月桂

杜鹃花科，山月桂属

识别特征 常绿灌木或小乔木。株高 3m。叶互生，绿色，革质，全缘，光滑无毛，长椭圆形，长 5 ~ 13cm。伞房花序生于枝顶，花序长 8 ~ 10cm，小花密集，花冠钟状，口部 5 裂，外部粉红色，内部白色或带紫斑，花期 6 月。蒴果。

主要习性 产美国东北部。性喜温和湿润气候，较耐寒，要求阳光充足、肥沃、疏松及排水良好的酸性土壤。

园林应用 本种的品种较多，有白花品种、矮生品种及花冠为深红色的品种等。值得注意的是本种叶片有毒，对家畜有害。

蜡瓣花　*Corylopsis sinensis* Hemsl.

金缕梅科，蜡瓣花属

识别特征　落叶灌木或小乔木。单叶互生，倒卵形或倒卵状椭圆形，缘具锐齿，背面具星毛。总状花序下垂，花黄色有香气，如蜂蜡塑成，先花后叶。蒴果卵形，种子黑色。

主要习性　产长江流域以南各地，生海拔1 000 m上下山地。耐阴，喜温暖、湿润、酸性土植物。

园林应用　可植林缘、建筑基础周围，尤以常绿树作背景更好，亦可草地丛栽。根皮及叶入药。

蜡梅 *Chimonanthus praecox* Link.

别名 腊梅、干枝梅、黄梅花　　　　　蜡梅科，蜡梅属

识别特征 落叶或半常绿灌木。小枝略呈四棱形。单叶对生，卵状披针形或卵状椭圆形，表面绿色而粗糙，背面青灰色而光滑。花单生，花被瓣披针形，蜡黄色，花被内轮带紫色条纹或斑块，香气浓，落叶后冬春间开放，花后开始放叶。

主要习性 原产我国中部地区，四川、湖北及陕西南部均有分布，湖北西部神农架还有大片野生林保存。性喜光，亦稍耐半阴，耐旱，耐寒，忌湿涝，要求土壤深厚和排水良好，在黏重土和碱性土上生长不好。

园林应用 园林中以其冬季傲霜雪开花，且又香气馥郁而栽培，无论配植何处均可，庭院种植香气满院，最为适宜。

兰香草 *Caryopteris incana* (Thunb.) Miq.

别名 莸

马鞭草科，莸属

识别特征 落叶小灌木。高 25 ~ 60cm，最高可达 1.5m，枝条圆柱形，被灰白柔毛。单叶对生，叶片披针形、卵形或长圆形，厚纸质，缘有粗齿，两面有黄色腺点。聚伞花序顶生或腋生，花萼杯状，花冠淡紫或淡蓝色，芳香，径约 1.5cm，顶端 5 裂，雄蕊伸出，花期 7 ~ 10 月。蒴果，倒卵状球形，种子有翅，果期 8 ~ 10 月。

主要习性 分布于我国华东及湖南、湖北、福建、广东、广西、陕西、甘肃；日本、朝鲜也有分布。喜阳，要求肥沃、疏松及排水良好的沙质壤土，耐半阴，较耐寒。

园林应用 花具香气，蓝色小花繁密，且花期秋季，园林中可作花篱、花坛布置或在草坪边缘点缀。全草还可药用，又是蜜源植物。

蓝花楹 *Jacaranda mimosifolia* D. Don [*J. acutifolia* Humb. et Bonpl.*]

紫葳科，蓝花楹属

识别特征 落叶乔木。高 15m。叶对生，二回羽状复叶，有小叶 16～24 对，小叶椭圆状披针形至椭圆状菱形，全缘。圆锥花序顶生，长可达 30cm，花冠钟状，筒细长，约 5cm，蓝色，花朵可多达 90 朵，外密被细柔毛，花期 5～6 月。蒴果扁卵圆形。

主要习性 原产南美洲巴西、玻利维亚、阿根廷；我国广东、广西、福建、海南、云南等地有栽培。性喜阳光充足和温暖多湿气候，要求肥沃、疏松、深厚、湿润且排水良好的土壤，低洼积水或土壤瘠薄则生长不良。不耐寒，－3℃冻梢。

园林应用 蓝花楹树冠椭圆形，绿荫如伞，叶细似羽，花朵蓝色清雅，在我国福州 1 年开花 2 次，园林中可作遮荫树、行道树，其木材通直，易于加工，也是制作家具的材料。

蓝茉莉 *Plumbago capensis* Thunb.

白花丹科，蓝茉莉属

识别特征 常绿半攀援或直立亚灌木。除花序外，全株光滑。叶互生，矩圆形或矩圆状匙形，全缘，叶柄短。两性花顶生短穗状；花冠高脚碟状，筒长约3cm，萼筒有黏液，花冠淡蓝色，花期夏季。

主要习性 原产南非。性喜温暖湿润阳光充足环境和肥沃疏松排水良好的沙质壤土；不耐寒冷及干旱。

园林应用 蓝茉莉为优良观赏花卉，华南地区用作花篱，亦可在草地或庭院丛栽、配植山石，五岭以北温室盆栽，夏季亦可室外布置庭院。

榄李 *Lumnitzera racemosa* Willd.

使君子科，榄李属

识别特征 常绿灌木或小乔木。高2~8m，小枝有明显叶痕。叶互生，稍肉质，常聚生于枝端，匙形或倒卵形，先端微凹。总状花序腋生，花小，两性，白色，有香味，花期冬春。核果卵形，熟时黑褐色，果期冬季至次春。

主要习性 产我国台湾、海南、广东、广西；非洲、亚洲热带及大洋洲亦有分布。性喜温暖湿润气候，常生长在海岸及海湾滩地或河流出口滩地，为红树林群落组分之一。

园林应用 园林中可置于生态园中或作盆景栽培，观赏其集生于枝顶之叶。

榄仁树　*Terminalia catappa* L.

别名　法国枇杷

使君子科，榄仁树属

识别特征　落叶或半常绿乔木。高 10～20m，有板根。单叶互生于枝顶，倒卵形，甚大，有光泽。穗状花序单生于枝顶叶腋，花杂性，小，绿白色，花期 5～7 月。核果倒卵状椭圆形，有 2 棱，果期 10～11 月。

主要习性　原产马来西亚，我国广东、广西、海南、云南、台湾有栽培。喜高温旱季较长的近海环境，要求阳光充足，土层深厚，肥沃疏松土壤。根深，抗风力强，在全光照或适度荫蔽下均生长良好，在沿海沙地、泥炭土、石灰岩土壤中均可生长，但不耐轻霜及短期 1～2℃低温。

园林应用　其树皮和根含单宁，种仁可食，含 50% 食用油，木材坚硬，光泽美观，是热带经济树种。冬季部分叶色变红，是很好的观赏树，营造海岸防风林，颇为壮观。

榔榆 *Ulmus parvifolia* Jacq.

榆科，榆属

识别特征 落叶或半常绿乔木。树冠卵圆至扁球形。叶小，近革质至革质，椭圆形至卵状椭圆形或倒卵状椭圆形，长 2 ~ 5cm，在萌芽枝上可长达 8cm；缘具单锯齿。花簇生叶腋，秋季开放，故又名秋花榆。翅果椭圆形或椭圆状卵形至倒卵状椭圆形，先端凹缺，长 8 ~ 12mm。

主要习性 产长江流域及以南地区，北方有零星分布，多生于低山及丘陵地区海拔 500m 左右山地沟谷及滩地。喜光，稍耐阴，喜温暖湿润地生长，又能耐干旱及 -25℃低温；对土壤适应力强，各种土质均能生长，要求深厚土层，但在瘠薄地上也可生存；耐修剪，萌发力很强。

园林应用 本种树形优美，姿态潇洒，在长江流域落叶极晚而为半常绿树，极富观赏价值。对二氧化硫及烟尘有较强抗性，可作防护隔离林种植，同时也是常用树种及盆景材料。

老鼠勒　*Acanthus ilicifolius* L.

爵床科，老鼠勒属

识别特征　直立灌木。高 0.5～1.5m，茎干淡绿色，上部有分枝。叶坚硬，革质，长圆形至圆状披针形，具短柄，叶缘有深波状带刺的齿，基部有 1 对利刺。穗状花序生于枝顶，长 8cm，花长 3～4cm，花萼裂片 4，花冠白色或淡蓝色，唇形，下唇长约 3cm，具黄色纹，花期从春至秋。蒴果椭圆形；种子扁平，圆肾形。

主要习性　分布印度至我国南部海南、广东、福建等地；澳大利亚也有。喜生海滩沙地上，要求肥沃、深厚土壤及温暖湿润气候，喜阳光亦耐半阴。

园林应用　园林中可置于药用植物区内，根入药，有治肝炎、胃痛功效。也适用于花境、坡地及池边栽植，具一定观赏价值。

李 *Prunus salicina* Lindl.

蔷薇科，李属

识别特征 落叶小乔木。高 10m，树冠扁球形。叶长椭圆形、卵状椭圆形或倒卵状椭圆形，长 6～10cm，缘齿细而不整齐。花常数朵簇生，白色，先叶开放。果卵状球形，径 2.5cm，大小随品种不一，熟时黄色，光滑，表面被白霜，有红色、紫红及紫黑色果色的不同品种。

主要习性 原产我国，广泛分布于辽南、黄河流域至长江流域；南北各地都有栽培。性喜光，但能耐半阴，耐寒，好湿润肥厚土壤，无论酸性土，钙质土或中性土皆能适应；不耐干旱、瘠薄。通常 3～4 年即可结果。

园林应用 园林中无论庭院、溪旁、池畔、草地、亭台一侧或常绿树丛前植之，早春满树银花，盛夏果实缀满枝头，均可欣赏，还可食用；根、叶、树胶及核仁均可入药。

荔枝　*Litchi chinensis* Sonn.

无患子科，荔枝属

识别特征　常绿乔木。树冠广卵形至伞状扁圆形，高可达20m余。偶数羽状复叶互生，小叶4~8，对生，长椭圆状广披针形，长6~10cm。顶生圆锥花序，花小而繁，浅黄色。核果圆或广卵圆形至心形；熟时红色，外果皮有疣状凸起，内果皮肉质，白色半透明；种子暗棕褐色有光泽，种脐浅黄色而明显，椭圆形；果径2.5~4.5cm，随品种差异较大。花期3~4月，果熟期6~7月。

主要习性　产我国华南，现四川、云南、贵州及浙江南部、福建、台湾都有大量栽培。荔枝性喜阳，好温暖湿润、多腐殖质酸性土壤，畏寒、忌涝，不耐阴蔽。深根性树种，根系发达，有菌根，移植需带原土。

园林应用　荔枝树大荫浓，寿命长。重要热带水果，果熟时枝头红果正值高温期花少色单，可增添景观色彩。

连香树 *Cercidiphyllum japonicum* Sieb. et Zucc.

连香树科，连香树属

识别特征　落叶乔木。树冠卵形至圆形，高可达25m，树皮灰褐色至暗棕褐色，纵裂并呈薄片状剥落。叶对生，扁圆、圆、肾状圆形至广卵圆形，长3~7.5cm，掌状脉5~7；叶柄细长，紫红或深褐色。簇生花序着生叶腋。果聚生，柱形，先端尖而微弯，种子有窄翅。

主要习性　产我国太行山南端河南王屋山，山西中条山及以南至湖南衡山，西经秦岭至甘肃小陇山往南至四川，东经大别山至浙江天目山、江西婺源。喜湿润，多生于河谷肥沃而深厚土壤上，喜光，不耐阴蔽与干旱。生长速度较快，寿命长，可萌蘖更新。

园林应用　连香树叶形酷似紫荆，故又名紫荆叶，它树体高大，树干端直挺拔，叶形秀丽，叶背灰绿，微风吹拂翻转时，犹如千只白蝶绕树。植于园林中都很适宜。

两色茉莉 *Brunfelsia latifolia* Benth.

别名 鸳鸯茉莉　　　　　　茄科，鸳鸯茉莉属

识别特征 常绿矮灌木。株高约1m。单叶互生，椭圆形至矩圆形。花单生或数朵簇生，花冠高脚碟状，花萼极短，5裂，长为花冠筒的1/3，花瓣宽，花径3.8cm，芳香，花常在同一株上有白色与淡紫或淡红两色相间，花期春秋两季。

主要习性 原产南美热带，现世界各地均有栽培。性喜温暖湿润气候，不耐寒，要求酸性及肥沃、疏松、排水良好的沙质壤土，怕强烈阳光直晒，可耐半阴。

园林应用 两色茉莉花色艳丽，芳香宜人，园林绿地或建筑物旁可种植观赏，还可盆栽，用于室内布置。

柃木 *Eurya japonica* Thunb.

山茶科，柃木属

识别特征 常绿灌木。高约2m；小枝秃净，2棱形或具条纹。花小，绿白色，2~3朵簇生，径4~5mm。花期4月。

主要习性 产我国南部；日本、朝鲜、马来西亚、菲律宾也有分布。性喜温暖、湿润、半阴环境，生长缓慢。

园林应用 本种在园林绿化中可供丛栽，为绿篱材料。另外，木材淡黄，柔软致密，为细木工材料；枝、叶、果均为染料。

流苏 *Chionanthus retusus* Lindl. et Paxt.

别名 炭栗木、茶叶树　　　　　　　木犀科，流苏属

识别特征 落叶大灌木或小乔木。高可达 10m。单叶对生，叶片背面及叶柄有黄色短柔毛。圆锥花丛大而松散，生侧枝顶端；雌雄异株；花白色；花冠合生，先端裂成 4 片，宽线形，下垂，花期初夏，微有香气。核果暗蓝黑色，椭圆形，初秋成熟。

主要习性 产辽宁东部、山东、河北、河南、陕西及长江流域。喜光，耐旱，不耐水涝，能生山谷石隙缝间及砾石地上。

园林应用 流苏花序大，花多；开花时满树白花，如覆霜盖雪。园林中植成树丛、树群，或草地孤植，若种植在常绿树前或背衬红墙，均极显美丽。

六月雪 *Serissa foetida* (L. f.) Comm.

别名 碎叶冬青

茜草科，六月雪属

识别特征 常绿或半常绿矮生小灌木。株高约1m，多分枝。叶小，对生或簇生，倒卵形至矩圆状披针形，长0.7~1.8cm，革质，有光泽。花小，径约1cm，白色或淡粉紫色，花期4~6月。核果小，球形。

主要习性 原产我国长江流域及以南。多生于林下、灌丛中或溪边。性喜温暖、阴湿，不耐严寒，要求肥沃的沙质壤土，适应性较强。华北地区均温室盆栽。

园林应用 南方园林中常露地栽植，或作绿篱，点缀山石等，北方盆栽观赏，亦为良好的盆景材料，茎叶入药。

龙船花　*Ixora chinensis* Lam.

别名　山丹、英丹　　　　　　茜草科，龙船花属

识别特征　常绿小灌木。高 1～2m。单叶对生，倒卵状椭圆形至倒卵状广披针形，长 6～13cm。顶生伞房花序，密生多花成半球状，有总梗，花冠红色或橙红色，高脚碟状，花冠筒细长，裂片 4。浆果熟时红色，后变紫黑色，球形，径约 7～8mm。花期长，几全年有花，但以 6～8 月花最多。

主要习性　产华南及台湾、福建；东南亚各地均有分布。华南栽培较多，长江流域及以北盆栽，室内 5℃以上越冬。喜光而稍耐半阴，好肥沃湿润，多腐殖质而又排水好的土壤，不耐寒。

园林应用　花色艳丽而花期长，华南露地可随意栽培皆宜，长江以北盆栽室内欣赏。

龙吐珠 *Clerodendrum thomsonae* Balf.

马鞭草科，大青属（赪桐属）

识别特征 常绿攀援状灌木。高 2～5m，幼枝四棱形，小枝髓部老时中空。叶纸质，狭卵形或卵状长圆形，全缘，三出脉。聚伞花序生于上部叶腋，花长 5～6cm，花萼白色，呈 5 棱状，顶端 5 深裂，花冠深红色，雄蕊和花柱突出花冠外，花期 3～5 月。核果球形，径约 1.4cm，淡蓝至紫红色，具亮光，秋季成熟。

主要习性 原产热带西非，我国各地温室有栽培。性喜温暖湿润和阳光充足，不耐寒，要求疏松、肥沃及排水良好的沙质壤土。

园林应用 枝蔓柔细，花开繁茂，开花时红色花冠吐露在花萼之外，犹如蟠龙吐珠，甚为美丽，冬季作为室内布置，是极好的盆栽花卉，具有较高的观赏价值，全株还可入药。

露兜树 *Pandanus tectorius* Sol. ex Balf. f.

露兜树科，露兜树属

识别特征 常绿小乔木或灌木。多分枝，茎基部有特殊的支持根；叶带状，长可达90cm，宽5cm，端尖，螺旋状排列聚生于枝顶，叶缘及叶背中脉有利刺。雌雄异株，花朵裸露无被；雄花序顶生成簇，长约50cm，苞片披针形，渐尖，近白色；雌蕊多而密集成头状，有香气；球形聚合果大，径可达20cm，橙红色，果肉可食。

主要习性 原产亚洲热带。我国华南各地有野生分布。喜高温、高湿与湿润海岸沙质土地。

园林应用 本种多作观叶或观赏特异干形与基部放射状斜生入土的支柱群根及螺旋状排列的整齐碧绿叶序。鲜花含芳香油，果药用，叶纤维可供编织。

栾树 *Koelreuteria paniculata* Laxm.

别名 木老芽、灯笼树、摇钱树　　　　无患子科，栾树属

识别特征 落叶乔木。树冠近球形。奇数羽状复叶，有时亦间有二回羽状复叶者。圆锥花序顶生，黄花，花瓣基部有红色斑，杂性。蒴果卵形，肿囊状3棱，熟时红褐色，3瓣开裂；种子圆形黑色。花期5~6月。

主要习性 产东北至华中各地；朝鲜、日本亦产。生于海拔900m以下干燥山地，常自成岩畔小片林或与其他杂木混交。喜光，但能耐半阴，耐寒，而瘠薄、盐碱；根强健，萌蘖力强；抗烟尘及部分有害气体，如二氧化硫、氯化氰等。

园林应用 嫩叶紫红，夏季黄花满树，蒴果秋熟变红褐色，作庭荫树、行道树。嫩叶可腌食或开水焯后凉拌而食。树皮提取鞣料，花为黄色染料。

麻叶绣球　*Spiraea cantoniensis* Lour.

蔷薇科，绣线菊属

识别特征　落叶丛生灌木。枝细长，稍拱曲，光滑无毛。叶菱状披针形至菱状椭圆形，长 3 ~ 6cm，端急尖，基楔形，缘中部以上具缺刻状粗齿，下面灰绿色。伞形总状花序生枝端，花白色，径 5 ~ 9mm。果开张。

主要习性　产黄河流域至华南，日本有分布。各地均栽培观赏。喜光，好肥，不耐积水，对土壤选择不苟，但要求疏松透气，有一定抗寒、抗旱力。

园林应用　园林中可以丛植于草地一隅，拾级台阶两侧，或于庭院筑台栽植；也可植作绿篱，春季赏花，夏秋赏叶，亦可切枝插瓶在室内欣赏。

马齿苋树 *Portulacaria afra*(L.) Jacq.

马齿苋科，马齿苋树属

识别特征 多浆肉质灌木或小乔木。原产地高可达 4m，老茎淡褐色，嫩茎绿色，节间明显；分枝近水平。叶片对生，质厚多肉，似马齿苋叶片。花小，淡粉色。

主要习性 分布南非干旱地区。喜高温，耐干旱，要求阳光充足。

园林应用 北方多盆栽赏其平展肉质的茎、枝、叶，略加整枝控制株型，形似古树老桩。

马褂木 *Liriodendron chinensis* (Hemsl.) Sarg.

别名 鹅掌楸 木兰科，鹅掌楸属

识别特征 落叶大乔木。高可达 40m，树冠尖塔形。叶马褂形，长 12 ~ 18cm，近基部两侧各有一裂片，上端有 2 浅裂片，顶端平截或稍凹缺；叶柄长。花单生小枝顶，花被 9 片，外轮 3 片黄绿色，向外开张，内轮 6 片稍直立，黄色，全花莲花状，径约 6 ~ 8cm。聚合果，有多数具翅小坚果。

主要习性 产长江流域及以南地区，云南、四川、湖北、江西、安徽、浙江各地山区海拔 800 ~ 1500m 有野生分布。喜光、好湿润，喜肥沃而深厚和排水良好壤土，有较强的抗寒性。生长迅速。

园林应用 树型高大而树冠圆整，分枝匀称，且叶形奇特，极具观赏价值，秋季叶色金黄，也很引人，故是很好的庭荫树、行道树，也可孤植、列植或于大门前对植观赏。

马银花 *Rhododendron ovatum* (Lindl.) Planch. ex Maxim.

杜鹃花科，马银花亚属

识别特征 常绿灌木。株高 2 ~ 4m，小枝灰褐色。叶革质，卵形或椭圆状卵形，长约 7cm，中脉及叶柄有绒毛。单生花朵生于枝顶叶腋，花冠辐射状漏斗形，淡紫色、紫色或粉红色，5 深裂，内面具粉红色斑点，花冠长约 2.5 ~ 3cm，花期 4 ~ 5 月。蒴果阔卵球形，果期 7 ~ 10 月。

主要习性 产我国江苏、安徽、浙江、福建、台湾、湖北、湖南、广东、广西、四川和贵州，生于海拔 1000m 林下或低山阴坡山脚。喜温暖湿润及富含有机质且排水良好的酸性土壤，要求夏季凉爽通风及荫蔽环境。

园林应用 园林中可植于庭园、林下或溪边坡地上，观赏效果良好。

满山红　*Rhododendron mariesii* Hemsl. et Wils.

杜鹃花科，映山红亚属

识别特征　落叶灌木。高 1 ~ 4m，枝轮生，幼时被淡黄棕色柔毛。叶近革质，常 2 ~ 3 枚集生枝端，椭圆形或卵状披针形，长 4 ~ 7.5cm。花常 2 朵顶生，先花后叶，花冠漏斗形，淡紫红色或紫红色，5 深裂，上方裂片具紫红色斑点，花期 4 ~ 5 月。蒴果圆柱状卵球形，果期 6 ~ 11 月。

主要习性　产我国河北、陕西、江苏、安徽、浙江、江西、福建、台湾、河南、湖北、湖南、广东、广西、四川、贵州等地。生海拔 600 ~ 1 500m 山地稀疏灌木丛中。在长江中下游地区分布较多，适应性亦较强，花期较早。

园林应用　园林庭院应用较普遍，栽培管理较易，花色红艳，花团锦簇，有良好的观赏价值。

猫尾木 *Dolichandrone cauda – felina*(Hance) Benth. et Hook. f. [*Markhamia cauda – felina*(Hance) Craib]

紫葳科, 猫尾木属

识别特征 常绿乔木。高 15m, 树皮灰黄色, 薄片状剥落。奇数羽状复叶对生, 小叶 6 ~ 7 对, 无柄, 长椭圆形或卵形, 长 16 ~ 21cm。总状花序顶生, 花大型, 萼一面开裂成佛焰苞状, 花冠漏斗状, 筒下部暗紫色, 上部黄色, 长约 10cm, 径 10 ~ 15cm, 花期 10 ~ 11 月。蒴果倒垂, 长 30 ~ 60cm, 密被黄色绒毛, 似猫尾状, 果期 4 ~ 6 月。

主要习性 产我国广东、广西、云南, 生海拔 200 ~ 300m 疏林边、阳坡地带。亚洲及非洲热带亦有分布。性喜温暖湿润气候, 要求阳光充足及肥沃、疏松和排水良好的土壤。不耐寒, 越冬气温不低于 10℃。

园林应用 猫尾木干直叶大, 花如漏斗, 果长如猫尾, 是我国南方地区良好的行道树和庭荫树, 同时其木材纹理细致, 材质轻而硬, 是建筑和制造家具的好材料。

毛药花 *Barthea barthei* Krass.

野牡丹科，刚毛药花属

识别特征 常绿灌木。高约可达 3m，枝略 4 棱。单叶对生，椭圆形、卵状椭圆形至广卵状披针形，长 7～10cm。聚伞花序顶生，花萼 4 棱，花瓣白色后转粉红至紫红色。蒴果长圆，具 4 棱，长约 1cm。花期冬季，蒴果半年成熟。

主要习性 产湖南、江西及浙江南部至福建、台湾及广东、广西各地，多生于海拔 400～1 200m 低中山区林中。耐半阴、忌强光，亦不耐常绿林下全阴；好温暖、湿润气候，要求富含有机质的微酸性土。

园林应用 宜在园林中植于稀疏林下或半阴处，观赏冬春之花。还可植于有半阴的小溪或池畔。

玫瑰 *Rosa rugosa* Thunb.

别名 刺玫花

蔷薇科，蔷薇属

识别特征

落叶直立丛生灌木。枝上多刺及刚毛。小叶5~9枚，椭圆形至椭圆状倒卵形，长3~5cm，上面皱折，下面灰绿而脉上有刺毛及柔毛。花单生或数朵簇生，花瓣紫红色或白色，芳香，花径6~8cm。果红色而有光泽，扁球形或球形，径约2.5cm。

主要习性 原产我国华北、西北及西南，各地多有栽培，有不少类型和品种。性喜向阳，耐寒，耐旱，萌蘖力强。

园林应用 香花观赏花木，为芳香工业原料和食品工业原料，同时可以入药；园林中用途很广。

梅　*Prunus mume* Sieb. et Zucc.

蔷薇科，李(梅、樱、桃)属

识别特征　落叶小乔木。叶宽卵形至心状卵形。花单生或 2～3 朵簇生，冬春叶前开放，花白色或淡粉红色，花瓣 5 片，具香气。核果球形，味酸。

主要习性　原产我国西南，现西藏波密还有成片野生梅树；沿秦岭往南至南岭各地都有分布。性喜温暖、湿润气候。黄河以北露地越冬困难，故盆栽为好。是长寿树种。

园林应用　梅无论孤植庭院、群植山坡或溪谷，或单辟梅园尽植梅花都极相宜。梅花也可截下花枝插瓶在室内欣赏。梅子可以生食，亦可加工成多种食品和调味品。梅花及梅果均可入药。

美丽马醉木　*Pieris formosa* (Wall.) D. Don

杜鹃花科，马醉木属

识别特征　常绿灌木或小乔木。高 2~4m，小枝圆柱状，紫红色。叶革质，互生，披针形至长圆形，长 4~10cm，中脉明显。总状花序簇生枝顶叶腋，长可达 15cm，萼片宽披针形，花冠坛状，白色或带粉色，下垂，上部浅 5 裂，花期5~6 月。蒴果卵圆形，有 5 棱，种子细小，果期 7~9 月。

主要习性　分布我国浙江、江西、湖北、湖南、广东、广西、四川、贵州及云南等；越南、缅甸、尼泊尔、不丹、印度也有。喜温和湿润气候，耐半阴，要求肥沃、疏松、湿润且排水良好的酸性土壤。不耐寒，北方寒冷地区温室栽培，越冬气温 7~10℃。

园林应用　美丽马醉木有成串下垂的白色小花，庭院中可种植于林缘，花境，或配合山石，亦可盆栽观赏。

迷迭香　*Rosmarinus officinalis* L.

唇形科，迷迭香属

识别特征　常绿小灌木。株高可达2m，多分枝，幼枝四棱形，排列紧密。叶对生，叶片线形。花两性，花序短，成对从前一年枝条叶腋抽出，萼片钟形，花冠长于花萼3倍，2唇形，花冠淡蓝色，偶见粉或白色，有芳香气味，花期5～8月。

主要习性　原产地中海地区，我国南方及新疆有引种。喜阳光充足，温暖及空气湿润气候，夏季不耐高温高湿，要求土层深厚、肥沃及排水良好的沙质壤土。不耐寒，北京地区栽植冬季需防寒。

园林应用　迷迭香为芳香类植物，其花朵和茎叶蒸馏后可生产芳香油，经济价值很高。园林中可置于坡地、林缘、路边或在芳香植物区展示。

米兰 *Aglaia odorata* Lour.

别名 米仔兰

棟科，米仔兰属

识别特征 常绿灌木。高可达7m，冠幅达2m，分枝多。奇数羽状复叶，小叶3～5枚，叶面亮绿。圆锥花序腋生，长达10cm，花小而繁密，黄色，极芳香，形似小米。浆果近球形。

主要习性 产我国南部；越南、印度、泰国、马来西亚亦有。性喜温暖、肥沃、排水良好、阳光充足的环境，能耐半阴，但不及向阳处开花繁密而健壮。

园林应用 本种花期长，从夏至秋开花，香气袭人，故为人们所喜爱，性不耐寒，我国大部地区只能在温室越冬。花可供薰茶或提取香料。

密蒙花　*Buddleja officinalis* Maxim.

马钱科，醉鱼草属

识别特征　落叶灌木。枝 4 棱，全株被白绒毛。叶对生，表面稀被白色星状毛，背面被黄色星毛和绒毛。花序聚伞状圆锥花丛；花淡紫色，芳香。夏秋两季均有花。

主要习性　产西北秦岭及西南、华中等地。耐寒性较强。若盆栽冬季置于温室或 20℃ 房内，其花可继续开放并于新枝上重生花芽开花。

园林应用　园林中可植草地、墙隅、坡地，亦可装点山石、园路交叉口。花叶均可入药。

绵毛树苣苔 *Kohleria eriantha* Hanst.

苦苣苔科，树苣苔属

识别特征 具根状茎灌木。株高常约 30～45cm，亦可达 1m 余。叶对生，柔软，有红（白）毛，卵圆形，长约 7cm，边缘具带红色疏细齿。花单生或 3～4 朵集生，花冠圆筒状，下倾，长约 5cm，花冠裂片短而不等，花盘具 5 明显腺体。顶生总状花序上无小叶；花橙色或红色，在喉部具黄色斑块；花期春、夏季为主；亦可周年有花。

主要习性 原产南美洲哥伦比亚。喜温暖，畏霜寒。

园林应用 绵毛树苣苔以叶姿花色取胜，北方多盆栽观赏。

棉香菊 *Santolina chamaecyparissus* L.

菊科，香扣菊属

识别特征 常绿亚灌木。株高45~60cm，被银灰色绒毛。单叶互生，长约4cm，羽状裂，裂片卵状长圆形，芳香；头状花序纽扣状球形，径约2cm，黄色，具长梗。

主要习性 原产地中海地区。喜阳光，排水好但不过于肥沃的土壤。能耐轻霜冻。

园林应用 庭院中以其芳香灰白色绒毛的常绿株丛取胜，宜丛植或盆栽观赏。

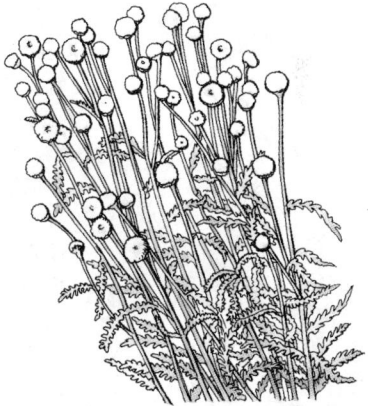

茉莉　*Jasminum sambac* Aiton.

木犀科，素馨属

识别特征　常绿灌木。多呈藤状生长，枝细长而柔软。单叶对生，圆形、椭圆形、卵状椭圆形至倒卵形，长 4~8cm。聚伞花序顶生，通常着花 3 朵，有时可 5 朵，花冠白色，极芳香，裂片圆形，因栽培多为重瓣，雄蕊已瓣化。很难见结果。花期 5~11 月。

主要习性　原产印度、巴基斯坦及伊朗至阿拉伯半岛，我国广东、福建、浙江、江苏、湖南、四川栽培较多。性喜光而稍耐半阴，好温暖而不耐寒；喜肥沃酸性沙壤土，忌干旱与积水。空气湿度 80% 以上，气温 25~32℃ 是最理想的生长条件。北方盆栽，最忌冬季浇水过多。

园林应用　茉莉常绿青翠，花期长而不败，花香清雅不浊，是花木中珍品，我国南方常年见花，露地栽培无论丛植、列植都很相宜；盆栽者置室内都不失优雅。

牡丹　*Paeonia suffruticosa* Andr. [*P. moutan* Sims]

别名　木芍药、富贵花　　　　　　　毛茛科，芍药属

识别特征　落叶灌木。老树高可达 3m。根肥，肉质，深可达 1m，茎粗脆易折，枝粗壮。二回三出复叶。花大，单生枝顶，直径 10～30cm；有紫、红、粉红、黄、白、墨紫、豆绿等色，及半重瓣、重瓣等很多品种，多具香气。花期 4～5 月。

主要习性　产我国西北，秦岭、大巴山区有野生。栽培已有 2 000 年以上。性耐寒，可耐近 −30℃低温；喜温凉高燥、忌炎热低湿环境；耐适度干燥气候；喜光、稍耐阴。宜疏松肥沃排水良好的壤土或沙壤土；中性；稍酸或略碱土也可生长。寿命长达数百年。

园林应用　牡丹为我国特产的名贵花卉，有"花王"之美誉，各国有栽培，在园林中占有重要地位。常以多种布局植于庭园中或搜集著名品种开辟专类花园。有些品种还适宜作切花。

木波罗 *Artocarpus heterophyllus* Lam.

别名 波罗蜜、树波罗、天波罗 桑科，桂木属

识别特征 常绿乔木。树冠卵形至广卵状圆球形，高可达 15m，全树具白色乳汁。叶互生，厚革质，椭圆形至倒卵形，长 10 ~ 20cm，宽 5 ~ 10cm。花异性同株，生于主干或粗壮侧枝抽出的结果枝上，雄花序多生枝下端或小枝顶部叶腋。聚合果均生于主干或近主干的粗侧枝基部，椭圆形或卵状椭圆形，熟时黄色，长 25 ~65cm 甚至更大，重量可达 20kg，是由 50 ~ 120 甚至 200 个瘦果聚合而成。

主要习性 原产印度，我国海南、广东、广西、云南、福建及台湾、四川西南部均有栽培。喜温暖湿润，最低温在 10℃以上；喜光树种；不择土壤，但忌积水。

园林应用 为优良热带水果。园林中植为庭荫树、行道树均极理想，且能抗大气污染。

木瓜红　*Rehderodendron macrocarpum* Hu.

安息香科，木瓜红属

识别特征　落叶乔木。高可达 20m。单叶互生，椭圆状长卵形、椭圆状倒卵形或窄卵形，长 7～12cm，缘齿细，中脉及叶柄带红色，下面嫩时有稀星状柔毛。圆锥花序生 2 年生枝叶腋，由短总状花序组成，叶前开花，花冠白色，芳香，裂片 5。核果椭圆形，木质，长 5～8cm，具 8～10 条纵肋，深黄褐色。

主要习性　产四川、云南、贵州及广西、湖南，多生于海拔 1 200～2 500m 中高山阔叶林中。好湿润、喜肥沃而深厚土壤，对光照要求不苟。

园林应用　木瓜红树形端庄，分枝匀称，春季满树白花而芳香，入秋先是橙色果，后是满树红叶，可为园林及风景区添色。

木荷 *Schima superba* Gardn. et Champ.

别名 荷树

山茶科，木荷属

识别特征 常绿乔木。高可达 30m，胸径近 1m，树冠广圆形；幼枝无毛。叶革质，深绿色。花白色，芳香，花径 3cm，单朵顶生或为短总状花序，花期 6~8 月。果期至翌年 10 月。

主要习性 产我国安徽、浙江、福建、江西、湖南、四川、贵州、广东、台湾等地。性喜湿润气候，要求土壤肥沃、富含有机质的酸性土壤，土层深厚，有一定耐寒性，苗期要荫蔽，忌水湿。

园林应用 木荷树形较高大，形态优美，四季常青，花多白色，是很好的庭园观赏树种，园林中可孤植、行植，还可与其他树种配植在坡地上。

木蝴蝶 *Oroxylum indicum*(L.)Kurz.

别名 千张纸、玉蝴蝶　　　　　紫葳科，木蝴蝶属

识别特征 落叶乔木。高 6～10m，树皮灰褐色。叶对生，二至三回奇数羽状复叶，小叶三角状卵形，全缘。总状花序顶生，长 40～150cm，花冠钟状肉质，长达9cm，径5.5～8cm，紫红色，花期6～9月。蒴果长披针形，种子扁圆形，边缘具白色透明膜质翅，薄如纸，故名千张纸。

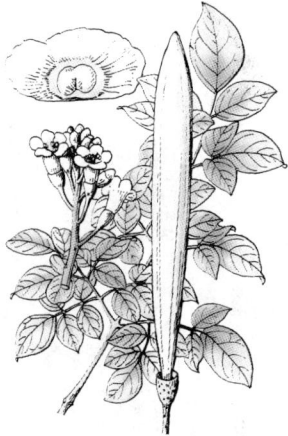

主要习性 产我国云南、广东、广西、福建、贵州、四川等地，生于海拔500～900m热带亚热带低丘河谷密林，单株生长，亚洲南部也有分布。性喜温暖湿润气候，要求肥沃、深厚及排水良好的土壤，喜阳光充足，不耐寒，寒冷地区温室栽培很难开花结果，越冬气温不低于10℃。

园林应用 木蝴蝶树姿优美，花、果均有观赏价值，适宜温暖地区庭园栽培，种子、树皮入药，有润肺、舒肝、和胃、生肌之功效。

木姜子　*Litsea pungens* Hemsl.

樟科，木姜子属

识别特征　落叶小乔木或灌木。高可达10m，树皮灰色，小枝黄绿色，纤细。叶互生，常集生枝顶，长卵形至卵状披针形，长4～12cm，侧脉5～7对，两面凸起。雌雄异株，伞形花序腋生，先叶开花，黄色。核果球形，黑色，径约6cm。雌株可孤雌结实，但多无完整胚。

主要习性　产山东、山西、河南、陕西、甘肃及其以南各地。多生于海拔500～1 800m河谷及平缓山坡。喜湿润，好阳光，但也耐旱和一定荫蔽。

园林应用　园林中可植于丛林边缘，欣赏早春黄花，夏季亮丽绿叶；全株含樟脑油，挥发清凉香气，并且有杀菌、净化空气功能。

木槿　*Hibiscus syriacus* L.

别名　篱障花

锦葵科，木槿属

识别特征　落叶灌木。高 2 ~ 3m，分枝多。叶常 3 裂。花单生于叶腋，钟形，径 7 ~ 8cm，有白、粉、红、紫等色及单瓣、重瓣等类型。栽培变种很多。花期夏秋。

主要习性　产我国；印度、叙利亚也有。性喜阳光、湿润、肥沃、避风的环境，较耐寒又耐修剪。

园林应用　本种花色艳丽，是庭园中常见花木，单朵花开放约 1 天，但整株花期却长达夏、秋两季。纯白色重瓣花可作蔬菜。

木莲 *Manglietia fordiana* Oliv.

木兰科，木莲属

识别特征 常绿乔木。高约20m；树干通直。单叶互生，革质，窄倒卵形至倒卵状椭圆形，长8~15cm。花单生小枝顶，花被片9枚，白色，分为3轮，花径约15cm。果为蓇葖果聚集成聚合果，红色，广卵形。花期5月，果熟期9~10月。

主要习性 原产长江流域以南各地。喜温暖湿润气候，微酸或中性肥沃土壤；苗期要求一定蔽荫，成龄后要求光照，在干热地区生长不良。

园林应用 为长江流域及以南地区园林观赏树种，作行道树、庭荫树、建筑物前行列栽植均可，树形端庄、雄伟，叶荫浓密，花大洁白，秋季红果缀于枝梢；风景区群植或门前对植，草地丛植皆宜。树皮可代厚朴入药。

木棉　*Bombax malabaricum* DC.

木棉科，木棉属

识别特征　落叶乔木。高可达40m，树干直，树皮灰色，幼树及枝皆具圆锥形皮刺，老树逐渐平缓成凸起，枝近轮生，平展。掌状复叶互生，具5～7小叶，长10～20cm，总叶柄长15～17cm，全光滑。单花常簇生枝近顶腋生，先叶开花，花瓣鲜红色，径约10cm。蒴果椭圆形，长10～15cm，木质被绒毛，5瓣裂，内壁有白色长棉毛。

主要习性　产我国北起四川西南攀枝花市金沙江、安宁河、雅砻河谷地到云南金沙江河谷、贵州南部、广东、广西、海南、福建、台湾；直至东南亚、澳大利亚。喜生于干热地带，喜强光；要求深厚土壤。

园林应用　花开正值春节前后，满树红花，树干直而生长快，别名英雄树、攀枝花、红棉。是行道树、庭荫树、风景树的好树种。果壁棉毛即木棉。木材轻软，可代软木及救生衣等材料。

木茼蒿 *Argyranthemum frutescens* (L.) Sch – Bip.

菊科，木茼蒿属

识别特征 多年生亚灌木。株高可达 1m。叶一至二回羽状深裂。头状花序径约5cm，数多，在枝顶排列成疏散伞房状；舌状花白色或淡黄色，1～3 轮，狭长形，管状花黄色，总花梗细长，内层总苞片边缘透明，亮灰色，花期可近周年，但春季最盛。

主要习性 原产南欧西班牙。性喜温暖湿润，不耐寒；忌高温多湿。要求富含腐殖质的疏松肥沃、排水良好的湿润壤土。

园林应用 茼蒿菊枝叶细腻，花色素雅，花期长，盆栽可装饰门厅、会场，地栽可布置花坛、花境，也可作切花。

南京椴　*Tilia miqueliana* Maxim.

椴树科，椴树属

识别特征　落叶乔木。高可达 20m，树干直，嫩枝被黄褐色绒毛和星状毛，芽亦被毛。叶互生，三角状卵形至广卵形，长 6～12cm。聚伞花序生当年新枝叶腋，苞片倒披针形，先端圆钝，下部渐窄楔形，有花 10～20，下垂，花瓣浅黄色，有香气。坚果状蒴果近球形，被星状毛及小疣状突起。

主要习性　产河南、江苏南部、安徽、浙江、江西、湖北等地；日本亦分布。多生于海拔 800m 以上山地土层较厚而平缓处。喜光，亦耐半阴，常与其他阔叶落叶树混生；根部有萌发能力。

园林应用　园林中可作遮荫树和行道树栽培，我国中部地区一些寺庙即有栽培，称作"菩提树"，欧洲各国多选为行道树。花序苞片奇特，花繁而清香，为高级蜜源；树皮纤维丰富，为高级造纸原料，并可制人造棉。

南酸枣　*Choerospondias axillaris* Burtt et Hill.

漆树科，南酸枣属

识别特征　落叶乔木。高可达20m，树皮暗灰褐色，薄片状纵裂剥离。奇数羽状复叶互生，小叶7~15在叶轴上对生，长卵状披针形至卵状长椭圆形，长8~14cm，全缘。花杂性异株，聚伞状圆锥花序顶生，花黄白色。核果椭圆形，长25~3cm，熟时黄色，顶端有5小孔。花期4~5月，果熟9~10月。

主要习性　产湖北、湖南、江西及安徽南部、浙江、福建、广东、海南、台湾、广西、贵州、云南等地；日本、越南、缅甸、印度亦分布。亚热带喜温暖湿润树种，好光不耐阴蔽，要求肥沃土壤，速生树，不耐水涝，根浅不抗强风。

园林应用　树大荫浓，秋叶金黄，宜作庭荫树、行列树和行道树；果熟时绿叶黄果，在风景区与松、柏或其他常绿树混植，可观秋色黄叶。果酸香可食。

南天竹　*Nandina domestica* Thunb.

别名　南天竺、栏杆竹　　　　　　小檗科，南天竹属

识别特征　为独种属。常绿直立灌木。枝干丛生，少分枝，高可达 2m，干灰黄褐色，内皮鲜黄。二至三回羽状复叶互生，中轴有关节突起，总叶轴常暗红色；小叶卵状披针形至椭圆状披针形，有时呈长卵形，全缘，长 3~10cm。花序圆锥状顶生，花小，白色。浆果熟时红色球形，径约 0.7~1cm。

主要习性　原产我国及日本、朝鲜。我国分布于长江流域及以南地区。喜半阴环境，好温暖、湿润的钙质土，要求通风良好及排水、疏松土壤；较耐寒，在北京避风条件下能安全越冬；在强光下叶色往往变成紫红。

园林应用　南天竹枝叶四季常青，花白色秀丽，果冬季艳红。在黄河以南各地均可在半阴的门旁、窗前、墙隅、山石阴处或林阴道旁、树丛之间栽植欣赏，也可盆栽布置厅堂、门首、会场。果有镇咳化痰之效，根、干及叶有消痰、镇痛、收敛之功，亦为提取黄连素材料。

楠木 *Phoebe chinensis* Chun
别名 山楠

樟科，楠属

识别特征 常绿乔木。高可达 20 余米，树干通直。叶倒卵状披针形、倒卵形、长椭圆形或椭圆状广披针形，长 11~20cm，宽 3~6cm，中脉粗，上陷下突。聚伞状圆锥花序顶生。小核果浆果状球形，径约 1cm，紫褐色或黑褐色。

主要习性 产陕西南部、甘肃南部、湖北西部、湖南西部、四川、贵州、云南及西藏东部，天然分布于湿润土坡及山谷地带。喜温暖、湿润，要求深厚肥沃而排水良好壤土，喜光而耐半阴；生长速度中等，分枝匀称，树形美观。

园林应用 本种树干端直，树体高大雄伟，分枝匀称，宜作园林中庭荫树、行列树或园内行道树栽植，赏其四季常青叶及优美树姿；其枝叶及树身均含芳香油，有净化空气功能。木材为上等建筑及高级家具和装饰用材，经久耐腐。

柠檬桉　*Eucalyptus citriodora* Hook. f.

桃金娘科，桉属

识别特征　常绿大乔木。高 20～30m，树干挺直，树皮光滑，灰白色，大片状脱落。幼叶披针形，老叶为狭披针形，稍弯曲，两面有黑色腺点，有强烈柠檬香味。伞形花序有花 3～5 朵，排成腋生圆锥花序，小花白色，花期 4～9 月。蒴果壶形，果期秋冬。

主要习性　原产澳大利亚，分布于昆士兰中部及东北部沿海地区；我国广东、广西、福建、云南、四川等地常见栽培。性喜阳光充足及高温湿润气候，不耐寒；要求土壤肥沃而排水良好，尤其在砾质土壤上生长最好。柠檬桉耐旱、抗风力强。

园林应用　萌芽力强，生长快，抗污染，是亚热带南部地区优良造林绿化树种。可用于公路、铁路及坡地绿化种植，也适于作城市行道树或医院、疗养院及公共绿地的绿化种植。

女贞 *Ligustrum lucidum* Ait.
别名 冬青、蜡虫树

木犀科，女贞属

识别特征 常绿小乔木。树冠广卵形。叶革质，单叶对生，卵形、广卵形至椭圆状卵形，长6~12cm。圆锥花序顶生，花冠白色，裂片4，反折，芳香。核果肾形，长约1cm，蓝黑色，有2~4分离核。花期5~6月。

主要习性 产甘肃、陕西沿长江流域至江苏、浙江。华北南部以南各地普遍栽培。喜光又稍耐半阴、好温暖、湿润、较耐寒，也耐旱。根系深而侧根发达，对土壤选择不严，但在黏重土上生长缓慢。对大气中的二氧化碳、氯气、氟及硫均有抗性，对烟尘污染亦有强适应力；萌发力强，耐修剪和刈割。

园林应用 女贞四季常青、枝叶清秀而浓密，夏日满树白花香雅；在园林中可作庭荫树、行道树、屏障树，也可植作绿篱，工矿区以之为防护隔离树抗拒污染最为理想。

糯米条　*Abelia chinensis* R. Br.

别名　茶条树　　　　　　　　　忍冬科，六道木属

识别特征　落叶灌木。株高 3~4m，枝开张，树皮撕裂。单叶对生，卵形至椭圆卵形，长 2~3.5cm。聚伞圆锥花序顶生或枝梢部腋生，花白色至粉红色，具芳香，花冠漏斗状，5裂，径约1cm，花期夏秋。瘦果有宿存萼片5枚，白色带红褐色晕。

主要习性　原产我国长江流域及其南部，多生于湿润山地溪河岸边的灌丛或疏林中，海拔 500~1 200m 间常见。喜光，但耐半阴；要求疏松、肥沃、排水良好的土壤；耐寒性较强，北京地区露地栽培可以安全越冬。

园林应用　糯米条落叶很晚，几近常绿，花穗大而花朵密集，且具芳香，花期从夏末直至初冬，花后瘦果萼片亦可观赏，十分美丽。园林中植成花篱，或在草地、角隅丛植均可，盆栽或剪枝作切花亦可。

膀胱豆 *Colutea arborescens* L.
别名 鱼鳔槐

豆科，膀胱豆属

识别特征 落叶灌木。高约2.5m，丛生、铺散。羽状复叶，小叶17～25，椭圆形，淡绿色。5～7月开花，总状花序、腋生，花蝶形，黄色，长约2cm。荚果如膀胱，膨大如笼，长7.5cm，古铜色。

主要习性 原产南欧地中海沿岸。性耐寒，喜干燥、避风、向阳、排水良好之地。

园林应用 青岛、南京、上海等地栽培观赏。

炮仗竹　*Russelia equisetiformis* Schlecht et Cham.

别名　爆仗竹、吉祥草、炮仗花　　　　玄参科，炮仗竹属

识别特征　披散状半灌木。株高可达 1m，茎枝纤细，有纵棱，绿色，枝在节处轮生。叶退化为披针形鳞片。聚伞圆锥花序狭长，花萼小，5 深裂，裂片卵状三角形，花冠长筒形，长达 2.5cm，红色，不明显 2 唇形，上唇 2 裂，下唇 3 裂，花下垂，似细竹先端吊挂的鞭炮，花期可终年不断。蒴果球形。

主要习性　原产中美洲；我国云南西部、四川、贵州、广西、湖北西部有分布；印度、锡金、缅甸、泰国也有分布。性喜温暖湿润气候和阳光充足的环境，不耐寒，要求土壤肥沃、疏松及排水良好，可耐半阴。

园林应用　炮仗竹植株披散，枝条柔细，终年可开花不断，形似成串的爆竹，园林中可植于假山、坡地，深受人们喜爱。

泡花树 *Meliosma cuneifolia* Franch.

清风藤科，泡花树属

识别特征 落叶小乔木，高 3 ~ 8m。单叶互生，倒卵状椭圆形或窄倒卵状椭圆形至长椭圆状卵形，质厚，长 8 ~ 18cm，侧脉直伸齿端并在上面凹陷，下面突起。圆锥花序顶生，长约 20cm，花小，黄白色，芳香，杂性。小核果卵形，黑色。花期 5 ~ 6 月，果熟 8 ~ 9 月。

主要习性 产甘肃东南，陕西南部秦岭及山西中条山、河南王屋山以南及长江流域各地海拔 800m 以上山地，多分布于河流、溪谷旁杂木林中。好湿润环境，耐半阴，要求排水好之沙壤土。耐寒、忌旱。

园林应用 本种干直，树端庄，叶形秀丽，花香扑鼻。可于溪旁、湖畔、林缘或林间空地栽植数株，也可在半阴处孤植欣赏。

泡桐　*Paulownia fortunei* Hemsl.

别名　白花泡桐　　　　　　　　　玄参科，泡桐属

识别特征　落叶乔木。株高达 30m，树冠圆锥形。单叶对生，叶大，长卵状心形，叶长达 20cm。圆锥花序顶生，长约 25cm，花萼倒圆锥形，花冠管状漏斗形，白色，背面淡紫色，花冠管内密布紫色斑块。先花后叶，芳香，花期 4 月。蒴果长圆形，顶端有喙，种子细小而薄，具窄翅，果期 7 ~ 8 月。

主要习性　产我国长江流域；越南、老挝也有分布。多生于低海拔的山坡、谷地及林中，各地多栽培。喜温暖湿润气候，耐寒力差，忌积水洼涝，要求阳光充足。择土不严，但在土层深厚、肥沃及排水良好的土壤中生长迅速。萌芽力强，易生根蘖，耐移栽，有一定抗污染能力。

园林应用　泡桐茎干通直，冠大荫浓，花大美丽，是很好的遮荫树、行道树及园景树，也是村镇绿化美化优良树种。

盆架子 *Winchia calophylla* A. DC.

夹竹桃科，盆架树属

识别特征 常绿乔木。树冠塔形，轮状分枝，高 25～30m，树皮淡黄色至褐黄色，有纵裂条纹。叶 3～4 枚轮生，少有对生，椭圆形至长椭圆形，长 8～20cm，两面光滑。聚伞花序顶生，花白色，完全花，花冠高脚碟状，花筒中部膨大，裂片 5，与筒呈 90° 折角，芳香。蓇葖果合生，披针形；种子两端被缘毛。花期 4～7 月，果熟 9～12 月。

主要习性 产我国云南、广西、广东及海南，在广西南宁多栽培为行道树、庭荫树及园林观赏。喜光、好温暖及湿润，能耐季节性干旱。不择土壤，能在酸性及钙质土上良好生长。抗风、抗大气污染。

园林应用 树形美观，叶色深绿而有光泽，分枝匀称而平展如盆架，花芳香。为良好行道树种和行列栽植树种，孤植、丛植或群植均可。

枇杷　*Eriobotrya japonica*(Thunb.) Lindl.

蔷薇科，枇杷属

识别特征　常绿小乔木。枝灰褐色被密毛。单叶互生，大型长倒卵状，表面多皱折，背面密生灰棕色绒毛。顶生圆锥花序，密生白花，冬季开花，有香气。次年初夏果实成熟，梨果黄色，球形、梨形或扁球形。栽培品种很多。

主要习性　产我国，分布于秦岭以南各地，现四川、湖北仍有野生，各地多有栽培；日本等亚洲各国也引种栽培。喜光，喜温，好肥沃湿润土壤，不耐积水和严寒，冬季干旱生长不良。华北只能冷室盆栽。

园林应用　园林中以树形整齐美观，叶大荫浓，四季常青，果实金黄，为庭园中观赏和收鲜果兼用。江南各地及长江中上游多有栽培。叶及果均为重要药用品。

苹婆 *Sterculia nobilis* Smith

梧桐科，苹婆属

识别特征 常绿小乔木。高可达 10m。单叶互生，椭圆形，长 8～25cm。圆锥花序生枝近顶端，花梗较花长，花被乳白至淡红色，仅 1 轮，钟状，单性，雌花较少。果红色，长圆状卵形，具喙，长约 5cm；种子椭圆形，径约 1.5cm，红褐色至黑褐色。

主要习性 产福建、台湾、广东、广西及海南、云南南部，珠江三角洲一带多有栽培作干果与庭荫树。东南亚各地普遍栽培。喜高温、湿润气候，要求肥沃深厚而排水良好的土壤，好阳光而又耐阴蔽。

园林应用 树冠圆整，枝叶浓密，果红艳，可植于园林庭院观赏，亦可作行道树用；种子炒、煮熟后可食，有栗子之味；果壳入药；树皮纤维可代麻制绳；木材轻而坚，可旋制器皿及制板。

铺地蜈蚣　*Cotoneaster microphyllus* Wall.

别名　小叶枸子　　　　　　　　　蔷薇科，枸子属

识别特征　常绿小灌木。高不足1m，枝开展，几平卧地面。叶细小，厚革质，倒卵形，长0.5～1.2cm。花常单生叶腋，白色或稍有粉红晕，花瓣5片。梨果球形或扁球形，鲜红色，径约6～7mm；果实9月成熟。

主要习性　产我国西南地区，以及沿喜马拉雅山脉的南亚各国。多生于海拔2 000～4 000m的高山湿润多石坡地。性喜空气湿润的半阴条件，耐土壤瘠薄、干燥，亦较耐寒。

园林应用　园林中因其植株低矮、姿态潇洒、秋冬两季红果满枝，国外多选作纪念性建筑的基础栽植；水池、小河的岸边丛栽，岩石园、草地、园路石级一侧以及亭、台斜坡山石旁散栽，观赏常青之叶，艳红之果，亦是山石盆景、整形盆景的好材料。

蒲桃 *Syzygium jambos* (L.) Alston

桃金娘科，蒲桃属

识别特征 常绿小乔木。高可达 12m，主干极短，分枝披散，树冠扁球形，小枝圆形。叶革质，亮绿色，披针形或长圆形，叶面多透明细小腺点。聚伞花序顶生，有花 3～5 朵，花白色，径 4～5cm，雄蕊多数，突出花瓣之外，花期 3～4 月。浆果球形，果皮肉质，直径 3～5cm，熟时红、黄色，果期 5～6 月。

主要习性 产我国台湾、海南、福建、广东、广西；印度尼西亚、马来西亚及东南亚也有。喜阳光及温暖湿热气候，要求酸性土壤及肥沃、疏松沙质壤土。我国华南、西南可露地栽培。

园林应用 可在广场、草地种植，也可在溪、河、湖、塘周围种植，叶、花、果均可观赏。其根系深，不易被风吹倒，抗二氧化硫、氟、氯等有害气体，可用于固堤及工厂绿化种植。果有特殊香味，供食用。

七叶树 *Aesculus chinensis* Bunge

别名 梭椤树

七叶树科，七叶树属

识别特征 落叶乔木。枝粗壮。掌状复叶对生，小叶通常7枚，卵状披针形至卵状椭圆形。大圆锥花序顶生，花小，白色、杂性。蒴果圆形至倒卵形，种子大而有明显的大种脐痕，暗栗褐色。

主要习性 产陕西、甘肃、河南及安徽等山区，生海拔800~1500m间缓坡厚土上，散生。较喜光，深根，喜湿润而温暖条件，华北栽培可安全越冬，但幼苗须适当保护。

园林应用 树干挺拔，树形壮丽雄伟，是著名的庭荫树和行道树，各地古老寺庙多有种植。北京潭柘寺即有两株古七叶树。种子即为梭椤子，可入药，又含丰富淀粉，可食。

七子花 *Heptacodium jasminoides* Airy. Shaw ［*H. miconioides* Rehd.］

忍冬科，七子花属

识别特征　落叶小乔木或灌木。高可达 7m，树皮灰褐色，薄片状剥落，内皮灰白色而光洁，幼枝四棱形，红褐色。单叶对生，卵形或卵状椭圆形，长 8 ~ 15cm。圆锥花序生枝顶，由多数缩短的伞房花序对生组成，缩短的伞房花序头状，有 7 花，花冠白色，芳香。核果瘦果状，椭圆形，长 1 ~ 1.5cm。

主要习性　我国特产，分布于湖北神农架，安徽黄山、九华山及浙江天目山等地；为稀有植物，已被国家列入稀有 2 级保护植物。耐半阴，喜湿润而凉爽，忌干旱及炎热，好肥沃多腐殖质土壤。

园林应用　因小花序上皆有 7 枚果，故称七子花。树皮白而光洁，花开 7 ~ 8 月而有香气，为园林中观赏佳品，配植于半阴处或疏林下极相宜。

桤木　*Alnus crematogyne* Burkill

桦木科，赤杨属

识别特征　落叶乔木。树冠长卵形。叶互生，椭圆状倒卵形或倒卵形，缘具稀疏钝锯齿，长 6 ~ 15cm。雌雄异花，花序均单生叶腋。果序下垂，序梗长 4 ~ 8cm，坚果倒卵形，两侧有窄翅，熟后自果序苞中脱出落地，果序苞极似小型松球。

主要习性　原产四川西北部、贵州北部、甘肃东南部、陕西南部、湖南、湖北、安徽、江西、江苏南部至广东北部山区。喜光，喜温暖湿润气候；天然分布多生于溪流、河川滩地，常能形成纯林；对土壤要求不严，酸土、轻碱土及中性土均可生长，在风化潮湿的沙岩、页岩、紫沙岩岩缝中亦能正常生长，在四川中部各地以往多有栽培。

园林应用　园林中可用以植河、湖滩地及堤岸，低湿荒废地造林可借以改造为良田，混栽于针叶树间，可促进针叶树生长及改善土壤。干果序可作工艺品及压制干花配品，嫩叶入药。

蔷薇 *Rosa multiflora* Thunb.

蔷薇科，蔷薇属

识别特征 落叶灌木。枝直立或蔓生。羽状复叶有小叶 5～11 枚。圆锥状伞房花序，花密集，白色或略带红晕，稍有香气。果近球形，径约6mm，红色。

主要习性 产华北至长江流域；朝鲜、日本也有分布。喜光，耐半阴，好肥耐瘠，不耐水湿。

园林应用 根据不同类型、品种，分别用作棚架、墙垣、斜坡、坡岸栽植，或植高坡顶令其悬垂，以美化坡壁；还可经绑扎形成花柱、花门；也可在草地一隅或交叉路口一角栽植，以点缀景观。

青钱柳　*Cyclocarya paliurus* (Batal.) Iljinsk.

胡桃科，青钱柳属

识别特征　落叶乔木。树皮灰白色，平滑。羽状复叶互生，小叶 7 ~ 13，长椭圆形至倒卵状长椭圆形，长 3 ~ 15cm，缘有细锯齿。雄花序长 7 ~ 17cm，3 ~ 4 序集生；雌花序单生枝顶，长 21 ~ 25cm。翅果圆盘状，径约 5cm 左右，犹如铜钱。

主要习性　主产长江流域，甘肃东南部、陕西南部汉中以南及西南三省经湖南、湖北至安徽南部、江苏南部、浙江、福建、台湾及广东、广西北部都有分布。喜光、喜湿，多生于溪谷河流岸边，要求肥沃深厚土壤，对钙质土最能适应，亦具一定抗旱能力。

园林应用　适应性强，植于溪、河、湖、塘岸边，庞大根系可以固堤护坡；秋初翅果熟时如串串"铜钱"垂于枝梢，脱落后掉入水中漂浮水面，极有观赏意义。

青檀 *Pteroceltis tatarinowii* Maxim.

榆科，翼朴属

识别特征 落叶乔木。高可达20m，树冠广卵形。叶互生，卵形、长卵形至卵状椭圆形，长 3.5 ~ 12cm，基部明显三出主脉。花单性同株，雄花簇生，雌花单生。坚果周围具宽薄翅，先端凹缺，径约1.5cm，果柄细长约1.5~2cm。

主要习性 产黄河流域及以南广大地区；朝鲜有零星分布。多生长于石灰岩中、低山地区。喜光，喜钙树种，但在中性土及轻酸土亦生长正常。耐旱、耐瘠薄土壤，常自生于裸露石灰岩岩缝间及石灰岩碎石荒滩及风化花岗岩堆积滩上。萌芽性强。对不良气体有较强抗性，病虫害少。

园林应用 树皮灰白洁净，枝叶秀丽，极少病虫害，适应性强，秋季叶色金黄，在园林中种植以赏秋季美景。大型山石上或其侧旁种植，可增添山石生趣。

青紫木 *Excoecaria cochinchinensis* Lour.

别名 红背桂花、东洋桂花　　　　大戟科，土沉香属

识别特征 常绿灌木。高约 1m。分枝多。叶对生，背面紫红色。6～7 月开花；雌雄异株，穗状花序腋生，雄花序长 1～2cm，雌花序较短，有花数朵。

主要习性 产我国广东、广西等地；越南也有。性喜温暖、湿润、排水良好的沙壤土；能耐半阴。

园林应用 青紫木株型矮小，叶片表绿背紫红，是优良的观叶花卉，布置厅堂会场，十分别致。盆栽吊挂，更显叶色艳美。

琼花 *Viburnum macrocephalum* f. *keteleeri* Nichols.

忍冬科，荚蒾属

识别特征 半常绿灌木至小乔木。高可达 8m，树冠开展成球形或广卵形。叶对生，椭圆形至卵状或倒卵状椭圆形，长 5～20cm。聚伞花序，径 8～15cm，中心为可孕花，花冠淡黄色，周边生不孕花，花冠白色，5 裂，径 2～2.5cm，最大可达 3cm。核果广椭圆形至卵形，长 1～1.5cm，熟时先红色后变蓝紫色。花期通常 4 月，果熟期 10～11 月。

主要习性 产我国长江流域，四川、湖北、湖南、江西、安徽、江苏、浙江均有分布。多生于中低山丘陵稀疏林下或沟谷溪旁灌丛中。喜光而耐半阴，不择土壤，但在过分板结黏土及盐土上生长不良。

园林应用 琼花及其变型都是长江流域的著名花木，无论庭院、山石旁、水池畔、以及亭、轩一侧，或草地、树林间空地孤植、丛植皆极相宜。

楸树　*Catalpa bungei* C. A. Mey.

紫葳科，梓树属

识别特征　落叶乔木。高达 15m，树干挺直，树皮灰色，树冠狭卵形。叶对生或 3 枚轮生，三角广卵形至近圆形，长 6 ~ 15cm，全缘。总状花序伞房状，长约 15cm，有花 2 ~ 12 朵，花冠钟形，5 裂，初开淡红色，后呈白色，长约 4cm，内面具 2 条黄色条纹及暗紫色斑点，花期 5 ~ 6 月。蒴果细长如荚，长 25 ~ 50cm，9 ~ 10 月成熟。

主要习性　原产我国黄河及长江流域，普遍栽植。性喜温暖湿润气候，喜光、喜肥，耐寒，较耐旱，在深厚、肥沃、湿润的钙质土壤中生长旺盛。根系发达，萌蘖力强。

园林应用　楸树叶大浓绿，树干通直，生长迅速，花色优美，木材坚硬，对二氧化硫、氯气及烟尘的抗性较强，是很好的庭荫树和行道树，也是优良建筑用材树种，为绿化美化良好材料。

染料木 *Genista tinctoria* L.

豆科，染料木属

识别特征 落叶直立丛生小灌木。高约 1m，枝纤细，具细棱。叶椭圆形至长椭圆状披针形，长 1~2.5cm，全缘并有缘毛，两面光滑。总状花序顶生，稀近顶端腋生，花黄色，蝶形。荚果条形，黑色。花期 6 月。

主要习性 产欧洲东南至西亚。喜光、好温暖而湿润气候，要求夏季凉爽，对土壤要求不严，但喜排水良好的沙壤，在黏土地生长不良。

园林应用 夏初开花金黄一片，植株矮小而直立，是很好的花篱和镶边材料。

荣丛花　*Tibouchina urvilleana* DC. Cogn.〔*T. semidecandra* Hort.*〕

野牡丹科，荣丛花属

识别特征　常绿灌木。分枝多而纤细，高可达3m。叶片卵圆至长圆状卵圆形，长5～10cm，两面密被长柔毛，叶脉3～7，明显。花单朵或3朵生于小枝顶端，堇紫红色，径7～12cm，外被2圆盘状苞片，色艳红；雄蕊10，不等长，紫红色。花期夏季至初冬。

主要习性　原产巴西。喜阳光、排水良好与酸性土环境；不耐寒。

园林应用　冬暖之地庭院栽植装饰篱垣，北方盆栽，观赏光亮的叶片与如锦缎般的花朵，且花期长，花色浓重；甚为别致。

瑞香 *Daphne odora* Thunb.

瑞香科，瑞香属

识别特征 常绿灌木。高2m，丛生，树冠球形，茎光滑。叶互生，稀疏，多集聚枝顶，全缘，浓绿而有光泽。头状花序顶生，紧密，花冠黄白色至淡紫色，花径1～2cm，极芳香，花期春夏之交。核果肉质，球形，红色。

主要习性 产我国浙江、安徽、江西、湖南、湖北、四川、台湾、广东、广西等地。性喜温和湿润半阴及肥沃而排水良好的土壤，不耐寒，忌暴晒。

园林应用 株形优美，四季常绿，开花长久且极为芳香，有较高观赏价值。江南常露地丛植，或于庭前建筑栽植台种植，或种在路边的草坪地上，北方盆栽用于室内布置，既美观又有香气，亦可制作盆景，根叶入药。

三桠钓樟 *Lindera obtusiloba* Blume

别名 三桠乌药 　　　　　　　樟科，山胡椒属

识别特征 落叶乔木。树冠广卵形。叶广卵形，近圆形至扁圆形，长 5 ~ 12cm，宽 4.5 ~ 15cm，三出脉，网脉明显。雌雄异株，伞形花序 5 ~ 6 聚于总苞，生叶腋，无总梗，每花序有花 4 ~ 5 朵，先叶开花，花被黄色。浆果状核果近圆形，径约 6mm，熟时由绿变红后转紫褐色。

主要习性 原产东亚，我国辽宁南部、山东、江苏、安徽、浙江、江西、河南南部及西部、山西、秦岭及甘肃小陇山以南到西藏东南都产；朝鲜及日本有分布。海拔 500 ~ 2 500m 都可生存，多生于湿润的杂木林与灌木丛中。耐一定荫蔽，也耐干旱，要求深厚肥沃而排水通气良好沙壤土；抗寒性亦较强，为樟科耐寒树种。

园林应用 三桠钓樟叶形奇特，开花早，秋季果熟初期红色可爱，可群丛栽植观赏。全株有樟脑清凉香气，有杀菌及净化空气作用。

伞花腺果藤 *Pisonia umbellifera*（J. R. Forst. et G. Forst）Seem.

紫茉莉科，腺果藤属

识别特征 小乔木。高可达 6m。茎多分枝，光滑无毛。单叶对生或轮生，长圆形，长达 40cm，革质，具树脂。伞形花序，花单性或两性，包于 2～4 枚小苞片内，红色或黄色，长 1cm，花冠状花萼 5 裂，长 3.5cm，雄蕊 6～14。瘦果具宿存花萼，上具 5 胶质肋条。

主要习性 分布于澳大利亚、毛里求斯、新西兰等地。性喜光，但忌阳光直射，不耐寒。

园林应用 观赏栽培多用花叶品种'Variegata'，叶片边缘有不规则黄白色斑纹，甚为美观，是室内重要观叶植物。

散沫花 *Lawsonia inermis* L.

千屈菜科，指甲花属

识别特征 落叶灌木。高可达6m，丛生，分枝密集，有棘刺，小枝略4棱并有窄翅。叶对生，窄椭圆形或长倒卵形，长3～5cm。顶生或近顶生圆锥状伞房花序，花小，花瓣4枚，边缘具齿而内卷，花白色、玫瑰色或朱砂红色，径约5mm，极芳香。蒴果球形。花期夏季。

主要习性 产美洲热带，现全球热带地区普遍栽培。喜温暖湿润，不耐严寒，要求阳光充足、肥沃而疏松土壤，不耐干瘠薄和黏重土壤，也不耐过于荫蔽和通风不良环境，忌大气干燥和积水。在我国长江以北可盆栽室内越冬。

园林应用 可作花篱、丛植，亦可孤植庭前赏杂色艳丽之花及浓郁香气，也可剪切花枝插瓶欣赏或盆栽欣赏。花还可砸碎敷染指甲，故别称指甲花。

桑　*Morus alba* L.

桑科，桑属

识别特征　落叶乔木。树冠卵形或广卵形，树皮黄褐色，浅裂。叶互生，卵形至广卵形，长8～16cm，缘齿钝；幼树叶常有各不一致分裂。雌雄异株，雄花序柔荑状下垂，雌花序不下垂。聚合椹果卵状椭圆形，熟时白色、红紫色。

主要习性　产我国中部地区及北部，现各地作养蚕饲料而普遍栽培，是我国驯化栽培最早树种之一，现各地仍多野生植株。喜光、耐寒、耐旱，适应性强，不择土壤，在pH值7.8和0.3%含盐量土壤亦可生长；不长期积水的湿地亦能生存，耐修剪，萌发力强，抗硫化氢、二氧化氮等有毒气体。

园林应用　桑叶浓密，秋季金黄，可作园林中的遮荫树，也是秋色叶树种，用作行道树。

沙棘 *Hippophae rhamnoides* L.

胡颓子科，沙棘属

识别特征 落叶乔木，常呈灌木状生长。高可达 8~10m，树皮褐色，老树黑褐色，幼枝银灰色被锈色糠秕状鳞片，多枝刺。单叶互生，条形或条状披针形，长 2~6cm，下面被银白糠秕状物。花单性异株，具短梗，均无花瓣而有香气。核果状浆果橙黄色，球形至稍扁球形。

主要习性 沙棘分布极广，我国内蒙古、河北、山西及西北、西南各地；中亚、西亚及东欧皆产，在华北地区多生于海拔 1 500m 以上，降至 800m 即生长不良。喜冷凉、抗干旱；喜光、耐半阴，在稀疏林内亦可生存；根系发达，有固氮菌，耐碱性强，能在 pH 值 9.0 碱地上生长，唯忌高温。

园林应用 园林中可以作为防护绿篱，或配于各地边缘以保持水土；专选雌株植为绿篱，秋季果橙黄直至次年春暖，草地丛植观赏银色叶背亦为佳景。

山茶花　*Camellia japonica* L.

山茶科，山茶属

识别特征　常绿灌木或小乔木。株高一般 3 ~ 4m。叶革质，暗绿色有光泽。花较大，多数着生枝顶，冬、春开花，有白、粉、红、紫等色。栽培品种繁多，按花型有单瓣、重瓣、半重瓣之分，按花期有早花、中花和晚花品种之别。

主要习性　原产我国，主要分布在浙江、江西、四川、福建、湖南、云南及安徽、胶东等地；日本、朝鲜的南部也有分布。性喜温暖、湿润气候，忌烈日暴晒，喜半阴，要求肥沃、疏松及排水良好的酸性土壤，pH 值以 5.5 ~ 6.5 最为适宜，生长期最适温为 18 ~ 24℃。

园林应用　山茶花为我国特产名贵花卉，植株形态优美，叶色翠绿，花朵大，色彩艳丽，园林中可丛植、片植，也可在花境、假山、草坪布置，尤其花期多在早春，给大地带来春装，深受世界园艺界的珍爱。

山拐枣　*Poliothyrsis sinensis* Oliv.

大风子科，山拐枣属

识别特征　落叶乔木。高可达 15m，树冠窄卵形。单叶互生，卵形至卵状椭圆形，长 8 ~ 15cm。花单性同株，圆锥花序顶生或少数腋生，雌花生花序上部，萼片 5，花瓣缺。蒴果卵状椭圆形，3 瓣（有时 4 瓣）裂；种子扁椭圆形，周围有窄翅。

主要习性　产陕西秦岭南坡、甘肃小陇山南部以南经四川、云南、贵州、湖北、湖南至广东、广西。多生于海拔 450 ~ 1 500m 湿润山地，常与多种山毛榉科落叶乔木混生，为群落伴生树种，较少自成群落，且天然更新差，在林缘可见幼树。

园林应用　树形端庄，树体整洁，叶大花香，在长江流域可植园林中观赏。

山核桃 *Carya cathayensis* Sarg.

别名 山胡桃

胡桃科，山胡桃属

识别特征 落叶乔木。树冠开张呈球形或扁球形，干皮灰白色而平滑。羽状复叶互生，小叶 5 ~ 7，椭圆状广披针形至长倒卵状广披针形，长 7.3 ~ 22cm，缘具细锯齿并有缘毛。雌雄异花，雄花序总状柔荑花序；雌花 1 ~ 3 生于小枝近顶部。核果卵球形或倒卵形，径 2.5 ~ 3cm，外果皮熟时 4 瓣裂。

主要习性 原产浙江西北山区与安徽东南山区。喜温暖湿润，但又不耐严寒与酷热；对土壤要求不苛，但要求排水良好，不耐黏重土质；忌烈日暴晒，稍耐半阴。寿命长达 200 余年，百年老树仍可正常结实。

园林应用 是浙江及安徽南部著名干果及木本油料，炒熟食用味甚香美。树形圆整，枝叶浓密，可作庭荫树或甬路行道树；秋季叶色金黄，丛植或片植供赏秋叶。

山黄皮　*Randia cochinchinensis* Merr.

茜草科，山黄皮属

识别特征　常绿小乔木或灌木。高 3～10m，偶有 15m 者，小枝硬挺，光滑。单叶对生，椭圆状长圆形至长圆状广披针形，长 10～15cm。聚伞花序与叶对生或生无叶节上，总梗粗壮，着花多朵，花冠黄白色，花冠筒短，裂片 4～5，为花冠筒 3～4 倍。浆果近球形，径 5～6mm，紫黑色。

主要习性　产我国西南及长江流域以南各地亚热带及热带地区，亚洲至澳大利亚热带亦广泛分布。多生于海拔 200～1 200m 低山山谷及河谷林中。喜光又耐半阴，好温暖和湿润，要求酸性土或中性土，不耐低温及干旱；耐修剪，萌发力强。

园林应用　四季常绿，花如栀子，白花绿叶十分可人，园林中可丛植于疏林外缘，或列植以分割景区。

山麻杆 *Alchornea davidii* Franch.

大戟科，山麻杆属

识别特征 落叶灌木。高约 3m，茎丛生，全体具白色乳汁。单叶互生，广卵形至近圆形，长 7~18cm，宽 6~18cm。雌雄异花，雄花序穗状，腋生，花密集，雌花序总状，顶生小枝端，均无花瓣。蒴果圆形，径约 1.5cm。花期 3~5 月，果熟 7~8 月。

主要习性 产我国河南太行山南坡、陕西秦岭南坡及以南至江南、西南各地；多生于海拔 1 000m 以下向阳山谷河滩堆积地上。稍耐半阴，喜湿润及温暖环境；根萌蘖力强；抗寒、抗旱性稍差。

园林应用 山麻杆嫩叶红艳如花，可持续 20~30 天，可作庭园观赏，宜植于常绿树前或绿色草地上，也可与黄色、白色花等早春花灌木配植一处，相互映衬，可收观赏佳效。孤植亦可增园景情趣。

山茉莉 *Huodendron tibeticum* Rehd.

安息香科，山茉莉属

识别特征 落叶乔木。高可达 20m，树皮红褐色，老后块状剥落，内皮灰青色，小枝细，淡褐色有条纹。叶互生，椭圆状卵形至卵状广披针形，长 6～10cm，脉两面凸起。伞房状圆锥花序顶生及近顶腋生，花白色而芳香，裂片反卷。蒴果广卵形，5 裂。花期 4 月。

主要习性 产四川、云南、贵州、湖南及广西，多在海拔 700～1200m 与常绿阔叶树混生，云南西部分布可高到 2000m 以上。喜温暖湿润气候，好生半阴而肥沃地。

园林应用 树体端正，干通直，枝叶茂密，白花有芳香，在江南可作遮荫树、行列树或孤植观赏。

山桐子　*Idesia polycarpa* Maxim.

别名　水冬　　　　　　　　　　大风子科，山桐子属

识别特征　落叶乔木。高 15m，树端直，树皮灰色、平滑。叶互生，广卵状心形，长 8 ~ 22cm，叶柄与叶近等长。花异株或杂性，圆锥花序顶生而下垂，花无花瓣，雄花黄绿色；雌花浅紫色，常有退化雄蕊。浆果红色，球形。

主要习性　产秦岭、伏牛山、大别山以南各地；日本及朝鲜亦有分布。多生于海拔 600 ~ 2000m 向阳平缓山坡。好肥厚土层，喜湿润而较耐旱，多在杂木林中混生，亦可自成小片纯林。耐寒性较强，北京可越冬。

园林应用　树冠圆整，层状分枝，雌株浆果熟时鲜红下垂可爱，可作庭荫树、行道树栽培，与其他树种混植，观赏黄色秋叶、红果。

山楂 *Crataegus pinnatifida* Bge.

别名 山里红

蔷薇科，山楂属

识别特征 落叶小乔木。树冠宽卵形，枝上有刺。叶互生，宽卵形至三角状卵形，两侧各有3~5羽状深裂片。伞房花序顶生，花白色，径约1.5cm。梨果近球形，红色，有宿存萼片。花期5月；9月果红。

主要习性 产我国东北、华北及华东北部，西北东部地区。多生于海拔1500m以下山地，常见与其他树木混交。喜光，耐旱，耐瘠薄，根系发达，萌蘖力强，但在肥沃、湿润而排水良好处生长更旺盛。

园林应用 园林中可作刺篱、树群丛栽或草地上孤植。亦可作园路行道树或庭荫树。果实含维生素很高，俗称山里红，为北方冬季常见果品，可加工成山楂糕片及果酱等；又为重要药物。

山茱萸 *Macrocarpium officinale* Nak.

山茱萸科，山茱萸属

识别特征 落叶小乔木。高可达 10m，树冠卵形。单叶对生，卵状椭圆形，长 5 ~ 12cm，侧脉 6 ~ 8 对。伞房花序具花 15 ~ 30，总苞黄色，花瓣细小，花蕊黄色而长出花瓣，先叶开花。核果红色，长椭圆形，长 1.5cm。花期 3 ~ 4 月，果熟期 9 ~ 10 月。

主要习性 产我国华中，陕西、甘肃、四川、山东、江苏及浙江。为我国特有。常生中低山海拔 400 ~ 2 000m 的阴湿溪谷河岸、杂木林内及林缘。喜湿润、肥沃、多腐殖质缓坡地，耐寒、耐旱，亦能在强光下和瘠薄地生存；萌发力强，可萌蘖更新。

园林应用 开花早，花密色黄，且又喜阴，早春赏花，深秋满树红艳，是多季观赏佳木。核果果肉为中药"萸肉"，为收敛、益气、补血和强壮剂，有健脾开胃、补肝肾、镇痛及治神经衰弱等功效。

省沽油　*Staphylea bumalda* DC.

省沽油科，省沽油属

识别特征　落叶灌木或小乔木。叶对生，复叶具3小叶，顶生小叶较大，不另具小叶柄，侧生两小叶较小而另具小叶柄，小叶椭圆形至卵状椭圆形，长3~8cm。圆锥花序顶生，花白色，芳香。蒴果膀胱状倒卵形，端2裂；种子倒卵状，坚硬而有光泽，米黄色。花期4~5月，果熟期9月。

主要习性　产东北南部至华中及长江中下游，多生于海拔1 000m以下低山山谷溪畔、路旁或稀疏次生林、灌木丛中。喜肥沃、湿润而排水好土壤，在湿润溪谷岩边石隙亦可生长，栽植于强光下、干旱而贫瘠地上也能忍受、生存。

园林应用　叶秀美而花芳香，蒴果奇特，可在园林中植于山石半阴面、山石路旁或林缘、池畔、小桥头或亭旁观赏。

十大功劳　*Mahonia fortunei*(Lindl.)Fedde.

别名　窄叶十大功劳　　　　　　小檗科，十大功劳属

识别特征　常绿灌木。最高可达2m。奇数羽状复叶互生，小叶5～9枚，窄披针形至披针形，厚革质，长8～15cm，端渐尖，基广楔近无柄，缘具刺状齿，叶脉凸起，总叶柄基部两侧各有一针形托叶。总状花序4～8集生于近顶部形成圆锥花丛，花小密集，萼片9枚，花瓣6枚，黄色。浆果近球形，熟时黑色而被白粉。

主要习性　原产长江流域，以四川、湖北、浙江为分布中心，各地多栽培，野生多在海拔1 000m以下低山区阔叶林林缘或林间空旷地。畏强光，好温暖、湿润和肥沃土壤，但有一定抗寒、抗旱能力；对土壤酸碱度无选择，都能良好生长。北方盆栽室内越冬。

园林应用　庭院中可于门内或窗下半阴处种植，在山石旁、粉墙下或其他树荫下种植赏四季常绿光亮之叶，秋季黄花和入冬黑果。全株还可入药。

十字架树　*Crescentia alata* H. B. K.

别名　叉叶树

紫葳科，葫芦树属

识别特征　小灌木，高 3 ~ 6m。叶簇生小枝上，长倒披针形至倒匙形，侧生小叶 2 枚，叶柄具阔翅。花 1 ~ 2 朵生于小枝或老茎上，花萼 2 裂达基部，淡紫色，花冠褐色，近钟状，具褐色脉纹，喉部膨胀成囊。

主要习性　产墨西哥至哥斯达黎加；我国广东、福建、云南等地作奇异树种栽培。喜温暖湿润气候及充足阳光，不耐寒，要求肥沃、疏松且排水良好的土壤。

园林应用　园林中作为奇花异木栽培，供观赏。

石斑木 *Raphiolepis indica* Lindl.

蔷薇科，石斑木属

识别特征 常绿灌木或小乔木。高 4m。叶互生，革质，集生枝顶，卵形、长圆形或倒卵形至长圆状披针形，长 2~8cm，缘具细钝锯齿。圆锥或总状花序，花白色或淡红色，花心橙红。果球形，紫黑色，径约 5mm。花期 4 月，果熟 8~9 月。

主要习性 产安徽南部、浙江、江西、福建、台湾、湖南、广西、广东及西南等地；日本及越南也分布。多生长于海拔 150~1 500m 向阳山坡、溪谷两旁、小路边或低山杂木林及灌丛中。喜光、耐旱，亦耐瘠薄土地，常自生于裸露的风化石隙。但要求温暖及空气湿度大的半阴环境，喜酸性土壤和中性土。

园林应用 石斑木能在裸露风化岩缝中生存，像石上斑点，故名石斑木；其叶集生枝端向外辐射着生，很似车轮，叶密形奇而花美，很适合园林栽培观赏。

石栎　*Lithocarpus glaber* Nakai

壳斗科(山毛榉科)，石栎属

识别特征　常绿乔木。树冠半圆形或广卵形，树皮青灰色，干具棱脊。叶长椭圆形、倒卵形或倒卵状椭圆形，长6～14cm。花单性，常雌雄同生一个花序，雄花生于上部。壳斗碟状或碗状，鳞片三角形；坚果椭圆形，端尖，被白粉，长1.5～2.5cm，翌年成熟。

主要习性　产长江流域以南地区，多生于海拔400～1 000m间阔叶林山地，有小片纯林或与马尾松、木荷、枫香、石楠等混交。喜光、耐干旱瘠薄土地，能生于石砾、瘠薄、风化不全的坡地。

园林应用　石栎枝叶茂密，树冠紧凑，四季常青，可以作庭荫树，也可丛植草地一隅或山坡与落叶树混植，若与枫香、乌桕间植，观赏秋色红绿相映，当别具情趣。

石榴 *Punica granatum* L.

别名 安石榴

石榴科，石榴属

识别特征 落叶灌木或小乔木。小枝有角棱，枝端常呈尖刺状。单叶对生，在短枝上有时成簇生。花鲜红色，单生或数朵簇生于枝顶及叶腋，花期夏季。果近球形，大型，有宿存萼。

主要习性 原产中亚，相传为汉代张骞出使西域引入，栽培已有2 000多年历史，现南北各地均有栽培。性喜温暖向阳，不择土质，在大气干燥地区亦生长良好；潮湿地结实较差；重瓣品种均难结实。

园林应用 石榴花果均可观赏，早在园林中栽培，古人吟咏诗词文章很多；果、叶、花均入药。

石楠　*Photinia serrulata* Lindl.

蔷薇科，石楠属

识别特征　常绿灌木或小乔木。枝密集丛生。叶长椭圆形至倒卵状椭圆形，幼叶红紫色。花序顶生复伞房状；小花白色，径 6～8mm。梨果红色。花期 5～7月，果熟期10～11月。

主要习性　产我国秦岭以南各地；日本至印度尼西亚亦分布。多生于中山地带杂木林中。喜光，耐半阴，好温暖亦较耐寒，短期低温 –15℃亦可安全度过；要求湿润、肥沃而不积水的土壤和空气湿度高的环境条件。

园林应用　可作建筑基础栽植，绿篱和整形栽植，老叶四季常青，嫩叶不断萌发，都是红紫色，秋季红果美丽。木材是雕塑用材，根、叶入药，种子榨油，可制皂烛。

柿 *Diospyros kaki* L. f.

柿树科，柿属

识别特征 落叶乔木。高可达 15m，树冠半圆形。叶卵状椭圆、广椭圆形至倒卵状广椭圆形，长 6～18cm。雌雄异株，花冠黄白色，钟状，4 裂片，雄花多呈聚伞花序，雌花单生，均生叶腋，雄株极少见。浆果卵圆形或扁圆形，因品种而异，径 2.5～10cm，鲜黄或橙黄至红色，有宿存萼片。花期 5 月，果熟 10 月。孤雌结实。

主要习性 原产中国，分布极广。北方型柿较耐寒、耐旱；南方型不耐寒、耐旱，果皮薄，但果型小。柿树喜光，要求土壤深厚、排水好。

园林应用 柿子深秋叶色转红，满树红艳；入冬叶落而果仍悬枝上，直至 11 月底仍可观赏。庭院中作庭荫树，既可遮荫，又能观赏，还可收果食用。园林中可以作园路行道树。

鼠李 *Rhamnus davurica* Pall.

鼠李科，鼠李属

识别特征 落叶大灌木或小乔木。高可达10m。单叶近对生或簇生短枝顶端，广椭圆形或卵状椭圆形至倒卵状椭圆形，长4~12cm。雌雄异株或杂性，伞形花序腋生成簇，花黄绿色。核果近球形，熟时由紫红变黑紫色。

主要习性

产东北及华北各地、陕西、甘肃、四川、湖南、湖北及河南等地；朝鲜、蒙古及俄罗斯远东地区也有分布。天然生长于海拔1 200m以下山坡、沟谷的灌丛及杂木林中。喜光亦较耐阴；好湿润而肥沃土壤，但亦能耐干燥瘠薄土地。深根、须根发达。

园林应用 枝叶繁茂，叶色浓绿而落叶晚；秋季果熟由绿变红而后转黑，是各种鸟类喜食树种，可以招引鸟类。园林中可作坡地保护水土栽植材料，或分隔景区高篱树种，秋果剪切插瓶观赏。

树番茄 *Cyphomandra betacea* Sendt.

茄科，树番茄属

识别特征 小乔木或有时灌木。高 2 ~ 3m，茎上部分枝，枝密生短柔毛。叶片卵状心形，长 5 ~ 15cm，宽 5 ~ 10cm，互生。聚伞花序腋生，花萼辐射状，5 浅裂，花冠喇叭形，为萼长 2 倍，冠径 1.5cm，粉白色。浆果橙或橙红色，多汁液，可食，外表光滑，味如番茄。

主要习性 原产南美洲的秘鲁，现世界热带及亚热带地区均有引种栽培。性喜温暖湿润气候，要求充足光照，亦耐半阴，在肥沃、深厚及排水良好的沙壤土中生长快，结果多；不耐寒，冬季应保持土壤干燥，气温不要低于10℃。

园林应用 从夏季至冬季开花结果，我国北方在温室内种植，观叶赏果。

双盾果   *Dipelta floribunda* Maxim.

忍冬科，双盾果属

识别特征   落叶灌木。有的可长成小乔木，高可达 6m，通常数干丛生，高 3m 许。单叶对生，卵形至卵状椭圆形，长 4～10cm。花 4～6 朵集生呈伞房状，生小枝顶及近顶，每花具 2 枚大苞片，花冠白色或浅粉红色；花后两苞片随果发育呈盾形翅，将果夹于其中。花期 4～6 月，核果 9 月熟。

主要习性   产甘肃、陕西、四川、湖北及河南西南部。多生于海拔 700～2000m 山地杂木林下或河谷溪边。喜湿润、半阴，不耐干旱。

园林应用   园林中可丛植于稀疏林下或池塘、溪旁观赏花及奇异盾形苞片。

水柏枝 *Myricaria bracteata* Poyle

别名 水桎柳　　　　　　　　　　柽柳科，水柏枝属

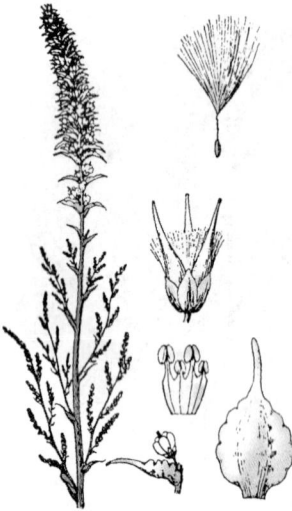

识别特征 落叶灌木。高2～3m，干丛生，老枝棕红色，嫩枝细弱，粉绿色。叶互生，鳞片状，无柄。总状花序顶生，常多数集生成穗，花瓣粉红至紫红色，5瓣，花丝中部以下连合。蒴果3瓣裂，种子具有柄的白色簇毛。

主要习性 产河北、山西、内蒙古、陕西、宁夏、甘肃、新疆、青海、西藏、云南及四川。多生干燥河谷冲积沙滩及山谷口扇形堆积滩地及河岸。喜湿、耐旱，常因山洪堆埋后自行萌发。

园林应用 枝叶犹如柏枝，花繁色艳，可作河岸栽植，河坡护岸保持水土；花枝可作切花插瓶观赏。枝皮可提鞣料。

水青冈 *Fagus longipetiolata* Seem.

壳斗科(山毛榉科)，水青冈属

识别特征 落叶乔木。树干端直，树冠卵形，分枝高，树皮平滑，老后显粗糙。叶互生，薄革质，卵形至长卵形，长 6 ~ 15cm，缘具疏锯齿，侧脉 9 ~ 14 对直达齿端，叶柄长 1 ~ 2.5cm。花单性同株，雌花 1 ~ 3 生总苞内。坚果三角状卵形，具 3 棱脊。又名山毛榉。

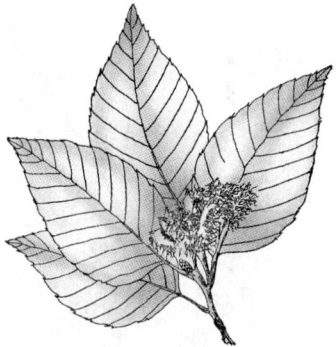

主要习性 产陕西南部，湖北、四川、贵州、云南、湖南、江西、安徽南部、浙江、福建及广西、广东北部山区。喜温暖、潮润气候，分布区多在海拔 300 ~ 1800m 平缓坡地及沟谷滩地。喜光，常与阔叶林混生，在陕南巴山地区及川北相交山区多有纯林。

园林应用 树形端整，秋叶鲜黄，是长江流域观赏秋色叶的好树种，可以考虑用作道路树或行列树栽植，也可孤植或群植，若与松杉类混植，观赏秋景也很相宜。

水翁 *Cleistocalyx operculatus* (Roxb.) Merr. et Perry

别名 水榕   桃金娘科，水翁属

识别特征 常绿乔木。高 15m，树皮灰褐色，嫩枝略带四棱。叶对生，薄革质，两面多腺点，长圆形至椭圆形，网脉明显。圆锥花序侧生，小花白绿色，花萼筒钟状，花瓣合生，花期 5～6 月。浆果球形，熟时紫黑色。

主要习性 产我国广东、广西、云南；越南至印度，马来西亚、印度尼西亚及大洋洲亦有分布。性喜温暖、高温，要求阳光充足，在水边沙质土壤上生长良好。

园林应用 为固堤和防风植物材料，园林中可于水边种植观赏。果熟时味甜可食，花、树皮和叶片供药用。

水杨梅　*Adina rubella* Hance

别名　水杨柳　　　　　　　茜草科，水团花属

识别特征　落叶或半常绿丛生灌木。单叶对生，卵状椭圆形至披针形，长3~4cm。头状花序单生或2~3顶生或近顶腋生，花小，花冠紫红色。蒴果。花期6~7月。

主要习性　产秦岭南坡及长江流域各地，多生中低山谷溪河及池畔。喜光、好湿，在半阴处亦生长良好，耐水淹而忌干旱，有一定抗寒性。

园林应用　水杨梅枝纤细而丛生铺散，叶狭长而油绿光亮，花期紫红呈球，花蕊伸出奇丽可赏，为池畔、溪边和河滩种植欣赏好材料，在湿地或台地低处种成绿篱或花境，亦属佳选。根花入药，枝干皮纤维可代绳索及造纸。

四照花 *Dendrobenthamia japonica var. chinensis* Fang

山茱萸科，四照花属

识别特征 落叶小乔木。高可达 8m，树皮灰褐色，浅纵裂，枝红褐色，嫩枝绿色并被白色平伏柔毛。叶对生，卵形至卵状椭圆形，长 6 ~ 15cm。头状花序球形，有 4 枚总苞片白色耀眼，卵状。果序球形，红色，径约 2.5cm。花期 5 ~ 6 月，果熟 9 月。

主要习性 产山西中条山、河南太行山、陕西、甘肃、四川及长江流域各地。多生于 800m 以上湿润山谷及平缓山坡。好半阴、湿润，忌强光暴晒。

园林应用 四照花苞片大而色白耀眼，初秋聚合果红艳可爱，深秋叶色变红可赏。宜在园林中植于树丛之间，或池畔大树之旁。果味甜可食。

松毛翠　*Phyllodoce caerulea*（L.）Babington

杜鹃花科，松毛翠属

识别特征　常绿小灌木。茎常平卧，多分枝，高 10 ~ 30cm。叶互生、密集，硬革质，条形，近无柄，边缘具细齿，常外卷，两面光滑，深绿色。伞形花序顶生，有花 2 ~ 5 朵，花梗细长，常红色，密被腺毛，花冠卵状壶形，红色或堇紫色，檐部 5 裂，花药亦为紫色，花期 6 ~ 7 月。蒴果近球形，果期 8 月。

主要习性　分布于我国内蒙古、吉林、新疆等地，生亚高山草原；朝鲜、日本、前苏联及北欧、北美亦有。性耐寒，喜湿润，夏季通风凉爽，要求一定阳光照射。

园林应用　松毛翠可供盆栽观赏，北方寒冷地区可露地种植。

溲疏 *Deutzia scabra* Thunb.

虎耳草科，溲疏属

识别特征 落叶灌木。树皮薄片状剥裂，小枝暗红褐色，幼时具星状毛。叶卵形，两面都有星状毛。聚伞状圆锥花序生小枝顶端，花蕾外红色晕，花开后白色，花瓣5片，稍有香气。初夏开花。蒴果近球形，顶端平截。

主要习性 原产我国长江流域至河北、山东、山西等地；日本亦有分布。喜光，能耐半阴，抗寒，抗旱，多生山野灌丛中，对环境适应力强。

园林应用 花繁素雅，适应性强，是园林中配植山石、林缘、草地及花篱的好材料，也可作岩石园材料和插瓶切花。

酸豆　*Tamarindus indica* L.

豆科，酸豆属

识别特征　常绿乔木。干皮灰黄色有云斑。偶数羽状复叶，小叶 7 ~ 20 对，椭圆形，长 1.5 ~ 2.5cm。总状花序顶生，花冠黄色而有深红色条纹，花径约3cm。荚果革质，扁条形，长 6 ~ 16cm，熟时黄褐色，常卷曲。花期 5 月，果熟期翌年 1 ~ 2 月。

主要习性　原产非洲中部，我国四川西南部的西昌、德昌、盐边、会理、米易、攀枝花、会东，云南金沙江河谷及西双版纳、保山、龙陵与滇南各地，广东和广西南部、海南、台湾、福建都有栽培。喜光、耐旱，不耐霜寒，在瘠薄地上常成灌木状丛生。

园林应用　树大荫浓，是很好的行道树和庭荫树。嫩叶可食，炒、拌均可口，故又称菜树；荚果味酸甜，可煮水作夏季消暑饮料，为云南特产。

梭罗树　*Reevesia pubescens* Mast.

梧桐科，梭罗树属

识别特征　常绿乔木。高可达20m余。单叶互生，椭圆状卵形至长椭圆形，长9～12cm，下面密被黄色星状毛。聚伞花序顶生，花瓣白色至淡粉红色，5片，长匙状。蒴果梨形或倒卵形，长2.5～4cm，具5棱，具长柄，密被黄褐色毛，5瓣裂；种子扁，一侧有翅，连翅长约2～2.5cm，每室有2种子。

主要习性　产我国四川南部、重庆、贵州、云南、广东、广西、海南各地；印度及东南亚各国。要求向阳、肥沃而深厚土壤，忌积水。

园林应用　初夏盛花期间满树白色至浅粉红色花，极显壮丽，且枝繁叶茂，植于庭院观赏或于园林丛植均甚相宜。

太平花 *Philadelphus pekinensis* Rupr.
别名 北京山梅花

虎耳草科，山梅花属

识别特征 落叶灌木。干皮栗褐色，薄片状剥离，小枝紫褐色，铺散或下垂。单叶对生，卵状椭圆形，基部三出主脉明显。花序总状，花5~9朵，乳白色有清香气，花期初夏。蒴果4瓣裂，种子细小。

主要习性 原产我国，分布于华北、西部地区；朝鲜也有分布。多生于海拔800m以下的稀疏林地和阴坡灌丛中。耐半阴性树，能耐强光，要求缓坡排水良好而腐殖质多的土壤，能耐旱和轻碱地。

园林应用 因该种花繁、洁白、有清香，适应性强，且正值春花已过的夏初开花，因而园林中应用很广，可筑台栽植，也可栽在草地一隅，或窗前、廊下、假山石旁作孤植、群栽，亦可栽成花篱或稀疏林下，花枝也可剪作切花插瓶。

唐棣 *Amelanchier sinica* (Schneid.) Chun

别名 扶移、红栒子 　　　　　　蔷薇科，唐棣属

识别特征 落叶小乔木。树冠伞形至广卵形，树皮暗红褐色，枝稀疏，小枝细长。单叶互生，卵圆形至长椭圆形，长 4~7cm。总状花序下垂，多花，花瓣细长，5 片，白色，具香气。梨果近球形，蓝黑色，萼片宿存，花期 5 月。

主要习性 自山东南部、河南王屋山、山西中条山、陕西秦岭、甘肃小陇山以南迄长江流域。多生于海拔1000~1200m 间的杂木林中。喜光，能耐半阴，喜肥沃、湿润土壤，不耐水涝。

园林应用 开花繁密，花穗低垂，白花细瓣并有香气，故多有栽培，借以赏花。植于树丛之中，草地一角，庭前空地，廊、轩一侧，随处皆宜。果甜多汁，可鲜食及制果酱，树皮入药止痛化瘀。

桃 *Prunus persica* (L.) Batsch

薔薇科,李属

识别特征 小乔木。叶广披针形或卵状椭圆形,长 7 ~ 15cm。花单生,常临近 2 ~ 3 朵呈簇生状(即所谓勾2,勾3),花瓣 5,径约 3cm,粉红色,先叶开放。核果卵形,顶部稍偏斜,果肉肥厚,外被密绒毛。

主要习性 原产我国,华北南部、华中、华东及西南、西北东南部普遍分布,全国各地多有栽培。喜光、好肥沃湿润而排水良好壤土,耐旱忌涝,在高温高湿地区易患流胶病;有一定耐寒力,在 −25℃ 条件可以越冬。

桃金娘 *Rhodomyrtus tomentosa*(Ait.)Hassk.

桃金娘科,桃金娘属

识别特征 常绿灌木。高1~2m,嫩枝密被灰白色柔毛。叶对生,革质,椭圆形或倒卵形,叶面光亮无毛,背面有灰色绒毛。聚伞花序腋生,有花1~3朵,花先开为白色,盛开后为玫瑰红色,径2cm,有长梗,花期5~8月。浆果长圆形至卵形,径约1.5cm,熟时紫黑色,果期8~9月。

主要习性 原产我国华南及东南亚各国。性喜温暖湿润及向阳之地,要求酸性土壤,可在红黄壤土上生长,较耐旱。

园林应用 桃金娘株形紧凑,四季常青,花较大,色艳丽,花期长达1个月,果色由红变为紫黑,在我国长江以南可丛植、片植或于草坪边缘、坡地种植。北方盆栽。其果实酸甜可食,供制果酱、果酒;全株入药,根还可提取黄色染料,木材可做器具及供雕刻。

桃叶珊瑚　*Aucuba chinensis* Benth.

山茱萸科，桃叶珊瑚属

识别特征　常绿灌木。高不超过 3m。叶对生，窄椭圆形至卵状、倒卵状椭圆形，长 10 ~ 20cm。雌雄异株，花杂性或单性，圆锥花序顶生，雄花序由总状花序集成，花瓣紫色；雌花序由伞房花序集成，花瓣红色。核果熟时红色，椭圆形，长约 2cm。

主要习性　产我国长江流域及以南地区，陕西秦岭南坡即有野生，长江流域各地园林中普遍栽培。野生者多在海拔 800 ~ 2000m 湿润林下生长，喜荫、忌晒，要求富腐殖质的肥沃土壤，最低温度不低于 -5℃ 即可正常生长发育。华北干旱而寒冷，只能盆栽。

园林应用　园林中可植于林中荫蔽处，观赏常年光亮绿叶及深秋红果，亦可植于庭院房后窗下观赏；盆栽可较长时期置厅堂或书房观赏，红果 9 月中下旬直至次年 3 月始落。

甜槠 *Castanopsis eyrei* (Champ.) Thtch.

壳斗科(山毛榉科)，栲属

识别特征 常绿乔木。树冠广卵形。叶卵形、长卵形、长椭圆形，革质，长 5 ~ 13cm。雌雄异花，雌花序直立，长约 10cm。壳斗(果苞)广卵形，外被刺，内具一坚果呈广圆锥形，径 1 ~ 1.5cm。

主要习性 沿长江流域以南各地产，多分布于海拔 300 ~ 1800m 山地沟谷、滩地漫坡，山脊或土层浅薄处虽能生存，但仅为伴生树，山前缓坡及谷地则常占优势并成建群种，也有纯林。亚热带树种，喜温暖，好光照，深根性，忌积水，有较强萌发力，耐一定干旱。

园林应用 甜槠树冠圆整，枝叶稠密而荫浓，且寿命长达百年以上，叶上面深绿而有光泽，下面常呈灰白色，轻风翻动绿白相间，可增景色。其坚果仁味甘可食，树皮、壳斗是栲胶原料。

贴梗海棠 *Chaenomeles speciosa* (Sweet) Nakai
[*C. lagenaria* Koida.]

别名 皱皮木瓜、铁角梨 蔷薇科，木瓜属

识别特征 落叶灌木。枝干丛生，开张而柔软，枝有刺。叶椭圆形至长卵形，托叶膨大呈肾形至半圆形，长 3～9cm，叶缘有不规则锐齿。花簇生，先花后叶，或与叶同放，猩红色、橘红色或淡红色，亦少有白色者，花瓣 5 片。梨果卵形或球形，黄色而有香气，几无梗。

主要习性 产我国西部及南部，各地栽培，国外也广为引种栽培。性喜阳、耐寒、耐旱，好在湿润、肥沃与有机质多、排水好的土壤上生长。

园林应用 本种花色艳丽，花多而密，无论先花后叶、花叶同放均极美观。在门旁对植、中庭单栽或种成花篱，或坡地石级一旁、假山石间，均可收到好的观赏效果。用以制作盆景或切花，也是很好的材料。果熟采摘后放置案头，久香不散，入药为木瓜正品。

铁仔 *Myrsine africana* L.

紫金牛科，铁仔属

识别特征 常绿灌木。高可达 2m，干直立，枝多棱角并被锈色柔毛。叶互生，近无柄，椭圆状卵形或倒卵状椭圆形，长 1～3cm，上部具刺状细齿。花单性异株，腋生成簇。核果球形，径约 3～5mm，熟时由绿转黄后变紫黑色，稍被白色蜡粉。

主要习性 产长江流域及以南地区；东南亚及印度到东非均有分布。自然分布区多生于海拔 800m 以下低山山坡、路旁、阳坡林缘或稀疏林下。云南、西藏则可升至海拔 1500～2200m 山地。喜光而耐半阴，好肥沃而深厚土壤，但也能在瘠薄风化沙岩上生存；要求空气潮湿，又可适应有伏旱地带。

园林应用 铁仔株型矮小，生长缓慢，花色白而繁，如抛撒在上的碎米粒，故别名碎米棵。可作山石缝隙栽植，也可作矮绿篱用，或配于登山石级转角；若作盆栽置于阳台欣赏。

通脱木　*Tetrapanax papyrifer*(Hook.)K. Koch

别名　木通树、通草木　　　　　　五加科，通脱木属

识别特征　常绿灌木或小乔木。地下具匍匐茎，植株高2~5m。单叶掌状分裂，裂片7~12枚；大型，直径50~70cm，叶柄长可达30~50cm；表面深绿，背面满布白色星状毛及柔毛。花序圆锥状，长约50cm，花黄白色，花小，花瓣4~5枚。花期夏季。

主要习性　产我国秦岭以南各地。生山坡向阳肥厚土上。喜湿润、肥沃土壤，不甚耐寒，淮河流域以南可露地越冬。近年，在北京避风向阳小环境中引种栽培成功，但地上茎叶冬季枯萎，次春再发，呈多年生宿根草本状。

园林应用　本种四季常青，枝叶繁茂，多集生茎顶，叶大，背面白色，绿白分明，花序特大，植成树群，甚为别致。茎髓轻软色白，即中药"通草"，又是多种工艺品材料。

铜钱树　*Paliurus hemsleyanus* Rehd.

鼠李科，马甲子属

识别特征　落叶小乔木。高可达 12m。单叶互生，宽卵形至近圆形或有时卵状椭圆形，长 4~10cm，缘有细钝齿至圆齿，基部三出主脉，托叶刺有时多生于壮枝上。聚伞或聚伞状圆锥花序，聚伞花序多腋生，聚伞状圆锥花序皆顶生，花浅黄色。核果具宽翅，草帽状，顶部稍凸起，基部萼宿存膨大，熟时红褐色，连翅径 2~4cm，形如紫铜钱。花期 5~7 月，果熟期 9~11 月。

主要习性　产甘肃东南、陕西南部至长江流域以南各地。喜光亦稍耐半阴，不择土壤，耐干旱但喜湿润；萌芽力强，可萌芽更新。

园林应用　铜钱树分枝密而有刺，是防护绿篱好材料；果形奇特犹如铜钱，园林中可零星种植观赏奇异铜钱之果。

土沉香　*Aquilaria sinensis* (Lour.) Gilg

瑞香科，沉香属

识别特征　常绿小乔木。高 5～15m，小枝细。叶革质，叶面及叶背均有光泽。花序被细小柔毛；花序伞形顶生或腋生，小花细小，黄绿色，有香味，花期 5 月。果为木质蒴果，下垂，淡绿色，种子褐色，熟后脱落，有丝状物与果瓣相连，果期 7～8 月。

主要习性　产广东、广西、福建、台湾等地。喜温暖湿润气候，要求土壤疏松且排水良好。喜光。

园林应用　本种树形美观，叶色浓绿光亮，花具芳香，果形奇特，有较高观赏价值。土沉香为我国特产珍贵药用植物。其树干或根部损伤分泌的树脂可做中药或香料。

陀螺果　　*Melliodendron xylocarpum* Hand. – Mazz.

安息香科，鸭头梨属

识别特征　落叶乔木。高可达 25m，树皮灰褐色。叶长椭圆形至椭圆状广披针形，长 8 ~ 18cm，缘齿细密，下面有星柔毛。花单生 2 年生枝叶腋，花瓣白色，径 5 ~ 6cm，基部联合，裂片 5，长圆形，被柔毛。核果陀螺状，径 2.5 ~ 3cm，长 4 ~ 5cm，有 10 数纵肋，靠顶部另有萼檐遗痕，全果酱褐色。先叶开花，果熟期 10 ~ 11 月。

主要习性　产四川、云南、贵州、湖南、湖北、江西、福建、广东、广西等地。喜光，好湿，深根性速生树种，能耐半阴，忌干旱、瘠薄土地。

园林应用　园林孤植或于常绿阔叶树间混植均可观赏，花大色白，春季开放满树白花，核果奇特，基部与果梗楔形相连，酷似鸭头而色黄褐似沙梨，故又称"鸭头梨"。

猬实 *Kolkwitzia amabilis* Graebn.

忍冬科，猬实属

识别特征　落叶灌木。株高可达4m，老枝皮撕裂剥落，枝梢拱曲下垂。单叶对生，广卵形，两面具毛。伞房状圆锥花序顶生；每小伞房花序有2花，并生1个总梗上；花冠粉红色至玫瑰红色，5裂片不等大。核果状瘦果，外密被刚硬刺毛。

主要习性　我国特产，分布于陕西、四川、山西南部、湖北、河南，多野生。世界各国广为栽培。耐半阴，喜光、抗寒、抗旱、避高温；生海拔600~1000m山地灌丛或林缘，好湿润肥沃及排水良好土壤。

园林应用　猬实花密色艳，开花期正值初夏百花凋谢之时，故更感可贵，夏、秋全树挂满形如刺猬的小果，亦属别致。园林中植成花篱，花期犹如花球托于盘上，景观极为壮丽；也可盆栽欣赏或作切花亦佳。

文冠果 *Xanthoceras sorbifolia* Bge.

别名 文官果、文冠花、崖木瓜　　无患子科，文冠果属

识别特征 落叶灌木或小乔木。奇数羽状复叶互生。总状或圆锥花序顶生和腋生，花白色，杂性，花瓣里面基部有黄色或红色条纹斑。蒴果大，木质，卵圆形或圆形，种子黑褐色。

主要习性 分布于东北西南部至华中地区，生于海拔 500 ~ 1000 m 间低山丘陵、黄土高原沟壑区。喜光，耐半阴，抗寒，耐旱，耐盐碱，忌水涝，根深多萌蘖。

园林应用 花密，花期可达 20 天左右，可植庭园观赏，或种于草地、池边，也可作切花。文冠果栽培类型很多，有粉花、黄花、红花及重瓣等，主要是花瓣上条纹引起花色变化。种子油可食。

蚊母树 *Distylium racemosum* Sieb. et Zucc.

金缕梅科, 蚊母树属

识别特征 常绿乔木。树冠不规整开张。单叶互生, 倒卵状长圆形至椭圆形, 长 3 ~ 7cm。总状花序具星状毛; 缺花瓣, 雄蕊花药红色。蒴果卵状椭圆形, 密生星状毛。

主要习性 产我国东南沿海及朝鲜、日本。多生低山丘陵的阳坡、半阳坡, 喜土层深厚、气候温暖及潮湿条件, 对土壤要求不严, 但要求排水好不积水的地方。抗烟尘能力强, 耐修剪。适应性强。

园林应用 由于枝叶茂密, 四季常青, 抗性强, 抗有害气体, 故宜作工矿道路绿篱, 建筑基础栽植, 也是庭前、草地整形栽植材料。木材坚硬致密, 可供雕刻细工及工艺品用材, 树皮含单宁丰富, 为鞣料工业原料。

乌桕 *Sapium sebiferum* Roxb.

大戟科，乌桕属

识别特征 落叶乔木。树高可达 18m，树冠圆形；树皮灰青色，全体具乳汁。单叶互生，菱形至菱状卵形，长 5～8cm。雌雄同株而异花，同穗或异穗，花无花被。蒴果梨形或球形，熟时黑色。

主要习性 产我国，广泛分布于秦岭南坡、淮河以南广大地区，河北南部、山东等地有栽培。自然生长多在海拔 1000m 以下向阳山坡，在云南、广西可升至 1500m 上下。喜温暖湿润条件，能抗 -10℃短时低温。对土壤要求不严，pH 值 5～8，含盐量 0.3% 以下均能生存，并可经 20 天积水不致受涝。生长快，寿命可达百年以上。

园林应用 可成片栽植或与常绿树混栽，为重要观赏秋色红叶树种；冬季落叶后，蒴果开裂露出白色包被蜡层的种子，在常绿树衬映中犹如白花簇簇，亦甚可人。

无患子　*Sapindus mukorossi* Gaertn.

无患子科，无患子属

识别特征　落叶乔木。树冠广卵形至扁圆状伞形。偶数羽状复叶互生，小叶8~14，卵状披针形，长7~15cm。顶生圆锥花序，花具两性或杂性，缺花瓣，萼黄绿色至浅紫色。核果近球形，熟时黄色至橙黄色，径约1.5~2cm，种子1枚，黑色而有光泽，球形，径约1cm，木质坚硬。花期5~6月，果熟期10~11月。

主要习性　产我国陕西南部，沿汉水至长江流域各地，西南及华南；直至东南半岛，日本有分布。多生于低山丘陵地区。喜光亦耐半阴，好温暖湿润，耐寒性稍差。对土壤适应力强，从微酸土至钙质土均能良好生长。深根性，要求深厚土层，忌积水，稍耐旱。抗二氧化硫及氯气。

园林应用　无患子树冠广阔而圆整，树姿婆娑，荫浓稠密，秋叶金黄，适作庭荫树和行道树。果肉富皂素，为极好的洗涤剂，种子黑亮，俗称菩提珠。

吴茱萸 *Evodia officinalis* Dod

芸香科，吴茱萸属

识别特征 落叶乔木。有时呈灌木状丛生，高可达 12m，树冠伞状。奇数羽状复叶对生，小叶 5 ~ 15，卵状椭圆形，长 5 ~ 12cm。顶生聚伞状伞房花序，雌雄异花，雌花略大，花瓣白色，花期 6 月。果熟时由绿变红后变暗紫色，果熟期 9 ~ 10 月。叶经霜变鲜黄色或红色。枝叶及树皮均有松节油及花椒气味。

主要习性 产长江流域中下游及以南地区。喜光而稍耐阴，喜生海拔 1200m 以下湿润而温暖的丘陵坡地、沟谷口或冲积滩地。适应性强。

园林应用 夏初整个花序径约 15 ~ 20cm，白花成团；入秋果熟红艳衬于绿叶丛中，相当耀眼；深秋叶色通常全黄，且树皮平滑而呈灰色，极显整洁。园林中可行列种植，也可配于亭旁、溪畔或桥头。果入药有祛寒、散风、止痛、解毒及祛虫疗积之效。

梧桐 *Firmiana simplex* W. F. Wight

别名 青桐

梧桐科，梧桐属

识别特征 落叶乔木。树干端直。叶大，掌状 3～5 裂，叶柄长，叶互生。圆锥花序近顶生，花单性，同株，无花瓣。果熟时开裂，成 5 枚舟形果瓣；种子圆球形，表面具皱纹，着生于果瓣边缘。

主要习性 原产我国，南北各地普遍栽培；日本也有分布。喜光，好温暖、湿润气候，抗寒性稍弱，尤对干冷不适应。深根性肉质根，忌涝，不耐盐碱。

园林应用 梧桐干直，皮绿而光洁，分枝有序，旧时文人多植梧桐以表志标心，宣示自己耿直、清白。与芭蕉、竹子等配植，是我国传统民族风格。它发芽晚，但落叶早，被认为是临秋的标志，"梧桐一叶落，天下皆知秋"。可以作行道树、庭荫树或草地孤植。

五翅莓 *Agapetes serpens*(Wight)Sleumer

别名 匍匐树萝卜　　　　　　　　杜鹃花科，树萝卜属

识别特征 附生灌木。常绿，高可达1m，枝下垂，密生黄棕色刚毛。叶互生，2裂，革质，绿色，披针形至长椭圆形，边缘疏生细锯齿，长约1.5cm。花单生或2～3朵簇生叶腋，下垂，花萼近钟状，裂片披针形，5裂至中部，花冠筒状，长1.2～2.8cm，鲜红色或橙红色，上有明显"V"形纹，先端5浅裂，花期2～6月。浆果球形，具5条纵翅，果期7～11月。

主要习性 原产我国西藏南部，附生于海拔1200～2400m常绿阔叶林中树上或岩石上，印度、尼泊尔、不丹、锡金也有。喜温和湿润气候，不耐强光照射，需半阴条件，最低气温为5～18℃，要求较高空气湿度和酸性及排水良好土壤。但不喜过高温度。

园林应用 可用于悬篮栽植，观赏成串的红色花朵，十分秀丽。

五色椒　*Capsicum annuum* Linn. var. *cerasiforme* Irish [*C. frutescens* Linn. var. *cerasiforme* Bailey]

别名　朝山椒、观赏椒　　　　　　　茄科，辣椒属

识别特征　短命多年生草本或小灌木，常作一年生栽培。株高 30 ~ 50cm，茎基部木质化，多分枝。叶互生，卵形或长圆形，有柄。花由叶腋单生或枝梢聚生，花小白色，花期 6 ~ 8 月。浆果，果实尖顶向上直立或稍斜出，果径 1.2 ~ 1.5cm，成熟过程中由绿变白转呈黄、橙、红、紫、蓝等色，果实有卵形、球形或扁球形等。果期 8 ~ 10 月。

主要习性　原产南美洲，现已广泛栽培。性喜温暖气候，要求光照充足及肥沃、湿润土壤，不耐寒。

园林应用　五色椒为优良观果植物，常作花坛配置材料，还作道路旁镶边材料，盆栽观赏，效果良好。可作调味品，全草入药。

五色梅 *Lantana camara* Linn.

别名 马缨丹、七变花　　　　　　马鞭草科，马缨丹属

识别特征 常绿直立或半藤本灌木。株高 1～2m，茎四棱，无刺或有皮刺，全株有强烈气味。叶对生，表面粗糙多皱，卵圆形，缘有齿。花密集成头状，顶生或腋生，具小花 20～25 朵，花萼小，花冠粉、红、黄、橙红色，长约 1cm，花几乎全年都有，盛花期在夏季。果球形，熟后紫黑色。

主要习性 原产美洲热带。现我国海南、福建、台湾、广东、广西、四川西南部等地均有逸生。性喜高温、高湿和阳光充足环境，耐干旱，不耐寒，适应性强，耐尘，择土不严。

园林应用 五色梅因花期长，适应性强，园林中常丛植、地被覆盖和供作绿篱，也可用于草坪中点缀，或种植在山石旁。北方盆栽作室内布置或花坛中摆放。全株还可入药。

舞草　*Codariocalyx motorius* Ohashi

豆科，山蚂蝗属

识别特征　落叶灌木。高约 1.5m，茎黄褐色有棱起，平滑无毛。三出复叶，有时为单叶，顶生小叶大，长卵形至卵状椭圆形，长 5.5~12cm，侧生小叶小，条形或长椭圆形，仅长 1~2.5cm。花序顶生及近顶腋生多数总状花序集成圆锥花丛，长可达 20cm 余，花冠紫红，蝶形，花期 7~8 月陆续开放。荚果条形，长 2~5cm，具 5~9 节，果熟期 10~11 月。

主要习性　产我国四川、湖北、湖南、江西、贵州、云南、福建、台湾及华南等地。越南及东南亚各地和印度、孟加拉国、斯里兰卡都有分布。多生于温暖而湿润的丘陵及山谷口处灌丛或林缘；海拔高自 700~1600m。耐旱、耐瘠薄，喜光，亦稍耐半阴。

园林应用　舞草叶柄基部略膨大成节，在光线暗淡时叶片回转运动，因而称为"舞草"。

西府海棠 *Malus micromalus* Mak.

别名 海棠花　　　　　　　　蔷薇科，苹果（海棠）属

识别特征 落叶小乔木。树干及主枝直立，小枝纤细，紫红色后变黄褐色。单叶互生，椭圆形至长椭圆形，托叶线状披针形。伞形总状花序着花4~7朵生枝顶，花瓣粉红色至浅玫瑰红色，多为5片以上半重瓣或重瓣。梨果小，近球形，红色。

主要习性 产华北及西北，现各地多栽培。喜向阳、湿润，好肥沃而排水好的沙壤土，耐寒，耐旱。

园林应用 因春花艳丽，秋果艳红而观赏价值高，常于庭院门旁或亭、廊两侧种植，也是草地丛植和假山、湖石配植材料，盆栽赏花亦佳。

喜花草　*Eranthemum pulchellum* Andr.〔*Eranthemum nervosum*(Vahl)R. Br〕

别名　可爱花　　　　　　　　爵床科，喜花草属

识别特征　常绿灌木。高可达 2m，枝四棱形。叶对生，具柄，卵圆形至椭圆形，粗糙，深绿色，两面无毛，全缘或有不明显齿。穗状花序顶生或腋生，苞片大，白绿色，无缘毛，花萼白色，花冠蓝色或白色，呈高脚碟状，花冠筒长 3cm，花期秋冬。蒴果，有种子 4 粒。

主要习性　分布于印度及热带喜马拉雅地区，我国南部及西南部有栽培。性喜温暖及湿润气候，要求阳光充足及肥沃、疏松与排水良好的沙质壤土，不耐寒，不耐干旱。

园林应用　温暖地区常露地栽植，用于美化环境、庭园观赏，布置花坛、花境。

喜树　*Camptotheca acuminata* Decne.

别名　旱莲　　　　　　　紫树科(珙桐科)，喜树属

识别特征　落叶乔木。树干通直，高可30余米。叶互生，椭圆状卵形至椭圆形、长椭圆形，长10～25cm。头状花序具长柄，常多个花序组成复总状花丛顶生或近顶腋生，花浅绿或白色，常不明显。坚果芭蕉形，有3～4棱并稍有窄翅，多数集生成球状。

主要习性　产我国，为中国特有树种，也是独种属，分布于西南及湖北、湖南、江西、安徽南部、江苏南部、浙江、福建、广东、广西等地区海拔1000m以下低平山区及丘陵地带。多生于湿润河谷、溪旁。喜光，深根树种，生长速度快；不耐严寒及干旱，贫瘠土上生长缓慢，淮河流域以北不宜栽培。

园林应用　因其高大而挺直，故又名千丈，是良好的行道树和行列树，也可作庭荫树、农村四旁绿化好树种，寿命一般60～70年。果、根皮均含喜树碱，是治疗白血病等癌症的原料。

夏蜡梅 *Calycanthus chinensis* Cheng et S. Y. Chang [*Sincocalycanthus chinensis* Cheng et S. Y. Chang]

蜡梅科，夏蜡梅属

识别特征 落叶灌木。叶对生，膜质，宽卵状椭圆形至倒卵形，长 18～26cm，宽 11～16cm，全缘或具不整齐细齿。花单生于当年生枝顶，夏季开花，径约 4.5～7cm，花被二型，外轮 12～14 片，花瓣状，白色至粉红色，边缘紫红色，内轮 9～12 片，呈副花冠状，肉质，淡黄色，里面基部散生紫红色斑纹，无香气。

主要习性 原产浙江中部山区，生海拔 600～900m 的林下。喜温暖、湿润，好荫，要求排水良好的肥沃土壤。

园林应用 园林中栽植林下欣赏奇特之花。北京引种植避风处可以越冬开花。在保证湿度条件下，全光处也能适应。

香椿 *Toona sinensis* Roem.

棟科，香椿属

识别特征 落叶乔木。高可达 25m，树冠卵形，幼树塔形。芽圆卵形，叶痕大。偶数羽状复叶，稀奇数，互生，小叶 10～20，长椭圆形至椭圆状披针形，长 9～16cm，手捻揉有香气。雌雄同花，圆锥花序顶生或近顶生而下垂，长可达 35cm，花小，黄白色而有香气，钟形。蒴果椭圆形至卵形、倒卵形，长约 2.5cm。幼叶紫红色，花期 6 月，果熟期 9～10 月。

主要习性 原产华中长江中游，现几乎各地皆有栽培作蔬菜用。喜光、好湿，又耐干旱，忌积水，在排水良好、肥沃深厚土上生长速度快。

园林应用 香椿若不掰芽，树体高大挺拔，枝叶浓密，幼叶紫红，初夏花香，是很好的园林观赏树。若作行道树、行列树应为佳选。其不择土壤，适应性强，兼有较强抗污能力，值得提倡。

香果树 *Emmenopterys henryi* Oliv.

茜草科，香果树属

识别特征 落叶乔
木。高可达 25m 以
上，树干直。单叶
对生，椭圆形、广
椭圆形至卵状椭圆
形，长 10 ~ 18cm。
伞房状聚生大型圆
锥花序顶生，花大，
径约 2cm，常有一
些残存萼片扩大长
成叶片状，并具长
柄而宿存，先是白
色而后变为红色伴
果留存；花冠米黄
或白色，漏斗状，具 5 裂片。蒴果近纺锤形，长 3 ~
5cm，有棱，熟时红色并 2 瓣开裂。

主要习性 我国特有。香果树产西南及华中、华东各
地，但现已很稀见，已列入国家保护树种。天然生长多
分布于海拔 500 ~ 1500m 山地。喜温暖、湿润而肥沃的
透气性好土壤；喜光，但不可暴晒。

园林应用 香果树花期 8 ~ 10 月，是难得的秋冬花木，
可作园景树、庭荫树和风景林树种。

香槐 *Cladrastis wilsonii* Takeda

豆科，香槐属

识别特征　落叶乔木。高可达 15m，树冠广卵形至扁圆形。奇数羽状复叶，小叶 7 ~ 11，均互生；小叶长椭圆形或倒卵状椭圆形，长 5 ~ 11cm。圆锥花序顶生或近顶腋生，长约 16cm，花冠白色或稍带粉红，长约 1.5 ~ 2cm，蝶形，芳香，花期 6 ~ 7 月。荚果条形，扁平，长 4 ~ 8cm，果期 10 月。

主要习性　产我国甘肃东南、陕西南部、河南南部及四川、湖北、湖南、安徽南部、江西、浙江和贵州、广西等地。多生于海拔 2000m 上下向阳、湿润及土层深厚缓坡地，多与木姜子、辽东栎、领春木、钓樟、金钱槭等混生，在阴湿处亦可在岩缝生存，适应性广，生长速度中等，寿命较长，一般可达百余年。

园林应用　香槐树冠圆整，分枝匀称，叶密荫浓，夏初开花芳香，秋叶鲜黄可赏，惜至今各地尚少见栽培。

橡皮树 *Ficus elastica* Roxb.

别名 印度榕

桑科，无花果属（榕属）

识别特征 常绿大乔木。高可达30余米，全株光滑。叶宽大具长柄，厚革质，表面有光泽，长圆形至椭圆形，先端短锐尖，边全缘，侧脉多而平行，叶柄粗壮，幼芽红色。具苞片，皮层中具乳汁。栽培品种很多，有银边、红筋、红苞、皱叶、斑叶、彩叶等。

主要习性 原产印度及马来西亚。性喜温暖、湿润气候，要求肥沃土壤，不耐寒冷。

园林应用 橡皮树植株高大，寿命长，为常见的观赏树种，华南地区可以露地栽培，供作庭荫树或草地孤植；西南重庆、贵阳、昆明等冬季温暖地区也多露地栽培，长江流域以及以北地区只能盆栽。

小檗 *Berberis thunbergii* DC.

小檗科，小檗属

识别特征 落叶灌木。枝干红褐色，具槽沟，刺多单生不分叉，在徒长的枝上有时可见分为 3 叉者。叶长倒卵形或倒卵状椭圆形至匙形，长 1.5～2.5cm，徒长枝上可长达 3.5cm。总状花序紧密，花黄色，萼瓣化；径约 4～8mm。浆果椭圆形，熟时红色，长约 10mm，经冬后新叶萌发时始脱落。

主要习性 小檗原产日本，故又有日本小檗之称，我国辽宁南部、华北及华东各地有栽培。喜光，但亦稍耐半阴，可在稀疏林下生存；好肥沃、湿润，但亦耐较干旱条件；抗寒性强，在 -25℃ 条件不致受冻枯亡；抗 0.3% 以下盐土，适应性广。

园林应用 园林中供作绿篱，丛栽或修剪成小檗球均可。冬季红果仍鲜艳夺目。变种紫叶小檗更是园林中色带、色块的上选材料。小檗根、茎含多种生物碱，其中小檗碱含量很高，是制作黄连素原料，为杀菌、消炎、收敛、镇痛的良药，枝、根还可作黄色染料。

熊果　*Arctostaphylos uva - ursi*(L.) Spreng.

杜鹃花科，熊果属

识别特征　常绿灌木。枝匍匐平卧，株高 10 ~ 16cm，幅展可达 1.2m。叶互生，革质，卵形，光滑，绿色。总状花序顶生，下弯，长约 2.5 ~ 3.7cm，花冠壶形，白色或粉色，雄蕊 10，花期 4 ~ 5 月。核果草莓状球形，红色，光滑，挂果期长。

主要习性　原产北半球欧、美、亚洲寒冷地区。喜生湿润的泥炭土中，全光照或半阴条件下均能生长，不喜石灰质土壤，耐寒。

园林应用　园林中用于坡地、道边及水塘边种植，既可防坡护岸，又可观赏常绿叶片及红色果实。

悬铃花 *Malvaviscus arboreus* var. *mexicanus* Schlecht.

别名 岭南扶桑　　　　　　　　　　锦葵科，悬铃花属

识别特征 常绿小灌木。高约 1m。花单生或成总状花序生于叶腋，下垂如铃，长 5～6cm，淡红色，花冠仅上部略开展，长度为萼的 3～5 倍。

主要习性 分布于广东及云南等地，性喜温暖向阳、肥沃疏松而排水良好土壤，不耐寒冷。

园林应用 本种花朵如悬铃，不完全开放，是优良的植篱花灌木。南方适宜作花篱或草坪丛植、孤植，北方盆栽观赏。

悬铃木　*Platanus acerifolia* Willd.

悬铃木科，悬铃木属

识别特征　落叶乔木。高可达 35m，胸径可达 4m，树冠卵圆形或圆形。叶互生，三角状广卵形 或 广卵形，长 12～25cm，宽 10～27cm，3～5 裂，各裂片有粗齿。单性花，雌雄同株，花密集生成球形花序而下垂。瘦果多数聚成球形聚合果，多为二球一串，故别称二球悬铃木。悬铃木为一球悬铃木与三球悬铃木的杂交种，原在英国育成，故也有英国悬铃木和英国梧桐之别名。它适应性广，故世界各地广为引种栽培。

主要习性　喜光，好温暖湿润气候，有一定抗寒能力，在 −15℃ 低温可安全越冬。对土壤适应力强，根系发达。对二氧化硫、氯气等有害气体有较强抗性。

园林应用　高大乔木，树冠雄伟，枝叶繁茂，故可作庭荫树和行道树，曾被尊为"行道树之王"。

雪果 *Symphoricarpos albus* S. F. Blake

忍冬科，毛核木属

识别特征 落叶小灌木。高约 1m，分枝纤细。叶对生，卵形至卵状广椭圆形，长 2～4cm。短穗状花序顶生，花冠粉红色，4～5 裂。浆果白色，球形，大小不一致，紧密生短穗上，大者可径 1cm，顶端有宿存萼片。花期 6～7 月，果熟 9～10 月，经冬始落。

主要习性 原产北美。喜光亦耐半阴，好湿润气候和肥沃而深厚土壤，耐寒，也较耐旱。

园林应用 雪果株型矮小，分枝密而紧凑，叶色蓝灰可人，夏花粉红，秋果洁白，为观赏期长的园林灌木，入冬后叶落果存。可作园林矮篱，草地一隅或庭院丛植，白果还可插瓶。植于稀疏林下、池塘岸边或点缀小桥桥头，小型湖石一侧栽植，都可有好的观赏效果。

雪柳 *Fontanesia fortunei* Carr.

木犀科，雪柳属

识别特征 落叶灌木或小乔木。高可达 5～7m。单叶对生，披针形至卵状披针形，长 3～11cm。圆锥花序生当年枝顶及叶腋，花冠浅黄白色，裂片 4，芳香。翅果广倒卵形，扁平，径约 8mm，两侧翅平展，顶端有宿存花柱。花期 5～6 月。

主要习性 产辽宁、河北、山东、山西、河南、陕西、安徽、江苏、浙江、江西等地。喜光而耐半阴，好温暖湿润，亦耐寒、抗旱，忌积水。

园林应用 园林中可作绿篱封闭地界，初夏开花满树白色如覆雪，叶似柳而得名。若配于常绿树林缘，花期更可收佳景。对氯气及烟尘有一定抗性，是绿地外沿和防护隔离绿地好树种，生长快，寿命中等而无严重病虫害。

鸭脚茶 *Bredia sinensis* H. L. Li

野牡丹科，野海棠属

识别特征 常绿灌木。高约 1m；成枝稍显 4 棱，幼时密被锈色星状绒毛及糠秕状腺。单叶对生，卵形、广卵形或卵状椭圆形至广披针形，长 6～12cm。花序由聚伞花序组成圆锥状花序，被星毛，花萼钟形漏斗状，具 4 棱，萼片浅齿状，花瓣初粉红色，后紫红。蒴果近球形，宿存萼钟状。花期 6～7 月。

主要习性 产江西、浙江、福建、台湾及广东。多生于海拔 400m 低山区林下或灌丛中。喜温暖，好湿润，要求较荫蔽，不耐强光、干旱及严寒，好肥沃土壤而不耐瘠薄。

园林应用 园林中可于林下种植作为地被，亦可植水池或溪畔，夏季开花艳丽可爱，还可剪下花枝插瓶室内欣赏，耐插期可达 10 天。全株入药，有治感冒、除腰痛之效。

鸭嘴花 *Adhatoda vasica* Nees [*Justicia adhatoda* L.]

别名 牛舌兰、野靛青　　　　　爵床科，鸭嘴花属

识别特征 常绿大灌木或呈乔木状。高约 3m，幼枝密生灰白色微毛，各部揉破均有特殊臭味。叶对生，纸质，矩圆状披针形至披针形，全缘，长 8～15cm，宽 3～4cm。穗状花序生于枝端叶腋，花冠二唇形，下唇稍宽，深 3 裂，上唇微 2 裂，花冠白色有紫色或粉红色纹，形似鸭嘴，全年均可开花，主要花期在春夏两季。蒴果近木质。

主要习性 原产亚洲热带；我国云南、广东、广西及海南均有分布。性喜温暖湿润气候，要求阳光充足及疏松、肥沃、排水良好的土壤，不耐寒，寒冷地区只能室内种植。

园林应用 鸭嘴花的花形美丽，叶色葱绿，花期长，南方用作绿篱或地面覆盖植物，是庭园美化材料，北方宜盆栽观赏，用作室内外布置装饰。

盐豆木 *Halimodendron halodendron* Voss

豆科，盐豆木属

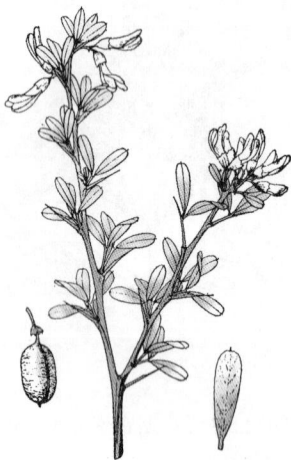

识别特征 落叶灌木。高约 2.5m。偶数羽状复叶，小叶两对，叶轴顶端成刺状，托叶刺状，小叶广倒披针形至窄倒卵形，长 1.5 ~ 3cm，端钝具芒刺尖。总状花序腋生，花冠蝶形，玫瑰紫色；5 ~ 6 月开花。荚果扁椭圆状广卵形，长 1.5 ~ 3cm，黄褐色，8 ~ 9 月成熟。

主要习性 原产内蒙古、新疆至黑海沿岸。性喜光，耐干旱、盐碱，忌湿涝，根系强壮而深，且萌发力强。

园林应用 本种花形、花色均美丽，且又抗旱耐盐，花期正值春花已谢时期，最适华北、西北栽培观赏。其果如铃铛，又耐盐，故别名耐盐树、食盐树和耐碱树，还称铃铛刺。

羊踯躅　*Rhododendron molle* (Blume) G. Don

识别特征　落叶灌木。高 0.5~2m，少分枝，枝直立，幼时密被灰白色柔毛及疏刚毛。叶纸质，长圆形至长圆状披针形，较大，长 5~11cm。总状伞形花序顶生，花多达 9~13 朵，先花后叶或花叶同放，花冠阔漏斗形，长 4.5cm，径 5~6cm，金黄色，内具深红色斑点，花期 3~5 月。蒴果圆锥状长圆形，果期 7~8 月。

主要习性　产我国江苏、安徽、浙江、江西、福建、河南、湖北、湖南、广东、广西、四川、贵州和云南。生海拔 1000m 山坡、丘陵灌丛或林下。本种不甚耐寒，喜光、要求湿润、肥沃、排水良好的酸性土壤。

园林应用　园林中布置庭院，金黄色花朵，惹人喜爱。也是育种重要亲本材料。其枝叶与花有剧毒，可为麻醉药和农药，要防止牲畜误食。

阳桃 *Averrhoa carambola* L.

酢浆草科，阳桃属

识别特征 常绿乔木。树冠开展呈伞形。奇数羽状复叶，小叶 5～11，窄卵状椭圆形，长约 3～7cm。聚伞花序，花小，初开时花冠紫红，后渐退色，谢花时粉红色，芳香。浆果椭圆形，长 5～8cm，多数 5 棱状，横切面呈五角星形，熟时金黄、油亮，有的品种红色。花期不一，通常 5～10 月，先后约有 4 次；8 月至翌年 1～2 月陆续果熟，以 9～12 月为盛果期。

主要习性 原产东南亚热带各地，我国福建、广东、广西、海南、云南南部及四川、云南间金沙江河谷攀枝花地区均有栽培。性喜温暖湿润，要求全年无霜冻发生，要求肥沃而深厚土壤，钙质土上可以生存；忌干旱及积水，在半阴条件下生长发育良好。

园林应用 四季常青而花期长、果期长，花香果奇，可在园林中观赏。果为著名的热带水果。香醇可口。

杨梅 *Myrica rubra* Sieb. et Zucc.

杨梅科，杨梅属

识别特征 常绿乔木。树冠球形或广卵圆形。叶革质，倒卵状披针形或长倒卵形，下面常有黄色腺体，全缘，长 4 ~ 12cm。雌雄异株或同株，花序腋生，雄花序穗状，单生或簇生，雌花序单生，花被缺如，花红色至紫红色。核果球形，径 1 ~ 3cm，深红色至紫红色，外果皮肉质。

主要习性 产长江流域及以南地区；日本、朝鲜南部及南洋诸国有分布。为暖温带南部及亚热带与热带树种。喜温暖湿润气候，耐阴蔽而不耐强光直晒，要求肥沃深厚而疏松的沙壤土，在轻碱土、中性土及酸土上均能生长；深根性，不耐土壤黏重及积水，有菌根。

园林应用 杨梅四季常绿，叶色深绿，枝繁叶茂，树冠圆整；花及果均红艳可爱，孤植、丛植均宜。

洋金凤 *Caesalpinia pulcherrima*（L.）Sw.

别名 黄蝴蝶、黄金凤

豆科，苏木属

识别特征 常绿灌木。株高 2～5m，枝有疏刺。叶二回羽状复叶，羽片 4～8 对，每羽片有小叶 7～11 对。总状花序顶生小枝上，花橙色或黄色，花瓣长 1～2.5cm，圆形有皱纹，具爪，花丝及花柱红色，长而突出。

主要习性 产热带。性喜高温、高湿、阳光充足、土壤疏松、排水良好。

园林应用 选向阳、肥沃坡地丛植或与乔木配植。全年不断开花。不耐寒，北方温室盆栽。

野牡丹　*Melastoma candidum* D. Don

别名　宝莲灯　　　　　　　　　野牡丹科，野牡丹属

识别特征　常绿灌木。高约 1m 余，茎略呈 4 棱，全株被鳞状粗糙毛。叶对生，广卵形或卵状椭圆形，长 4 ~ 8cm，下面毛长，基出脉 7。伞房花序近头状生枝顶，有花 3 ~ 5 朵，花粉红、玫瑰红至紫红，径约 4 ~ 5cm，花瓣有绿毛。果为浆果，球状坛形，径约 1cm。花期 5 ~ 8 月。

主要习性　产华南、西南及湖南、江西、浙江及台湾；中南半岛亦分布。多生于海拔 1300m 以下较稀疏的松林下。喜光亦较耐阴，好温暖湿润而肥沃土地，但也相当耐旱、耐瘠薄；是酸性土指示植物，钙质土上生长不良；根萌发力很强，遭刈割后能很快萌生新茎。

园林应用　花大而色艳，花期盛夏而长开，故为江南最低气温 10℃以上地区夏季观赏佳品，可作稀疏林地下木栽培，也可植作花篱或草地丛植点缀；切花瓶插亦佳。

野扇花 *Sarcococca ruscifolia* Stapf

黄杨科，野扇花属

识别特征 常绿灌木。高3m，多分枝。单叶互生，卵形或椭圆状卵形，有明显3出主脉。花单性同株，总状花序，花瓣缺，花丝白色，有香气。果核果状，近球形，猩红色。花期秋季，果熟期10~11月。

主要习性 产我国华中及西南地区，生山野沟谷或杂木林中。喜光，耐阴，喜湿润、温暖和排水良好。长江流域各地多有栽培。

园林应用 园林中可观叶赏果，又是香花植物，可作荫处下木栽植。

野鸦椿 *Euscaphis japonica* Dipp.

省沽油科，野鸦椿属

识别特征 落叶灌木或小乔木。高可达 10m，小枝红褐色，粗壮而光滑。羽状复叶对生，小叶 3~11 枚，长 4~7cm，卵形至卵状披针形，缘齿细密。顶生圆锥花丛，花冠黄绿色。果红色，艳丽，基部有宿存花萼，熟时开裂；种子被蓝黑色假种皮，扁球形，径约 5mm。花期 5 月，果熟期 9~10 月。

主要习性 产山东沂蒙山区、河南南部及长江流域。多生于海拔 1000m 以下低山、沟谷。喜半阴及湿润环境，华北干旱而寒冷地带越冬困难。

园林应用 入秋红果累累，绿叶红果十分诱人，深秋经霜叶色红紫，极具观赏价值。可于亭旁、道路叉口与其他树种相配，可于院落一隅粉墙前栽植，也可于常绿树间观赏秋色。

野珠兰 *Stephanandra chinensis* Hance

蔷薇科，野珠兰属

识别特征 落叶灌木。株高1m许，枝细小。叶互生，卵形至椭圆卵形，长5~7cm，重锯齿。圆锥花序顶生，松散，花白色，细小。果近球形，稍偏斜。

主要习性 产长江中下游及华东各地，多生于山麓溪谷两旁及路旁、河岸灌丛中或杂木林缘与林间空地。喜湿润、肥沃，要求半阴；忌强光暴晒与干燥严寒。

园林应用 植株矮小，春花密集洁白，秋叶红紫，姿态婀娜，颇具情趣，园林中无论草地丛植，林缘环栽或路口散种，均可增添景色。

叶底红　*Phyllagathis fordii* C. Chen

野牡丹科，锦香草属

识别特征　常绿亚灌木。高约1m，基部木质，全株被柔毛及腺毛。叶对生，心形至椭圆状心形，长7~10cm，基出脉7~9，两面被柔毛，下面常紫色。聚伞花序总梗大，并常聚生成圆锥花丛，花紫红或紫色。蒴果杯形。花期6~8月。

主要习性　产浙江、福建、广东、广西、贵州及江西南部低山林区，多生林下或溪谷、河边或积水湿地。好肥沃湿润，不耐强光及干燥、瘠薄。

园林应用　为林下或树群荫蔽处极好的林下地被。平时叶色可赏，花期花色艳丽，可增林下景色，但因耐寒性差，故长江以北生存较难。全株药用，有止血、散淤及洗治疥疮、小儿积食和妇女月经不调之效。

夜丁香 *Cestrum nocturnum* L.

别名 夜香树、洋丁香、夜来香　　　　茄科，夜来香属

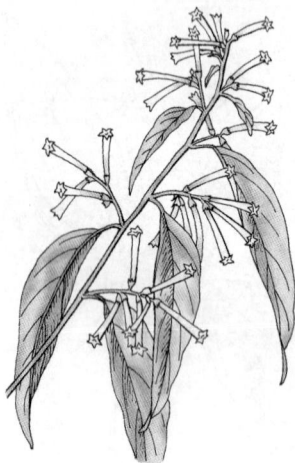

识别特征 直立或近攀缘状灌木。株高 2 ~ 3m，枝条长而下垂。单叶互生，卵形或长圆状卵形，全缘。伞房状花序顶生或腋生，长 7 ~ 10cm，花序疏散，花白绿至黄绿色，晚间极香，花萼钟状 5 浅裂，花冠高脚碟状，长约 2cm，花期 7 ~ 10 月。浆果有种子 1 枚，次年 4 ~ 5 月成熟。

主要习性 原产热带美洲，我国南北均有栽培。性喜温暖湿润气候及向阳、通风环境，要求肥沃、疏松与排水良好的沙壤土，生长强健，适应性强，但不耐寒，北方需室内越冬，5℃即可。

园林应用 夜丁香生长繁茂，花开时间长，夜晚放香，南方温暖地区可供庭院栽植，建筑物旁栽种，北方多盆栽观赏，有驱蚊作用，但若置室内时间过长，其气味有碍人体健康。

一品红　*Euphorbia pulcherrima* Willd.

别名　圣诞花

大戟科，大戟属

识别特征　灌木。高1~3m，有白色乳汁。叶卵状椭圆至披针形，有时呈提琴形，叶背有毛，顶叶较窄，全缘。花序顶生，下方总苞片呈朱红色，径5~7cm；总苞淡绿色。花期11月至翌年3月。

主要习性　原产墨西哥及中美洲。短日照植物，性喜温暖、阳光充足、土壤湿润肥沃、pH值6左右。要求排水通气良好的肥沃轻松土壤。对水分要求严格，土壤湿度过大易导致根部腐烂，湿度过低则植株生长不良，均会造成落叶。

园林应用　冷凉地区只能温室栽培，夏季移放室外，冬季室温不低于5℃。一品红自然花期在冬春，花期长，苞片色红艳，夺目，是很受欢迎的盆花，或作冬暖之地花坛材料，易控制花期，周年供应，是园艺上一类重要花卉。

伊兰香 *Cananga odorata* Hook. f. et Thoms.

别名 夷兰、依兰香　　　　　　　　番荔枝科，伊兰属

识别特征 常绿乔木。高可达 20m，树冠卵形至广卵形，小枝绿色，光滑。叶大，膜质，卵状长圆形至椭圆形，长 10～25cm。花大，伞形花序 2～5(8)，着生叶腋或叶外，总花梗短，花黄绿色，花瓣长 5～7cm，6 瓣张开时花径可达 15cm，乳白色，浓香。浆果球形至卵形，黑色，径约 1cm。花期 4～8 月。

主要习性 原产亚洲热带印度、斯里兰卡、缅甸、泰国及南洋各国；我国台湾、福建、广东、广西及云南、川南有引种栽培。为热带及南亚热带植物，喜温热、湿润气候，要求年平均气温 22℃以上，年降水 1500mm 以上。要求肥沃、湿润而排水良好的沙壤土。生长速度快，寿命可达 60 年以上。

园林应用 伊兰花香浓郁，鲜花出油率高达 1% 左右，为高级化妆品香料。树型高大，树干端直而叶型大，花期长，在园林中孤植、列植均可。

伊桐 *Itoa orientalis* Hemsl.

别名 栀子皮

大风子科，栀子皮属

识别特征 常绿乔木。高可达 20m，树皮灰色，平滑不裂。叶长圆状卵形或长椭圆状倒卵形，长 13 ~ 35cm。雌雄异株，花瓣缺，雄花呈顶生圆锥花序；雌花单生枝顶。蒴果卵状椭圆形，4 ~ 6 瓣裂，各裂瓣又由基部向上裂成 2 瓣。花期 5 月，果熟期 10 月中下旬。

主要习性 产四川、云南、贵州、湖南、广西等地；越南、老挝也产。自然生长于海拔 700 ~ 1500m 常绿阔叶林及阔叶落叶混交林中或林缘。喜温暖湿润，好阳光但能耐半阴，要求深厚肥沃土壤，生长速度快，寿命较长。

园林应用 树姿雄伟，叶大荫浓，花无花瓣但有香气和蜜腺，为良好观赏树、行道树种和蜜源树种；在长江以南温暖地区可以发展。

仪花 *Lysidice rhodostegia* Hance

豆科，仪花属

识别特征 小乔木。高 7~8m，冠幅 5~6m，枝斜出铺散。叶为偶数羽状复叶，长 20~30cm；小叶 4~6 对，长 4~12cm。顶生圆锥花序，长 20cm；花苞片绯红色，有毛，花瓣紫红色，花柱纤长。花期 5~7 月。

主要习性 产我国广东、广西、云南；越南也产。性喜温暖、湿润、阳光。

园林应用 北方可在温室盆栽观赏，夏季花期亦可移至室外，初冬搬入室内越冬，保持 10℃ 以上即可安全过冬。生长较迅速，夏季开花成串下挂枝头，色彩缤纷，为华南一种有发展前途的园林树种。木材坚硬，为国产有价值精木之一。

银白杨　*Populus alba* L.

杨柳科，杨属

识别特征　落叶乔木。高可达30m。叶广卵圆形，长4～12cm，缘3～5掌状裂；初两面被白绒毛，成熟后上面脱落，下面密生白绒毛。雌雄异株，但栽培多为雌株，花期3月，飞絮5～6月。

主要习性　产新疆额尔齐斯河流域，中亚及东欧；我国北方各地多有栽培。喜光，耐寒、耐旱，也能适应夏季高温及高湿。

园林应用　园林中可在河、塘岸边种植，亦可在树群中混植，观赏灰白树干及雪白的叶背，水面更可赏其倒影。

银桦 *Grevillea robusta* A. Cunn.

山龙眼科，银桦属

识别特征 常绿大乔木。高可达40m，胸径可达1m，树冠圆锥形，树干通直。单叶互生，长15～30cm，二回羽状深裂，裂片5～12对，披针形，下面被银灰色及褐色绒毛。总状花序常集生成圆锥花丛，花冠缺如，萼4枚，花瓣状，黄色。果有宿存花柱，卵状长圆形，种子具翅。

主要习性 原产澳大利亚，现浙江南部、江西赣南、云南、四川都有栽培。喜光，喜温暖湿润，耐季节性干旱，但畏寒冷，在－5℃左右低温即开始受害；苗期惧强光暴晒。好肥沃疏松及排水良好的偏酸土壤上生长迅速。

园林应用 银桦是很好的行道树和行列树种，初夏开花花萼一片黄色点缀枝梢亦甚可观，轻风吹拂翻动叶片银色跳动很是动人。银桦对氟化氢和氯气等有较强的抗性。

银树　*Leucodendron argenteum* R. Br.

山龙眼科，银树属

识别特征　常绿乔木。高可达10m。叶互生，无柄，披针形，长8～15cm，具叶状枝，密被短柔毛；叶片两面密被银色丝状毛。花序着生于银色苞腋中，苞片开展，长于球形美丽的花头。坚果长圆至倒卵形，具宿存的萼片与花柱。花期秋、冬季。

主要习性　原产南非。喜温暖、阳光充足与排水良好环境。

园林应用　北方温室盆栽赏其优美银色叶枝与奇异花序；叶、花枝亦可供切花配置装饰。

银钟花 *Halesia macgregorii* Chun

安息香科，银钟花属

识别特征 落叶乔木。高可达 20m，树皮红褐色或灰白色。叶互生，长椭圆形至广披针形，长 7~10cm，缘齿细密，叶脉常显红色，柄亦红色。花簇生成短总状花序生 2 年生枝上叶腋，花白色下垂而有清香。核果椭圆形，具 4 翅棱，长 3~4cm。花期 4 月，果熟 10 月。

主要习性 产浙江、福建、江西、湖南及广东、广西。多生于中、低山疏林中。喜光亦耐半阴，生长快速，多与其他树种混生。

园林应用 银钟花先花后叶，花繁密而下垂如吊钟，且有清香；幼叶带红色，果形奇特，又为第四纪冰川期遗留的孑遗种。可在园林中植作行列树、丛植或孤植，亦可作庭荫树，可赏花、叶及果。

樱花 *Prunus serrulata* Lindl.

蔷薇科，李属

识别特征 落叶乔木，高可达20m余。叶卵形或卵状椭圆形，长6～12cm，缘具芒状单齿或重齿。伞房状总状花序，花白色或浅粉红色，花径可达4cm。核果球形，熟时先红后变深紫红近黑色。

主要习性 产东北、华北至长江流域；朝鲜、日本亦分布。喜光，要求深厚、肥沃而排水良好的土壤，忌大气干燥及空气污染，抗寒性中等，在干燥及大气污染环境中寿命短，常易感染流胶、枯梢及烟霉病害。常见虫害有蚜虫、红蜘蛛、介壳虫及毒刺蛾等，需注意防治。

园林应用 樱花在日本极受重视，被日本民间尊为国花；我国江南及山东沿海地区栽培亦盛。园林中多植于溪谷、河、池沿岸，早春开花满树繁花。

迎红杜鹃 *Rhododendron mucronulatum* Turcz.

杜鹃花科，迎红杜鹃亚属

识别特征 落叶灌木。高 1～2m，多分枝，小枝细长，具疏生鳞片。叶散生，质薄，椭圆形或椭圆状披针形，长 3～7cm。花序腋生于枝顶，有花 1～3 朵，先花后叶，花冠宽漏斗状，长约 3cm，径 3～4cm，淡紫红色，外被短毛，花期 4～6 月。蒴果长圆形，果期 5～7 月。

主要习性 产我国内蒙古、辽宁、河北、山东、江苏北部，生山地灌木丛；蒙古、朝鲜、俄罗斯亦有分布。本种耐寒性强，喜光及湿润环境，要求酸性土壤。

园林应用 适于北方园林中应用，可在庭院假山旁或疏林下种植，也多盆栽观赏。

柚木 *Tectona grandis* Linn. f.

马鞭草科，柚木属

识别特征 常绿乔木。高可达40m，小枝四棱形。叶对生，厚纸质，全缘，宽卵形或倒卵状椭圆形，叶背密生灰褐至黄褐色毛。圆锥花序顶生，长25~40cm，花萼钟状，被白色星状绒毛，花冠白色，芳香，花期8月。核果球形，果期10月。

主要习性 原产印度、缅甸、菲律宾及马来西亚，我国云南南部有分布，云南、广西、广东、福建等地有栽培。喜温暖湿润气候，喜阳光充足，亦耐半阴，不耐寒，可耐48℃和2℃极端最高与最低气温。要求土层深厚、肥沃湿润及排水良好的沙质壤土。

园林应用 因其树形高大，荫浓，花香，多用作庭荫树及园景树，寒冷地区温室盆栽供观赏。柚木木材材质优异，耐腐性强，是高级珍贵用材，宜作家具及建筑用材。

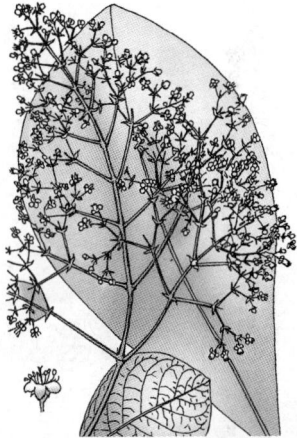

余甘子 *Phyllanthus emblica* L.

别名 油甘子、牛甘果、橄榄

大戟科，叶下珠属

识别特征 落叶灌木或小乔木。多分枝，小枝被锈色短柔毛，落叶时，整个小枝脱落。叶互生 2 列，条状矩圆形，革质。花小，单性，雌雄同株，无花瓣，3~6 朵(1 朵雌花，数朵雄花)簇生于下部叶腋，萼片 6。蒴果外果皮肉质，球形；成熟时略带红色。花期 3~5 月，果熟期 9~11 月。

主要习性 分布于我国四川、贵州、云南、广西、广东、海南、福建；马来西亚和印度。生疏林下或山坡向阳处较肥沃的酸性土壤上，在岩石缝隙中也能正常生长。对土壤适应力较强。

园林应用 冬暖之地栽于庭院、路旁、草坪中或山坡林缘向阳处，丛植点缀，夏、秋季彩果累累垂于叶下，可赏可生食或腌渍，味甘苦，药用，能止渴化痰治咽炎。

玉兰 *Magnolia denudata* Desr.

别名 白玉兰

木兰科，木兰属

识别特征 落叶乔木。树冠卵形或扁球形。单叶互生，倒卵状椭圆形。花顶生，先花后叶；花白色具香气，萼片与花瓣相似，共9枚。果熟时暗红色；种子具鲜红色假种皮。早春开花。

主要习性 产我国中部各地山区，自秦岭到五岭均有分布；各地庭园栽培已有近千年历史。性喜向阳，温暖湿润而排水良好之地，要求土壤肥沃、富含有机质，肉质根，不耐积水；可能有菌根伴生，移植需带原土。具一定抗寒性，能在 −20℃ 条件下安全越冬，亦能在半阴环境生长。

园林应用 玉兰是著名花木，各地园林和寺庙多有栽培。"玉棠富贵"即为玉兰、海棠和牡丹3种花木。不但可以在堂前点缀庭院，也可列植路旁或大型建筑物、纪念性建筑前，草地一角，常绿树丛中孤植、丛植均可。

玉铃花 *Styrax obassia* Sieb. et Zucc.

安息香科，安息香属

识别特征 落叶小乔木。高 5 ~ 15m，常灌木状生长。单叶互生，在小枝基部常近对生，广卵形、椭圆形至广倒卵形，长 4 ~ 14cm。总状花序顶生，花冠白色或浅粉红色，下垂似铃，花冠裂片 5，有清香。核果卵形，木质，长 1.2 ~ 1.8cm，径约 1 ~ 1.2cm，端有凸尖，黄褐色，被星毛。花期 5 ~ 7 月。

主要习性 产辽东、胶东、华东及长江中下游各地；多生于湿润低山。要求肥沃、疏松、排水良好土壤；忌强光暴晒、干燥和积水，在秋冬干旱而冬季寒冷，春季又连续干旱时，往往苗期有冻枯或成苗枯梢发生。

园林应用 园林中可植于庭院一隅或稀疏林内，赏初夏白如玉铃之花，并可领清爽优雅之香。

榆叶梅 *Prunus triloba* Lindl.

蔷薇科,李属

识别特征 小乔木多呈灌木状生长,高 2～3m。枝干紫褐色粗糙,老干呈薄片状裂。叶倒宽卵形或椭圆形,长 2.5～6cm,叶面粗糙而有皱褶,端常 3 裂,边缘重锯齿。花在北方 4 月上旬先叶开放,粉红色至深红色,现有半重瓣、重瓣品种多个。核果球形,黄红色被柔毛,径为 1～1.5cm。

主要习性 原产华北、东北南部及华东。喜光,耐寒抗旱。

园林应用 是我国北方园林绿化的重要灌木。春季花期,鲜艳的艳色至红色的花团密布在枝条上,与吐绿的槐树、柳树及黄色花枝的连翘相配,春意盎然。

圆叶南洋参 *Polyscias balfouriana* Bailey

五加科，南洋参属

识别特征 灌木或小乔木。热带地区可高达 5m 以上，嫩茎常带灰铜绿色斑纹。叶片一回羽裂，圆盘状 3 小叶边缘具粗齿，深绿色，宽达 10cm，基部心形，具长柄。伞形花序，花梗纤细，花小绿色。果为浆果状。

主要习性 原种产太平洋新喀里多尼亚，现各地作观叶栽培。喜温暖、潮湿、半阴或光线充足的环境；要求疏松肥沃而湿润的土壤。

园林应用 暖地园林作绿篱或庭院观叶植物，北京室内盆栽。

月桂　*Laurus nobilis* L.

樟科，月桂属

识别特征　常绿灌木或小乔木。茎直立，干皮栗褐色，小枝深绿色，分枝紧密。单叶互生，硬革质，披针形至长圆状披针形，长5～12cm。雌雄异株，伞形花序紧密腋生，小而不显，黄色。核果卵形，暗紫褐色。全株均有香气。

主要习性　原产地中海地区。喜夏季凉爽而干燥，冬季温暖而潮润气候；对土壤要求不严，但需排水好。喜光，但耐一定荫蔽，抗旱，不耐严寒。

园林应用　园林中随处可植。叶片四季常青而坚挺，且具香气有挥发油，对环境适应性强，可净化空气，叶片为烹饪作料，能去鱼、肉腥味和防腐。

月季 *Rosa chinensis* Jacq.

别名 四季蔷薇

蔷薇科，蔷薇属

识别特征 常绿或半常绿灌木。枝稍开张，常有倒钩皮刺，叶柄及叶轴上亦常散生皮刺。小叶 3～5 枚，广卵形至椭圆状卵形。花数朵簇生，有时亦单生，花瓣 5 片，粉红色或深红色，有香气，花自春盛开直至初冬，径约 5cm。果红色，卵形至倒卵形。

主要习性 原产我国华中及西南地区，早经栽培，栽培遍及全国。月季性喜阳，好温暖，不耐阴，具一定抗寒性，在长时间潮湿条件下生长不良，要求深厚而肥沃土壤，有一定适应性，但不抗盐，钙质土上生长良好。

园林应用 园林中各处均可种植，更可专辟月季园，花为重要切花，香花类也可制玫瑰糕。

越橘 *Vaccinium vitisidaea* Linn.

杜鹃花科，越橘属

识别特征　常绿矮小灌木。有匍匐茎伏地面生长，地上株高 10～30cm，枝有白柔毛。叶密、革质，椭圆形或倒卵形，长 1～2cm，顶端微凹。花序短总状，2～8 朵生于去年枝顶，稍下垂，花萼片 4，花冠钟状，长仅 0.5cm，白色或淡红色，花期 6～7月。浆果球形，熟时紫红色，果期 8～9 月。

主要习性　产我国黑龙江、吉林、内蒙古、陕西和新疆，生海拔 900～3200m 高山草原，水湿台地或落叶松及白桦林下。前苏联、蒙古，北欧及北美也有分布。性耐寒，喜肥沃、湿润及排水良好的酸性泥炭土，在较干旱或部分季节干旱地方也可生长。全光照或部分蔽荫均可生长。

园林应用　越橘植株矮小，枝叶密集，果实鲜红，是良好地面覆盖材料，可在岩石园、路边或坡地种植，也供制作盆景，浆果可食。

云锦杜鹃 *Rhododendron fortunei* Lindl.

杜鹃花科，常绿杜鹃亚属

识别特征 常绿灌木或小乔木。高3～12m，幼枝黄绿色，老枝灰褐色。叶厚革质，聚生于枝顶，长圆形至长圆状椭圆形。总状伞形花序顶生，有花6～12朵，具香味，花冠漏斗状钟形，长4.5～5.2cm，径5～5.5cm，粉红色，花期4～5月。蒴果木质，果期8～10月。

主要习性 产我国陕西、湖北、湖南、河南、安徽、浙江、江西、福建、广东、广西、四川、贵州及云南，生海拔620～2000m的山脊阳处或林下。要求空气湿润及疏松、富含有机质的酸性土壤，在阳光直射或空气干燥情况下，叶片常反卷成筒状，故栽培时种植在树荫处，盆栽时夏季应设荫棚。

园林应用 本种花大叶大，花朵艳丽，是庭院美化良好材料，有较高观赏价值，适宜在长江流域及以南地区应用。

枣 *Zizyphus jujuba* Mill.

鼠李科，枣属

识别特征 落叶小乔木。枝上具刺，有长短枝可分。花序簇生叶腋，花期极不整齐，前后可开1个多月，花小，径约 8～10mm，黄绿色。核果椭圆形，深红色。有很多品种。

主要习性 产我国黄河流域，全国大部地区栽培，中亚及东欧也有栽培。喜光，好干燥气候，极不耐水湿，能耐盐碱，根强健，易萌蘖。

园林应用 核果红艳，初秋成熟时绿叶红果，有一定观赏价值，又为滋补果品，含维生素丰富，多在庭院种植作庭荫树。

樟树 *Cinnamomum camphora* (L.) Presl

别名 香樟

樟科，樟属

识别特征 常绿乔木。树冠卵圆形，老树多成伞状扁球形，全株具樟脑香气。单叶互生，卵状椭圆形，薄革质有光泽，具离基 3 主脉。圆锥花序生于新梢叶腋，花小，黄绿色，花被片 6 片。小核果紫黑色，球形，浆果状，具盘状果托。

主要习性 产我国长江流域以南，日本亦有分布。喜光，稍耐半阴，好温暖湿润气候；不耐干旱、瘠薄，能生于黏壤中，但忌积水。为深根长寿树。对烟尘有一定适应力。

园林应用 园林中利用其树大荫浓，四季常青，枝叶秀丽而具香气而作行道树，庭荫树，风景林或孤植于草地上。同时挥发性香气，夏季可以避臭、驱虫，还可防止和滞留烟尘。淮河以北只能盆栽。木材及枝叶均可提取樟脑及樟油，是医药及出口物资。

照山白　*Rhododendron micranthum* Turcz.

杜鹃花科，杜鹃亚属

识别特征　常绿灌木。高达 2.5m，枝细密，幼枝被鳞片及细柔毛。叶革质，倒披针形，长 3～4cm，下面被淡黄色或深棕色鳞片。总状花序生于枝顶，有花 10～28 朵，花小密集，花冠钟状，径 1cm，白色，5 裂，花期 5～6 月。蒴果长圆形，果期 8～11 月。

主要习性　产我国东北、华北、西北及山东、河南、湖南、湖北、四川等地。生海拔 1000～3000m 山坡灌丛、山谷及岩石上；朝鲜也有分布。其适应性较强，对土壤要求不严，但在酸性土壤中生长更好，喜冷凉气候，较耐寒，北京地区冬季背风向阳处可安全越冬。叶片有剧毒，谨防牲畜误食。

柘树 *Cudrania tricuspidata*(Carr.)Bur.

桑科，柘属

识别特征 落叶小乔木，常见生长成灌木状。小枝常具枝刺。单叶互生，卵圆形、广卵形至卵状椭圆形，间或有卵状披针形，长 5~10(12)cm，端 3 裂或不裂渐尖。雌雄异株，雄花柔荑状；雌花序头状，花被 4 枚，均腋生。聚合果球形，熟时砖红色，径 2.5cm，9~10 月成熟。

主要习性 原产东亚，我国自北京往南、华东、华南、华中、西南及西北东南部都有分布。耐干旱、抗盐碱及土壤瘠薄，喜钙质土生长。根系发达。稍耐阴蔽，在与黄连木、臭椿混交时，枝条能依树攀缘似藤状生长，见光后即分枝直立，可不再攀附。

园林应用 柘树病虫害少，适应性广，在黄河以南秋季红果缀于枝上，与绿叶相配极为艳丽夺目，观赏期可持续20~30 天，园林中配植观赏，并有吸收有害气体净化空气之功。

珍珠花 *Lyonia ovalifolia* (Wall.) Drude

别名 南烛

杜鹃花科，南烛属

识别特征 落叶小乔木，常为灌木状。高 8 ~ 16m，枝淡灰褐色。叶近革质，卵形或长圆形，长 8 ~ 10cm。总状花序腋生，长 5 ~ 10cm，近基部有 2 ~ 3 枚叶状苞片，花萼深 5 裂，花冠圆筒状，下垂，白色，外面疏被柔毛，上部 5 浅裂，花期 5 ~ 6 月。蒴果球形，果期 7 ~ 9 月。

主要习性 分布我国台湾、福建、广东、广西、四川、贵州、云南、西藏等。生于海拔 700 ~ 2800m 灌木丛中。喜温和湿润而夏季凉爽气候，不喜高温，要求肥沃、湿润而排水良好的沙质壤土，以富含有机质的酸性土为宜。耐半阴，不耐寒。

园林应用 珍珠花的花朵洁白，清秀美丽，有一定观赏价值，可植于路边、林缘或坡地。

珍珠梅 *Sorbaria sorbifolia* (L.) A. Br.

蔷薇科，珍珠梅属

识别特征 落叶丛生灌木，枝开展。羽状复叶，有小叶 11～19 枚，披针形至卵状披针形，长 5～7cm，侧脉 12～16 对。圆锥花丛顶生，长 10～20cm，花白色，5 瓣，径约 1cm。果长圆形，果柄直立。

主要习性 产东北、华北北部山区，北京有栽培。喜光而耐阴，多生于海拔 400～1000m 山地阴坡缓坡地及溪河岸边，常可自成群落或与蔷薇类、绣线菊类、忍冬类形成灌丛，也生于落叶松、桦木和杂木林缘及疏林下。耐寒亦耐旱，根蘖力强，适应范围广。

园林应用 园林中多用其耐阴性及花期长，且开在盛夏，作荫处或林下配植。其花蕾圆形似珍珠，开后如白梅而得名。

榛子 *Corylus heterophylla* Fisch.

桦木科，榛属

识别特征 落叶灌木或小乔木。最高可达 7m。叶互生，卵圆形、倒卵形至广卵形、倒广卵形，但先端多平截而具突尖及数浅裂，长 4 ~ 12cm；在林下生长者常于中部靠下呈紫色斑块；缘不规则重锯齿。雌雄异花。坚果宽卵状近球形，径约 1.5cm，微扁，外包钟状果苞。

主要习性 产于北起黑龙江至山东，西经河北、河南到宁夏、甘肃、四川北部；西伯利亚及朝鲜、日本也有分布。常成片生于海拔 800 ~ 2000m 荒坡和采伐迹地，喜光，但亦稍耐阴。耐寒性强，可在 - 45℃ 地区良好生长；对土壤要求不严，但深厚肥沃地生长好且结实饱满，俗语"十个榛子九个空"者皆是在荒坡干旱或瘠薄地上采收的。

园林应用 园林中可植于疏林下；在荒地、荒坡种植，既可覆盖地面，又可保持水土。坚果是著名干果，可镇咳止痰。

栀子花 *Gardenia jasminoides* Ellis

别名 黄栀子、黄枝、山栀　　　　　茜草科，栀子花属

识别特征 常绿灌木。株高1~2m。叶对生或3片轮生，倒卵状椭圆形或长倒卵形，长7~13cm。花大，有短梗，白色，具芳香，单生枝顶，花期4~6月。果实卵形，黄色，长2~4cm，具5~7棱，顶端有宿存萼片5~9；种子扁平。

主要习性 原产我国长江流域以南地区。性喜温暖、湿润，好阳光但又要求避免强烈阳光直晒，喜空气湿度高而又通风良好的环境，要求疏松、肥沃、排水良好的酸性土壤，是典型的酸性土植物。不耐寒，在华北地区只能作温室盆栽花卉。

园林应用 栀子花枝叶繁茂，花朵美丽，香气浓郁，品种很多，为庭院中优良的美化材料，还可供盆栽或制作盆景、切花。果皮作黄色染料，木材坚硬细致，为雕刻良材。根、叶、果均可入药。

枳椇　*Hovenia dulcis* Thunb.

鼠李科，枳椇属

识别特征　落叶乔木。高可达 25m，树皮灰褐至灰黑色，孤立树冠广卵形。叶广卵形至椭圆状卵形，长 8～16cm，基部三出脉。聚伞花序顶生或有腋生，二歧分枝多不对称，花小不显，绿白色。蒴果状核果近圆形，果序及果梗肥大而弯曲，肉质，黄褐色，经霜后味甜可食。果熟期约 10 月底。

主要习性　产华北南部至长江流域及以南地区，多为半野生或栽培于房前屋后；日本、朝鲜亦有分布。喜光，亦可在侧方稍荫处生长；具一定耐寒性，但惧干冷。对土壤选择不严，但以肥沃及深厚土壤为好。

园林应用　树形端整，分枝匀称，叶大而光亮，且荫浓，可作行道树和庭荫树。果序梗肥大奇特，经霜后味甜如枣，故别名字果、拐枣、鸡爪梨等。种子入药有利尿、解酒功效。

舟柄茶 *Hartia sinensis* Dunn

山茶科，舟柄茶(折柄茶)属

识别特征 常绿乔木。高6~9m。叶革质，有锯齿，叶柄有舟状翅，对折成舟形，下面有丝状毛。花白色，单独腋生，花径3cm，萼片5，花瓣5，花期5~7月。蒴果木质，卵状长圆形具5棱，果期9~10月。

主要习性 产我国云南、四川、贵州、广东、广西、湖南、江西等地。性喜温暖湿润，要求中性到酸性土。

园林应用 园林中可供观赏。

朱砂根　*Ardisia crenata* Sims

紫金牛科，紫金牛属

识别特征　常绿小灌木。高不过 1.2m。单叶互生，长椭圆形至披针状椭圆形，长 4~9cm。伞形花序近顶腋生，具总梗，花白色至淡红绿色，有微香。浆果状核果鲜红色，球形，径约 8mm，表面光亮，疏被黑点。花期 5~6 月，果熟 9~10 月。

主要习性　产长江流域及以南地区亚热带；日本及琉球群岛亦分布。喜温暖、荫蔽、湿润环境，要求通风良好及排水性强的肥沃壤土。天然生长多在海拔 800~1500m 高的林中，或溪边、岩下荫湿处及灌木林中。

园林应用　朱砂根四季常青，核果自秋至春艳红晶莹，圆滑光亮，观赏时间长；盆栽更可常置室内，也可插瓶欣赏。园林中可于树林中成片栽植为观赏地被，也可在房后窗下荫处或院中荫蔽处栽植。全株药用，有清热解毒、活血功效。

朱缨花 *Calliandra haematocephala* Hassk.

豆科，朱缨花属

识别特征 常绿小乔木，常灌木状生长。高 3 ~ 5m，无刺，小枝灰褐色，被短绒毛。二回羽状复叶，羽片 1 至数对，小叶 6 ~ 9 对，卵状披针形至椭圆状披针形，长 1.2 ~ 3cm。头状花序腋生，花杂性，花序中间的花有时有长管状花冠，外缘花多无花冠，花丝朱红色，花序径约 6cm，花期 8 ~ 10 月。荚果条状稍弯镰形，11 ~ 12 月熟。

主要习性 产巴西。我国广东、台湾、海南及云南西双版纳有栽培。性喜温暖，强光，不耐低温，冬季短期 5℃ 以下即有冷害。

园林应用 为秋季开花树种，花期满树火红，十分耀眼。

紫茎 *Stewartia sinensis* Rehd.

别名　天目紫茎　　　　　　　　　　山茶科，紫茎属

识别特征　落叶小乔木。高 6 ~ 10m，干光滑，树皮片状剥落。叶互生，纸质，叶缘具疏锯齿，叶柄淡紫色。花单生叶腋，白色，花径约6cm，花期10月，有香味。

主要习性　产我国江西、湖北、四川、安徽、江苏、浙江等地。性喜湿润、多雾而凉爽气候，适宜生长在肥沃酸性黄壤土上。

园林应用　园林中因其树干奇特，树形美丽，白花黄蕊，美观别致，为优良观赏树种，可配植于建筑物旁或草坪上。

紫荆 *Cercis chinensis* Bge.

豆科，紫荆属

识别特征 落叶乔木或灌木，多呈灌木状生长。高达15m，树皮暗褐色，老时粗糙纵裂。叶大，心形，表面具光泽，背面有短毛或白粉。总状花序短，花5～8朵簇生，先叶开放，一般着生2～4年生枝上，有时亦能在老干上着花，花蝶形，红紫色。3～4月开花。荚果扁平，种子暗褐色，10月果熟，11月落叶。

主要习性 产我国华中。性耐寒，喜阳光充足、土壤肥沃、排水良好的条件，萌蘖性强。华北地区可露地栽培。

园林应用 本种可布置在建筑物前，或作草地丛栽，或与常绿乔木配植，如管理良好，可达到"满条红"的效果。若与连翘、迎春等黄花配植则更为灿烂。另外，树皮、花梗均入药，种子磨粉可杀虫。

紫树 *Nyssa sinensis* Oliv.

别名 梽萨木

紫树科，紫树属

识别特征 落叶乔木。树冠塔形，高可达30余米。叶互生，椭圆形至椭圆状卵形，长7~15cm。雌雄异株，伞形总状花序，花小，浅黄色。核果椭圆状卵形或倒卵形，径约6mm，熟时由紫变蓝最后变深褐色，因而别称蓝果树。花期4~5月，果熟9月。

主要习性 产我国长江流域及以南地区，四川东南部、湖北西部及南部、贵州东南部、湖南、云南、广西、广东、江西、安徽南部、江苏南部及浙江、福建。喜温暖、湿润气候及深厚肥沃而排水良好的微酸性土壤，喜光而不耐过荫，生长较快，萌蘖性强，可自行萌芽更新。

园林应用 紫树树干通直而挺拔，树冠塔形圆整，分枝匀称，枝叶茂密，尤以秋叶红艳可爱，在温暖地区园林中可以植为树群、行列树。

紫薇 *Lagerstroemia indica* L.

千屈菜科，紫薇属

识别特征 落叶灌木或乔木。树皮剥落后内皮灰绿色至灰褐色而光洁，小枝近4棱并具窄翅。单叶对生，近无柄，椭圆形，长2.5~7cm。顶生圆锥花序，长约8~20cm，花红色，通常6瓣，圆形而缘皱，基部长爪状。果为蒴果，球形至广卵形。花期6~9月，果熟10月。花色有白、粉红、水红、大红、翠蓝及紫红等品种。

主要习性 产地很广，从我国长江流域直至大洋洲皆有分布。性喜温暖湿润，好阳光，但也较耐寒，喜在钙质土和沙壤土上生长；生长季节枝条可以随意盘曲编扎。

园林应用 紫薇开花可达85~95天，故有"百日红"的别名；又因轻微抚摸树干即可全树晃动，而称为"怕痒树"或"痒痒树"。其花开正值盛夏花少季节，故最为人们喜爱。

紫珠 *Callicarpa dichotoma* (Lour.) K. Koch

别名 白棠子树　　　　　　　马鞭草科，紫珠属

识别特征 落叶灌木。高约1m，枝条较细弱，小枝呈紫红色。叶对生，卵形或卵状椭圆形，缘具齿。聚伞花序腋生，花径约 1.5cm，粉红色或淡紫色，花期 6 月。浆果蓝紫色，10 ~ 11月成熟。

主要习性 原产我国黄河以南及长江流域的华东地区及河南、湖北、湖南、广东和广西；日本及越南也有分布。性喜温暖、湿润，亦较耐寒、耐阴，对土壤不甚选择，但在肥沃、疏松及排水良好的壤土上生长旺盛。

园林应用 紫珠枝条柔软，丛栽株形蓬散，适于庭园基础栽植及路旁、草坪边缘种植，也可在假山、观赏树前衬托，入冬珠状紫色果实不落，观果期长。全株还供药用。

钻天柳 *Chosenia arbutifolia* A. Skv.

杨柳科，钻天柳属

识别特征 落叶乔木。树干端直，树冠柱形，高可达 30 余米，树皮红褐色至灰褐色，小枝红色至紫红色，老树皮片状剥裂。叶互生，椭圆状披针形，长 5 ~ 8cm。花无腺体，花序下垂为与柳树的最大区别。

主要习性 产我国东北及俄罗斯远东地区、朝鲜及日本，在我国分布于大、小兴安岭及长白山与其余脉，最南达辽宁岫岩。喜光、好湿，自然分布多生河谷两岸。生长速度中等。

园林应用 其树形端直，树皮红褐，枝红至紫红，在东北冬季冰天雪地中，特显突出，植于河、湖岸边，更显雄伟；夏季水中倒影，亦别有情趣。剪切枝条，配以切花插于瓶、盂，室内观赏亦属上品。

柞木　*Xylosma japonicum* A. Gray

大风子科，柞木属

识别特征　常绿乔木。树冠卵形或倒卵形，高可达15m，基部根际常有多数萌蘖枝，枝刺粗，长可达4～5cm。单叶互生，卵形或椭圆状卵形，长4～6cm。花单性或杂性，簇生或总状花序腋生，花萼4～5枚，淡黄，无花瓣，有香气。浆果黑色，球形，寿命长，大树径可盈1m。

主要习性　产秦岭以南至海南，多生于海拔1000m以下低山丘陵谷地及平地。喜光、好湿，中性土、微酸土或石灰岩山地均可生长；不甚耐寒，为亚热带树种，有较强耐旱性，深根性。

园林应用　枝叶繁茂，四季常青，花开于夏季而有香气。可在园林中作分隔景区或背景树栽植，也是较好绿篱材料。

5　水生植物

　　水生植物顾名思义是生活在水中的植物。按照不同的生活方式，分为挺水型、浮叶型、漂浮型、沉水型。因我国水域分布广阔，故而水生植物的资源也丰富多样。水生植物特殊的生态习性，成为园林中水体绿化造景的特殊群体。

　　本书将这些植物单独列为一类，介绍常见的、在园林中应用的水生植物17种，按中文名称的拼音字母顺序排列。

莼菜 *Brasenia schreberi* J. F. Gmel.

睡莲科，莼菜属

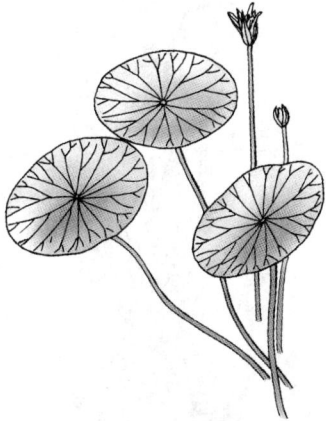

识别特征 宿根水生植物。地下茎白色。叶互生，每节1叶，节上生根；叶片浮于水面，广椭圆形至圆形，盾状着生，表面绿色，背面暗红。花茎自叶腋抽生，顶开暗红色小花，水面开放。

主要习性 产我国东南部。性喜温暖、向阳。

园林应用 莼菜除观赏外，自古以来为珍贵蔬菜。嫩梢、嫩叶供炒食或作汤菜。

慈姑 *Sagittaria sagittifolia* L.

别名 茨菇

泽泻科，慈姑属

识别特征 多年生直立水生植物。株高可达2m，有纤匐枝，枝端膨大成球茎。叶具长柄，叶形变化极大，通常呈戟形。圆锥花序三出，轮生，雌雄同株异花，花白色，雄花生花序上部，雌花生下部，花茎高20～30cm，花期夏季。果熟期8～9月。

主要习性 原产我国，南北各地均有分布，南方栽培较多。性喜阳光，适应性较强，多生于稻田或沼泽地，在富含有机质的黏质壤土上生长最好。

园林应用 庭园中池塘种植慈姑可绿化水面，盆栽亦有较高的观赏价值，球茎含大量淀粉，可供蔬食或酿酒，多作甜食，地上茎叶是猪、羊、鸡、鸭饲料。

茨藻 *Najas marina* L.

茨藻科，茨藻属

识别特征 一年或多年生沉水草本植物。多分枝，叶对生或聚于枝顶，叶带状，叶缘具刺状浅齿6～12，叶两面难分正反，常均有棘刺状突起于中脉处。花单生叶腋，雌雄异株，雄花有佛焰苞，而雌花无花被。果椭圆形，黑褐色，长约6mm。

主要习性 产地遍于北半球各静水水域及缓水流域。我国东北、华北、华东、西北、西南、华中及华南湖泊、溪河皆见野生，俗称栅草。其植株在水中直立，一条一条相邻犹如栅栏，而鱼、虾可从中穿梭。喜光，也耐阴蔽，有一定侧光或散射光即可生存。

园林应用 静水和鱼缸养植，既可观赏，又有净水和增氧效果，过多时捞出还可以作猪、鸭饲料。

荷花　*Nelumbo nucifera* Gaertn.

别名　莲花、芙蕖

睡莲科，莲属

识别特征　水生多年生草本植物。地下茎横生，圆柱形，节间肥大，内有多数孔眼，须根生于节上。叶柄挺出水面，叶片大，盾状圆形，蓝绿色。花大，单生于顶，清香，有红、粉红、淡绿、白、紫色、复色和间色等；单瓣、重瓣、千瓣，有多达2000枚以上的品种等；花径最大可达30cm，最小仅6cm。花期6～8月。花托膨大为莲蓬，有多数蜂窝孔，每孔着生一小坚果。群体花期6～9月。

主要习性　荷花原产中国。性喜热，耐高温。荷花喜强光照，极不耐阴。对土壤要求虽不严，但以富含有机质、肥沃黏性湖塘泥，pH值6.5为好。

园林应用　园林中大面积水景荷花十分壮观，小型池塘荷景更富诗意，又适宜缸植、盆栽，布置庭院、阳台。此外，莲子是滋补品，藕是家常蔬菜；荷花各器官均入药。

金鱼藻　*Ceratophyllum demersum* L.

别名　松针草　　　　　　　　　　　　金鱼藻科，金鱼藻属

识别特征　多年生沉水草本。叶线形，4～12枚轮生于小枝上，全株绿色呈松针状。花细小，单性，雌雄同株，单生叶腋，雄花被12片，雌花被9～10片，白色。坚果扁椭圆形。

主要习性　产东亚，我国华北、华东、华中及西南温暖地区均有分布。多生于淡水湖泊、池沼及流速很小的河湾浅水中，一般养殖于金鱼缸中，供鱼游憩和人们观赏。

园林应用　有净水作用，又是金鱼产卵的附着物，因而是室内瓷缸或玻璃鱼缸的理想观赏材料。

菱 *Trapa bicornis* Osbeck
别名 乌菱

菱科，菱属

识别特征 多年生草本。漂浮水面，具蔓性匍匐枝，长达1m以上。根生水下泥中。沉水叶根状，对生，浮水叶呈莲座状，聚生茎顶，三角形，上部缘有粗齿，近基部全缘；表面光滑，背着长绒毛；叶柄中部膨大呈纺锤形，外被绒毛，内为海绵状组织。花单生叶腋，白色或粉红色。坚果宽4~5cm，两侧各有一硬刺状角，紫红色。

主要习性 产我国南部热带及亚热带沼泽地，分布广。喜温暖水生环境。

园林应用 菱为装饰水面的好材料，夏日开花浮于水面，灰绿叶丛中点点白花甚是美丽；还因水中浮根很多，能吸收污物净化水面。而菱果形状奇特，又含丰富淀粉和营养，既可置室内观赏，也可食用和加工成食品。

萍蓬草 *Nuphar pumilum*(Timm.)DC.

睡莲科，萍蓬草属

识别特征 多年生水生草本。根状茎粗，横卧。叶漂浮或部分挺水，卵形或宽卵形，基部深心形，具弯缺或2远离的圆钝裂片，上面光亮，下面密生柔毛，侧脉羽状排列，数回二歧分叉。花单生花梗顶端，浮于水面，径3～4cm；萼片5，花瓣状，黄色，革质；花瓣多数，狭楔形。浆果卵形，长3cm。

主要习性 广泛分布于黑龙江、吉林、江苏、浙江、江西和广东等地；日本、俄罗斯及欧洲等地也有。生于湖沼湿地中，性耐寒。喜肥沃土壤，肥力好，则花期长，花多，色艳。

园林应用 萍蓬草为重要观赏水生植物；适宜浅水池或盆栽，叶、花供观赏，种子可食及供药用。

芡实 *Euryale ferox* Salisb.
别名 鸡头

睡莲科，芡实属

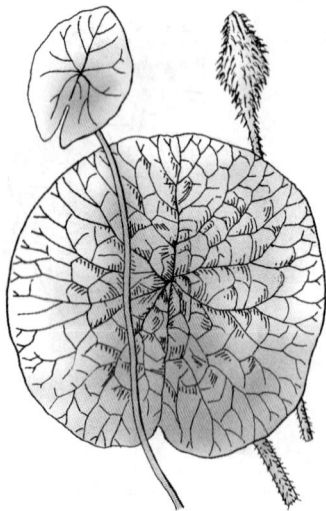

识别特征 多年生水生草本植物，作一年生栽培。根须状。初生叶箭形，过渡叶盾状，基部开裂为2，径达1~1.2m，叶面绿色；叶背紫红色，网状脉突起，脉上着生尖刺，叶片平摊水面。花紫色或白色；萼片有刺。花期夏季，白天开花，夜间闭合，每株有花约20朵。种子黄色，熟时红褐色。

主要习性 产我国东南部及印度。多分布于湖泊、池塘、滩地。性喜温暖、湿润和充足的阳光。生育周期约180~200天。

园林应用 本种可供园林水池或水缸中栽培观赏，叶片硕大新颖。种子供药用或食用，含丰富营养成分，有健脾的功效，叶柄、花茎、根茎供菜用或饲料。

水车前　*Ottelia alismoides*（L.）Pers.

水鳖科，水车前属

识别特征　多年生大型沉水草本。须根系。直立茎短缩。叶基生，10～20 片，卵形至披针形，形状大小因水深浅而异，近水面者较宽。花莛从基部生出直达水面；花两性，单生于佛焰苞内，白色、淡紫色或浅蓝色，花萼 3，花瓣3，倒心形，长 1～3.5cm，雌花花柱 3，橙黄色分 2 叉，子房三棱柱形，果实褐色，长达 8cm。花期 6～9 月。

主要习性　产中国、日本至澳大利亚。我国特有种。分布于云南、贵州中部至西南部、广西西部、四川西南部，生于海拔 2700m 以下湖泊、池塘、沟渠和深水田中。要求微酸性或中性水质，充足光线，生长期适宜气温为 18～25℃，不耐寒。

园林应用　为美丽的水面观赏植物，花朵漂浮水面，宛若星星满布，飘然若仙。叶、花为重要水生蔬菜，亦可入药。为重要水族箱观赏植物。

水葱 *Scirpus tabernaemontani* Gmel.

莎草科，藨草属

识别特征 多年生水草。具粗壮匍匐根状茎；高 1～2m，秆圆柱形，内为海绵状，质地柔软，表面光滑。鞘状叶褐色，基部着生，仅最上部的一枚具叶片；叶片条形。聚伞花序顶生，多分枝，每枝 1～3 小穗，各小穗含多数花，鳞片棕色或紫褐色；花期 7～9 月。

主要习性 分布于欧洲、亚洲、美洲、大洋洲等地。我国多野生，常在海拔 1000m 上下山地积水坑、河湾自生，浅沼、湖畔浅水处常自然形成群落。性耐寒，喜水湿，夏季宜凉爽和空气流通；要求肥沃而深厚的土壤。

园林应用 园林中在水池、溪流平缓处种植，配以荷花、睡莲、慈姑等，极具自然情趣与田园风光。盆栽置庭院、厅堂观赏也具特色，与水枝锦并置，更觉别致。

水盾草 *Cabomba caroliniana* A. Gray.

别名 绿菊花草、华盛顿草　　　　　睡莲科，水盾草属

识别特征 水生多年生草本。沉水叶对生于茎上，叶片先掌状分裂，再二叉分裂；茎上部浮水叶，长 2cm，宽 3mm，基部 2 裂，与金鱼藻相似，但区别之点在于金鱼藻叶 4~8 枚轮生，叶片一至二回二叉分裂，裂片边缘一侧有细锯齿。

主要习性 原产北美东部。1993 年首次在我国浙江省宁波市鄞县莫枝镇河中发现；在适宜的水体环境中繁衍极快，是一新入侵外来种，有可能危及我国水系的生态平衡。喜温暖的浅水水体环境，不耐寒冻。

园林应用 应作为水族观赏草类控制利用，赏其水中叉状细分枝的叶态。

水枝锦　*Lythrum salicaria* L.

别名　千屈菜、水柳、水枝柳　　　千屈菜科，千屈菜属

识别特征　多年生湿地草本。茎四棱形，直立多分枝，高约 80 ~ 120cm。叶对生，披针形或窄卵状长圆形，长 2 ~ 5cm。长穗状顶生花序，花小，多而密集，花萼筒长管状，上端 4 ~ 6 齿裂，花冠紫红色，花瓣 6 片，径约2cm。蒴果 2 裂，全包于萼筒内。

主要习性　产亚欧两洲温带湿地，我国北起东北南至广东、广西的湖滩、沼泽、湿地及山溪河湾草地皆有野生。耐寒、喜光，要求土壤湿润、在浅水及通风好的环境。虽陆生及水生均可，但以浅水为好；对土壤要求不苟，但以富含腐殖质的深厚肥沃土最好。

园林应用　最宜浅水沼泽、池塘成片或一隅栽植，盆栽置庭院或旱地作花境背景，小型水池山石旁栽植皆可。剪作切花插瓶也可室内欣赏。是好蜜源，全草入药。

睡莲 *Nymphaea tetragona* Georgi.

别名 子午莲

睡莲科，睡莲属

识别特征 多年生水生植物。根茎短直立。叶丛生，盾状圆形，具细长叶柄，浮于水面，表面浓绿，背面暗紫。花单生，白色，径 7~12cm，亦浮于水面，花瓣 8~17 片，排列数层；雄蕊多数，花药金黄色；柱头膨大，放射状。花期 7~8 月，果熟期 9~10 月。

主要习性 产亚洲东部，各地均有栽培；日本、欧洲及西伯利亚亦广为分布。性喜阳光、水湿、通风良好环境以及含腐殖质丰富的肥沃沙质壤土。喜清洁、温暖静水；适宜水深 25~30cm。

园林应用 睡莲为重要水生花卉，主要用于点缀水面，盆养布置庭院，也可作切花。根可食用或酿酒。在水中还可吸收铅、汞及苯酚等有毒物，过滤水中微生物，有良好的净化污水作用。全草可入药。

王莲　*Victoria amazonica* Sowerby

别名　亚马孙王莲　　　　　　　　睡莲科，王莲属

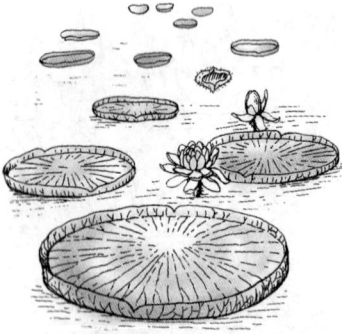

识别特征　大型多年生水生植物。根状茎直立而短，有刺。发芽后第1、2片叶小，长约3~4cm，线形；第3、4片叶，长约5~6cm，戟形；第5、6片叶，径约6~8cm，近圆形，基部裂口，以后逐渐加大成圆形；第10片叶后，叶缘向上反卷成箩筛状；成熟叶大，圆形，径达1.8~2.5m，叶缘直立，高7~18cm，有皱纹，第20片叶后开花。花两性，漂浮水面，有芳香，径15~35cm，颜色由白变粉至深红后沉入水中。果大球形，近浆果状。

主要习性　原产南美亚马孙河流域。性喜高温、高湿，早晚温差较小，但忌逆温差。喜水不过深、阳光充足的环境。

园林应用　王莲在适温下，生长迅速，需施用大量肥料。本种为著名水生观赏花卉。主要观赏巨形奇特叶片与花朵花色变化。

香蒲 *Typha angustata* Bory et Choub.

别名 水蜡烛、蒲草

香蒲科，香蒲属

识别特征 多年生宿根水生草本植物。株高 1.5～3m，茎粗壮而无分枝。具地下匍匐根茎，多须根，由匍匐茎萌发直立植株。叶剑形，互生，长 80～200cm，全缘，平行脉，叶厚海绵状，内为贮气栅栏组织。花单性，无花被，雄花在上，雌花在下共组成圆锥状肉穗花序，雄花谢败后脱落，雌花结实具褐色绒毛紧贴轴上如蜡烛，因生水中而得水蜡烛之名。

主要习性 原产欧亚两洲，我国大部地区都有分布，常野生于水池、湖泊及山间平稳溪河近岸浅水处。喜向阳，亦耐半阴，耐寒性强，在冰下越冬。但不能在旱地生存。

园林应用 园林中水池、溪河近岸或港湾静水处小片栽植，或盆栽置于庭前观赏，颇具自然野趣。蒲花棒也是配切花的好材料；叶可编织工艺品，花药入药为蒲黄；果上绒毛可填充枕头，即蒲绒，或称蒲花。

荇菜 *Nymphoides peltatum* (Gmel.) O. Kuntge [*Limnanthemum peltatum* Gmel]

别名 莲叶荇菜、金莲子、莕菜　　　　龙胆科，荇菜属

识别特征 多年生浮水草本。茎圆柱形，细长多分枝，具不定根，又于水底泥中生地下匍匐状茎。叶漂浮，圆形，近革质，基部深心形，上部叶对生，其他为互生；叶柄长短变化很大，常漂浮水面。花序束生于叶腋，花略呈钟状，径约 3.8cm，黄色，花冠 5 深裂，边缘具刺毛，喉部具毛。蒴果长椭圆形；种子边缘具纤毛。花期夏、秋季。

主要习性 广布于我国南北各地；日本，前苏联远东地区也有。生池塘或不甚流动的河溪中，性耐寒。喜阳光充足、水深 30~50cm 环境。

园林应用 植株浮于水面，高 5~7cm，叶片光亮，花多，色黄，为水面覆盖的优良植物。

泽泻 *Alisma orientale* Juzepcz

泽泻科，泽泻属

识别特征 多年生浅水沼生草本。地下有块茎，球形，块茎下部生须根，上部抽生茎叶。叶基生，广卵状椭圆形至广卵形，全缘，主脉5~7由基部直达叶端，各主脉间有横生支脉，形成网状。花茎由叶丛抽生，直立，高50~80cm，复轮生圆锥花序由聚伞花序形成，花小，具苞，萼片、花冠3枚，花冠白色，多少染红晕；花期6~7月。瘦果斜倒卵形。

主要习性 产东亚，广泛分布我国南北各地；朝鲜、日本亦有分布。多生浅沼或静水浅处，山溪平缓河湾、稻田、水渠岸边。喜光，稍耐半阴，不可长期离水。

园林应用 南北静水水域均可栽植，主要观赏广卵形叶及抽生花在莛上多轮排列成塔形，尖端白花。

6 藤蔓植物

藤蔓植物是指其茎生长弯曲、盘绕或柔软的一类植物，包括藤本和草本蔓生的植物。它们或缠绕、或吸附、或匍地而生。利用它们能够攀爬的习性，成为绿化美化墙面、立交桥、廊架等处的绝好材料，常被称为立体绿化材料。

本书将这些植物单独列为一类，介绍常见的、在园林中应用的藤蔓植物 59 种，按中文名称的拼音字母顺序排列。

白花油麻藤 *Mucuna birdwoodiana* Tutcher

豆科，黎豆属

识别特征 常绿攀援藤本。茎枝浅褐色，叶为3小叶组成的复叶，顶端小叶椭圆形或卵状椭圆形，长 8~13cm，下部两侧小叶扁卵形。总状花序腋生，长可达30cm 以上，具 20~30朵白色蝶形花。荚果条形、木质，长可达40cm，种子黑色，肾形，光滑。花期 4~5月，果熟期 9~10月。

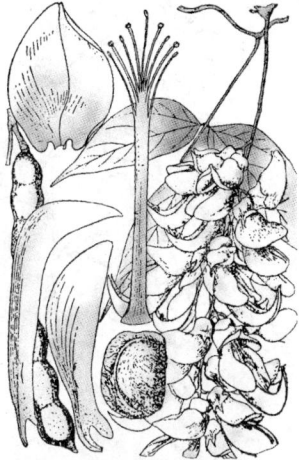

主要习性 产华东及华中以南亚热带及热带地区，四川、云南、贵州、湖北西南、湖南西部、南部、江西南部、浙江南部、福建、台湾、广东、广西、海南均有分布，并见栽培。喜温暖湿润气候，好生深厚肥沃的低山平缓坡地，多生林缘及灌丛中，能耐一定荫蔽及季节性干旱。

园林应用 植于漏空花墙、假山石旁，令其攀附生长。

蝙蝠藤 *Menispermum dauricum* DC.

别名 蝙蝠葛

防己科，蝙蝠葛属

识别特征 落叶藤本或多年生草质藤本。具粗壮根茎。叶盾形，卵圆形，长 6 ~ 12cm，缘 3 ~ 7 角裂或有时全缘。花序圆锥状腋生，雌雄异株。核果黑色，扁圆形，径约 7 ~ 10mm。

主要习性 产于我国东北、华北、西北、华东及华中各地中低山区，多生于河岸，谷地及田边地角、石砾沙滩，常垂吊于地堰、坡埂或攀附灌丛上。喜湿润、耐半阴，好通气及排水良好的沙质土壤，短期水浸亦无碍生存。

园林应用 是攀援山石、篱垣和覆盖山坡、荒滩的好材料，既可保持水土，更能观赏奇特光亮的叶；其根茎入药有清热、解毒、消肿功效。

常春金盘　× *Fatshedera lizei* Guillaum.

五加科

识别特征　本种为八角金盘 *Fatsia japonia* 'Moseri' 与常春藤 *Hedera helix* 'Hibernica' 的属间杂交种。常绿灌木，高2.5m。叶长 20cm，宽30cm，掌状分裂，裂片3~5，革质有光泽。幼枝表面粉状，老枝白粉脱落。顶生圆锥花序，长 15cm，花黄绿色，径 1cm，不孕。

主要习性　在法国育成，现广泛栽培。喜空气湿润、向阳或半阴环境，在肥沃、排水良好的土壤上生长繁茂；不耐寒，在北方多盆栽供赏叶；但可耐轻微霜冻，冬暖之地，可露地栽培。

园林应用　以藤杖支撑，供墙体、廊柱装饰。

常春藤 *Hedera helix* L.

五加科，常春藤属

识别特征 常绿藤本。茎长 5m，嫩枝具褐色星毛。营养枝上叶 3～5 裂，深绿色有光泽；花果枝上叶菱形至卵状菱形，全缘；叶脉色浅，多为黄白色。花序伞状球形，具细长总梗，花黄白色，各部均有灰白色星毛。果黑色，球形。

主要习性 产欧洲。我国引种多年，各地多有栽培。性喜温暖、湿润及半阴条件，要求肥沃、湿润而又排水良好的壤土。但不耐干燥与寒冷；长江流域最适生长。

园林应用 常春藤是气候适宜地区阴面阳台、棚架垂直绿化良好材料。北方盆栽是室内垂悬吊挂的优美攀援植物。枝、叶也是雅致的花艺配材。

赤瓟　*Thladiantha dubia* Bge.

识别特征　多年生宿根蔓生草本。植株匍地蔓生，遇有树木或其他物体则借卷须攀援而上。单叶互生，广卵形至心形，长 10cm 左右，缘有不规则齿，两面及柄均被粗毛。雌雄异株，花单生叶腋，花冠黄色，钟状；雌花子房椭圆形。花后子房膨大成瓠果，长椭圆形，熟时血红色，具十条纵沟纹；长约 5~6cm。果熟期 10~11 月。

主要习性　产我国，自辽宁南部经华北至广东、广西，西至陕西、甘肃均分布；朝鲜半岛也有。多生于山区附近村庄农家宅旁，常在废弃农舍成片生长，或攀于灌丛上。最高分布可达海拔 1000m。适应性很强，抗旱，耐瘠薄。

园林应用　赤瓟久放不裂，可连蔓采回挂于室内欣赏红色瓠果，一直可延至"雨水"节气仍保持红色不退。

串果藤 *Sinofranchetia chinensis* Hemsl.

木通科，串果藤属

识别特征 落叶藤本。攀援生长，长可达10余米。三出掌状复叶互生，小叶广卵形，全缘，长约6～10cm。花单性同株，总状花序腋生，下垂，长10～18cm，萼片6，白色，花瓣状，具紫褐色斑纹；蜜腺花瓣状6枚与萼片对生。浆果长椭圆形，熟时浅蓝紫色，长约3cm。花期5月，果熟9～10月。

主要习性 产长江上、中游的甘肃、陕西、四川、云南、贵州、湖北、湖南及两广各地。喜湿润环境及肥沃土壤，要求半阴及夏无酷暑，忌积水土地，多分布于900～2000m海拔山谷及山间小盆地或平缓坡地，常覆盖于灌木丛上或攀附于大树上。

园林应用 秋季果熟时，成串蓝紫色浆果下垂，十分耀眼，可在适宜地区植作棚架材料，以欣赏蓝紫色浆果。浆果味甜可食，种子黑色而有光泽。

大红金鱼花 *Columnea gloriosa* Sprague

苦苣苔科，金鱼花属

识别特征 多年生草本。植株蔓性，长与冠幅可达 90cm，密被细绒毛。叶对生，肥厚，具短柄，卵形至卵状长圆形，长 3cm，宽 2cm，绿色，带有红毛。长筒状花，盔状，长 8cm，绯红色，喉部黄色；筒下部有白毛。浆果灰白色带紫色毛。花期冬春。

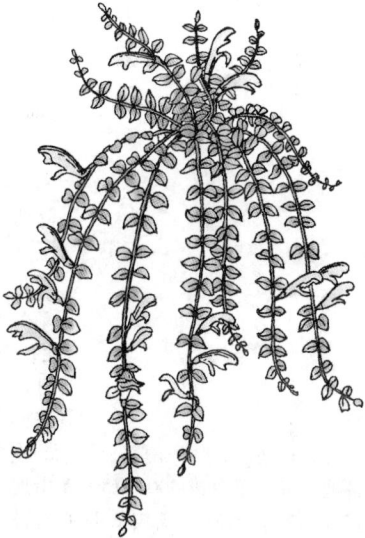

主要习性 分布于哥斯达黎加。性喜高温多湿、明亮环境。忌霜寒与阳光灼射。

园林应用 大红金鱼花枝蔓长而垂悬，朵朵红花点缀于垂蔓中，蔚为奇特；热带、亚热带地区庭院露地栽培观赏，北方作客厅、走廊悬挂观赏，极受人们喜爱。

大血藤 *Sargentodoxa cuneata* Rehd. et Wils.

木通科，大血藤属

识别特征　落叶藤本。攀援上升，茎紫红色。叶互生，3 出掌状复叶，叶柄长 6 ~ 10cm，顶生小叶菱状倒卵形；侧生两小叶斜卵状，均无小叶柄。总状花序腋生而下垂，苞片木质，花瓣黄色，6 片，芳香。雌雄异株，浆果暗蓝紫色，肉质。花期 5 ~ 6 月，果熟期 9 ~ 10 月。

主要习性　产长江流域的甘肃东南部，陕西南部，河南、安徽及江苏南部以南各地。多生于海拔 400 ~ 1500m 山地沟谷、溪旁灌丛或疏林，攀援于灌丛或较低乔木及岩石上。好温暖、湿润、喜光亦稍耐半阴。要求富含有机质而排水良好的沙壤土，在黏土上生长不良。

园林应用　园林中可作棚架材料栽植，赏紫红茎枝、白黄色花，蓝紫色果，也可用于攀附大型山石。根茎入药有强筋壮骨、活血通经功效，并可煎水用以防治蚜虫等害虫作农药用。

电灯花 *Cobaea scandens* Cav.

花葱科,电灯花属

识别特征 多年生缠绕草本。攀援茎可高达8m,全株无毛。偶数羽状复叶互生,有小叶3对,小叶椭圆形或长圆形,复叶顶端形成有分枝的卷须。花较大,径3~4cm,单生于叶腋,花冠长5cm,钟状,由绿色渐变为紫色,雄蕊伸出于花冠之外,花萼5裂,裂片近圆形,花期夏秋。蒴果革质,种子扁平。

主要习性 原产墨西哥。我国广东、云南等地有栽培。性喜阳光及温暖湿润气候,不耐寒冷。

园林应用 城市及园林中用作立体绿化。

吊金钱 *Ceropegia woodii* Schlecht.

萝藦科，吊灯花属

识别特征 多年生蔓性草本多浆植物。茎细软低垂，节间长2~8cm，常滋生深褐色小块茎。叶对生，心形，长1.5~2cm，肉质，具短柄；表面暗绿，背面色淡；叶脉深陷，边缘具白色斑纹。花肉黄色，长2.5cm，具弯曲长筒；花冠5针状直裂片，顶端带黑色。几乎全年有花。

主要习性 原产南非。性喜温暖向阳，空气湿润环境和排水良好的沙砾土，忌炎热雨涝和积水。

园林应用 吊金钱茎蔓柔软，株态特异，可作悬挂盆花，或置高架上，使茎蔓下垂；亦可用竹木、铅丝扎成造形支架，引附枝蔓长成各种形状，是很好的装饰盆花。

多花勾儿茶 *Berchemia floribunda* Brongn.

鼠李科，勾儿茶属

识别特征 落叶攀援性灌木或藤本。叶互生，卵形至卵状椭圆形，长4~9cm，侧脉8~12对，平行排列，在上面明显白色。顶生大型聚伞状圆锥花序，长约20cm，花数5，花瓣黄绿色。核果椭圆形至圆柱形，长约1cm，熟时红色，后变红紫色。花期夏季6~9月，果次年4~6月熟。

主要习性 产黄河流域及以南地区；印度、尼泊尔及日本亦产。性喜半阴，多分布于海拔1000m~2500m山坡、河口及谷底沿坡灌丛中，亦有攀援于杂木林缘树上，好湿润，但亦能在瘠薄干旱地生长，根深，萌发力强。

园林应用 叶秀丽，花繁密如雪盖枝上，红果可赏，为墙垣、篱笆或假山石攀援材料；花枝、果枝剪取插瓶欣赏亦佳。枝具韧性，可当临时绳索之用，甚至以之穿牛鼻，故有牛鼻拴、牛儿藤之别名；叶可代茶。

粉花凌霄 *Pandorea jasminoides* (L.) Schum. [*Bignonia jasminoides* Hort.；*Tecoma jasminoides* Lindl.]

紫葳科，粉花凌霄属

识别特征 常绿木质藤本。高 5m，无卷须攀援。奇数羽状复叶，对生，小叶 5～9 枚，卵圆形至披针形，全缘，有光泽。圆锥花序顶生，着花数朵，花冠钟形，白色，喉部桃红色，长 5cm，花期从冬至夏。蒴果木质，长椭圆形。

主要习性 原产澳大利亚，现美国、日本均有栽培；我国广州、上海等地亦有引种。性喜温暖湿润气候，能耐轻霜，不耐寒，要求向阳、湿润、肥沃、排水良好的土壤，温室栽培需通风、向阳环境，北方温室栽培越冬气温为 5℃。

园林应用 园林中可用于墙垣、棚架、拱门栽植。北方室内栽培观赏。

风船葛 *Cardiospermum halicacabum* L.

别名 倒地铃、鬼灯笼

无患子科，风船葛属

识别特征 一年生攀援草本。茎高可达3m。二回羽状复叶，顶生小叶大，椭圆状卵形。花序聚伞状腋生，总梗细长，花小，白色，杂性。蒴果扁球形，肿胀囊状，3棱，3果瓣裂。花期夏季，秋季果熟。

主要习性 产于我国长江流域以南；南亚各国均有分布。生低山草地及灌丛中。喜湿润，好阳光，要求肥沃而排水好的土壤。

园林应用 本种藤蔓纤细，果形如灯笼，具观赏价值，园林中种植于竹篱、墙垣、栏杆旁或绑扎成各种形状支架令其攀援观赏，美化庭院。全草入药，有清热解毒功效。

葛藤 *Pueraria lobata*(Willd.) Ohwi

豆科，葛属

识别特征 落叶藤本。根肥大成块根。植株蔓生，常缠绕他物向上攀援。三小叶掌状复叶互生，顶生小叶菱状卵圆形。花序腋生或多数集生成圆锥花丛，花冠紫红色，蝶形。荚果条形，长 5～10cm，被黄色粗毛。花期 8～9 月，果熟期 10 月。

主要习性 产地除新疆、西藏外，几乎遍布全国；朝鲜、日本亦分布。多为野生，海拔 1000m 以下都能生长，往南长江流域更可升高到海拔 2000m 左右。喜光、耐旱、耐瘠薄，但也有一定耐阴性，能在阴坡林下生长，一旦缠绕到树上即迅速生长直至缠死树木，无物缠绕时则匍匐蔓生，为山地水土保持优良植物。

园林应用 可作园林大型荫棚种植材料，也可作花架植物、枝叶在架上下垂，初秋红花装点，也别有情趣；大型山石令其攀援也甚相宜。

观赏葫芦 *Lagenaria siceraria* (Molina) Standl. var. *microcarpa* (Naud.) Hara

别名 小葫芦

葫芦科，葫芦属

识别特征 一年生攀援草本。蔓长可达 10m，卷须 2 叉。雄花总梗极长，高出叶上；花瓣 5，白色，清晨开放，日中枯萎。瓠果多，中部缢细，下部大于上部，长约 10cm，下部扁圆球形，上部连接果柄成尖桃形，成熟后果皮变木质，后期转黄。花期夏季，果熟期秋至冬初。

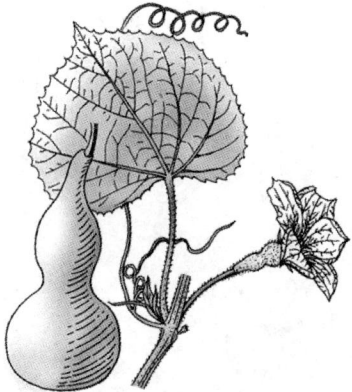

主要习性 广泛分布于热带到温带地区。性喜温暖、湿润、向阳环境，要求肥沃、湿润、排水良好的土壤。

园林应用 观赏葫芦多栽植在棚架篱旁，观赏其形状别致的小葫芦果，果实成熟后室内案头摆放或供作儿童玩具，也可药用，种子榨油可制肥皂。

观赏南瓜 *Cucurbita pepo var. ovifera* Alef.

别名 看瓜

葫芦科，南瓜属

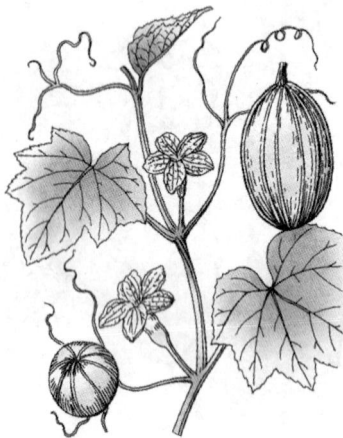

识别特征 一年生蔓性草本。有粗糙毛。雌雄同株、异花，单生，花冠黄色。果柄有棱沟，果肉硬，味苦不可食；果形有圆、扁圆、长圆、卵形、钟形、梨形等不同；果色有白、黄、橙等单色或双色、条纹等变化，因品种而异。夏季开花、结果。种子白色。

主要习性 分布于美洲。性喜温暖、湿润、向阳、不耐寒，也忌炎热，偶有自播繁衍，要求肥沃湿润而排水良好的微酸性土壤。

园林应用 观赏南瓜植株适宜栽于棚架、花廊旁，使其攀援向上，迎着朝霞结出大形黄色成熟瓠果，形状特异，色彩鲜艳，挂满枝头，有绿叶衬托，极为鲜明；瓠果采收后，还可放室内案头长时间摆设观赏。

红瓜 *Coccinia cordifolia* Cogn.

葫芦科，红瓜属

识别特征 多年生攀援草本植物。茎纤细带木质，具沟，卷须不分叉。叶互生，三角状卵圆形，常有 5 个角，长、宽均 5 ~ 10cm，基部心形，并有数个腺体，长 2 ~ 5cm，具柄。雌雄异株，雌雄花均单生，花冠钟形，白色或稍带黄色，雄蕊 3，花丝与花药合生。浆果，卵状矩圆形，长约 5cm，成熟时绯红色。

主要习性 分布于我国广东、云南；越南、印度、马来西亚、非洲和墨西哥也有。生灌丛中。喜阳光充足或略荫环境，疏松、肥沃的沙质壤土。

园林应用 适于冬暖地区棚架栽培或攀爬篱垣，赏叶、观果。北方作一年生观果植物栽培。

鸡血藤 *Millettia reticulata* Benth.

豆科，鸡血藤属

识别特征 常绿攀援藤本。茎枝初密被锈色绒毛，后脱落，皮孔明显。羽状复叶互生，有小叶 5~9，长卵形至卵状椭圆形。圆锥花序顶生，下垂，长 10~20cm，花玫瑰红色至红紫色。荚果条形，长 7~18cm；种子黑紫色，扁圆。花期 5~8 月，果熟期 10~11 月。

主要习性 原产长江流域中下游，多生于海拔 800m 以下山地溪谷林缘或灌丛中。适应性强，喜光而稍耐阴蔽，好湿润、肥沃而深厚土壤，忌积水，耐瘠薄而干旱土地，常攀援于大树或盘踞灌木顶层。

园林应用 栽培应设花架，或植于花廊、栅栏、竹篱、假山石旁，令其攀援。亦可植于坡地作地被植物。藤蔓及根药用有活血、强筋骨，治麻木瘫痪、腰膝酸痛之效；根及种子还可作杀虫农药。

金银花 *Lonicera japonica* Thunb.

别名 忍冬、金银藤、鸳鸯藤

忍冬科，忍冬属(金银花属)

识别特征 半常绿缠绕性藤本。小枝中空，密生柔毛及腺毛。单叶对生，卵形或椭圆形。2 花成对着生叶腋，伞房花序，花冠 2 唇，上唇 4 裂，下唇 1 裂，初开白花，后变黄色，花期夏季。浆果黑色，近球形。

主要习性 原产我国；朝鲜、日本也有。野生多在海拔 400～1200m 之间的溪河两岸、湿润山坡疏林及灌丛中。性强健，喜光耐阴，好湿土壤，耐旱忌涝；根萌性也强，无物缠绕时可铺地生长 5～7m 远。一般酸土、碱土均能适应。

园林应用 金银花花色奇特，花形别致，在长江流域往往绿叶经冬不凋，来春发芽前才脱落，故名忍冬。花具芳香，可以代茶或加入茶叶饮用。各地多栽为棚架或作山石缠绕材料。花和藤均入药，有解热、祛风、消炎功能，为银翘解毒丸的主要成分之一。

栝楼 *Trichosanthes kirilowii* Maxim.

葫芦科, 栝楼属

识别特征 多年生宿根攀援草本。茎蔓长达 10m 以上; 根肥厚粗壮; 卷须分 2~5 叉。雌雄异株, 雄花数朵生总梗上, 雌花单生; 花冠白色, 花瓣边缘流苏状, 花期 6~8 月。果实圆球形, 径约 10cm, 9~10 月成熟后, 呈橙黄至赭黄色。

主要习性 我国各地; 朝鲜、日本有分布。野生于山坡、岩石边半阴湿处。适应性强, 耐寒, 生长健壮。

园林应用 庭园中多栽植在高大棚架、墙垣旁, 白色花傍晚开放, 次晨闭合, 清香扑鼻, 大型橙黄色的球果经久悬挂, 甚为美观。栝楼根(天花粉)、种子(瓜蒌仁)、果实(瓜蒌皮)均为重要药材。

蜡花黑鳗藤 *Stephanotis floribunda* Brongn.

别名 马岛茉莉 　　　　　　　　萝藦科，黑鳗藤属

识别特征 木质藤本。枝蔓可长达5m。单叶对生，厚革质，有光泽，叶片宽卵状长圆至椭圆形，长 5～10cm。花序腋生，聚伞状；花萼叶状，5 裂，花冠蜡质漏斗状，白色，花筒直，至基部不膨大，上部裂片 5，雌、雄蕊黏生，花丝合生成短筒，雌蕊 2 心皮，花柱短。蓇葖果长7～10cm；具浓香。种子有白绢毛。

主要习性 分布于马达加斯加。喜温热、潮湿环境。

园林应用 北方作温室栽培，赏其浓香、洁白花朵，热带供室外攀援生长。2～3 月宜适当修剪，剪除弱枝和杂乱侧枝或留 10cm 重剪，以控制株形。

癞瓜 *Momordica charantia* L.

别名 苦瓜、凉瓜

葫芦科，苦瓜属

识别特征 一年生攀援草本。蔓长可达5m；茎纤细，有棱，被柔毛；卷须单生，长花柄中部具盾形苞片。雌雄异花同株；花黄色，具芳香。子房密生瘤状突起；成熟时顶端3片裂，种子浅黄色，表面有刻纹，外被红色假种皮，果瓤鲜红色。花期5~9月，果熟期6~10月。栽培品种很多，果形变化大。

主要习性 原产亚洲热带。适应性极强，但喜温暖阳光充足，要求湿润、肥沃、透气性良好的土壤；忌水涝和通风不良。

园林应用 庭园中多栽植在廊架、凉亭旁，任其枝蔓攀援向上，盛夏夜晚和清晨赏其芳香花朵，夏秋嫩果色如碧玉，晶莹可爱。鲜嫩果味微苦，是优质蔬菜。

蓝花藤 *Petrea volubilis* Linn.

别名 紫霞藤

马鞭草科，蓝花藤属

识别特征 木质藤本。长达 5m，小枝灰白色，被毛，叶痕明显。叶对生，革质，卵状椭圆形，两面粗糙，全缘或具波浪形齿。总状花序，生于枝顶，下垂，长可达30cm，花高脚碟状，长3～3.5cm，花萼淡蓝色，裂片长圆形，花冠深蓝色，5 深裂，花期 4～5 月。

主要习性 原产古巴，热带地区多有栽培，我国南方有引种，生长良好。性喜温暖湿润气候，喜阳光充足，也耐半阴，不耐寒，要求肥沃、疏松及排水良好的土壤。南方各地可露地栽种，华北地区多用大盆种植或在温室内栽培，冬季越冬温度应不低于10℃。

园林应用 蓝花藤为美丽的观赏植物，开花时间长，花色艳丽，是南方园林中极好的垂直绿化材料，可用于门廊、花架、栅栏、坡地等处绿化，北方温室内栽植或盆栽观赏，美丽异常。

凌霄 *Campsis grandiflora* (Thunb.) Schum.

别名 紫葳、中国凌霄、大花凌霄　　　紫葳科，凌霄属

识别特征 落叶藤本。以气生根攀援他物向上生长，高可达 20m，树皮灰褐色，具纵裂沟纹。奇数羽状复叶对生，小叶 7～9 枚，卵形至卵状披针形，边缘具粗齿。顶生聚伞圆锥花序长 15～20cm，花大，花冠钟状漏斗形，径 6～8cm，内面橙红色，外面橙黄色，花期 5～8 月。蒴果长如豆荚，种子扁平，有透明的翅。

主要习性 产我国长江流域，以及河南、山东、福建、广东、广西、陕西；日本、朝鲜也有分布。性喜温暖湿润气候，喜光，略耐阴，喜排水良好的壤土，较耐寒，有一定抗盐碱能力。

园林应用 凌霄花期长，花朵大，花色美丽，园林中用于立体绿化。花供药用。

络石 *Trachelospermum jasminoides*(Lindl.)Lem..

夹竹桃科，络石属

识别特征 常绿藤本。枝上有气根可借以攀援，高3~4m，有时可达10余米。叶革质，对生，椭圆形至卵状披针形，长2~10cm，具短柄。6~7月开花，伞房花序生枝顶；花白色，花冠高脚杯状，具5裂片旋状排列，芳香，径1.5~2.5cm。

主要习性 产于我国东南部，黄河流域以南各地均有分布。性喜温暖、湿润、半阴，不择土壤，耐一定大气干旱，但忌水涝。

园林应用 可攀附墙壁、枯树、支架，也可点缀山石、陡壁；华北地区室内盆栽。

落葵 *Basella rubra* L.

别名 胭脂豆、藤菜、木耳菜

落葵科，落葵属

识别特征 一年生缠绕草本。茎、叶绿色或淡紫色，稍肉质光滑。单叶互生，叶片卵形或近圆形。穗状花序腋生，长可达15cm；萼片5枚，花冠状，淡紫或淡红色。果实球形，浆果状，暗紫色。花期8～9月，果期9～10月。

主要习性 原产地可能为亚洲热带，我国各地有分布。喜高温高湿的气候；不择土壤；忌积水，亦不耐寒。但微酸性土也可适应。

园林应用 庭院中主要用作绿化篱垣、阳台或作掩蔽其他物体的植材，嫩茎叶供蔬食，全草可入药。

马兜铃 *Aristolochia debilis* Sieb. et Zucc..

马兜铃科, 马兜铃属

识别特征 多年生宿根草质藤本。茎攀援。单叶互生, 广卵形, 全缘稍波状内卷, 背面灰绿色有密生短毛。单花腋生, 花被合生呈"S"形弯曲; 花被筒基部膨大, 弯曲处缩小, 上部逐渐膨大至筒口成喇叭形; 外面淡黄绿色, 里面具紫色斑及条纹。蒴果熟时褐色, 长圆球形, 具 10 ~ 12 圆棱。种子暗褐色, 三角形, 扁平。

主要习性 产华北、华东、华中及西北地区。多生于干燥荒坡半阴处的灌丛及草坡中, 有时亦生于乱石堆缝中。对环境要求不严, 几乎随处可长, 但过于潮湿或过荫处生长不良。

园林应用 为竹篱、墙垣或假山石攀援材料, 亦可专门插立各式支架任其攀援, 赏其奇特的花及成熟黄色之果。果实入药。还是招引凤蝶的植物。

蔓长春花 *Vinca major* L.

别名 长春蔓

夹竹桃科，蔓长春花属

识别特征 常绿蔓生亚灌木。茎匍匐平卧地面生长，花枝直立，高可达30cm。叶对生，椭圆形至卵状椭圆形，长2~6cm，端尖，基圆或亚心形，全缘并有缘毛，上面绿色，下面黄绿色，两面光滑。花单生叶腋，花冠蓝色，裂片5，径约2.5cm。蓇葖果双生。花期4~6月。

主要习性 原产欧洲及西亚地区，我国江南地区有栽培。喜半阴、湿润，对土壤选择不严，北京引种植于侧柏林下，可安全越冬；但在全光条件下则难以越冬；过于干旱则生长不良。

园林应用 为优良地被植物，也可于山石避光面种植，以覆被山石更显生气；或于坡地林下种植，既美化坡地，又可保持水土。

毛萼口红花 *Aeschynanthus radicans* Jack

别名 毛芒苣苔　　　　　　苦苣苔科，芒毛苣苔属

识别特征 蔓生常绿藤本，有附生性。茎下垂，基部多分枝。小叶对生，椭圆形、倒卵形或卵形，长 4～5cm，宽 2～3cm。花成对着生枝顶，花梗短，花萼筒状，长达 2.5cm，有光泽，深紫色，花冠筒状，向一方张开至喉部，长 5cm，有绒毛，鲜红色，下部裂片基部稍呈黄色。蒴果线形，长达 35cm。有连续开花习性。

主要习性 原产马来半岛、爪哇。喜温暖、潮润与明亮环境。

园林应用 毛萼口红花长枝垂悬，红艳雅致，适宜悬挂欣赏，是橱顶、廊檐下极佳盆饰花卉。

猕猴桃 *Actinidia chinensis* Planch.

猕猴桃科，猕猴桃属

识别特征 落叶缠绕性藤本。小枝密生黄褐色绒毛，老后脱落。叶广卵形至近圆形或广椭圆形，长 8 ~ 15cm，密被灰白色或灰褐色星状毛及绒毛。雌雄异株或杂性，单花或聚伞花序腋生，花初开白色后变金黄，雄花多呈聚伞花序，花径 5cm。浆果椭圆形稍扁，长 2 ~ 45cm，被棕色绒毛，果肉绿黄色。花期 5 ~ 6 月，果熟期 9 ~ 10 月。

主要习性 原产我国，自太行山南端以南各地均分布。自然分布多生长在海拔 350 ~ 1000m 湿润山间沟谷，常缠绕于杂木及灌丛上，喜湿润、温暖气候；要求光照好，但不喜暴晒，最好选有半阴环境栽培。

园林应用 猕猴桃营养成分极高，是著名佳果。其花大而香，叶大荫浓，病虫害少，兼有佳果，故为园林观赏棚架上好材料，还有抗污染及药用价值。

木通 *Akebia quinata* (Thunb.) Dence.

木通科，木通属

识别特征 落叶藤本。匍匐生长或缠绕他物向上攀援。全株光滑。掌状复叶互生，小叶 5 枚，倒卵状椭圆形或椭圆形，长 3～6cm。花单性同株，在同一短总状花序上，花紫色，芳香；雌花径约 2.5～3cm。肉质蓇葖状浆果，熟时黄绿色染紫色晕，长椭圆形，长约 6～8cm。

主要习性 原产黄河流域以南广大地区，多生于 300～1000m 海拔低山山谷、溪旁、地埂、路边及稀疏林地，常垂悬于低矮灌丛上或崖畔。喜温暖、稍潮润而疏松及排水好之地，喜光而又稍耐阴，不耐严寒及过分水湿。

园林应用 木通叶、花秀丽，秋季观赏佳果。植于花架、篱垣或点缀山石，或令其缠绕枯树、攀附漏空花墙；果及藤蔓入药，能解毒利尿、通经除湿、清热镇痛、排瘀化脓，并有解虫、蛇毒之效；果实内瓤可食。

木香 *Rosa banksiae* Ait.
别名 七里香

蔷薇科，蔷薇属

识别特征 常绿或半常绿蔓性藤本。枝绿色，光滑无刺或少刺。羽状复叶，有 3~7 小叶，卵状披针形。伞房花序着生于新枝顶端，有 3~15 朵白色花，花径约 2.5cm，浓香，花期夏初。蔷薇果红色，近球形，径 4mm。

主要习性 产我国，在秦岭南坡及大巴山以南的西南地区及长江流域广泛分布；多生于河谷、林缘之湿润灌木丛中，喜攀附于岩石、灌丛上和枯老乔木树上生长。喜光，耐半阴，要求肥沃、深厚土壤和湿润气候，但亦耐旱；耐寒性稍差。

园林应用 是园林中很好的棚架、山石和墙垣攀附材料，花香沁人，可作簪花、襟花和切花插瓶，也可盆栽扎成"拍子"供室内欣赏，花亦可浸制香精。

南蛇藤　*Celastrus orbiculatus* thunb.

别名　蔓性落霜红　　　　　　　　卫矛科，南蛇藤属

识别特征　落叶藤本，长达 10 余米。单叶互生，近圆形或倒卵状椭圆形，缘具齿。短总状花序腋生，有花 5 ~ 11 朵。蒴果球形，黄色，成熟后裂开，白色种子外裹鲜红色假种皮。

主要习性　产我国华北、东北南部及华东等地区；朝鲜亦有分布。多生海拔 1000m 左右山地灌木丛中，有时缠绕大树或岩畔生长；喜光耐半阴，抗寒耐旱，不择土壤，要求肥沃、湿润而排水好。

园林应用　秋季叶片经霜变红或黄，蒴果裂开露出红色假种皮包裹的种子，形若红花，引人注意。可以作棚架、墙垣、岩壁的攀援绿化材料，溪河、池塘岸边种植不立支架，养成灌木。根、茎、叶、果均可入药，亦为杀虫农药。剪下果枝插瓶观赏时间很长。

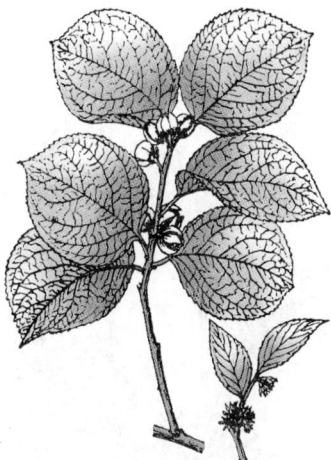

茑萝 *Quamoclit pennata* (Lam.) Bojer

别名 羽叶茑萝

旋花科，茑萝属

识别特征 一年生缠绕草本。茎长可达 6m。叶羽状分裂。花腋生，直立，高出叶面，花冠高脚碟状，筒长 4cm，洋红色或橙黄色，花期 7～10 月。

主要习性 原产热带美洲。喜温暖及阳光，不择土壤，华北常见自播繁衍。

园林应用 纤细的叶衬以鲜明色彩的小花，十分别致，是常见的垂直绿化材料。

爬山虎　*Parthenocissus tricuspidata* Planch.

别名　爬墙虎、地锦　　　　　　　葡萄科，爬山虎属

识别特征　落叶藤本。具分枝卷须，卷须顶端有吸盘，借以吸附他物上升。叶掌状 3 裂，幼苗期叶深裂成 3 小叶的掌状复叶。聚伞花序常生短枝顶端两叶之间，花小不显，黄绿色。浆果球形，熟时蓝紫黑色被白粉。因其秋叶变红，故别名地锦。

主要习性　产我国东北至华南；朝鲜、日本亦产。耐寒、耐旱，对土壤及气候适应力强，阳处、阴处都能生长。

园林应用　是建筑物及假山石、墙垣等垂直绿化的好材料。生长迅速，短期内即可收良效，秋季温差大时，叶色变红或黄，十分美丽，也对建筑墙壁起保护作用，还能使室内冬暖夏凉。

炮仗花 *Pyrostegia venusta* (Ker – Gawl.) Miers [*P. ignea* Presl.]

别名 炮仗藤 　　　　　　　　　　紫葳科，炮仗藤属

识别特征 常绿木质藤本。攀援高可达 10m。叶对生，小叶 2 ~ 3 枚，顶生小叶变为 3 叉丝状卷须，小叶卵圆形，全缘。圆锥花序，生于侧枝顶端，长 10 ~ 12cm，花朵密集成簇，花萼钟状，花冠筒状，橙红色，边缘被白色短柔毛，花期从秋至春，晶莹耀眼。蒴果线形，种子具膜质翅。

主要习性 原产南美洲巴西，在热带亚洲已广泛作为庭园观赏藤架植物栽培；我国广东、海南、广西、福建、台湾、云南均有种植。性喜阳光充足、通风及肥沃、湿润的酸性沙质土壤，生命力强，生长迅速，华南地区露地越冬。

园林应用 炮仗花花朵鲜艳，花叶繁茂，形同火焰，是南方城市及庭院中优良垂直绿化材料。华北地区只能室内栽培，盆栽时设立支架，有良好观赏效果。

葡萄 *Vitis vinifera* L.

葡萄科，葡萄属

识别特征 落叶大藤木。树皮暗棕红色，片状剥落；枝蔓具分叉卷须，与叶对生。叶近圆形，有5浅裂。圆锥花序大而长，亦与叶对生，花小，黄绿色。浆果圆形或椭圆形，绿色、红色、紫色或黄绿色不一，表面被白粉。

主要习性 产西亚，我国栽培已有2000余年，传为汉代张骞引入。人工栽培分布极广，长江流域以北都有栽培，但华北冬季低温难以越冬，故概用埋土保护越冬。性喜干燥、温暖，要求通风和排水好，对土壤要求不苛刻，在中性土上生长最好，微酸土、轻碱土、沙土均能适应。

园林应用 园林中以搭棚架栽培，观果赏叶，葡萄架是传统园林观赏内容，近代盆栽葡萄可供居住楼房者美化阳台和居室用。

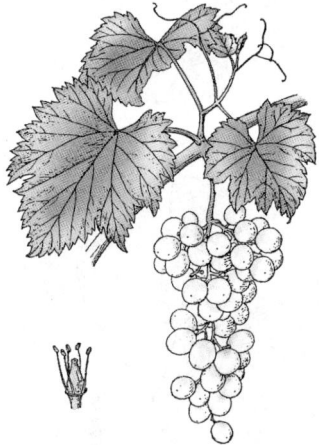

牵牛 *Pharbitis nil* Choisy

别名 喇叭花

旋花科，牵牛属

识别特征 一年生缠绕性草本。全株具粗毛。叶常 3 裂。花腋生，常 1 ~ 3 朵，花冠漏斗状，径约 10cm，有白、粉红、紫红、蓝紫等。花期夏、秋，花后约 1 个月蒴果成熟；种子黑色，卵状三角形。

主要习性 原产热带地区。性健壮，喜温湿、阳光充足气候，但耐半阴，亦适应干旱瘠薄土壤，有自播繁衍能力。

园林应用 牵牛是生长迅速的垂直绿化材料，可覆盖墙垣、竹篱、小棚架或阳台，盆栽或地栽均可。种子入药，别名黑丑、白丑，有泻下、利尿、消肿、驱虫之效。

青藤　*Cocculus trilobus*(Thunb.)DC.

防己科，木防己属

识别特征　缠绕性落叶藤本。在亚热带为常绿性。单叶互生，卵形至长卵形，长 4 ~ 14cm，全缘或 3 裂，3 裂者中裂长，两面光滑。聚伞花序腋生，有时呈圆锥花丛或顶生小枝端；花小，绿色，雌雄异株。核果黑色，球形，径约 6 ~ 8mm。

主要习性　产太行山南段，中条山及秦岭以南各地；日本及东南亚各地亦有分布。多生于海拔 1500m 以下山地阳坡河谷地带，喜阳光，耐干燥，常攀附于大树上或覆于灌木上层，稍耐阴，要求排水好，透气性强的土壤。

园林应用　园林中作花架、凉棚、大型山石或漏空墙垣栽植，可以很快取得效果，园中枯树令其攀援也很理想。根、茎、叶均可入药称"木防己"，有补肾益精、强筋壮骨、祛风除湿之效。

雀梅藤 *Sageretia thea* Johnst.

鼠李科, 雀梅藤属

识别特征　常绿、半常绿攀援藤木。短枝顶刺状。叶对生、近对生，卵状椭圆形，长 1～4cm。穗状花序合成圆锥花丛，花穗密生短柔毛，花浅黄色，芳香。核果紫黑色，近球形。花期 9～10 月，果熟次年 4～5 月。

主要习性　产长江中下游及东南沿海各地；日本、朝鲜、越南、缅甸及印度亦分布。喜光，好温暖湿润，在中、低山灌丛中易见，常攀附于多种灌木顶部。萌发力强，耐修剪。耐旱及半阴。

园林应用　可以选择台地、坡坎种植，亦为山石点缀和垂直绿化材料；是盆景"七贤"之一，为盆景桩景造型常用树种。种作绿篱或墙垣一隅令其攀援，均甚相宜。嫩叶可代茶，根皮入药有化痰、治喘之效。

三角花 *Bougainvillea spectabilis* Willd.

别名 叶子花、三角梅、九重葛、红苞藤

紫茉莉科，三角花属

识别特征 常绿攀援灌木。枝具刺，拱形下垂。单叶互生，卵形或卵状披针形；枝、叶、花均密生柔毛。花顶生，常3朵簇生于3片着色的叶状苞片内，花总梗与苞片中脉合生；苞片卵圆形，紫红色；管状花顶端5裂，淡黄色；花期甚长，多在秋、冬至春三季。

主要习性 原产巴西，现世界各地栽培。喜温暖湿润气候，不耐寒，10℃以上可越冬，开花则需15℃以上。喜充足光照；耐贫瘠、干旱，不择土壤，但忌积水。

园林应用 三角花性健壮，病虫害少；花大苞片色艳，花期又长，我国南方宜庭院种植成花廊，花篱；北方多作盆栽，修剪造型成观赏佳品。

山牵牛 *Thunbergia grandiflora*(Roxb. ex Willd.) Roxb.

别名 大花山牵牛、大花老鸦嘴 爵床科，山牵牛属

识别特征 攀援灌木。多分枝，株高 15m，可攀援，匐枝可漫爬。叶对生，卵形、宽卵形至心形，长 4 ~ 10cm，先端急尖至锐尖，边缘有齿或角状浅裂，两面被柔毛。花在叶腋单生或成顶生总状花序，花大而美，近似漏斗状，直径达 7cm，长 5 ~ 8cm，花冠浅蓝色，外面白色，喉部黄色，花期夏秋。蒴果被短柔毛。

主要习性 分布于广东、广西、福建、海南，生于山地灌丛，印度及中南半岛亦有分布。现广植于世界各地。性喜温暖湿润气候，要求充足阳光及通风良好环境，亦耐半阴，在肥沃、深厚及湿润土壤中生长迅速，越冬气温不低于 10℃。

园林应用 园林中常用于垂直绿化，宜植于花架、矮墙或栅栏旁，也可在庭院山石旁种植，盆栽用于室内外布置。

使君子 *Quisqualis indica* L.

使君子科，使君子属

识别特征 落叶藤状灌木。高2~8m，能沿高大树木缠绕攀援。叶对生，薄纸质，两面有黄褐色短柔毛。穗状花序顶生，下垂，两性花，萼筒细管状，长达7cm，花瓣5，初开白色，后变红色，有香气，平展成星状，径2~3cm，花期夏秋。核果橄榄状，黑色，果期秋季。

主要习性 产我国南部及马来西亚、菲律宾、印度、缅甸。性喜温暖向阳及湿润气候，不耐寒、不耐旱，可耐半阴，需富含腐殖质及排水良好的沙质土壤。

园林应用 园林中为重要垂直绿化植物，宜植于门廊、棚架、栅栏处或作墙垣、山石攀援材料。种仁供药用，为驱虫药。寒冷地区多温室栽培。

蒜香藤 *Pseudocalymna alliaceum* (Lam.) Sandwith

紫葳科，蒜藤属

识别特征 多年生常绿藤本。茎长2~4m，枝条垂披，绿色至灰白色。单叶或复叶对生，节部肿大，叶柄木质，长1~2cm，叶柄顶端着生小叶2片，长8~12cm，宽4~6cm；小叶片间可长出卷须，起攀附作用。聚伞花序腋生或顶生，每簇有花5~20余朵，花冠漏斗形，顶部5裂，裂片鲜紫色或略带微红；花期周年但以9~10月为主，次年5~6月是二次盛花期。

主要习性 原产南美洲的圭亚那和巴西；我国华南植物园有栽培。喜温暖、湿润气候与阳光充足环境。

园林应用 蒜香藤抗性强，少有病虫害。花多色艳，可地栽、盆栽，也可于冬季暖地作支架绿篱，布置花架、墙垣、坡地，或可供装饰阳台作攀援或垂吊花卉。茎、叶由于揉碎会散出蒜香味，因此而得名。

田旋花 *Convolvulus arvensis* L.

别名 箭叶旋花

旋花科，旋花属

识别特征 多年生草本。根状茎横走；茎蔓性或缠绕，具棱角或条纹，上部有疏柔毛。叶互生，戟形，全缘或3裂。花序腋生，1~3花，花梗长3~8cm，细弱；二线形苞与萼远离；萼片5，边缘膜质；花冠漏斗状，长2cm余，粉红色，顶端5浅裂。蒴果球形或圆锥形；种子4，黑褐色。花期6~8月，果期7~9月。

主要习性 广布于我国各地，自然生长于耕地及荒地。喜阳，耐瘠薄与干旱。为田间路旁常见的杂草。

园林应用 花形、花色优美，花朵清晨开放，午后闭合凋萎。适宜作矮篱笆、围栏与坡地美化材料。

铁线莲　*Clematis florida* Thunb.

毛茛科，铁线莲属

识别特征　多年生木质或草质，直立灌木或藤本。二回三出复叶。花单生叶腋，花被片 4 ~ 8，径约 10cm，乳白色，瓣背有绿色条纹。

主要习性　产我国中南部，生长于低山区丘陵灌丛中、山谷、路旁及小溪边。在野生环境中，铁线莲常与灌木丛伴生，喜凉爽，茎基部与根部略有蔽荫环境。茎上部宜光照较充足。大多数种类与品种性耐寒，一般可耐 -20℃（有些还可耐 -30℃）；忌冬季干冷与水涝或夏季干旱而无保水力的土壤。多数种类喜疏松肥沃、排水良好的微酸性或中性土壤。

园林应用　铁线莲为优良棚架、篱垣开花植物；庭院中还可与常绿低矮松柏及石楠类植物混植，丰富背景景观，也是拱门、花架、凉亭的配植佳品。是有毒植物。

乌蔹莓 *Cayratia japonica* Gagnep.

别名　五爪龙　　　　　　　　葡萄科，乌蔹莓属

识别特征　多年生缠绕性草本。茎蔓具卷须，缠绕他物上升。掌状复叶互生，具5枚小叶呈鸟爪状，顶端小叶大，其他4片小叶披针形。聚伞花序腋生或与叶对生，花小，黄色。浆果卵形，紫黑色，浆汁紫红。

主要习性　产我国华北南部以南各地，以至亚洲南部。生丘陵坡地及路旁荒地、蒿草或灌丛中。喜光耐半阴，好湿耐旱，不甚耐寒，黄河以北常变为冬枯春生宿根草本。北京亦见野生。

园林应用　主要观赏秀丽的枝叶及紫黑色的浆果。

乌头叶蛇葡萄 *Ampelopsis aconitifolia* Bunge

葡萄科，蛇葡萄属

识别特征 落叶藤本。枝光滑，卷须叉状分枝。掌状复叶具5小叶（有时部分3小叶），长4~10cm，中央小叶菱状卵形，最下两侧小叶最小，都有羽状深裂，有时裂至中脉，形似羽状复叶，各裂片又具浅裂或深齿。聚伞花序与叶对生，长3~8cm，花小，黄绿色。浆果球形，熟时橙黄色，径约5~6mm，果熟期8~10月。

主要习性 产我国东北、华北、西北东南部陕西、甘肃及河南、湖北、湖南、四川、山东、江苏等低山丘陵区林缘及灌丛中。喜光亦稍耐阴，好肥沃、湿润土壤，亦能在石壁、崖畔生长；耐寒耐旱。

园林应用 叶形奇异，果色可赏，适应性强，是观叶赏果的攀援植物和护坡、固岸好树种。根可入药，有消肿化瘀功效。

五味子 *Schisandra chinensis*(Turcz.) Baill.

别名 北五味子

木兰科，五味子属

识别特征 落叶藤本。叶互生，倒卵形或长椭圆形，叶柄及主脉常为红色。花单性异株，单生或簇生叶腋，花被白色或稍带粉红色晕，花小，直径约1.5cm，具香气，花被 7 ~ 12 片。聚合果穗状，鲜红色，小浆果球形。

主要习性 产我国东北、华北及秦岭、华中各地；朝鲜、日本、前苏联亦有分布。半耐阴。喜于湿润、肥沃而排水好的山地林缘生长，常缠绕林木或岩石上，海拔 700 ~1500m 的阴坡均有。

园林应用 五味子为优良攀援植物，园林中半阴处的棚架材料，也可在山石阴面种植，任其缠绕，赏其白色香花和红色果穗。切勿在强光下暴晒。浆果甘、酸、麻、辣、涩五味俱全，可作调味剂，亦可药用，即"五味子"。

西番莲 *Passiflora caerulea* L.

别名 时计草、蓝花鸡蛋果 西番莲科，西番莲属

识别特征 多年生攀援草质藤本。茎圆柱状或稍有棱。叶阔心形，掌状 5 深裂，裂片披针形，具卷须。花腋生，钟形，径 7～9cm，微香，花下具 2～3 苞片；萼片 5，白色或内暗粉红；花瓣 5，浅粉红色，副冠丝状，白色，基部和尖端紫蓝色，2 轮，外轮较花瓣短。花期夏、秋季。肉质浆果，黄色。

主要习性 分布在南美巴西南部，巴拉圭至阿根廷等地。性喜阳、温暖、潮湿环境，不耐寒，忌水涝。

园林应用 西番莲枝叶繁茂，花大色浓，形如古代测时的日晷而得名时计草，是奇特观花植物，供篱垣廊架装饰。

香豌豆　*Lathyrus odoratus* L.

豆科，山黧豆属

识别特征　一、二年生草本。缠绕蔓生，长达3m。羽状复叶，小叶2枚，卷须3叉。总状花序，花1～4朵，有香味，花瓣5，径2.5cm，旗瓣有白、粉、红、蓝、紫等色，翼瓣与龙骨瓣不相连，色较淡。

主要习性　原产意大利。喜冬季温和湿润、夏季凉爽气候，忌炎热，好中性或微酸性、湿润而排水良好的肥沃土壤。

园林应用　香豌豆为著名温室花卉，花色品种很多，但由于其发源于南欧，要求冬暖而湿润，夏凉而干燥的气候；我国多数地区不能满足其要求，需进行特殊管理，故现各地极少再栽培。

夜来香 *Telosma cordata*（Burm. f.）Merr.

萝藦科，夜来香属

识别特征 常绿木质藤本。分枝柔弱。叶对生，长圆形，具短绒毛，有长柄，质薄，先端有小尖，基部凹陷，长 5～10cm。伞形花序腋生，小花黄绿色，极芳香；花萼 5 裂，裂片长 0.6cm，花冠具短筒，裂片 5，长约 1.2cm，分离开张。果狭圆锥形。花期 5～9 月。

主要习性 分布在亚洲热带，我国华南亦有。喜温暖、潮湿，阳光充足、肥沃而又排水良好的环境。

园林应用 花期长，花朵芳香备受欢迎。花可作汤食或供药用，有清肝明目，活血化瘀的功效，鲜根尚可作蜜饯。

樱花葛 *Hoya carnosa*(L. f.)R. Br..

别名 球兰、樱兰

萝藦科，球兰属

识别特征 常绿藤本。高可达7m，茎肉质，节上有气根。叶厚、肉质，叶脉不显，全缘无齿。伞形花序腋生，花序径达7cm以上；12~15 朵小花密集花序上，花冠蜡状，白色，心部粉红；副花冠呈星状放射，微香；花期 5~9 月。

主要习性 产我国南部及大洋洲。性喜高温高湿和半阴条件，但亦稍耐干旱。茎节气根吸附树干或岩石上生长。

园林应用 幼龄植株宜早摘心，促进分枝，并架设支架任其攀附生长。花朵凋谢后及时摘除残花与花梗，不可损伤花序总梗，可使之继续发出新花蕾。

鹰爪花 *Artabotrys hexapetalus*(L. f.)Bhandari

番荔枝科，鹰爪花属

识别特征　常绿或半常绿攀援藤木。借钩状总花梗钩挂他物向上攀援。叶互生，长卵形或倒披针形，长6~16cm，端渐尖或尖，基楔形，全缘。花1~3生于弯曲钩状总花梗上，花被浅绿或黄绿色，花瓣6枚分为2轮，并不完全张开，具芳香。浆果卵圆形，长2.5~4cm，熟时紫褐色。

主要习性　产浙江南部、江西南部、广东、广西、云南南部及海南、福建、台湾；印度、缅甸及东南亚各国均有分布，为南亚热带及热带植物。喜温暖、湿润气候，要求肥沃土壤，耐半阴。

园林应用　为著名香花藤木，花期5~8月，故为华南地区极好的赏花闻香藤木。含芳0.75%~1.0%，是高级化妆品原料。园林中设立支架，或植于墙垣、竹篱旁任其攀援，花期满园香郁。

硬骨凌霄 *Tecomaria capensis* (Thunb.) Spach

别名 南非凌霄、四季凌霄　　　　紫葳科，硬骨凌霄属

识别特征 常绿半蔓性灌木。高达 5m，枝细长，常具小瘤状突起。奇数羽状复叶对生，小叶 5~9 枚，卵形至宽椭圆状卵形，边缘具不规则锯齿。总状花序顶生，花冠漏斗状，冠筒略弯曲，长 5cm，橙红色，具深红色纵纹，雄蕊及花柱伸出花冠外，花期 6~10 月。蒴果扁线形。

主要习性 原产南非西南部，分布于好望角附近，海拔在 700m 以下，年平均气温在 15℃左右，冬无严寒，夏无酷暑，年降水量1000 mm 左右。性喜温暖湿润气候，不耐寒，5℃以下易受冻害，喜阳光充足，也耐半阴，要求肥沃、湿润且排水良好的沙质壤土，不耐干旱，又忌积水。

园林应用 盆栽时可将枝条盘曲，绑扎于支架上，形成各种造型，供观赏，南方则可供作花丛、花篱栽植，布置庭院。

月光花 *Calonyction aculeatum*（L.）House

别名 夜光花

旋花科，月光花属

识别特征 多年生蔓性草本。株长可达 10m，具乳汁。花一至多朵排成总状，腋生，花冠高脚碟状，径 10cm，白色，芳香，夜间开放，次晨闭合。花期夏秋。蒴果 4 瓣裂，种子 4 枚，成熟期 8～10 月。

主要习性 原产美洲热带。喜阳光充足、温暖、湿润气候；不耐寒；对土壤要求不严，但更喜沙质壤土。

园林应用 月光花是优良的垂直绿化材料，大白色花朵香气扑鼻，可点缀夜景，还可作夜间临时用的切花；全草均可入药，有治蛇咬伤及跌打肿痛之效；用作甘薯接穗接在薯秧上可增加甘薯产量。

重瓣旋花 *Calystegia pubescens* Lindl.

旋花科，打碗花属

识别特征 多年生缠绕蔓性草本。长可达 6m 以上，全株略具短柔毛。单叶，互生，披针形或戟形，长 5 ~ 10cm，基部有 2 侧裂，中裂片长。单花，腋生，花梗明显长于叶柄；花萼下具 2 枚近膜质大苞片，花各部完全瓣化，排列不规则，花瓣边缘波皱状，鲜粉色，单朵花可开放数日；花期夏季；花后不育。

主要习性 广泛分布于美国纽约州东南部至哥伦比亚特区和密苏里州及欧、亚各地。性耐寒，喜肥沃而排水良好的沙质壤土。

园林应用 花大而重瓣，色泽鲜亮，是我国长江以北地区极好的垂直绿化、篱垣花卉。

紫藤 *Wisteria sinensis*(Sims.)Sweet

豆科，紫藤属

识别特征 落叶大藤本。若有依附物则逆时针方向缠绕上升攀援可达10m以上，无依附物则匍匐地面或成灌木状生长。奇数羽状复叶，小叶7~13，卵形至长卵状长圆形，长5~12cm，顶端小叶最大。总状花序生侧芽顶端，形成短枝，花序下垂，先叶或同叶开放，花冠红紫色，具芳香，花长约2.5cm，整个花序长约15~30cm。荚果扁平，长约10~15cm，木质，熟后开裂。

主要习性 原产我国，北起辽宁，南至广东、广西，西北部到云贵高原都广泛栽培。喜光，亦耐半阴，好肥沃湿润土壤，也耐干旱瘠薄，适应性极广，寿命长可达500年。

园林应用 紫藤在我国园林中应用很广，各地多有大棚架栽培，也可用作山石绿化或墙垣栽植，亦为枯树缠绕材料。花枝亦可作切花插瓶。

钻地风　*Schizophragma integrifolium* Oliv.

虎耳草科，钻地风属

识别特征　落叶藤本。叶对生，卵形或椭圆形，长 10～15cm。伞房状聚伞花序，具不孕花，不孕花有大型白色萼片状苞片，卵形，椭圆形或长卵形不整齐，可孕花小而不显，绿色。蒴果陀螺形，室背开裂。花期 6～7 月。

主要习性　产长江中下游及以南地区。多生长于海拔 1000m 以下杂木林中或山谷灌丛，常攀援于树上或荫蔽岩壁。喜光而耐阴，好湿润、凉爽气候，要求富含腐殖质多的土壤，忌高温干旱。

园林应用　钻地风为攀援藤本，花序外围不孕花有高出的乳白色苞片，显得奇特，园林中将其植于古树旁、石壁下或专设花架栽植，令其攀援，夏季开花时赏其大的白色苞叶，如白蝶翻跹于藤上，甚觉别致，也可植于墙垣。

7 仙人掌及多浆植物

　　该类植物主要指仙人掌科、番杏科、景天科及百合科、萝藦科等的一些植物。它们的特点是根可茎或叶中贮藏水分，显得肥厚多汁；仙人掌类则有独特的器官——刺座，花朵往往特别艳丽。该类植物在我国北主地区多为室内盆栽，在南方可作沙漠园、绿篱的绿化美化。

　　本书介绍常见的，常栽的仙人掌及多浆植物 77 种，按中文名称的拼音字母顺序排列。

八宝 *Sedum spectabile* Boreau.

别名 华丽景天

景天科，景天属

识别特征 多年生草本。株高 30 ~ 70cm，茎直立，丛生，不分枝。叶肉质卵形，对生，少3叶轮生，边缘具波浪状浅锯齿。伞房状聚伞花序，径约10cm；小花密集，径约1cm；花瓣5，桃红色；花期 8 ~ 9 月。

主要习性 原产我国东北及华东等地，生山坡草地。耐旱耐寒（能耐 −20℃ 低温），耐瘠薄土壤；喜光；忌积涝。

园林应用 八宝叶丛翠绿，花色鲜明，花密成片，庭园中适宜布置花境，或林缘灌丛前栽植。极耐干旱，适宜缺水地区园林绿化应用。

八卦掌 *Dolichothele spaerica* (Dietr.) Br. et R.

仙人掌科，长疣球属（八卦掌属）

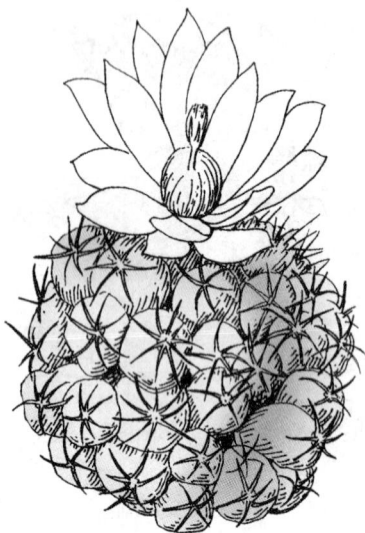

识别特征 多浆植物。茎近球形，基部常生小球，高 8 ~ 10cm，径 10 ~ 12cm，淡绿色，表面为多数长乳房状突起所组成，各突起间深沟状，突起部中央生刺丛，中刺 1 枚，直立，辐射刺 12 ~ 15 枚，褐色。花生疣腋间，白色稍带红晕，漏斗状，径约 7cm；花期 6 ~ 8 月。

主要习性 原产墨西哥北部和美国得克萨斯州南部。喜温和气候，忌暑热，不耐寒。

园林应用 八卦掌球体别致，花大色鲜，为室内、案几陈设好盆景。

豹头 *Neoporteria napina* (Phil.) Backeb.

仙人掌科，智利球属

识别特征 具长萝卜状根，茎小球形或圆锥形，径约5cm，高约10cm，灰绿色至暗红色；棱14，由小而圆的疣状突起螺旋状排列组成，周刺3～9，刺长0.3cm，褐色，中刺1枚，刺座小，稍具绵毛或无。花黄色，径约4～4.5cm，长2.5cm，数朵集生于茎顶。花期夏季。

主要习性 原产智利中部。生长地气候干旱。

园林应用 球体形色特殊，花大色鲜，且易于开花，适宜家庭栽培。

彩华柱 *Haageocereus versicolor* (Werderm et Backeb.) Backeb.

仙人掌科，金煌柱属

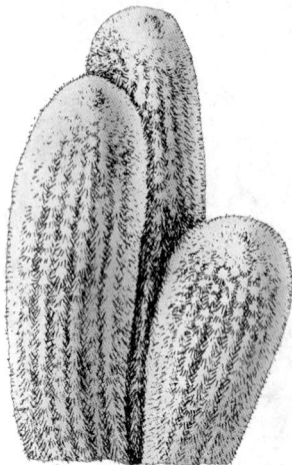

识别特征 多浆植物。茎高可达 2m，径 8cm，浅绿色，浅棱 20～22，棱脊圆而低，辐射刺 25～30 枚，长 0.6cm，直，中刺 1～2 枚，长 4cm，黄色，刺座密生，略带红棕色。花着生于近顶部，夜间开放，白色至乳白色，长 10cm。果实黄色，径约 3cm。花期夏季。

主要习性 原产于秘鲁，近太平洋沿岸，海平面上多雾荒滩地至海拔 2400m。生长地为干旱沙荒区，植被稀疏，雨量极少，生长于沙漠岩石石砾丛中。

园林应用 彩华柱柱状丛生，柱顶黄棕色，通柱密被黄色至深红色刺毛，健壮美丽，是人造沙漠景观的极好材料。

橙黄棒叶花 *Fenestraria aurantiaca* N. E. Br.

别名 五十铃玉 番杏科，棒叶花属

识别特征 多年生多浆肉质植物。高 50cm，常密生成丛，宽达 30cm。叶直立棍棒状，绿色，顶端粗而扁平，有灰绿色"窗"，下部稍带红色，叶面有透明小点，凸起部分全透明。花茎长 4~5cm，花朵大，径 3~7cm，金黄色。蒴果种子多数。夏末至秋初开花。

主要习性 分布于南非。需阳光和排水极好的土壤。畏霜寒，很耐干旱。

园林应用 花期黄色大花竖立于肉质棒叶丛中，株形美丽奇异，是室内小型盆栽珍品。

吹雪柱　*Cleistocactus strausii*(Heese.) Backeb.

别名　银毛柱　　　　　　　　仙人掌科，管花柱属

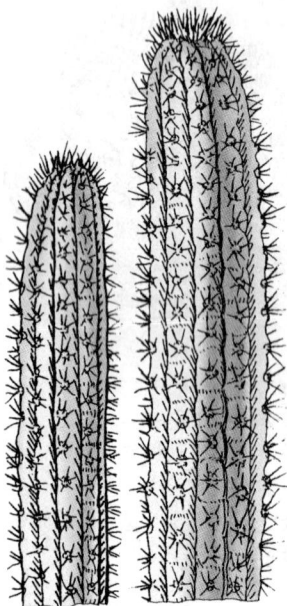

识别特征　多浆植物，茎长柱状，高 60 ～ 100cm，径 8cm，绿色，27 ～ 30 棱，刺座密生；每刺丛有黄色中刺 2 ～ 4 枚，短；边刺 20 ～ 40 枚，长，银白色。花大，红色至红堇色，细长管状，长 7cm 左右，径 4 ～ 5cm；为典型蜂鸟授粉植物。花期 4 ～ 6 月。

主要习性　原产玻利维亚、阿根廷。喜阳光充足，干燥、凉爽气候。

园林应用　吹雪柱形如银白色毛柱，花大而艳，甚为美观。热带亚热带地区，适宜岩石园种植。北方盆栽供厅堂布置。

丛云球 *Melocactus maxonii* (Rose) Gürke

仙人掌科，花座球属

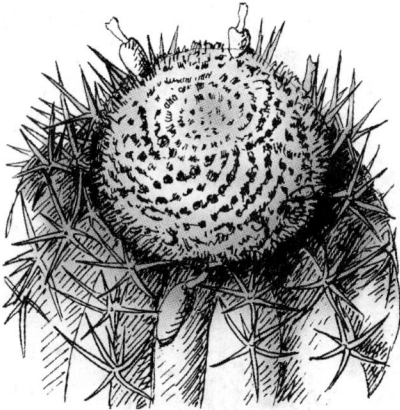

识别特征 茎球形，高达 30cm，具 11~15 棱，辐射刺 7~11，长 1.2cm，浅红色或黄色，渐变为灰色，中刺通常 1 枚，色深。花玫瑰色，花座扁而小。

主要习性 原产危地马拉。热带海洋性气候，无旱季。

翠松露玉 *Blossfeldia atroviridis* F. Ritter

仙人掌科，松露玉属

识别特征 植株呈小球形，径约1cm，有较长的肉质根，基部易生仔球成丛生；表皮暗绿色，有光泽，刺座螺旋状排列，有灰白色绒毛，无刺。花小，白色；阳光较弱条件下，花开不盛。种子极小。花期早春。

主要习性 分布在阿根廷与玻利维亚西部山地。生于海拔较高处的岩石沙砾或陡峭岩面含有肥土的缝隙中，属亚热带大陆性半干旱气候型。

园林应用 本种为仙人掌科中最小的种类，小巧秀丽趣味性强，为爱好者收集的珍品。

大花蛇鞭柱　*Seleniceereus grandiflorus*(L.) Br. et Rose

仙人掌科，蛇鞭柱属

识别特征　攀援状多浆植物。茎细长圆柱形，长可达 5m 以上，径约 2.5cm，绿色，具 5～8 条深绿色细条状棱，茎上多具白色气生根；棱上刺座稀疏，每丛刺 3～5 枚，黄色并混生白毛。花冠漏斗状，外部带淡红色，花瓣乳白色，长可达 30cm，径 16cm，成龄株可同时开放几十朵。花期 5～7 月，夜间开放，浓烈芳香。

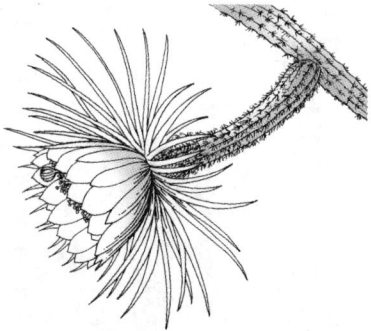

主要习性　原产牙买加、古巴、海地及墨西哥东部沿海地带。生长地为热带海洋性气候，终年高温，雨量充沛，森林茂密。

园林应用　在冬暖之地，大花蛇鞭柱枝细长如长蛇，种植林下或墙阴处，任其吸根附树或墙攀援生长，色洁如玉的大花，夜间开放，格外醒目。

大花犀角　*Stapelia grandiflora* Mass.

萝藦科，犀角属(国章属)

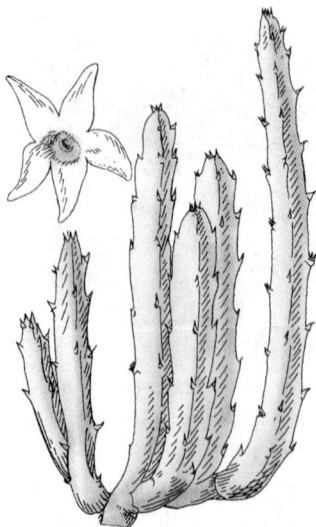

识别特征　多年生肉质草本植物。茎直立，高 20～30cm，基部分枝，灰绿色，密被细纤毛，4 棱，棱脊上相距 1.5～2cm 具一内卷小齿及瘤状退化小叶。花基生，星状 5 裂，淡黄色，具暗紫红色横皱，边缘具白色长柔毛，表面深紫色，背面青绿色，径 12～15cm。花期 7～10 月。

主要习性　原产南非。生态要求及管理和水牛角近似。越冬最低气温不得低于 10℃，温度低易引起腐烂。

园林应用　大花犀角植株挺立、丰满，花大色浓，形似五角星，可供布置厅堂、窗台、案头，形态奇特别致。

对叶花 *Pleiospilos bolusii* (Hook. f.) N. E. Br.

别名 凤卵   番杏科，对叶花属

识别特征 多年生草本多浆植物。高10cm，无茎。叶1~2对，基部相连，叶片宽卵圆形，开展，对生，叶面凹凸不平，长、宽各可达5cm，顶端厚钝，灰绿色，具暗绿斑点，冠幅达20cm；新叶长出时，下部老叶皱缩。花1~4朵，无柄，具苞片，径5~7cm，金黄色，略带橙色；雄蕊9~14枚，丝状。蒴果9~14室，果裂片具翅，延至顶部。花期初秋。

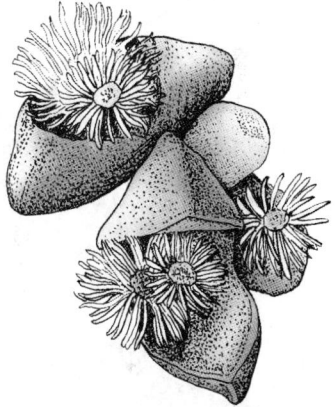

主要习性 分布于南非。性喜阳光，喜排水良好的土壤，耐干旱。畏霜寒。

园林应用 植株肉质三棱形憨态可掬，是优良小盆栽多肉植物，也是冬暖地区岩石园中珍贵的植材。

对叶景天 *Chiastophyllum oppositifolium* (Ledeb.) A. Berger.

景天科，对叶景天属

识别特征 多年生多浆草本植物。具蔓延根茎。叶对生，6~8片基生，椭圆形至卵形，长3~4cm，疏生钝锯齿，有柄。总状花序，顶生，长15~30cm，呈弓形；花乳黄色，长4mm，花瓣5，中部以下相连，帽状；雄蕊10，春末开花。

主要习性 分布于高加索一带。喜阴、排水良好的土壤环境。

园林应用 适宜岩石园点缀，在岩石隙缝中都可生长。

绯牡丹 *Gymnocalycium mihanovichii* 'Red Head' (Fric et Gurke) Britt. et Rose

仙人掌科，裸萼球属

识别特征 小球类。径 3~5cm，植株体扁球形，所得栽培品种'绯牡丹''Red Head'，球体橙红、绯红、紫红或深红，棱上有突出横脊，刺短或脱落。春、夏季开花，花粉色，常数朵同时开放。

主要习性 原产巴拉圭干旱亚热带地区。喜排水良好肥沃壤土。夏季注意适当遮荫及良好通风，干热及通风不良易遭红蜘蛛危害；'绯牡丹'更喜阳光充足，在阳光下球体色泽可更富有光彩。

园林应用 习性强健，栽培容易；'绯牡丹'小巧艳丽，十分惹人喜爱，为小型盆栽佳品，或在"沙漠景观"布置中有万绿丛中一片(点)红的效果。

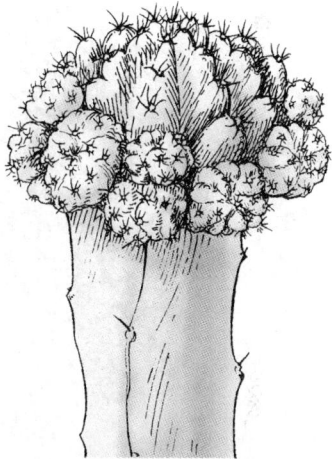

绯绣玉　*Parodia sanquiniflora* Backeb.

仙人掌科，锦绣玉属

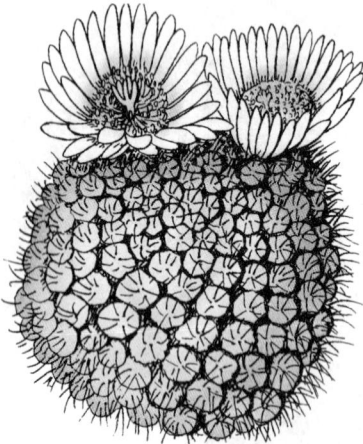

识别特征　多浆植物。茎球短圆筒形，单生，绿色，顶部多毛；棱螺旋状排列，棱上有小疣状突起；新刺座具绵状毛和刚毛；辐射刺约 11 ~ 25 枚，开展，白色，长约 0.8cm，中刺 3 ~ 4 枚，最下部者先端具钩。花多，茎顶着生，黄色或橙红色，长 2.5cm，雌雄蕊黄色，子房和花管均具鳞片，鳞腋具白色长绒毛。果实小，皮薄。

主要习性　原产南美巴西、阿根廷高海拔地区。喜较高的光照度与较多的矿质营养。

园林应用　是室内陈设好盆景。

风车草 *Graptopetalum paraguayense* E. Walther

别名 东美人 景天科，风车草属

识别特征 多年生多浆草本植物。株高 10 ~ 30cm，成龄植株具匍匐性，节处易生不定根；叶排列成松散莲座状，叶片长圆状匙形，具短钝尖，长 5 ~ 7cm，宽 2 ~ 3cm，肉质，厚，灰白绿色，略带粉晕，形似风车扇叶；花莛高 15cm，自叶腋抽出，花瓣 5，星形，径约 1.25cm，白色，具稀疏褐红斑点。花期冬末至春初。

主要习性 原产墨西哥。性强健、耐旱、忌积涝与过分水湿，不耐寒。

园林应用 作小盆栽植物，赏其肥厚风车叶般的叶丛与带斑点的花朵。

佛手掌 *Glottiphyllum linguiforme*(L.) N. E. Br.

别名 宝绿、舌叶花 番杏科，舌叶花属

识别特征 多年生常绿草本多浆植物。茎被叶包围。叶舌形，鲜绿色，平滑有光泽，肥厚多肉，长约10cm，宽约3cm，厚2cm，常3~4对丛生，先端略向下翻。花自叶丛中央抽出，具短梗，黄色，花期4~6月。

主要习性 原产南非。性喜温暖，较耐旱，不耐寒，亦不耐高温。生长适温18~22℃，32℃以上生长迟缓。

园林应用 佛手掌株型矮小平铺，叶如长舌伸展，色泽光亮翠绿，花形优美似菊，花色鲜艳，热带地区园林中可供布置岩石园；北方盆栽，是室内窗台书案的优良点缀小品。

光山　*Leuchtenbergia principis* Hook.

仙人掌科，光山属

识别特征　多浆植物。植株外形似龙舌兰，国外有龙舌兰仙人掌之名。肥厚肉质直根；茎高50～70cm，径5～6cm，疣状突起长达10～12cm，略呈3棱，腋部有绵毛；刺纸质，辐射刺8～14枚，长5cm，中刺1～2，长10cm。花单朵或多朵着生茎顶端中心部位，漏斗形，径达10cm，长8cm，柠檬黄色，具丝般光泽，芳香，单朵花可开放达6天之久。

主要习性　分布于墨西哥北部至中部草原。性喜温暖与阳光充足。

园林应用　外形奇特，花朵美丽，花期长，广为栽培。

光玉　*Frithia pulchra* N. E. Br.

番杏科，光玉属

识别特征　单种属。多年生多浆植物。基生莲座状，株高 3cm，冠幅 6cm。叶肉质棍棒状圆柱形，直立，粗糙，灰绿色，顶端扁平截形，上有透明小窗。花单生，无茎，多数，红粉色，花心色浅；夏季开花。

主要习性　原产南非干旱亚热带地区。喜温暖、阳光充足，极耐旱。忌霜寒。

园林应用　植株株形奇特可爱，为室内小型盆栽珍品。

黑王球 *Copiapoa cinerea*(Phil.)Britt et Rose

仙人掌科，龙爪球属

识别特征 茎球形至圆筒状，高可达1.5m，径达20cm；蓝绿、灰绿至灰白色，具明显的蜡质层；棱18~25，刺座密生；球顶端密被灰白色绵毛；初期有刺5~6枚，后仅为1枚，长2cm，或有的极短，灰黑色。花阔漏斗形至钟形，黄色，春、夏季开花。

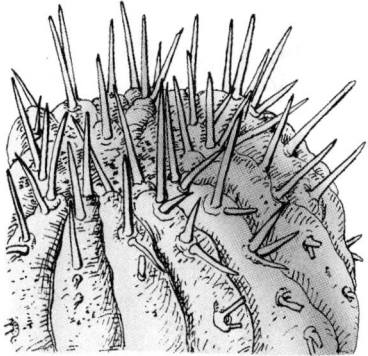

主要习性 原产智利北部。生于极为干旱地区，含石灰石砾较多的土壤环境，畏霜寒。

园林应用 主要用于盆栽观赏其奇特球体形与色。

红杯 *Heliocereus speciosus* (Cav.) Britt. et Rose

仙人掌科，牡丹柱属

识别特征 细长柱状灌木。基部分枝，绿色，长达1m，具3~5棱，棱脊波状；刺座稀具白色绵毛与多数小刺，后转变成黄色或褐色，不显。花漏斗形深红色，径15cm，长15~17cm，柱头裂片带红色，白天开花，单朵花可开放数日。果实长3~5cm，可食用。

主要习性 原产墨西哥中部。性强健。喜富含腐殖质营养土壤，温暖地势。

园林应用 本种花大色艳，花期长，最适宜作悬挂栽培；又是与令箭荷花属 *Nopalxochia*、昙花属 *Epiphyllum*、鼠尾掌属 *Aporocactus*、蛇鞭柱属 *Selenicereus* 等属间杂交育种的好材料。

红小町 *Notocactus scopa* Berg. var. *ruberrimus* Hort.

仙人掌科，南国玉属

识别特征 多浆植物。茎初圆球形后呈圆筒形，原产地植株高可达 45cm，顶部略凹陷，无毛。全株白刺相互交织，使球体呈白灰色；30 ~ 40 棱，棱上有小疣状突起，中刺 3 ~ 4 枚，长 2 ~ 3cm，洋红色；周刺约 40 枚，短于中刺，长约 5 ~ 7mm，雪白色，基部满被白短毛。花柠檬黄色，顶生，短漏斗形，长 4cm，径 6.5cm，筒短；柱头红色。花期仲夏 7 ~ 8 月。果实为干果。

主要习性 原产巴西南部和巴拉圭。喜沙性腐殖质土；生长季要求均匀水分、高温和充足营养、细雾；防灼射阳光，在半阴处生长良好。

园林应用 红小町以其艳红的柱头得名，全株满布短刺毛，花色鲜丽，刺花共赏，是珍贵仙人掌类，作案头观赏极佳。

红银叶花 *Argyroderma roseum*(Haw.)Schwant.

别名 红花金铃 番杏科,银叶花属

识别特征 多年生多浆植物。植株非常肉质,平卧。叶2~4枚,卵形,长35cm,宽45cm,厚约25cm;交互对生,1/2以下联合,叶面扁,背面凸起,灰绿白色,无斑点。花自叶间顶端中缝长出,近无柄;花大,径7~9cm,玫瑰红色,花瓣疏松,夏季开花。

主要习性 分布于南非。性强健,畏霜寒;喜充足阳光及排水极好的土壤。

园林应用 用作小盆栽观赏,株形奇特,小巧别致,花开放时,朵大色美。

红缘莲花掌　*Aeonium haworthii* Webb. et Berth.

别名　树莲花　　　　　　　　　景天科，莲花掌属

识别特征　多年生常绿亚灌木至灌木状多浆植物。茎直立，多分枝；株高30～60cm。叶聚生枝端成莲座状；叶倒卵形，长3～5cm，肉质，灰绿色，边缘具密细乳突状毛齿，在阳光下变红色。花序自叶腋抽出向上直伸，小花40～50朵成松聚伞状；花钟状，径约1cm，黄色带红晕。花期春、夏。

主要习性　原产大西洋加那利群岛。喜温暖、阳光充足、冬季干燥、夏季潮润环境。

园林应用　庭院中宜与岩石配置，也可与其他多浆植物、山石作组合盆景。红缘莲花掌株丛健壮，是北方冬季普及的常绿盆栽植物。

厚叶草　*Pachyphytum oviferum* J. Purpus.

别名　星美人、铜锤掌　　　　　景天科，厚叶草属

识别特征　多年生多浆植物。具直立短茎；莲座状。叶互生，倒卵形，极肥厚肉质，长 2~4cm，宽 2~2.5cm，厚 2cm，平滑钝圆，被粉蓝色。总状聚伞花序，花莛高可达 30cm，有花 10~15 朵；花朵钟形，花萼粉蓝色，花瓣橙红色；不同于长筒莲属之处在于本属雄蕊着生于花瓣腹面。花期春季。

主要习性　原产墨西哥。性健壮、耐干旱，喜阳光。

园林应用　宜作小盆栽多浆植物栽培。

葫芦拳 *Chamaecereus sylvestri* Britt. et Rose

别名　白檀、金牛掌　　　仙人掌科，葫芦拳属(白檀属)

识别特征　多浆植物。茎短圆球形，矮生，多数分枝，平卧或铺散下垂，有时茎中腰略凹细成葫芦状。高 20 ~ 30cm，径 7 ~ 14cm，鲜绿色，具8棱，稀5 ~ 9棱，棱上刺丛密生，每丛具 10 ~ 15 枚长 1 ~ 1.5mm 白色小短刺。花冠漏斗状，长 5 ~ 7cm，径3 ~ 4cm，绯红至葡萄酒红色，日开夜闭，花朵繁茂。花期春至初夏。

主要习性　原产阿根廷西北部。多生长在高山斜坡上，较干旱、寒冷，阳光充足的环境，夏季为荒野灌木丛覆盖；耐半阴。

园林应用　葫芦拳茎球丛生，植株丰满，色泽鲜绿，白刺短而密，花色鲜丽，适宜作窗台、阳台小盆景。

虎颚肉黄菊　*Faucaria tigrina* (Haw.) Schwant.

番杏科，肉黄菊属

识别特征　多年生草本多浆植物。几无茎，叶簇丛生，肥厚多肉；叶片菱形，长 2～5cm，宽 16～25cm，厚 5～6mm，常 3～4 对呈"十"字形对生，鲜绿色，表面略凹下，具 4～8 对锯齿，具无数白色斑点。花大，径 5～6cm，花期 5～7 月，中午开放。

主要习性　原产南非。习性及栽培管理与露花相近。越冬最低气温 6℃。

园林应用　虎颚肉黄菊株形小巧玲珑。露地栽培，可供布置岩石园或花坛边缘。盆栽作室内窗台、书案小盆花，叶子四季常青，花形似菊，艳丽多彩。

黄丽球 *Lobivia aurea* Backeb.

别名 黄裳球　　　　　　　　仙人掌科，丽花球属

识别特征 多浆植物。茎球状至短圆柱状，亮绿色，高 5～10cm，14～15 棱，棱间为锐角沟，脊上有刺丛，间距 1cm，中刺 3～6 枚，长 2～3cm，浅灰白色，周刺 8～10 枚，略叉开，长 1cm，黄褐色。花侧生近顶刺丛中，漏斗形，长 9cm，径 8cm，柠檬黄色，具光泽，花瓣 3 裂，花筒细长、弯曲，基部被白色鳞片。花期夏季。

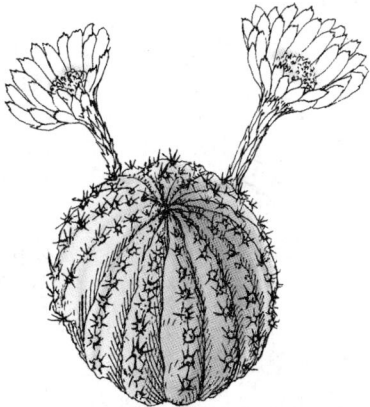

主要习性 原产阿根廷。喜阳光充足及空气流通环境。

园林应用 黄丽球球体优美，花大色鲜，为仙人掌类中普遍栽培的种类。

黄仙玉　*Matucana aurantiaca*（Vaup.）Kimnach et P. C. Hutchison

仙人掌科，白仙玉属

识别特征　多浆植物。茎球形至圆筒形，丛生，高约 15cm，径 10cm 左右，深鲜绿色；25～30 棱，棱沟浅，球体表面有瘤状突起；刺丛有刺 20～30 枚，呈不规则放射状排列，白色或深灰褐色，尖端黄色。花着生茎顶端，筒状漏斗形，长约 8cm，径约 5cm，花瓣橙黄至深红色，雌雄蕊淡红色。花期 4～6 月。

主要习性　原产秘鲁北部，海拔 2400m 以上地区。生长地为亚热带干旱荒漠气候，土壤干燥贫瘠，空气多雾，昼夜温差小，但湿度较高。

园林应用　黄仙玉茎球端正，球表密布白色长刺，在鲜绿色茎球衬托下，显得明快；大花，橙、深红、绿及淡红相间，分外艳丽，为仙人掌类的上品，是室内好盆景之一。

假昙花　*Rhipsalidopsis rosea* (Lagerh.) Britt. et Rose

仙人掌科，假昙花属

识别特征　附生型多浆植物，灌木状多分枝。栽培多呈悬垂伞状。茎节扁平或3~4棱，绿色或略带紫色，长3.5~6cm，边缘刺座具刚毛状细刺毛。花朵多，着生茎节顶部刺座上，花冠整齐，花瓣12~18片，径约4cm，花筒极短，长约1cm；玫瑰粉色。有石竹紫、红、大红、粉红等色品种。雄蕊1轮，柱头裂片开展，4~5月开花；每朵花开3~5天。

主要习性　分布巴西南部热带森林中。喜半阴与空气潮湿环境。不耐寒。

园林应用　假昙花花多，色艳，是一种美丽的室内盆花。

金冠龙 *Ferocactus chrysacanthus*(Orcutt) Britt. et Rose

仙人掌科，强刺球属

识别特征 植株球形，高可达1m，径可达60cm，绿色，具 15 ~ 22 棱，刺座大，排列密，周刺 9 ~ 13，中刺 4 ~ 10，刺细长而弯曲，硬而尖锐，黄白色或近红色（因环境条件而异）。花漏斗形，浅黄色或红色，长达10cm；夏季开花。果实黄色。

主要习性 原产美国加利福尼亚州东南部地区。生长地干旱期很长，土壤矿物质多，有机质少。忌霜寒。

园林应用 金冠龙长弯刚劲的刺丛，有充满力量之感，受到仙人掌类爱好者的欣赏。

金琥 *Echinocactus grusonii* Hildm.

别名 象牙球   仙人掌科，金琥属

识别特征 多浆植物。茎圆球形，球体大，高可达130cm以上，径30~100cm或更多，浅黄色，顶部被金黄色绵毛与黄毛刺。具20~37棱；刺座大，中刺3~5枚，质硬，长约5cm，辐射刺8~10枚。花单生顶部黄色绵毛丛中，钟形，长6~8cm，花筒被尖鳞片，外瓣黄褐色，内瓣鲜黄色有光泽；日中开花。花期夏季。

主要习性 原产墨西哥中部，干燥、炎热的热带沙漠地区。喜充足阳光与营养，空气流通、排水良好环境；土壤宜选石灰质沙壤土。

园林应用 金琥球体大，绿茎黄刺，花色鲜丽，寿命长达数百年，是较珍贵的仙人掌类。热带、亚热带地区多成片栽植于岩石园中，极壮丽；北方盆栽点缀厅堂、书房。

巨人柱 *Carnegiea gigantea*(Engelm.)Britt. et Rose

仙人掌科，巨人柱属

识别特征 植株高大柱状，高可达 12m(200 年龄)，径达 65cm；有约 8 个以上分枝，分枝下弯或向上，犹如烛架状树。茎具 12～24 钝棱；刺座上有褐色绵毛，辐射刺 12 或更多，刺长 1～2cm；中刺 3～6，8cm 长；褐灰色，端部色暗。成龄植株顶端可着生花，花刺座有较多的针状刺；花白色，长 12cm。浆果红色，长 6～9cm，果实可食。

主要习性 分布在美国亚利桑那州，加利福尼亚州东南和墨西哥北部草原、干旱少雨而阳光强烈的半荒漠地区。性健壮，喜阳光充足、通风良好环境。

园林应用 株形雄伟，是大型展览温室中的珍稀品种。

老乐柱 *Espostoa lanata*(H. B. K.)Britt. et Rose

别名 秘鲁老人柱 　　　　　　仙人掌科，老乐柱属

识别特征 植株圆柱状，绿色，高可达到 1.2m 以上(5m)，径 10cm 余，全株被白色丝状长毛；具低矮棱 20～25，刺座排列紧密，辐射刺约 12，黄色或带红色，中刺 1～2 枚，长可达 6～7cm，色较深。花白色，长约 5cm，开花前在茎上侧部形成由白色长软毛组成的假花座，花从假花座软毛中展出。果实卵形，红色，多汁液；种子黑色。夏季开花；花朵夜间开放，具特异臭味。

主要习性 原产秘鲁北部山区和厄瓜多尔南部低纬度高海拔地区。生长地紫外线丰富，昼夜温差大，有较长的干旱期。栽培中喜温暖、阳光充足和营养丰富而又排水良好的基质环境；畏霜寒。

园林应用 主要赏其白色长绵毛柱，或温室地栽，丰富沙漠景观；30 龄植株才能开花。

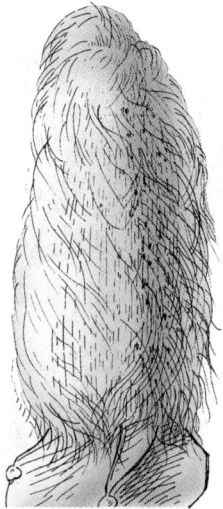

丽人柳　*Rhipsalis regnellii* Lindb.

仙人掌科，丝苇属

识别特征　附生性多浆植物。茎细柱状，径1cm，深褐色，具气生根；扁平叶状，分枝多，长10～12cm，宽3～4cm，中央有叶脉状隆起，边缘波状，鲜绿色，先端下垂，几无刺。花小，钟状，顶生或侧生刺座，白色。花期春夏，浆果红色。种子细小。

主要习性　产巴西热带森林下层或阴谷岩石上。畏霜寒，能耐半阴，忌积水。

园林应用　丽人柳茎柔细，支架可扎成各种形状，引导吸附根攀援成图形；或靠树干、墙壁栽培，绿茎自吸根攀附生长，或作吊篮栽培，秀丽清雅。热带地区供山石、林下栽培，任其攀附增添园景。

量天尺 *Hylocereus undatus* Br. et Rose

别名 三棱箭 仙人掌科，三棱箭属

识别特征 附生性多浆植物。茎多分枝，3 棱，棱边缘波状，随株龄或多或少带有角质，常 60 ~ 80cm 长为 1 节，粗 7cm，节上具气生根，吸附大树干或岩壁上；刺丛间隔 3 ~ 4cm 具 1 ~ 3 枚圆锥形刺。花冠漏斗形，外瓣黄绿色，内瓣白色，长约 30cm，夜晚开放，花期夏季。果椭圆形，长 10 ~ 12cm，红色有香味，可食。

主要习性 原产热带、亚热带雨林中，我国海南岛有野生。多在林中吸附树干或岩壁生长；喜温暖湿润环境，耐半阴。

园林应用 量天尺株型高大，花大色鲜，在热带、亚热带园林中可栽大树下或岩石旁，任其吸附攀生或作垣篱，增添园景。北亚热带以北地区需室内越冬；根系强健，适应力强，多用作珍贵仙人掌类嫁接用砧木。

令箭荷花 *Nopalxochia ackermannii* Kunth

仙人掌科，令箭荷花属

识别特征 附生型灌木状多浆植物。茎扁平多分枝，叶状，高可达1m余；枝呈披针形至线状披针形，基部细圆叶柄状，边缘具波状偏斜圆齿，全株鲜绿，嫩枝边缘为紫红色；刺座生波状齿凹处，灰白色；无刺或疏生短细齿。花单生刺丛间，漏斗形，径10～15cm，长15～20cm，玫瑰红色；花被片开展，约2倍长于花管筒；花朵白天开放。浆果椭圆形，多汁，长3～4cm，成熟时红色。花期6～8月。

主要习性 原种产墨西哥热带地区。喜阳光充足、温暖多湿环境，耐干旱。

园林应用 令箭荷花是我国各地常见栽培的仙人掌类之一，枝茎清秀，花朵素丽，是装饰会场、厅堂及居室的良好盆栽植物。

龙神柱 *Myrtillocactus geometrizans*(Mait. ex Pfeiff.) Console

仙人掌科，龙神柱属

识别特征　原产地植株乔木状，高可达 4～5m，冠幅可达 6m。茎柱状，分枝多，节长 30～90cm，径 6～10cm，光滑，蓝绿色，嫩茎略被白粉；6 棱（稀 5～8），高 2.5cm，周刺 5～9 枚，长 0.2cm，红褐色后转为灰褐色，中刺 1 枚(幼株常不发育)，长约 0.7cm，褐黑色。花小，径 2cm，4～9 朵集生于上部刺座上，白色，夜间开放。小浆果带红紫色，可食用。花期夏季。

主要习性　原产墨西哥中南部高原，生长于钙质土上。性健壮，生长迅速；喜温暖、阳光充足。

园林应用　蓝绿柱体，奇特美丽而刺少而短，适宜家庭栽培；与多种植物亲和力强，是很好的砧木材料，但目前繁殖量较少。

龙王球 *Hamatocactus setispinus* Br. et Rose

别名 黄仙人拳 仙人掌科，长钩球属

识别特征 茎球形至短圆筒形，高15~30cm，径8~12cm，浓绿色，顶部凸起，13棱，棱脊高，白色带褐晕，刺座排列密，中刺1~3枚，长1.5~2cm，淡红褐色，边刺6~16枚，向外开展，长约4cm，外围被白绵毛。花冠漏斗状，着生茎顶部，花多数，长5~7.5cm，径6~8cm，外瓣黄绿色，先端有红晕，内瓣鲜黄色，基部红色，芳香。花期5~7月。果近圆形，红色，能保持到翌年。

主要习性 原产美国得克萨斯州南部至墨西哥北部。喜阳光充足，通风良好。

园林应用 龙王球浓绿茎上具白色带褐晕的波状棱条与多数钩刺，姿态奇异，花大色艳而芳香，既观茎又赏花，为仙人掌类的佳品。

龙须海棠　*Lampranthus spectabilis* (Haw.) N. E. Br.

[*Mesembryanthemum spectabile* Haw.]

别名　红冰花、美丽日中花、松叶菊　　　番杏科,日中花属

识别特征　多年生常绿亚灌木状多浆植物。高约 30cm。茎细,稍匍匐。叶对生;条状三棱形,长 7 ~ 8cm,肉质,顶端具突尖头,基部抱茎。花顶生或腋生,花形似菊、白、粉、橙、红、紫、黄等色,径约 8cm。光强时盛开,夜晚闭合,单花寿命 5 ~ 6 天,花期 5 ~ 8 月。

主要习性　原产南非。我国各地温室盆栽。喜温暖、干燥、通风好的环境,最低气温 10℃左右;不耐炎热,生长期需较好光照,但不宜过分潮湿。

园林应用　龙须海棠枝条柔细,长圆肉质叶翠绿光亮,花大、姿美、色艳,是极受欢迎的盆栽花卉,夏季供向阳廊下或阳台摆放,冬季又是室内案头的良好盆花,花盛开季节还是布置会场讲台的秀丽花卉。

龙柱 *Harrisia tortuosa* (Forb.) Br. et Rose.

别名 拱龙柱

仙人掌科，卧龙柱属

识别特征 多浆植物。茎初直立，后呈弓形，在原产地高可达 1～1.3m，盆栽多仅 20～30cm，径 2～3cm，5～7 棱，中刺 1～4 枚，刚硬，长约 3cm，周刺 5～8 枚，外张，初红色后变黑。花侧生老茎上，花冠漏斗形，筒长 15～16cm，外瓣绿色，内瓣纯白，筒部红色，花期 4～6 月。果红色，具短刺，径可达 5cm。

主要习性 原产阿根廷。性强健，喜温暖及阳光充足与适当营养条件，耐干旱。

园林应用 龙柱株态细长茎弯似龙，花绿、白、红 3 色相间，甚为艳丽，作室内陈设盆景，清雅别致。

露花　*Aptenia cordifolia*(L. f.) Schwant.

别名　露草　　　　　　　　　　番杏科，露草属

识别特征　常绿亚灌木状多浆植物。茎高可达 60cm。叶对生，扁平肉质，心状卵形，长宽各约 25cm，鲜绿色，具细乳头状突起。单花顶生或侧生，形似菊花，径 13～15cm，紫红色；萼片 4，2 片略大，花瓣多数，短线形，花期 7~8 月，中午前后开放。

主要习性　原产南非。喜温暖、阳光充足、夏湿冬干、土壤排水良好环境。

园林应用　露花株形柔细，枝条开展，叶色肥厚鲜绿，并具突起白色亮尖，在强光照耀下，极似闪闪星光；绿色株丛中开放出小紫红色花朵，优雅别致；盆栽植株，如加设支架绑缚成圆球形，是室内向光处的良好小型盆花，可供布置会场讲台或厅堂书房之用。冬季温暖之地可布置岩石园或栽植于花坛。

露子花 *Delosperma herbeum* N. E. Br.

番杏科，露子花属

识别特征 多年生常绿多浆草本植物。几无茎，株高 8～10cm。叶"十"字形对生，肥厚多肉，长舌形，长约 6cm，宽 1～15cm，厚 4～5mm，先端略尖，鲜绿色。花单生，形似菊花，花梗自叶丛中央抽出，梗长高于叶丛，花鲜黄色，径 3～4cm，花托膨大，花期 5～7 月，常中午前后开放。

主要习性 原产南非。忌炎热多湿气候。性强健，喜温暖、阳光充足环境和排水良好的土壤；极耐旱，畏霜寒。

园林应用 露子花植株低矮，绿叶丛密，肥厚多肉，花茎直立、颜色鲜艳，夏季可室外种植，作岩石园点缀，也可作花坛镶边，盆栽，冬季供室内窗台、案头陈设。

鹿角柱 *Echinocereus pentalophus* (DC.) Rümpl.

仙人掌科，鹿角柱属

识别特征 多浆植物。茎细圆柱状，匍匐，长约 10cm，径 3 ~ 4cm，深绿色，常螺旋状扭曲排列，多数丛生，4 ~ 8 棱，多 5 棱，棱缘上具刺丛，周刺 4 ~ 5，下部刺长，茎上部刺短，白色或淡褐色。花大喇叭形，长 10 ~ 12cm，鲜深红粉色，基部色较浅。花期春季。

主要习性 原产美国得克萨斯州南部和墨西哥。喜阳光及排水极好的土壤，忌强光直晒。

园林应用 鹿角柱形似鹿角，花大色艳，是仙人掌类中的佳品，为室内、窗台、几案陈设的美丽盆景。

落地生根 *Kalanchoe pinnata* Pers.

景天科，伽蓝菜属

识别特征 多年生肉质草本。茎直立，高可达1m，全株蓝绿色，被白粉。单叶对生，肉质，卵圆形，长约5cm，边缘有粗大圆齿，齿隙生小植物体，落地即可成新株。聚伞圆锥花序，花萼纸质筒状，花冠细管状，长5cm，下垂，淡红色，稍向外卷。

主要习性 原产东印度及我国南部。夏季喜充足水分，越冬最低温为5℃。

园林应用 华南可配置岩石园或花径；是南、北方普通的盆栽花卉。

毛花柱 *Trichocereus pachanoi* Britt. et Rose

别名 毛鞭柱　　　　　　　　仙人掌科，毛花柱属

识别特征 柱状多浆植物。植株基部多分枝成丛，高可达 6m，茎圆形，幼茎淡绿色，后变暗绿至蓝绿色，6～8 阔棱，刺少(2～7 枚)，长 2cm，或有时无。花大，漏斗状，着生于茎顶，长达 25cm，白色，外面红棕色，花被筒密被鳞片状长毛；花期初夏，夜间开花，具芳香。

主要习性 分布于厄瓜多尔东部及秘鲁北部。喜阳光充足，排水良好环境；不耐寒。

园林应用 除栽培观赏外，也是很好的砧木材料。

念珠掌 *Hatiora salicornioides* Br. et Rose

仙人掌科，念珠掌属

识别特征　灌丛状多浆附生植物。高 30 ~ 40cm，直立多分枝，或上部下垂，绿色。茎节棒状，节长 1 ~ 3cm，有气根；刺丛有白色刺毛，偶有 1 ~ 2 枚突出小刺。花单生或成对着生在刺座顶部；花漏斗状，长约 1.2cm，径 1cm，外瓣黄绿色稍带红，内瓣黄或金黄色，长椭圆形，先端钝。花朵仅在阳光下开放。花期 5 ~ 6 月。浆果白色。

主要习性　原产巴西。性强健，要求温暖湿润，半阴环境，排水良好的肥沃腐殖质壤土。

园林应用　本种株态奇异，形似成串念珠，黄、绿、红 3 色相间的花，更显别致，宜作悬吊栽培。

齐花山景天 *Tacitus bellus* Moran et Meyran.

景天科，齐花山景天属，单种属

识别特征 多年生多浆草本植物。叶 25 ~ 50 片紧密簇生，无柄莲座状，集生如球形；叶倒卵形下延，先端有凸头，叶径 3 ~ 9cm，灰绿色。聚伞花序腋生，小花 1 ~ 10 朵，有长柄，花 5 数，花萼等长，

反卷，花瓣在花芽内互相重叠，开放时先成短筒状，自下向上逐步展开成星状，深粉红色，花瓣基部窄；雄蕊 10，雌蕊直立分离，花柱长。花期春、夏季。

主要习性 原产墨西哥西部齐花山 4000m 海拔处。喜排水极好土壤环境。

园林应用 近年新引入园林栽培。适宜布置岩石园或小盆栽，自春至夏开花不断，红花与灰绿莲座叶丛相映，风趣益然。

青锁龙 *Crassula lycopodioides* Lam.

景天科，青锁龙属

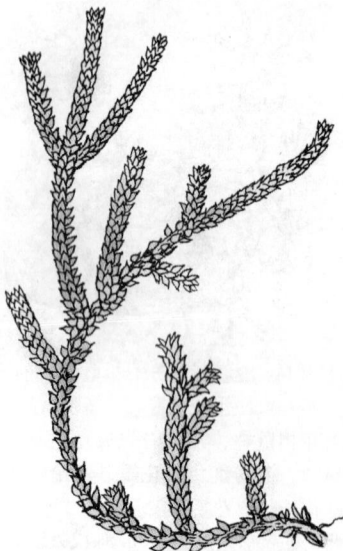

识别特征 多年生常绿亚灌木状匍匐多浆植物。栽培株高可达30cm；枝脆弱，为小鳞片状叶覆盖成石松状。叶呈4行排列，交互对生，密抱茎。花小，腋生，绿白至黄色。花期春季。栽培中不多见。

主要习性 原产南非。喜温暖气候及阳光充足环境，但耐半阴蔽；不耐霜害。

园林应用 小盆栽观赏绿色植物。

肉锥花　*Conophytum auriflorum* Tisch.

番杏科，肉锥花属

识别特征　多年生小多浆植物。非常肉质，圆锥形叶 2；相连近筒状，常形成小丛；叶长 1 ~ 1.2cm，宽 0.4 ~ 0.5cm，厚 0.3 ~ 0.5cm，顶部近圆形，扁平稍凸起，顶部中央有小孔，暗绿色，四周带红色，表面粗糙，有少数凸起的点。单花自中央小孔长出，花梗纤细，花金黄色，径 0.8 ~ 1cm；8 ~ 10 月开花。

主要习性　分布在南非。性强健，喜温暖、阳光充足环境和排水良好的土壤；极耐旱，畏霜寒。

园林应用　株形奇特，花色鲜亮，为室内小盆栽珍品。

僧冠拳　*Lophophora williamsii*（Lam.）Coult.

别名　乌羽玉　　　　　　仙人掌科，乌羽玉属（僧冠拳属）

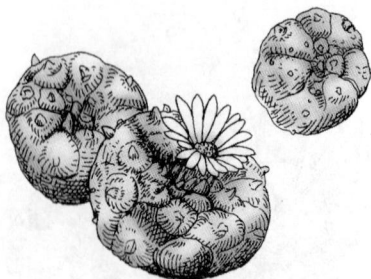

识别特征　老株易丛生，单球体扁球形，顶端稍平，蓝绿色，径约7cm；有长达10cm以上肥大直根；棱6~10，呈浅瘤状块；新生小球瘤状，顶端有稀疏短刺，大球顶部刺丛无刺，具多数白色毛。花冠漏斗形，多朵，顶生，淡粉红色，稀带白色。花期4~6月。

主要习性　原产墨西哥和美国得克萨斯州南部，干燥季节植株体往往缩沉到土中。要求排水良好的沙质土；生长期喜温暖、阳光充足、通风良好、丰富的营养与均匀的湿度。夏季易受螨虫危害；越冬气温保持10℃，要求干燥。

园林应用　室内盆栽观赏。

沙鱼掌　*Gasteria verrucosa*(Mill.) H. Duval.

百合科，脂麻掌属

识别特征　多年生肉质植物。叶肥厚多汁，由基部伸出排成垂直 2 列，长 10 ~ 25cm，宽约 4cm，叶面粗糙，密生白色硬质小突起。总状花序，高约 60cm，花朵疏生，花被筒长约 2.5cm，下部微带红晕，先端绿色。

主要习性　原产南非。性喜温暖、向阳，不耐寒，耐半阴与干燥，冬季温度不低于10℃；要求排水良好的沙质土壤。

园林应用　沙鱼掌叶肥株壮，叶面如撒满白沙，是常见室内观赏小盆花，适于窗台、阳台装饰。

生石花 *Lithops pseudotruncatella* (Bgr.) N. E. Br.

番杏科，生石花属

识别特征 多年生小型多浆植物。无茎，2 对生肥厚肉质叶密接，中间呈缝状，形成倒圆锥形或筒形的球体，灰绿色，有树枝状半透明凹纹；长成后顶部分裂为 2 个扁平或膨大裂片。花自顶部中央抽出，几无柄，座生，黄色，花期 4 ~ 6 月，午后开放，傍晚闭合，延续 4 ~ 6 天。

主要习性 原分布在非洲南部、西部干旱沙砾地区。喜温暖、干燥及阳光充足，生长适温 20 ~ 24℃，在原产地白天可忍受沙砾表面 50℃高温。冬季气温 12 ~ 15℃。

园林应用 生石花株形小巧玲珑，形姿奇特，植于石丛中，与卵石难以分辨，故有"有生命的石头"的别名，适合在岩石园的石缝中栽植。北方盆栽，作为室内窗台案头盆花，十分别致。

石莲花 *Echeveria glauca* Bak.

别名 莲花掌

景天科，石莲花属

识别特征 肉质无茎多年生草本。叶倒卵形，蓝灰色，肥厚多汁；叶丛聚生成莲座状。总状单岐聚伞花序，有花 5~15 朵，花冠长约 1.2cm，花瓣 5，外面粉红色或红色，里面黄色。春季初夏开花。

主要习性 原产墨西哥。喜温暖通风良好环境；越冬温度应不低于 10℃；耐半阴与干旱。

园林应用 叶丛紧密排列为莲座形，美丽如花朵，适宜浅盆栽植，或组合盆景装饰观赏，气候适宜地区可作花坛镶边。

鼠尾掌 *Aporocactus flagelliformis*(L.)Lem.

别名 金纽 仙人掌科，鼠尾掌属

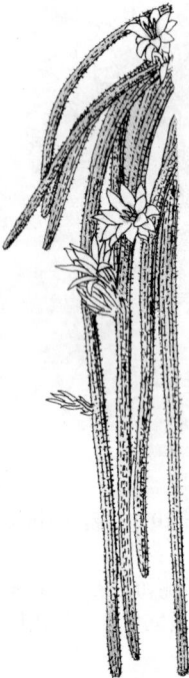

识别特征 多浆植物。茎多数，通常扭状下垂，在原产地长可达2m，一般栽培仅20～30cm，绿色，径1～2cm，无叶；具10～13浅棱，间隔5mm着生15～20枚金色短刺丛，初生时略带红色，后变褐色。花鲜红色，漏斗状，长约9cm，径约7cm，可连续开放1周。浆果球形，红色。花期春季。

主要习性 原产墨西哥高山荒漠地带。性喜温暖而昼夜温差较大、夏季湿润、冬季干燥、光照强而短的环境。要求土壤排水通气极好，忌雨涝与霜寒。

园林应用 鼠尾掌茎纤细扭垂，颜色浓绿，短刺丛排列整齐；花、果鲜艳，挂檐下窗前，是良好的悬垂花卉，全年观赏。

水晶掌　*Haworthia cymbiformis*（Haw.）H. Dauval

别名　玻璃莲、厚叶莲花掌　　　　百合科，十二卷属

识别特征　多年生肉质草本。叶螺旋状排列，莲座状基生，先端的锐尖常突然脱落，色淡绿稍有粉，肉质呈半透明状，质地柔嫩，具纵条纹，叶缘不具刺齿。单总状花序，花梗高约 30cm，花小，灰白色带粉脊。

主要习性　原产南非。性喜温暖、向阳，不耐寒，耐半阴与干燥，冬季温度不低于 10℃；要求排水良好的沙质土壤。

园林应用　植株小巧秀丽，叶碧绿光亮，宛如晶莹翡翠，是装饰书房、客厅书桌、几架和窗台的良好小盆花。

水牛角 *Caralluma nebrownii* A. Berg.

别名 水牛掌、若松　　　　　　萝藦科，水牛角属

识别特征 多年生肉质草本植物。茎丛生，略倾斜，高 15 ~ 20cm，灰淡绿色，肥厚多汁，呈 4 棱，棱脊锐，具大锐齿。叶退化。花侧生或顶生，钟形 5 裂，径 9 ~ 10cm，暗红褐色，具强烈臭气；花期 6 ~ 10 月。

主要习性 原产非洲西南部。性喜温暖向阳，空气湿润环境和排水良好的沙砾土，忌炎热雨涝和积水。

园林应用 因其茎有 4 棱，极似水牛犄角而得名。多数丛生盆中，5 裂的钟状花型大、色浓重，是一种颇奇特盆花。

松球玉　*Encephalocarpus strobiliformis* Werderm.

别名　银牡丹

仙人掌科，松球玉属

识别特征　具肉质萝卜状根，植株球形或圆筒状，径 5～7cm，疣状突起鳞片状，球体似松属植物的球果。新疣突顶端有刺座，具 7～14 短刺，不久即脱落。花着生于球顶部疣突腋间，红紫色，长 3cm。花期春季。

主要习性　原产墨西哥北部东马德雷山沙漠地区。生长在石砾缝隙中；阳光强烈，昼夜温差大，冬季夜间有霜冻，干旱季节球体大部萎缩埋入石砾中。

园林应用　松球玉为单种属，甚为珍稀。

昙花 *Epiphyllum oxypetalum* (DC.) Haw.

仙人掌科，昙花属

识别特征 半灌木状多浆植物。高可达3m，茎基部圆柱状，此为与令箭荷花主要区别之一；茎枝肉质扁平，呈叶片状，周缘具钝齿状波齿，无刺，浓绿。花大型，漏斗状，白色清香，长约20cm，径20cm，花被筒长于花被片，此与令箭荷花主要区别之二。花期6～9月，夜间开放，开花时间短促，温度高时仅开放半小时左右，入秋后气温凉爽时，开放可达3～4小时后闭合。

主要习性 原产墨西哥至巴西及加勒比海沿岸地区热带雨林中。多附着树干生长，耐半阴。

园林应用 昙花茎枝柔软，绑缚在各种造形支架上，增添株形美观，适当遮光颠倒昼夜，观赏大型白色而清香之花。

天轮柱　*Cereus peruvianus* (L.) Mill.

别名　秘鲁天轮柱　　　　　　　　仙人掌科，天轮柱属

识别特征　植株柱状，茎多分枝，呈树状，高可达 10m 以上，径 10～20cm，嫩茎青粉色，后变深绿色，顶端圆钝，具褐色柔毛和刺，4～9棱，棱高 2.5cm，棱直，棱间深沟状，脊上有刺丛，中刺 1 枚长约 2cm，边刺 7 枚，向外开张，周围被白绵毛。花大，喇叭状，长 15～18cm，外面绿色，内红色，花期 5～7 月。果实球形，径 6.5cm，鲜红色。

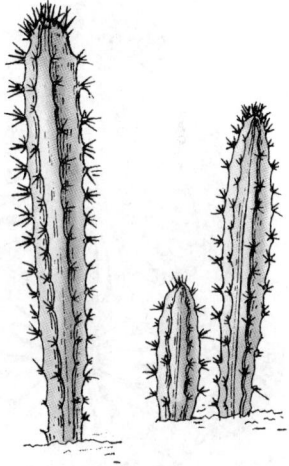

主要习性　原产南美洲东南部海边；热带干湿季气候，1 年有 3 个月干季。土壤为有机质稍多的红褐色土。性健壮；喜阳光充足，排水良好的沙质壤土。

园林应用　天轮柱直立挺拔，花大色艳。热带、亚热带地区可作岩石园丛植，景观雄伟壮丽；华北盆栽，夏季供庭院布置；山影拳如小形叠翠山峰，姿态奇特，宜室内陈设，深受喜爱。

天女　*Titanopsis calcarea*(Marloth) Schwant.

番杏科，天女属

识别特征　多年生多浆植物。植株莲座状，小密丛高 3cm，宽约 10cm。非常肉质的叶 6~8 对，匙形伸展，下部窄，顶端宽而厚，呈三角形，2~3cm 长，蓝灰绿色，表面有灰白色和淡红褐色大小不匀的小疣。花黄色至橘黄色，花径约 2cm，花期自秋至春不断。

主要习性　原产南非。畏霜寒，喜阳光充足环境和排水良好的土壤。

园林应用　天女株形外貌小巧奇特，是室内盆栽小珍品。

翁柱　*Cephalocereus senilis* (Haw.) Pfeiff.

仙人掌科，翁柱属

识别特征　茎圆柱状，多不分枝，在原产地高可达 15m，盆栽中高常不及 1m，茎初为绿色，具 12～15 浅棱；随株龄成熟逐渐灰色，棱可多达 30；刺座密，有很多灰白色刺毛和绵毛，长可达 25cm；辐射刺 20～30 枚，白色，长 6～12cm，中刺 1～5 枚，长 1～2cm。花玫瑰色，筒状钟形，长约 9cm，径 6cm，夜间开放。果倒卵形，长 3～4cm，玫瑰色。

主要习性　原产墨西哥湾附近湿热河谷和板岩坡地的缝隙中，排水极好，阳光充足；忌霜寒。

园林应用　本种全株密被细白毛，顶部毛更长，恰如白发老翁，极受人们的喜爱。

武烈 *Oreocereus celsianus* var. *bruennowii* Britt. et Rose

仙人掌科，刺翁柱属

识别特征 多浆植物。茎短圆柱形，直立，高可达 1m，径 8~12cm，基部常分生多数小茎，形成丛状；具 10~17 棱，脊上具大型刺丛，周刺约 9 枚，细而刚劲，长达 5cm，白色或黄褐色；中刺 1~4 枚，长可达 7cm，更坚实；刺丛基部生白色丝状毛，茎顶部丝状毛带红色。花朵粉红色或深红色，花冠筒状，长 7~9cm。果圆形。夏季开花，日开夜闭。

主要习性 原产南美安第斯山东坡，海拔 3000~4000m 高山。产地日光强烈，昼夜温差较大，夏夜有露水，冬夜有霜冻，土壤富含石灰质。性健壮；喜阳光充足及通风良好环境。

园林应用 武烈球茎粗壮，针刺刚硬，株态雄壮威武，是室内陈设好盆景。

仙人球 *Echinopsis multiplex* Zucc.

别名 长盛球 　　　　　　　　　仙人掌科，仙人球属

识别特征 多浆植物。茎圆球形，高15～30cm，淡绿或黄绿色，基部常滋生多数小球，13～15棱，棱间呈锐沟状，中刺2～5，长4cm，细而刚硬，黄褐色；周刺短，长2cm，8～10枚，四周具有光泽的黄白色毛。花冠喇叭形，大，长18～20cm，径12～15cm，内淡粉色，外白色，芳香，花期7～9月。

主要习性 原产巴西南部草原地带。生长地属亚热带湿润气候；土壤为富含腐殖质的弱酸性红化黑土。

园林应用 仙人球球体浑圆，基部小球环绕，花大，芳香宜人，为夏季廊下、阳台，冬季窗台、案头良好盆景。

仙人掌 *Opuntia ficus – indica*（L.）Mill.

别名 仙桃刺梨　　　　　　　　　仙人掌科，仙人掌属

识别特征 乔木状多浆植物。株高可达5m以上。干木质，圆柱形，表皮粗糙，褐色；茎节扁，长椭圆形、卵形至倒卵形，肥厚多肉，绿色，多分枝，每节基部稍圆；表面刺丛稀疏分布，褐色，基部多有刺状毛簇生，黄褐色，易脱落。花黄色，径10cm，短漏斗形；花期初夏。果实浆果状，梨形，红色，可食。

主要习性 原产地不详，现广泛分布于干热的热带、亚热带地区。忌霜寒，喜阳光与排水良好的沙质土壤。

园林应用 仙人掌株形高大，花色鲜明，各地多有栽培。果实熟后鲜红可食，俗称"仙桃"、"刺梨"，含大量维生素C；茎片剥去表皮及刺丛捣成糊状，可敷治乳腺炎。

仙人杖　*Nyctocereus serpentinus* Br. et Rose

别名　仙人鞭

仙人掌科，仙人杖属

识别特征　多浆植物。茎细长，高可达 3m 以上，径 4～5cm，浓绿色，顶端尖头；初直立，后则匍匐或下垂，多数枝茎丛生，10～12 浅棱，棱间沟不明显，刺丛多密接，每周刺 10～12 枚，针状坚硬，中刺 0～1 枚，红色变为带白色。花生茎顶周围，长漏斗形，长 20～30cm，径 7～8cm，筒部绿色，总苞绿色上端渐变红色，花瓣白色带红晕，柱头黄色；具香气；花期夏季，夜间开放。果熟时红色，具刺，可食。

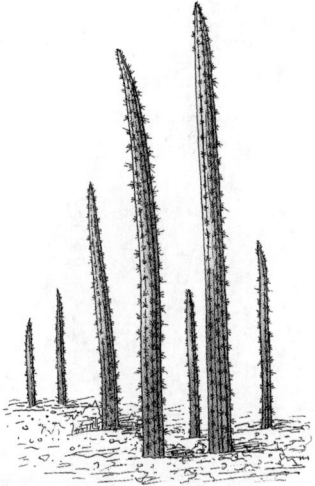

主要习性　原产墨西哥。喜阳光充足，冬季保持干燥冷凉；性健壮，栽培容易。

园林应用　因其修长高大，故可为厅堂、展览场地或大型会场陈设。

仙人指 *Schlumbergera russelliana* Lem.

仙人掌科，仙人指属

识别特征 附生性多浆植物。多分枝，直立或下垂，长约30cm。茎节长椭圆至倒卵形，叶状，长约2.5~5cm，鲜绿色，较上部扁平，边缘波状，有2~3锐齿；项部平截，下部呈半圆形，有极少量细毛。花冠筒状，近规则，单花生，长约4.5cm，花瓣10~18片，红紫色，由长度不同，分成两轮，不反卷；雄蕊二型：短花丝者散生在喉部，长花丝者基部包花柱，花柱略高于雄蕊或平。有白色、淡堇色、金黄色等园艺品种。花期2~4月。

主要习性 原种产巴西热带林下层，附生树干上。耐半阴。春季或初夏茎插繁殖，但根系极弱，虽易生根而吸收能力差，生长缓慢。

园林应用 仙人指茎枝枝悬垂，花形美丽，色泽娇艳，宜于棚廊悬挂装饰。

象牙球 *Coryphantha elephantidens* Lem.

仙人掌科，菠萝球属(顶花球属)

识别特征 植株扁球形至球形，高14cm，径16cm，深绿色。疣状突起大，圆形，无棱；疣腋间有灰白色绵毛，球顶毛更多；刺座位于疣突顶端，每刺座有8枚辐射刺，米白色，长2cm；中刺4枚，淡咖啡色，较长而粗硬。花漏斗形，着生于疣腋，粉红色，花被片中央有暗红条纹，径8~12cm。果实椭圆形，黄绿色。花期夏季。

主要习性 原产墨西哥中部。生于极端干旱的沙漠区，年降水量约500mm，夏季炎热，气温变化大。性强健，喜充足而不过强的阳光，较高的空气湿度。忌霜冻。

园林应用 象牙球球体端庄，花大色美，是受欢迎的小盆栽植物。

蟹爪 *Zygocactus truncactus*(Haw.)K. Schum.

别名 蟹爪兰   仙人掌科，蟹爪属

识别特征 附生性多浆植物。多分枝，常铺散下垂。茎节扁平，倒卵形至长圆形，顶端截形，绿色或带紫晕，长4~5.5cm，宽1.5~2.5cm，鲜绿色，两端及边缘各有尖齿1~3，上面的一对齿或多或少向截顶内弯，如蟹爪。花水平着生于新茎节顶端，花瓣18~20片，开张反卷，长6.5~8cm，红色。果实呈梨果形，红色，径约1cm。花期11月至次年1月。

主要习性 原种产巴西东部热带森林中，附生树干或潮湿蔽荫的山谷里。喜温暖、忌积水与过分干燥。

园林应用 蟹爪适宜悬吊栽培，单株可开花200~300朵，美丽壮观。花期正值元旦、春节，是理想的冬季室内盆花。

星球　*Astrophytum myriostigma* Lem.

仙人掌科，星球属

识别特征　多浆植物。茎扁圆球，无刺，高约 10cm，4～6 棱，多具 5 棱，棱间呈锐沟状，棱上具无数小白点状短白绵毛群，全株灰白色，顶部稍凹陷并被褐色毛。花着生在球顶部，花冠漏斗状，长约 5cm，径 3～4cm，外瓣黄色，先端浅褐色，内瓣亮黄色，花期夏季，长日照地区栽培多不易开花。

主要习性　原产墨西哥高原中部，海拔 3500m，干旱、阳光充足的亚热带地区。

园林应用　星球球体丰满，棱角明显，色调与体形别致；花形优美，颜色鲜艳，为良好的书桌、案头或窗台陈放的盆景。

叶仙人掌 *Pereskia aculeata* Mill.

仙人掌科，叶仙人掌属

识别特征 蔓性多浆植物，是仙人掌科中唯一有叶属。植株初直立，后蔓生，长可达5m以上，茎易木质化，茎较下部有细而直刺1~3枚，新生枝刺短而下弯，通常成对，叶片厚，互生，5~7cm长，披针形至长圆状卵形，具短柄，先端渐尖，革质，绿色有光泽。花序圆锥状或聚伞状，花朵白色、黄色或略带粉色晕，中央鲜橙色，径2.5~4cm，有香味。花期夏、秋季。

主要习性 原产美洲热带。分布在墨西哥东南部潮湿的热带森林中。生长地雨量充沛，终年炎热，土壤腐殖质多，呈弱酸性环境。

园林应用 叶仙人掌生长成型快，株丛繁茂，枝柔细，叶与花色各具情趣，是仙人掌类中特异的一种盆栽植物。根系发达，适宜供作仙人指、蟹爪类砧木用。

银波锦　*Cotyledon undulata* Haw.

别名　银冠、尖塔长筒莲　　　　　　景天科，长筒莲属

识别特征　常绿多浆灌木状植物。茎直立，高可达 90cm；膨大枝条白色。叶对生，倒卵形，肉质，长 8 ~ 12cm，宽 5cm，边缘波状，叶面被银灰白色蜡质。聚伞状圆锥花序，高 30 ~ 45(70)cm；花管状，下垂，长 2.5cm，橙黄色，顶端红色。花期夏秋季。

主要习性　原产南非。性健壮。喜阳光充足、空气流通环境，不耐寒。

园林应用　枝、叶呈肥壮银灰色，花朵色艳，为盆栽佳品。

银毛球 *Mammillaria gracilis* Pfeiff.

仙人掌科，乳突球属

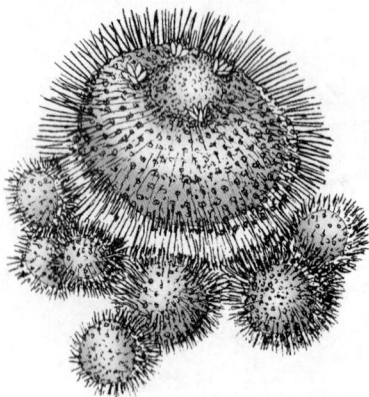

识别特征 多浆植物。球茎体圆柱形，鲜绿色，高6~8(10)cm，径4~6cm，基部常滋生多数小球，大小不等；茎表多为多数乳头状突起形成的柱状小瘤，长6~10mm，瘤腋和刺丛基部具密生白色长毛，刺生乳头瘤顶端，中刺3~5枚，褐色，周刺约15枚。花冠黄白色，外花被稍带橙红色，径1~2cm，花期4~6月。

主要习性 原产墨西哥。喜阳光充足，排水极好的土壤。

园林应用 银毛球球体小巧玲珑，绿球上满布白色毛，多数瘤体犹如无数带宿存花萼的小果，极为别致；花朵色调分明，是室内优良小盆景。

月宫殿 *Mamillopsis senilis*（Lodd. ex Salm – Dyck）Britt. et Rose

仙人掌科，月宫殿属

识别特征 多浆植物。茎卵形至椭圆形，鲜绿色，高 10～15cm，径 6cm，茎表面密生圆锥形瘤状突起，瘤腋密布白色长绵毛，瘤状突起先端有刺丛，中刺 5～6 枚，向前方伸长，钩状白色，周刺 30～40 枚，呈放射状伸展，白色毛状。花冠漏斗状，长 6cm，径与长相近，外瓣褐绿色，内瓣黄红色，有堇色晕。花期 4～6 月。

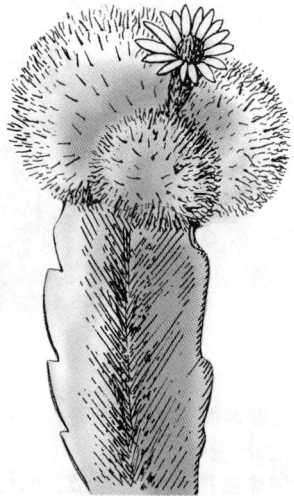

主要习性 产墨西哥西部海拔 3000m，冬季有霜、雪环境。喜温暖干燥，忌寒冻。

园林应用 月宫殿茎表密布黄刺和白绵毛，犹如绒球；花色鲜艳，是仙人掌类中的珍品，为室内窗台、书案摆放的良好盆景。

皱棱球　*Aztekium ritteri*(Bod.)Bod.

别名　花笼　　　　　　　　　　仙人掌科，皱棱球属

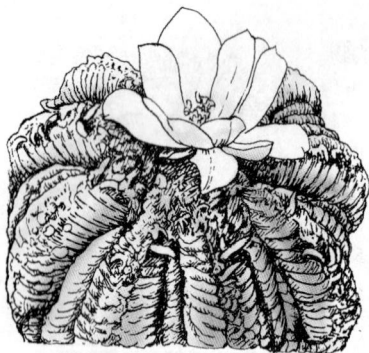

识别特征　植株小，扁球形，灰绿色，径约5cm，9～11棱，棱间又有窄副棱，棱脊上密生刺座，白色刺1～3枚，扁平，常脱落。花近顶生，白或稍带粉色。清晨开放。果实小，粉红色。初夏开花。

主要习性　原产墨西哥。生长于纯矿石基质的干旱沙砾地带。

园林应用　皱棱球形、色特殊，是有趣的小型盆栽植物。

珠网长生草 *Sempervivum arachnoideum* L.

景天科，长生草属

识别特征 多年生多浆草本植物。株丛低矮丛生，高 5 ~ 12cm。叶互生，螺旋状排列成莲座状，径约 2.5cm；叶约 50 枚，无柄，叶片长圆楔形，先端骤尖，略带红色，有蛛网状长细毛，多少交织。顶生聚伞花序，高约 8 ~ 10cm，花数朵密集成圆锥状；鲜红色至粉色，星形；径约 2.5cm。本属植物与景天的主要区别在于：花各部基数为 6 至多数，雄蕊通常 2 倍于萼裂片数，后者为 5 基数。

主要习性 分布南欧。喜阳光充足，干燥石砾环境，半耐寒。

园林应用 园林中适宜布置岩石园，或作袖珍装饰盆景与岩石小品点缀，株态小巧秀丽。

子孙球　*Rebutia minuscula* K. Schum

别名　宝山、红冠　　　　　　　仙人掌科，子孙球属

识别特征　多浆植物。茎扁球形，顶部稍凹陷，鲜绿色，高1~2.5cm，径可达5cm，单生或丛生，20~22棱，略呈螺旋状排列；刺25~30枚，细针状，长约2~3mm，白色或微黄。花多数，生于球下部老刺座上，花冠狭漏斗状，鲜红色，长约4cm，径2cm。成年植株常可开花60~70朵。花朵白天开放，花期夏季。

主要习性　原产南美阿根廷北部。性喜阳、排水良好环境，不耐寒。

园林应用　子孙球球体小巧，多数群生，常中央1球较大，向外、向下依次变小，如子孙数代共聚一堂，花色美艳，以浅盆栽植，可满盆聚生如绿石假山，适宜窄小空间装饰，别有风趣。

醉熊玉　*Arequipa flagelliformis*(L.)Lem.

仙人掌科，醉翁玉属

识别特征　多浆植物。茎球形，初单生，逐渐从基部萌生仔球，具多数浅棱，棱脊具显著刺丛，刺多而壮，基生褐色绒毛。花大，着生茎顶端中央，日开夜闭，鲜红色，不规则偏斜，花管细长，生狭而锐的鳞片，鳞腋具白色绒毛，花期夏季。

主要习性　原产秘鲁。

园林应用　醉熊玉茎球粗壮，针刺刚硬，花色艳红，为良好窗台、案头盆景。

8　食虫植物

食虫植物是植物界里最独特、最有趣的一类，它们似乎有思维、有智慧，生长出精致、绝妙的诱虫、捕食器官，擒获猎物作为自身的营养。该类植物虽不多，此处单独列出作为一类，以方便读者识别。

匙叶茅膏菜　*Drosera spathulata* Labill.

别名　毛毡苔

茅膏菜科，茅膏菜属

识别特征　常绿多年生草本，食虫植物。叶基生，莲座状，匙形，密集，长 6 ~ 10mm，叶缘有红色长腺毛。花葶高可达 30cm，总状花序，多花，花小，径约 0.6mm，白色，夏季开花。

主要习性　分布在广东、福建和台湾。喜温暖潮湿与充分阳光。

园林应用　多作为温室奇异花卉盆栽或点缀于沼泽园，或供植物教学。

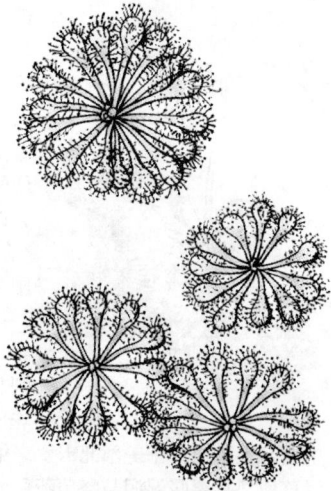

捕蝇草 *Dionaea muscipula* Ellis.

茅膏菜科，捕蝇草属

识别特征 多年生草本，食虫植物。叶基生，莲座状，长 5~15cm，叶柄宽大，呈匙形叶片状，上面着生两片对生叶瓣成略开展的贝壳状，叶瓣中脉膨大；每叶瓣内侧中央都有 3 条排列成三角形的尖锐刚毛。伞形花序，具花 2~14 朵，花莛长 10~40cm；花瓣 5，顶端不规则凹陷，白色，夏季开花。蒴果卵圆形。

主要习性 原产于美国北卡罗来纳和南卡罗来纳州潮湿草地。喜温暖湿润与略荫蔽环境。

园林应用 本种是植物教学中最典型的食虫植物材料，特点是当小昆虫飞落到叶片中央触及敏感的刺毛，第一、二次叶片无反应，当触动第三次时，贝壳形叶片迅速闭合，将昆虫捕获，由叶瓣内表面略带紫色的腺体分泌出消化液，将其消化供植株营养后，叶片又再次舒张开展，完成此有趣的生理活动过程约 10~30 天。小盆栽观赏植物。

眼镜蛇草　*Darlingtonia californica* Torr.

瓶子草科，眼镜蛇草属

识别特征　多年生食虫植物。地下茎短。叶基生，莲座状，叶筒高30～60cm，顶部向下弯，有具白色点纹的头盔和2个分叉的舌状附属物，形似昂首吐舌的眼镜蛇。花单生，黄色至深紫色，长约4cm。

主要习性　原产美国加利福尼亚州湿润山区。要求湿润而凉爽气候，根部要保持充分湿润，半阴环境。

园林应用　眼镜蛇草以其筒状叶头盔下的开口，诱捕小动物进入筒内消化，成为食虫植物家族中的一名新成员，但栽培较困难，植物园内作奇花异草栽培。

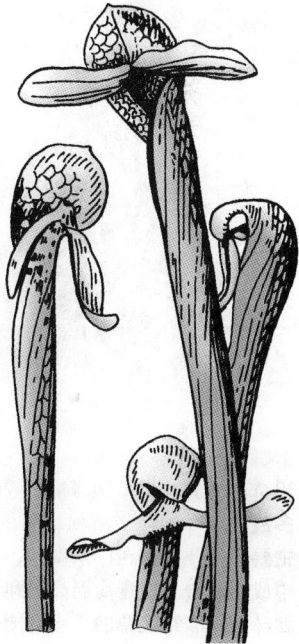

猪笼草 *Nepenthes mirabilis* (Lour.) Druce.

猪笼草科，猪笼草属

识别特征 多年生常绿草本或半木质化藤本。食虫植物。附生性；茎平卧或攀援。叶互生，长椭圆形，全缘，中脉延长成卷须，末端有一小瓶状叶笼，近圆筒形瓶状，瓶口边缘厚，上有小盖，成长时盖张开，不能再闭合，笼色以绿色为主，有褐色或红色的斑点和条纹，甚美观，笼内壁光滑。雌雄异株，总状花序，长30cm，萼片4枚，花瓣无，雄蕊4~24，蒴果，种子多数。

主要习性 分布在广东南部，亚热带也有。生丘陵灌丛中或小溪边。性喜高温高湿和稍蔽荫环境。

园林应用 猪笼草的笼内底能分泌黏液和消化液，并有引诱小昆虫的气味，小虫一旦落入笼内就很难逃逸而被消化吸收。是植物栽培爱好者极为青睐的收集品。

紫花捕虫堇 *Pinguicula vulgaris* L.

狸藻科，捕虫堇属

识别特征 多年生草本食虫植物。单叶基生，莲座状，卵状椭圆形，肉质，全缘，长约4.5cm，叶面有无数小腺毛，能分泌一种黏液。花莛直立，高达18cm，顶生1花，紫堇色，花萼5深裂，花冠2唇，喉部张开，基部有距，花冠基部及花梗上生有具柄腺毛，雄蕊2。蒴果圆球形，种子多数。夏季开花，花朵美丽。

主要习性 产陕西；欧洲、亚洲及北美均有。多生长在潮湿岩石间。喜潮湿和半阴环境，对霜敏感，越冬最低温度7℃。

园林应用 本种叶面的腺毛分泌出黏液，能捕捉并消化小昆虫，是一种新奇的食虫植物；冬暖地区适宜岩石园溪流水湿处或冷室盆栽。

9 兰科植物

兰科植物属被子植物门、单子叶植物纲。全世界兰科植物大约有2万多种，是一个大家庭。因其特别的观赏特点，在本书中单独列为一类。兰科植物有地生、附生、气生类型，大多数喜欢生长在湿润、温暖、有散射光且排水良好的地方。在我国大部分地区都喜欢将兰花盆栽置于室内观赏。中国兰花崇尚叶、香、形与洋兰奇异的花形、图案，使兰科植物成为植物中的珍品。

本书介绍常见的，常栽的兰科植物19种，按中文名称的拼音字母顺序排列。

白及 *Bletilla striata* Reichb. f.

别名 良姜

兰科，白及属

识别特征 多年生草本。具不规则块状假鳞茎，白色。株高 15～60cm。叶 5～6 片，互生，狭长圆形或披针形，长 8～20cm，宽 1.5～4cm，向背面弯曲，基部呈鞘状并套叠成假茎。花莛明显高出叶上，从叶丛中央抽生，总状花序顶生，花 3～8 朵，淡紫、淡红或白色，花被片长 2.5～3cm，唇瓣椭圆形，3 浅裂，从基部至中裂片有 5 条纵褶片。种子细小。花期 4～6 月。

主要习性 产秦岭山脉以南各地。生于海拔 200～3050m 的山坡、林缘、河谷旁草丛多石地或湿润高旷地等。半耐寒。

园林应用 白及株丛浅绿，叶形优美，花色艳丽，南方作花坛边缘或林下片植，或岩石园点缀；北方盆栽供作案头欣赏。假鳞茎药用。

长距风兰 *Angraecum sesquipedale* Thou.

别名 武夷兰　　　　　　　兰科，武夷兰(风兰)属

识别特征 多年生草本。附生兰。株大苗壮。叶短而厚，2列密生，匙形，长可达30cm，宽5cm，深亮绿色。花茎长可达90cm，总状花序，有2~4花，花径12~14cm，花乳黄白色，蜡状，唇瓣上有线形距，长约30cm，距末端有3.8cm的长度盛满花蜜；花期冬季。

生长习性原产马达加斯加。性喜温暖、潮湿、半阴或荫蔽，排水良好的基质。忌干燥、酷热和强光。华北冬主要习性室栽培。

园林应用 长距风兰株形优美，叶色鲜绿，花香色艳，是良好的悬挂花卉。

春兰　*Cymbidium goeringii*(Rchb. f.) Rchb. f.

兰科，兰属

识别特征　地生兰。具较粗厚的根。假鳞茎卵球形。叶 4～6（7）枚，狭带形，长 20～60cm，宽 0.6～0.9(1.1)cm，常稍对折，边缘具细齿。花葶自假鳞茎基部抽出，直立，明显短于叶，长 2～15cm，花单朵，稀 2 朵；花瓣中间 1 枚特化为唇瓣；大而下垂或反卷，有紫红色斑点，中间有 2 条褶片，雌雄蕊合成一蕊柱，花浅黄绿色，有幽香；花期 1～3 月。蒴果长圆形，种子细小而多。

主要习性　原产我国温暖地带，在海拔 300～3000m 山区分布，以云南及浙江尤为丰富。生于林缘、林中空地、灌丛草坡、多石湿润山坡。生长期适温为 15～25℃，70% 左右相对湿度，冬季受阳光充足，夏季遮光约 70%。要求通风良好。土壤以富含腐殖质、疏松透气、保水、排水良好、潮润而不过湿、pH 值 5.5～6.5 为最好。

园林应用　兰花神韵、气质富有内在含蓄美，又具幽香，园林应用中作名贵盆花；也可用以插花，还可熏茶。全草药用。

独蒜兰 *Pleione bulbocodioides*(Franch.)Rolfe

兰科，独蒜兰属

识别特征 多年生草本植物。半附生或地生兰。假鳞茎卵状圆锥形，上端有长颈，顶生1叶，狭椭圆状披针形（花叶同出），叶基部狭窄成柄抱花茎。花莛高15~25cm；单花，平展或稍垂，淡紫红色或粉红色，唇瓣倒卵形，长3.2~4.5cm，上面有多数暗紫红色斑点，花瓣与中萼片相似，稍斜歪，长3.5~4.5cm；花期4~6月。

主要习性 分布于云南西北部和西藏东南部、广东和广西北部、甘肃和陕西南部、湖北、湖南、安徽等地。生于海拔900~3600m的阔叶林下、灌木林缘腐殖质丰富的多石土壤上或苔藓覆盖的岩石上，或裸露的树干，也见于岩壁上。生长季节喜潮湿、温凉气候与半阴环境；要有较高的空气湿度，夏季要50%的遮光；生长期温度不能高过30℃。

园林应用 观赏栽培及岩石区点缀。

鹤顶兰 *Phaius tankervilliae* Ait. Bl.

兰科，鹤顶兰属

识别特征 地生兰。多年生常绿草本。假鳞茎状的茎圆锥形，长4~5cm，有鞘。大型叶2~6枚，长达70cm，宽10cm。花莛高达1m；总状花序，有花20余朵，花径7~10cm；萼片和花瓣上面白色，背面棕色；唇瓣两侧围抱蕊柱呈喇叭状，背面中部以下白色，中部以上茄紫色，上面带白色条纹，并密布短毛；花期冬、春季。

主要习性 产台湾、福建、广东、广西、海南、云南和西藏东南部，生于海拔1800m以下的林下和沟谷阴湿处。广布于亚洲热带大部分地区和大洋洲。要求温暖、潮湿、半阴环境，排水良好而富含腐殖质的疏松土壤。

园林应用 鹤顶兰株丛丰茂，花色艳美，适宜冬暖地区庭院中较蔽荫处栽植，或作盆栽观赏。

蝴蝶兰 *Phalaenopsis amabilis* Bl.

别名 蝶兰

兰科，蝴蝶兰属

识别特征 附生兰。多年生草本植物。根丛生，扁如带，表面多疣状突起。茎不明显。叶丛生，宽倒卵状长圆形，长 20～30cm，宽 4～6cm，浅绿色，叶背有红褐色斑点。花莛向上呈弓形，花莛高达 70～80cm，圆锥花序有花 10 多朵，唇瓣末端有一对伸长的卷须，花径 10～12cm，白色，在唇瓣和蕊柱上有深黄斑及紫点。

主要习性 原产亚洲热带。分布在中、低海拔高温多湿山林或滨海岛屿森林中。喜热、耐阴。

园林应用 蝴蝶兰花姿优美，花色艳丽，为热带兰中的珍品。

火焰兰 *Renanthera coccinea* Lour.

兰科，火焰兰属

识别特征 附生兰。茎长达 1m 以上，质地坚硬。叶 2 列，革质，近矩圆形，长约 8cm，先端 2 圆裂。花序侧生，大而多分枝，花朵疏生，花大，火红色，径达 6cm；中萼片狭匙形，边缘内侧具橘黄色斑点；侧萼片边缘波状；花瓣较狭，具橘黄色斑点；唇瓣中心黄色，中裂片火红色，反卷；花期 5~6 月。

主要习性 原产我国海南岛；越南也有。生于海拔 1400m 的林中或攀援于岩石上。喜高温、高湿、半阴至荫蔽环境，不耐干旱及寒冷。

园林应用 火焰兰花大，色红似火，备受欢迎；可供作切花或盆栽观赏。

菫兰 *Miltonia candida* Lindl.

别名 米尔顿兰

兰科，菫兰属

识别特征 多年生草本植物。附生兰。假鳞茎长圆状卵形。顶生叶2枚，基生叶数枚，线状披针形，长约50cm，急尖。疏散总状花序，直立，高可达50cm余，有花2~8朵，花径约10cm，萼片与花瓣近相等，栗褐色，有亮黄色斑，开展；唇瓣明显扩大，白色，基部有2个紫褐色的斑点，花期7~10月。

主要习性 原产巴西。生长于树上或石上。喜温暖气候和水分充足的半阴环境。

园林应用 唇瓣略似三色菫，因而得名。具较高观赏价值。

卡特兰　*Cattleya hybrida*

别名　卡特利亚兰、嘉德利亚兰　　　　兰科，卡特兰属

识别特征　园艺杂种。附生兰。茎通常膨大成假鳞茎状。顶端具叶 1～3 枚，革质。花单朵或数朵排成总状花序，着生于茎顶或假鳞茎顶端，花大而艳丽；萼片与花瓣相似，唇瓣 3 裂，基部包围蕊柱下方，中裂片显著伸展。

主要习性　产巴西。生于树上或岩石上。喜温暖、潮湿和较多阳光或适当荫蔽。冬季温度不低于 12～15℃，夏季也不宜高温，生长季需丰富的水分，忌排水不畅和通风不佳，畏冷凉。

园林应用　卡特兰花大色艳，栽培品种很多，姿态诱人，为热带兰中的珍品。

毛唇贝母兰 *Coelogyne cristata* Lindl.

兰科，贝母兰属

识别特征 多年生草本植物。附生兰。假鳞茎长 2.5 ~ 6cm，宽 1 ~ 1.7cm。叶 2 枚，线状披针形，长 10 ~ 17cm，宽 0.7 ~ 1.9cm，具短柄。花茎长 8 ~ 12cm，有花 2 ~ 7 朵，纯白色，径约 10cm，芳香；唇瓣中裂片有 3 ~ 5 条金黄色脉，上密生刚毛，花期 12 月至翌年 4 月，花期苞片不落。

主要习性 原产喜马拉雅地区。生于海拔 1700 ~ 1800m 林缘岩石上。性喜温暖、潮湿、半阴或荫蔽，排水良好的基质。忌干燥、酷热和强光。

美丽兜兰 *Paphiopedilum insigne* Pfitz.

别名 波瓣兜兰

兰科，兜兰属

识别特征 地生兰。无假鳞茎。叶 5~6 枚，淡绿至绿色。花葶长 25~30cm，有紫色短柔毛；花通常单生，极少成对，蜡状，径约 13cm，中萼片淡绿黄色，有紫红斑点和白边，合萼片无白边，花瓣黄绿色或黄褐色，有红褐色脉和斑点，唇瓣倒盔状，紫红色或紫褐色，有黄绿色边。

主要习性 产云南西北部。喜温凉、通风流畅、空气湿润，略耐光。

园林应用 美丽兜兰花大色艳，花形极别致，为精美盆花。

密花石斛 *Dendrobium densiflorum* Wall. ex Lindl.

兰科，石斛属

识别特征 附生性多年生草本植物。高达60cm。假鳞茎四棱。叶3~5枚，深绿色。总状花序生于近茎顶，下垂，通常长10~25cm，花密，每茎有花50~100朵，径3.5~5cm，金黄色，光亮，唇瓣环状凹陷，色较深，两面密被绒毛；花期3~5月。

主要习性 原产喜马拉雅地区；生于海拔420~1000m林中树上或山谷岩石上。性喜温暖、潮湿、半阴或荫蔽，排水良好的基质。忌干燥、酷热和强光。

园林应用 密花石斛花形优美，是优良的悬挂花卉。

杓兰 *Cypripedium calceolus* L.

别名 黄花杓兰

兰科，杓兰属

识别特征 多年生草本植物。地生兰。具粗厚根状茎。茎中部以上有叶 3 ~ 4 枚，椭圆形或卵状披针形，长 7 ~ 16cm，宽 4 ~ 7cm。花单朵，稀 2 朵，除唇瓣黄色外其余均为紫红色；花苞片叶状；中萼片与合萼片相似，卵状披针形，长 2.5 ~ 5cm，宽 0.8 ~ 1.5cm，背面中脉上具毛；花瓣宽条形，常略长于萼片，扭转，背面脉上与基部被毛；唇瓣明显短于花瓣，口较宽，内折侧裂片三角形；花期 6 月。

主要习性 产黑龙江、吉林东部，辽宁，内蒙古东部及河北北部，北京密云、怀柔山区。生于海拔 500 ~ 1000m 落叶林下林间草甸、林缘或灌木丛中的湿润和排水良好的地方。喜冷凉气候。

园林应用 地被；盆栽观赏。

石仙桃 *Pholidota chinensis* Lindl.

兰科，石仙桃属

识别特征 多年生草本植物。附生兰。根状茎匍匐而粗壮，假鳞茎密集丛生。顶生 2 叶，叶椭圆状披针形，长 10 ~ 18cm，宽 3 ~ 6cm。花葶生于假鳞茎顶端，长 12 ~ 18cm，总状花序具花 12 ~ 20 朵，淡红色或近白色，较稀疏地着生于曲折花序轴上，花径约 1.5cm，萼片卵形，与花瓣等长；花瓣线状披针形；唇瓣上部缢缩，下部凹陷，芳香，花期初夏。

主要习性 产广东、广西、福建、海南、贵州、云南和西藏，生于海拔 1500m 以下的林缘或林中树上或岩石上。

园林应用 园林中供观赏栽培，假鳞茎入药。

笋兰 *Thunia alba*(Lindl.)Rchb. f.

别名 通兰、岩笋、石笋　　　　　　　　兰科，笋兰属

识别特征 地生兰。多年生草本植物。地下根状茎粗短，茎粗壮，高 30 ~ 55cm，幼嫩时形如竹笋。叶多枚散生于茎上，薄纸质，秋季枯萎。总状花序顶生，具花 4 ~ 10 朵，花大，径约 5 ~ 6cm，白色，下垂，芳香；唇瓣淡黄色，有 5 条赭黄色褶片；花期夏、秋季。

主要习性 产四川西部、云南和西藏东部；缅甸也有；生于海拔 1500 ~ 2300m 的林下潮湿多石处或沟边草丛中。喜温暖、潮湿，半阴或光线较充足，疏松而排水良好、富含腐殖质的湿润土壤环境。

园林应用 布置高山岩石园观赏栽培。

文心兰 *Oncidium papilio* Lindl.

别名 金蝶兰、蝶花文心兰

兰科，文心兰属（舞女花属或金蝶兰属）

识别特征 附生兰。多年生草本植物。假鳞茎卵圆形。多数 1 叶，带状，长达 18cm，宽 7cm，具紫褐色斑纹。花序大而长，长达 1.2m，有分枝与节；花 1 至数朵，花径约 10cm，花背萼片和花瓣线形，直立，红棕色，明显带黄色，侧萼片向左、右下弯，栗褐色；唇瓣提琴形，平展，下挂，黄色，边缘有宽棕色带，似蝴蝶；花朵连续开放，花期可长达全年。

主要习性 分布于巴西、委内瑞拉、秘鲁等地。喜温暖、潮湿与蔽荫环境。

园林应用 生产中多用产花量大、花型小，色泽更佳的杂交种，供作切花，取其花期长、花形奇特、花色鲜艳的特点，为切花装饰中名品配花材料。

香花指甲兰 *Aerides odorata* Lour.

兰科，指甲兰属

识别特征 多年生草本植物。附生兰类。具粗壮气生根。茎直立。叶矩圆形带状，长 15 ~ 30cm，宽 2.5 ~ 4.6cm，深绿色，基部关节扩大为鞘。总状花序约等长于叶，下垂；花密生，多数，白色，先端淡红，径约 2.5cm；唇瓣 3 裂，基部距大，长 1cm，白色带紫斑，具浓香，花期 6 ~ 8 月。

主要习性 产云南西部；印度、马来西亚、缅甸、菲律宾等地也有。性喜温暖、潮湿、半阴或荫蔽，排水良好的基质。忌干燥、酷热和强光。华北冬季高温温室栽培。

园林应用 香花指甲兰株形优美，花丽色艳，又具浓香，是优良的垂挂花卉。

香子兰 *Vanilla planifolia* Andr. [*V. fragrans* Ames]

别名 香草兰、香果兰　　　　　　　　　兰科，香子兰属

识别特征 多年生草本植物。具圆柱形回旋性茎，节上长有气生根。叶卵圆至长圆形，肥厚多肉，先端尖，深绿色。总状花序，多花，花大，径约10cm，唇瓣有爪，黄绿色，芳香。蒴果长，三棱，肉质，成熟后紫褐色，有光泽，为著名香料。花期7~8月。有花叶变种，多作观赏栽培。

主要习性 原产墨西哥东南部至中美洲。各地均有作香料栽培。喜高温湿润气候；不耐寒；要求静风和适当蔽荫环境。

园林应用 香子兰花大芳香，不仅是良好的悬挂花卉，蒴果更是重要药材与提取高级香精的原料。

蟹爪兰 *Zygopetalum mackayi* Hook.

兰科，蟹爪兰(接瓣兰)属

识别特征 多年生常绿植物。附生兰。假鳞茎宽卵圆形，具叶2~3枚。叶线状披针形，长达50cm，中绿至深绿色。花莛自假鳞茎抽生，长30~75cm，有花5~8朵，疏散排列，花径7.5cm，花萼与花瓣淡黄绿色，有紫褐色斑；唇瓣大，宽展，白色，有蓝紫色斑条；花期11月至翌年6月。

主要习性 原产巴西。生长季需略多水分，夏季宜半阴。冬季最低温不得低于12℃。华北冬季中温温室栽培。

园林应用 蟹爪兰植株鲜绿，花形优美，颜色艳丽，为热带兰中的珍品，作悬挂花卉，清雅别致。

10　竹类

竹类属单子叶植物纲，禾本科。它们具有丛生、中空、带节的茎，舟形细长的叶。高大的种类如巨龙竹，可高达 30 余米；低矮的倭竹则仅高约 60cm，可作为地被植物。竹类植物在我国分布以中、南部为多，可形成茂密的竹林，在园林绿化中可植为竹园。

因竹类较为一致的形态特征，而将其单独列为一类，便于识别。

凤尾竹　*Bambusa multiplex* var. *nana*(Roxb.)Keng f.

禾本科，刺竹属

识别特征　灌木状竹类。秆高 2~3m，丛生，多分枝。枝叶细小，叶通常 10 多枚生于一小枝上，形似羽状复叶，叶背灰白色，枝叶潇洒，观赏价值较高。

主要习性　分布于华南、西南。多生于山谷间、小河旁。

园林应用　供庭院绿化美化，南方地区作庭院绿篱及丛栽，北方多盆栽观赏，也可制作盆景。

佛肚竹 *Bambusa ventricosa* McClure

别名 佛竹、密节竹

禾本科，刺竹属

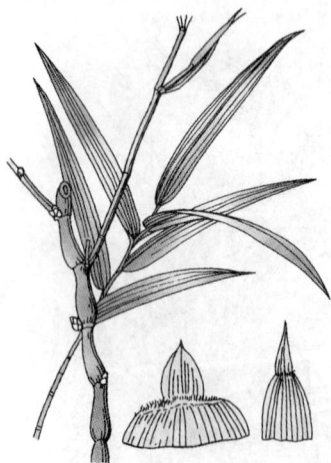

识别特征 丛生灌木状竹类。通常株高 2.5～5m，粗 1.2～5.5cm，秆部有异型，因栽培条件而变化；畸形秆通常只高 25～50cm，茎节基部膨大如瓶，形似佛肚；秆幼时深绿色，老茎橄榄黄色，每节分枝 1～3 枚。叶片卵状披针形至长矩圆披针形，背具微毛。箨叶卵状披针形，正面具向上小刺毛。

主要习性 广东特产，分布江南及西南各地。性喜温暖、湿润，不耐寒，要求湿润而疏松的沙质壤土。

园林应用 佛肚竹茎秆奇特，黄亮光滑，叶色碧绿，是观赏价值较高的竹类，冬暖地区地栽装饰庭院，北方温室栽培观赏。或作盆景。

花叶苦竹 *Pleioblastus variegatus* Makino [*Arundinaria fortunei* Riv.]

禾本科，苦竹属(或青篱竹属)

识别特征 常绿多年生草本。有地下茎的鞭竹类。高约30～80cm，节间短，约2～3cm，每节分生3～7小枝。叶片长约13cm，宽2cm，两面被短柔毛，具不规则的白黄色条纹，叶鞘顶端有平滑"之"字形刚毛。

主要习性 原分布日本。性耐寒，能耐－15℃以上的低温。喜阳光充足、排水良好湿润处，在半阴处亦能生长。

园林应用 株丛繁茂，枝叶茂密，花叶之美，淡雅宜人。适宜我国长江以南或黄河之间地区，空气较湿润处平地、坡地片植或列植成低矮绿篱，均极相宜。

箬竹 *Indocalamus tessellatus*(Munro) Keng f.

禾本科，箬竹属

识别特征 矮生竹类。株高 1～2m，秆簇生，圆柱形，每节有 1～3 分枝。叶大，长的可达 45cm 以上，宽超过 10cm，矩圆披针形，表面绿色光滑，背面淡绿，散生银色短柔毛，并在沿中脉一侧生有一行黏毛，次脉 15～18 对，小横脉极明显。花序未见。地下茎为复轴型。

主要习性 产我国江南各地，生于低丘山坡。喜温暖、湿润、较耐寒。

园林应用 箬竹宜作庭院丛植，或点缀山石坡坎，也可紧密行植作绿篱。叶可编制斗笠，秆可制筷或毛笔杆。

维奇赤竹(隈笹) *Sasa veitchii* (Carr.) Rehd.

禾本科，赤竹属（笹属）

识别特征 矮生多年生木质草类。株高 20 ~ 80cm；茎秆空心，绿色带紫；节部生一枝，节下有白色蜡质，叶鞘尖端有棕色刚毛。叶片长 12 ~ 20cm，宽 5cm，长不超过宽 4 倍，上面亮绿色，下面色浅被有细短柔毛，边缘白色，有锯齿。雄蕊 6；花柱 1，柱头 3。

主要习性 原分布于日本南部，生长于海拔 1000m 以上地区。性较耐寒，喜阳光与排水好的环境。

园林应用 在长江流域及黄河以南小气候优良地区，作地被或丛植，优美叶丛赏心悦目。

紫竹 *Phyllostachys nigra* (Lodd.) Munro

别名 黑竹、乌竹　　　　　　禾本科，刚竹(毛竹)属

识别特征 散生竹类。有地下根状茎"竹鞭"。高达3～5m，初为绿色，渐变为黑紫色，节下面具显著白粉纹边。小枝有叶2～3枚，叶片窄披针形，质地极薄，背面有白粉。

主要习性 原产华东、华中、西南、陕西南部等地。性喜温暖、湿润，畏严寒。要求疏松、肥沃、排水良好、深厚的土壤。

园林应用 紫竹茎秆坚韧，姿态优美，形色俱佳，除供庭院丛植、片植美化环境外，秆可制笛、箫、手杖、伞柄及工艺品，根、茎又可药用。

11　凤梨科植物

凤梨科植物大多原产南美洲，喜温暖、潮湿、半阴环境，是极富特点的一类；莲座状的叶，叶片边缘多带刺；花莛从叶丛中伸出，色彩鲜艳。在我国，人们常把凤梨科植物盆栽置于室内观赏，特别是近年来，盆栽凤梨成为逢年过节馈赠亲友的时尚礼品。

在本书中将其单独列为一类，便于识别。

果子蔓 *Guzmania lingulata* (L.) Mez.

别名 红杯凤梨、姑氏凤梨

凤梨科，果子蔓属

识别特征 多年生草本。地生或半附生性，无茎；高约30cm。莲座状叶丛生于短缩茎上，叶带状，弓形，长达40cm，宽约4cm，叶面平滑，边缘有疏细齿，亮绿色。总花梗与总苞片等长，位于叶丛中央，总苞片鲜红色；花序圆锥状或短穗状，小苞片三角形，长6cm，红色或绯红色，花与小苞片等长，花冠筒浅黄色，花萼花冠状，短于花瓣；每朵花开2~3天。

主要习性 原产美洲热带雨林。喜高温高湿、半阴与排水良好环境，易受霜害。

园林应用 果子蔓叶丛与花整株观赏效果均佳，花苞浓艳色可保持数月之久，是著名观赏盆花。

'花叶'凤梨 *Ananas comosus* Merr. 'Aureo Variegatus'

别名 艳凤梨

凤梨科，凤梨属

识别特征 多年
生草本。高约
60cm。莲座状
叶丛有叶 30 ~
90 片，剑形，
边缘具锐锯齿，
质硬，黄绿色，
叶背略有白粉。
总花梗圆粗，坚
挺，顶端着生穗
状花序聚生成卵
圆形，苞片红
色；花堇紫色或
红色。栽培中变异类型很多。

主要习性 分布于美洲热带。本种为著名水果"凤梨"，
俗称菠萝。喜温热、阳光充足、通风的环境及排水良
好、肥沃的土壤，亦略耐阴，最低温 13 ~ 15℃。易受
霜害。

园林应用 园林中适宜夏季布置阳光充足处的花坛或盆
栽置室内外观赏。

姬凤梨 *Cryptanthus acaulis* Beer.

凤梨科，姬凤梨属

识别特征 常绿多年生草本。植株矮小，高仅8～10cm，幅宽15～20cm，无茎，有匍匐枝。叶硬，密生莲座状，长约20cm，宽4.5cm，放射状排列，阔披针形，先端尖，略反曲，边缘具稀疏锯齿，叶面绿色，背面白色，糠秕状，质薄。小头状花序在叶筒内，花白色，芳香；花期夏秋季。

主要习性 原种产巴西。生于热带雨林空地，向阳岩石缝中；喜高温、半阴、湿度大，能耐阳光；亦较耐旱；以排水良好的沙砾土为宜。

园林应用 姬凤梨株型小巧玲珑，叶色彩纹鲜明相间，华南地区作花坛镶边或林下附生于矮树旁。北方多供案头小装饰。

丽穗凤梨　*Vriesea splendens* Lem.

别名　剑凤梨　　　　　　　　凤梨科，丽穗凤梨属

识别特征　附生性多年生草本。高达1m。叶莲座状密生，条形，长30cm，宽9cm，先端向下弯，质硬，叶面有深紫褐色不规则横纹，背面有白粉。一次性开花，花莛高出叶面，穗状花序扁平，不分枝，艳红色苞片大，蜡质，紧密贴生；花黄白色，自苞片间伸出；花期夏季。

主要习性　原种产圭亚那。喜温暖、潮湿，半阴或光线充足。易受霜害。

园林应用　丽穗凤梨是极艳美的室内观叶赏花植物，观赏期长达数月。

美叶光萼荷 *Aechmea fasciata* Bak.

别名 蜻蜓凤梨、光萼凤梨　　　　　凤梨科，光萼荷属

识别特征 附生多年生草本，高 40~60cm，一次性开花，无茎。叶莲座状，10~20 枚，条状弓剑形，长 50cm，宽 6cm，绿色至灰绿色，边缘有黑刺，叶鞘圆，内面红褐色，背面有大理石状横纹。花茎高约 30cm，有白色鳞毛，密生圆锥花序；苞片红色至粉红色，小花初开为蓝色后变红色。

主要习性 原产巴西。喜温暖、潮湿，阳光充足环境，疏松、透气、丰富营养的栽培基质；易受霜害。

园林应用 美叶光萼荷叶丛、叶色优美，花期长，是著名的室内观叶、观花植物。

深紫巢凤梨 *Nidularium fulgens* Lem.

凤梨科，巢凤梨属

识别特征 多年生草本，附生性。莲座状叶 15~20 片，条形，长30cm，宽5cm，边缘有刺，浅绿色，有深绿色不定形斑。圆锥花序着生在莲座状叶中央基部，径约8cm，每朵花有一红色或紫红色苞片，花葶蓝色。

主要习性 原产巴西。喜高温高湿、半阴。易受霜害。

园林应用 主要供盆栽观赏。

水塔花 *Billbergia pyramidalis* Lindl.

凤梨科，比尔见亚属

识别特征 多年生草本，附生性。无茎。叶阔条形或披针形，基部略膨大，筒状簇生，上面绿色，下面粉绿色。穗状花序，直立，稍高于叶，苞片粉红色，萼片暗红色，被粉；花冠鲜红色，开花时旋扭；花期春季。

主要习性 原产巴西。喜温暖、湿润，半阴或光线充足；要求疏松、肥沃、排水良好的栽培基质。

园林应用 水塔花叶筒存水，别有风趣。株丛青翠，花色艳丽，是优良的观叶赏花植物。

小雀舌兰　*Dyckia brevifolia* Bak.

凤梨科，雀舌兰属

识别特征　多年生常绿小草本。高仅 8～10cm，幅宽 10～12cm。无茎。叶莲座状簇生，肥厚，质硬，内部叶直立，外部叶反曲，先端有尖刺，呈雀舌状，边缘具小白刺，翠绿色，叶背面灰白色。总状花序，花茎高 20～40cm，有花 30～40 朵，花橘黄色，雄蕊短于花瓣，花丝上部分离；花期春夏。

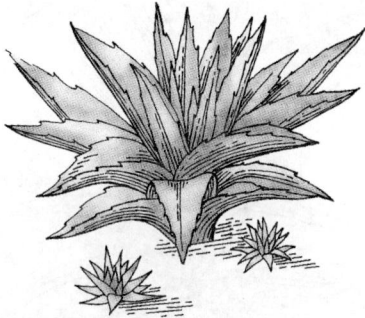

主要习性　原产巴西。喜温暖、阳光充足、通风良好和春夏湿润、秋冬略干燥的生长环境；忌霜害与积涝，以排水良好的砾质土壤为宜。

园林应用　株型小巧，叶色青翠，花色明快，适宜点缀岩石园中白色或红色石缝，或小盆栽欣赏。

心焰凤梨　*Bromelia balansae* Mez.

凤梨科，布洛美属

识别特征　陆生多年生草本。高可达 1m，冠幅可达 1.5m。基生莲座叶，叶片窄长带形，边缘向上弯，有硬钩刺，深灰绿色。圆锥花序，筒状；花序苞片长，鲜红色；花蓝堇紫色；花期春、夏季或初秋。

主要习性　原产美洲热带。喜光照充足，温热气候，排水良好的土壤；畏霜寒。

园林应用　本种花苞色艳而挺拔，具强烈刚毅气质，是温室观赏栽培的新植物。

艳美彩叶凤梨 *Neoregelia spectabilis*
(T. Moore) L. B. Sm.

别名 艳凤梨、端红凤梨、西洋万年青

凤梨科，彩叶凤梨属

识别特征 附生性多年生草本。高约30cm，幅约60cm，无茎。莲座状叶约20～30片，带形，反曲；叶面深亮绿色，背面灰绿色，有明显的白色横纹，边缘有疏齿；花期叶尖玫瑰红色至血红色。头状花序密生于莲座叶中央；小花多，径约2.5cm，白色，逐渐变为浅蓝色，苞片紫褐色。浆果。种子多数。

主要习性 原产巴西。喜温暖与半阴环境，易受霜冻。

园林应用 艳美彩叶凤梨叶、花整体效果好，观赏期长，是重要的观赏盆花。

紫花凤梨 *Tillandsia cyanea* Linden ex C. Koch

别名 铁兰

凤梨科，铁兰属

识别特征 多年生附生草本。株高约30cm。叶丛莲座状，叶20～30片，线形，长约30cm，中部下凹，斜出后横生反曲成弓状，淡绿色至绿色，基部酱褐色，叶背面绿褐色。花梗粗，总苞呈扇状，深红色；春、夏自下而上开蓝紫色花；花瓣3枚，花径约3cm，花朵伸出苞片外。观赏期可长达4个月。

主要习性 原产厄瓜多尔、秘鲁一带。喜高温、通风、半阴或光线充足环境；畏霜寒。

园林应用 植株小巧，叶姿优美，花色浓艳，观赏期长，是重要盆栽花卉。

12 棕榈科植物

棕榈科植物多为常绿乔木，生长在热带、亚热带地区，具有宽大的、或羽状或掌状的叶片，形态特征富有特色。该类植物正在越来越多地应用于园林中，成为植物景观中具有浓郁热带气息的群体。因而在本书中单独列为一类，便于识别。

本书介绍常见的、在园林中应用的棕榈科植物27种，按中文名称的拼音字母顺序排列。

贝叶棕　*Corypha umbraculifera* Linn.
别名　团扇葵　　　　　　　　　棕榈科，贝叶棕属

识别特征　常绿大乔木。株高 18～25m，干径可达 90cm，叶基呈轮状宿存。叶片扇形，宽大，约 4～5m，叶柄长 3m，上面有沟槽，边缘具对生扇刺，叶深裂，裂片 80～100 枚，剑形。圆锥肉穗花序顶生，直立，高 4～5m，两性花，雌雄同株，乳白色，有臭味，花期 2～4 月。核果椭圆形、球形，径约4cm，熟时橄榄色，果期为次年 5～6 月。贝叶棕一生只开花结实一次，开花结实后即死去。

主要习性　原产印度、斯里兰卡等亚洲热带国家海拔 600m 以下低湿森林之中，我国南部有引种。性喜高温多湿气候，要求充足阳光和肥沃、疏松、排水良好的土壤，不耐寒。

园林应用　温暖地区适作行道树及庭园美化树种。其花序汁液含糖可制酒、熬糖，树干髓心提取淀粉，它的叶片在印度和我国云南一些地区用以代纸抄写经文，称贝叶经。是佛教象征树之一。北方温室内幼树盆栽观赏。

槟榔 *Areca catechu* L.

别名 槟榔子、大腹子、宾门　　　棕榈科，槟榔属

识别特征 常绿乔木。茎直立，高可达 30m，茎有明显环状叶痕。羽状复叶簇生于干顶，小叶片多数，狭长披针形，长 30～60cm。雌雄同株，肉穗花序多分枝，长 25～30cm，雄花生于花序分枝上部，雌花单生于分枝下部，花白色，有香气，花期 3～5 月。坚果长圆形，橙红色，种子卵形，果期为次年 1～5 月。

主要习性 原产马来西亚和印度。主要分布于南亚和东南亚等地，我国主要分布于台湾、云南和海南。槟榔属热带雨林植物，要求高温多湿，充足阳光，树干不耐阳光直射。喜生于深厚、肥沃及排水良好的沙质壤土中。

园林应用 槟榔是热带经济植物，也是风景树种，我国大部地区只能室内栽植观赏。其种子、果皮、花和花苞均可入药，种子含多种生物碱，有消食、利尿、杀菌之功效。

桃榔 *Arenga pinnata* (Wurmb.) Merr.

别名 砂糖椰子   棕榈科，桃榔属

识别特征 常绿乔木。干较粗壮，高可达20m，径粗达40cm。羽状复叶簇生茎顶，长5~6m，羽片呈2列排列，线形或线状披针形，长80~150cm，先端2裂或齿切状，每侧小叶有150枚，小叶基部有2耳，叶上面绿色，下面白色。肉穗花序腋生，长达150cm，下垂，多分枝，紫黑色，有异臭，花序汁液富含糖分，故名砂糖椰子，花期6月。果长椭圆形，种子黑色，果在花后2~3年间成熟。

主要习性 原产马来西亚、印度，我国海南、广东、云南、福建、台湾等地有栽培。性喜温暖湿润和背风向阳环境，不耐寒，要求肥沃、疏松及排水良好的土壤。

园林应用 桃榔植株高大，遮荫效果良好，适宜作行道树、遮荫树。花序中的糖分可制糖酿酒，树干髓心可提取淀粉，叶鞘纤维可制绳索，幼嫩茎尖可作蔬菜食用。

荷威棕 *Howea fosterana* Becc.

别名 茸草椰子

棕榈科，荷威棕属

识别特征 常绿高大乔木。株高18m，茎直立，基部不显著膨大。叶聚生于茎顶，羽状分裂，长3m，羽片较宽，有1主脉，先端尖锐，水平伸出，叶柄平滑无刺。肉穗花序细长下垂，3～6个生于一个叶轴上，两旁为雄花，雌花在中间。果椭圆形。

主要习性 原产澳大利亚东南部。喜温暖湿润环境，要求肥沃、湿润、疏松且排水良好的土壤，不耐寒。

园林应用 荷威棕是美丽的观叶植物，喜半阴环境，适宜盆栽供室内摆放。

假槟榔　　*Archontophoenix alexandrae* (F. Muell.) H. Wendl. et Drude.

棕榈科，假槟榔属

识别特征　常绿乔木。株高可达 25m，干单生，挺直，有环纹，基部略膨大。叶羽状全裂，生于茎顶，长 2 ~ 3m，羽片呈 2 列排列，长达 45cm，上面绿色，下面灰白色。肉穗花序下垂，长 30 ~ 40cm，乳黄色，花雌雄同株，白色，花期 4 ~ 5 月及 9 ~ 11 月。果球形，熟时红色，种子卵球形。

主要习性　原产澳大利亚东部，我国福建、台湾、广东、海南、广西、云南热带、亚热带地区有栽培。性喜温暖湿润多雨气候，要求阳光充足，幼苗稍耐阴，喜肥沃、深厚及湿润的酸性土壤，不耐寒。

园林应用　假槟榔植株高大，树干通直，叶片披垂碧绿，是优良园林观赏树木，在我国南方多群植或列植，宜作庭园绿地、广场、街道的风景树和行道树。北方盆栽或温室内地栽，格外雄壮。

金山葵 *Syagrus romenzoffiana* (Cham.) Glassm.

别名 皇后葵　　　　　　　　　　　棕榈科，金山葵属

识别特征　常绿乔木。单干，株高 10～15m，干粗 20～40cm，光滑无刺，具叶痕。叶羽状全裂，长 4～5m，常 3～5 枚聚生，小叶多数，线形，绿色。雌雄同株，肉穗花序生于下部叶腋间，长 60～100cm，下垂，多分枝，雄花生顶部，雌花生在中部和基部，花期 2 月。果球形或近倒卵形，果期 11～翌年 3 月。

主要习性　原产巴西，现世界热带地区广泛栽培。性喜温暖湿润气候及通风良好且阳光充足环境条件。要求肥沃、深厚、疏松且排水良好的土壤，生长最适温度为 22～25℃，抗风力强，不耐干旱。北方室内栽培，越冬温度不低于 15℃。

园林应用　树姿婆娑，似皇后冠饰，故又称皇后葵，宜作庭园观赏树、行道树或风景树，适宜南方各地栽培，亦可盆栽观赏。

酒瓶椰子 *Hyophorbe lagenicaulis* (L. Bailey) H. E. Moore
棕榈科, 酒瓶椰子属

识别特征 常绿乔木。单干生, 高3~5m, 茎中部至基部膨大, 酷似酒瓶, 故名。羽状复叶簇生于茎顶, 小叶披针形, 40~70对。肉穗花序多分枝, 花小, 雄花黄绿色, 花期夏季。果实为浆果, 椭圆形, 红色, 果期次年3~4月至下一年春夏。

主要习性 分布于毛里求斯, 现世界各地普遍栽培。性强健, 喜高温多湿气候, 要求阳光充足及肥沃、深厚与排水良好的沙质土壤。不耐寒, 越冬温度不低于10℃。

园林应用 由于茎干奇特, 树形美丽, 是热带及亚热带地区珍贵树种, 观赏价值极高。适宜布置庭园或盆栽观赏。

酒椰 *Raphia vinifera* Beauv.

棕榈科，酒椰属

识别特征 常绿乔木。茎直立，高 5～10m。羽状全裂，叶长 12～13m，羽片线形，中脉及边缘具刺，叶面绿色，背面灰白。大型穗状花序生于叶腋，下垂，总长 1～4m，每个佛焰苞内着生 1 个穗状花序，长 10～15cm，雌雄花同花序，雄花着生上部，雌花生于基部，花期 3～5 月；果椭圆形或倒卵形，果期为第三年 3～10 月。

主要习性 原产非洲热带，我国台湾、云南及广西有栽培。喜高温多湿气候，生于湿地或溪边湿润地，喜光照，要求肥沃、疏松土壤。

园林应用 热带及亚热带地区作为庭园观赏植物栽培，北方室内盆栽，最低温度不低于 15℃。

美丽蒲葵 *Bismarckia nobilis* Hildeber et H. Wendl.

别名 霸王棕

棕榈科，比斯马棕属

识别特征 常绿乔木。单干直立，高达 60～79m，树冠大。叶掌状分裂，幼树叶柄背面凸，上面成槽，叶片直径 1～3m，簇生于干顶，蓝绿色，裂片间有丝状纤维。雌雄异株，肉穗花序下垂，花乳白色。果深褐色，径约 4cm，种子有皱纹，径 2.5cm，可食。

主要习性 原产马达加斯加，我国福建、广东、云南、台湾等地有引种。喜温暖潮湿气候，要求雨量充沛，适宜生长温度为 18～25℃，喜肥沃、深厚、疏松及排水良好的土壤。

园林应用 本种树型高大，枝叶茂盛，叶片巨大，是城市道路及公园、草坪、庭院优良观赏性棕榈类植物。

欧洲矮棕　*Chamaerops humilis* L.

别名　欧洲扇棕　　　　　　棕榈科，欧洲矮棕属

识别特征　常绿灌木。高约1.5m，干上叶柄基部宿存棕丝叶鞘。叶掌状深裂，叶片扁形，宽 60 ~ 90cm，叶柄有刺，每个裂片有主脉，先端2裂，叶面绿色，背面具白色

纤毛。肉穗花序长约15cm，花小，黄色，花期夏季。果实球形，黄褐色。

主要习性　原产欧洲地中海地区，为欧洲原产的唯一棕榈科植物。现已广泛栽培。喜温和湿润气候，喜阳光，稍耐阴，喜肥沃湿润土壤，耐寒性较强，可耐 - 7℃低温。

园林应用　园林中常于草地中丛植，或盆栽摆设，有良好观赏效果。

蒲葵 *Livistona chinensis* (Jacq.) R. Br.

棕榈科，蒲葵属

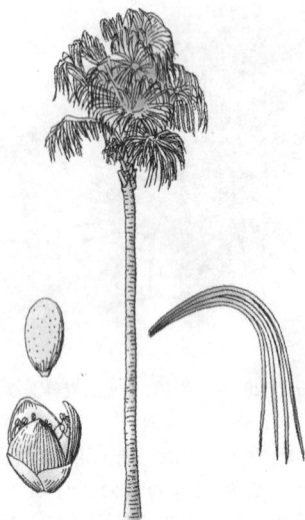

识别特征 常绿乔木。株高可达20m，干直，有环纹。叶大，扇形，径可达1.8m，深裂至中部，裂片先端常下垂，叶柄长 1 ~ 2m，两侧有黄褐刺。圆锥花序长达35cm，生于叶腋，多分枝，花小，两性，鲜黄色，花苞棕色，花期3 ~ 4 月。果橄榄形，熟时黑褐色，果期10 ~ 12 月。

主要习性 产我国南部，各地广泛栽培。喜温暖湿润气候，喜阳光，亦耐半阴，稍耐寒，可耐0℃低温，具有抗风力，要求肥沃、疏松及排水良好的沙壤土。

园林应用 园林中常用作行道树、遮荫树和风景树，寒冷地区室内盆栽观赏。除供观赏外，叶可制扇及蓑衣、牙签等，根和果还可入药。

青棕 *Ptychosperma macarthurii*(H. Wendl.)Nichols.

别名 马卡氏皱子棕 棕榈科，皱子棕属

识别特征 常绿丛生灌木。茎纤细，高达 7m，具节状环纹，粗 4 ~ 5cm。羽状复叶，长 2m，8 ~ 10 片生于茎顶，羽片条形，先端钝截形，叶面光滑，绿色，叶柄长 20cm。花雌雄同株，穗状，花序长 30 ~ 40cm，具分枝，花小，乳白色。果卵形，鲜红色，长约 1.4cm。

主要习性 原产澳大利亚、新几内亚。喜热带高温多湿气候，要求肥沃而湿润土壤，在阳光及半阴下均可生长，不耐寒。

园林应用 青棕四季常绿，茎干似竹，果实鲜红，可作为庭园及绿地美化材料，亦可盆栽观赏。

琼棕 *Chuniophoenix hainanensis* Burret

棕榈科，琼棕属

识别特征 常绿丛生灌木。茎直立，具环状叶痕，株高 3～8m，高者似小乔木，茎上有吸芽从叶鞘中长出。叶掌状深裂，裂片 14～16 片，线形，长 50cm，整个叶片呈团扇形，簇生于茎顶，叶柄无刺。花序腋生，多分枝，主轴上的苞片管状，顶端三角形，花两性，紫红色，花萼筒状，宿存，花瓣 2～3 片，紫红色，花期 4～5 月。果近球形，直径 1.5cm，挂果期长，果期 6～10 月。

主要习性 我国海南陵水、琼中等地有产，为国家二级保护植物。常生于山地疏林中，海拔 500～800m，喜温暖湿润气候，喜光，稍耐阴，亦耐轻霜。

园林应用 琼棕株形优美，为良好观赏植物，可用于庭园绿化，草坪中丛植或配置山石、建筑及盆栽摆放。

箬棕 *Sabal palmetto* (Walt.) Lodd. ex Roem. et Schult.

别名 菜棕

棕榈科，菜棕属

识别特征 常绿乔木。单干，高9~18m，粗约60cm。叶掌状深裂，多数，末端2裂，叶片长达1.8m，叶柄无刺。肉穗花序复合圆锥状，开花时下垂，花小，黄绿色，花期5~7月。果球形或梨形，黑色，有光泽。

主要习性 原产美国东南部北卡罗来纳至佛罗里达。喜阳光充足及热带亚热带温暖湿润气候，多生长在低海拔季雨林中，能耐一定程度低温和干旱，对土壤要求不严，根系较深，有一定抗风能力。

园林应用 园林中可用作行道树或遮荫树，亦可盆栽摆放。北方盆栽室内越冬，温度不低于5~8℃。除观赏外，顶芽还可食用。

散尾葵 *Chrysalidocarpus lutescens* Wendl.

棕榈科，散尾葵属

识别特征 常绿丛生灌木。茎具环纹状叶痕，株高2～5m，茎自地面分枝。羽状叶全裂，叶扩展，拱形，长1.5m，羽片黄绿色，表面有蜡质白粉，披针形，长35～50cm，叶柄平滑，黄色，上面有沟槽。花序为圆锥花序，具分枝，花小，成串，金黄色，花期5月。果倒卵形，鲜时土黄色，干时紫黑色，果期8月。

主要习性 原产马达加斯加，我国南方常见栽培。喜温暖潮湿气候，耐寒性不强，较耐阴，要求肥沃、深厚而排水良好的沙质壤土，北方室内栽培越冬温度不低于10℃。

园林应用 散尾葵枝叶茂盛，四季常青，耐阴性强。在我国引种历史悠久，台湾、福建、广东、广西、云南等地多置于庭院、公园，是良好绿化树种；北方常盆栽摆放，供室内外布置。

石山棕 *Guihaia argyrata* S. K. Lee，F. N. Wei et J. Dransf.

别名 崖棕

棕榈科，石山棕属

识别特征 常绿丛生灌木。茎丛生，干外倾或直立，高 0.5 ~ 1m，粗 3 ~ 5cm，具密集叶痕，茎很少裸露而常为老叶鞘包被。叶扇形或近圆形，掌状深裂，40 ~ 50cm，叶面绿色，背面有银白色绒毛，叶柄长1m。雌雄异株，花序生于叶腋，长 30 ~ 80cm，有分枝，雌雄花均较小，花期 5 ~ 6 月。果球形，外被蓝黑色蜡层，果期 10 ~ 11 月。

主要习性 产我国广东、广西及云南，常生于有腐殖质的石灰岩壁缝中。喜温暖、湿润及向阳之处，耐阴、耐旱，亦耐轻霜。

园林应用 因石山棕植株矮小，适宜盆栽，观赏其美丽树形。其繁育较易，管理简便，也利于庭园应用。

丝葵 *Washingtonia filifera* (Lind. ex Andre) H. Wendl.

别名 加州蒲葵　　　　　　　　　　　棕榈科，丝葵属

识别特征 常绿乔木。树型高大，树干通直，高至25m以上；树冠下部常有枯叶下垂。叶簇生茎顶，大型，径达1.8m，掌状深裂至中部，有白色丝状纤维垂挂在裂片间；叶柄下部边缘具小刺。花两性，肉穗花序下垂，多分枝，花小，白色，花期7月。核果卵球形，黑色，果熟期11月。

主要习性 原产美国西南部的加利福尼亚州和亚利桑那州及墨西哥。现各地广泛栽培。性喜温暖湿润及阳光充足环境，要求土层深厚、肥沃疏松、通气排水良好的土壤，适宜生长气温为 16～24℃，稍耐寒，可耐短时 −7℃低温。不喜高温高湿气候。生长迅速。

园林应用 温暖地区露地种植可作行道树、庭园风景树，寒冷地区温室栽植或盆栽观赏。果实、顶芽可供食用，叶片供编织等。

穗花轴榈 *Licuala fordiana* Becc.

棕榈科，轴榈属

识别特征 丛生灌木。高 2～5m。叶片半圆形，裂片楔形，裂至基部，先端具钝齿，叶柄长可达 85cm，两侧边缘有刺。肉穗花序 1～2m，花小，2～3 朵聚生，花期 4～5 月。核果小，球形，熟时红色，果期 9～10 月。

主要习性 产我国海南及广东南部。常生于低山林下。喜半阴及潮湿环境，在较强烈的阳光下生长低矮，叶片变黄。要求温暖环境，不耐寒。

园林应用 穗花轴榈叶形奇特美丽，又耐阴，有较高观赏价值，我国南方可露地种植，北方室内盆栽摆放，越冬温度不低于 10℃。

糖棕 *Borassus flabellifer* Linn.

别名 扇椰子、扇叶树头棕　　　　　棕榈科，糖棕属

识别特征 常绿高大乔木。高达30m，植株粗壮，茎干最粗可达90cm。叶大型，掌状分裂，近圆形，叶直径1～1.5m，有60～80裂片，裂至中部，裂片线状披针形，边缘具齿状刺。花雌雄异株，花序大，雄花序长达1.5m，雄花小，多数，黄色，雌花序长80cm，雌花大，球形。果实硕大，球形，径15～30cm，种子褐色，心形。

主要习性 分布于亚洲热带地区和非洲，印度和斯里兰卡广为种植，我国海南、广东及云南西双版纳有栽培。性喜温暖潮湿气候，不耐寒，要求阳光充足及深厚、肥沃、湿润及排水良好的土壤。

园林应用 糖棕具有很高的经济价值，全身是宝，木材坚硬，耐盐水浸渍，用于造船；叶柄纤维制作绳索；花序梗割取汁液制糖、酿酒及清凉饮料；叶片制纸，在纸被发明以前，印度以此叶写经，称贝叶经，可保存数百年。种子萌发嫩芽可食。

王棕 *Roystonea regia* (Kunth) O. F. Cook

别名 大王椰子　　　　　　　　　　棕榈科，王棕属

识别特征 常绿乔木。茎直立，高 10～20m，树干中部以下常膨大，灰褐色，光滑，有环纹。叶羽状全裂，聚生于茎顶，长 4～5m，弓形并常下垂，羽片呈 4 列排列，线状披针形，顶端浅 2 裂，长 90～100cm。花单性，雌雄同株，花序长达 1.5m，多分枝，花期 3～4 月。果球形，熟时暗红色至淡紫色，果期 8～10 月。

主要习性 原产古巴，我国南方常见栽培。性喜高温多湿气候，要求阳光充足及深厚、肥沃而疏松的土壤，雨量要充沛，土壤酸性或微酸性，其适宜生长气温为 20～25℃，并有较强的抗风能力。

园林应用 王棕树形优美，枝叶茂盛，雄伟壮观，是优良的绿化观赏树种，具极高的观赏价值。可用作行道树，景观风景树。

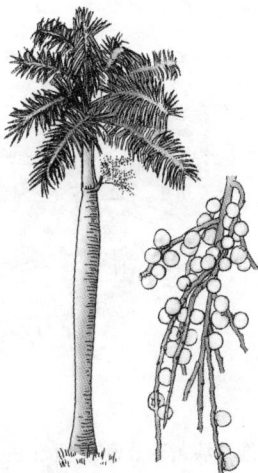

袖珍椰子　*Chamaedorea elegans* (Mart.) Liebm.

别名　玲珑椰子、客室棕　　　　　棕榈科，袖珍椰子属

识别特征　常绿小灌木。高 1～3m，单干生，直立，茎深绿色，有环纹。羽状复叶长达 90cm，小叶互生，叶片 20～40 枚，狭披针形，长约 20cm，全缘，多反卷。肉穗花序直立，长 40～50cm，雄花淡黄色，雌花橙红色，花期 3～4 月。果球形，熟时橙红色，种子黑色。

主要习性　原产墨西哥与危地马拉。喜温暖湿润气候及半阴环境，不耐强光、不耐寒，要求肥沃、疏松及排水良好的微酸性土壤。

园林应用　盆栽时更为矮小，适宜室内摆放。其耐阴性强，叶色浓绿，玲珑小巧，近 20 年来广被用于室内布置，深受人们喜爱。

椰子 *Cocos nucifera* Linn.

棕榈科，椰子属

识别特征 常绿乔木。高 15～30m，单干生，粗壮，有环状叶痕。叶羽状全裂，长 3～4m，簇生于茎顶，裂片线状披针形，革质，向外折叠。肉穗花序叶腋生，长达 2m，多分枝，佛焰苞纺锤形，厚木质，雌雄同株，几乎全年开花。果近球形，种子有胚乳，内有一空腔，富含汁液，果熟期 7～8 月。

主要习性 广布热带沿海地区；我国福建、台湾、广东沿海及海南、云南有分布或栽培。喜高温、湿润及阳光充足，要求年均气温在 24℃ 以上，最低气温不低于 10℃，年降水量在 1500mm 以上且分布均匀。土壤以排水良好的海滨和河岸冲积土为好。

园林应用 椰子树苍翠挺拔，根系发达，抗风力强。为典型热带树种，除作园林美化树种外，它还是木本油料及纤维植物，又是可口清凉饮料，树干作建筑材料。

异色山槟榔 *Pinanga discolor* Burret

别名 山槟榔

棕榈科, 山槟榔属

识别特征 常绿丛生灌木。株高约3m, 茎干纤细, 密被不整齐褐色斑纹。羽状复叶长 65 ~ 100cm, 有 7 ~ 10 对对生羽片, 顶端羽片较宽, 先端截形, 并具不等的锐齿裂, 叶面绿色, 背面灰色, 叶脉上散布淡褐色鳞片。肉穗花序下垂, 有 2 ~ 4 分枝, 花序长 15 ~ 18cm, 花期 4 ~ 5 月。果近纺锤形, 熟时紫红色, 果期 10 ~ 12 月。

主要习性 产我国台湾、广东、海南、广西及云南。常散生雨林或常绿季雨林的山谷及溪边湿地上。喜温暖及湿润气候, 耐阴, 要求肥沃、湿润土壤, 忌强烈阳光直射。

园林应用 异色山槟榔四季常青, 株型矮小, 茎干细小似竹, 适宜林下湿润地种植, 又可供室内盆栽摆放。

油棕 *Elaeis guineensis* Jacq.

别名 油椰子

棕榈科，油棕属

识别特征 常绿大乔木。株高可达 10m 以上，径粗 50cm。根系全为须根。羽状全裂叶簇生于茎顶，长 3 ~ 4.5m，羽片叶 50 ~ 60 对，线状披针形，裂片外折，叶柄边缘有刺。花雌雄同株异序，雄花序由多个穗状花序组成，雌花序头状，密集，径约 30cm，花期 6 月。果卵形或倒卵形，径约 3cm，未熟时紫色，熟时橙红色。

主要习性 原产非洲热带地区；我国台湾、海南及云南热带地区有栽培。性喜温暖湿润气候，要求年均气温为 24 ~ 27℃，降水量在 2000mm 以上且分布均匀，喜阳光充足，土壤深厚、疏松、肥沃的沙质壤土，pH 值 4 ~ 6。不耐台风侵袭。

园林应用 油棕是一种重要热带油料作物。有世界油王之称，株型高大壮观，也是园林绿化美化材料，可作行道树，或群植观赏。

鱼尾葵 *Caryota ochlandra* Hance

棕榈科，鱼尾葵属

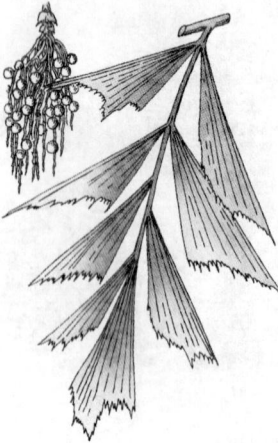

识别特征 常绿乔木。株高可达 20m，单干生，茎粗 15～35cm，有环状叶痕。叶二回羽状全裂，长达 7m，先端下垂，羽片厚而硬，形似金鱼尾，故名鱼尾葵。花序长约 3m，生于叶腋，下垂，花 3 朵聚生，黄色，花期 5～7 月。果球形，熟时红色，果期 8～11 月。

主要习性 原产亚洲热带、亚热带及大洋洲，我国福建、广东、海南、广西、云南有产，生于海拔 450～700m 山谷坡地。性喜温暖湿润气候，根系浅不耐干旱，茎干忌暴晒，较耐寒，能忍耐短时 −4℃ 低温，要求肥沃、疏松且排水良好的沙质壤土。

园林应用 鱼尾葵在温暖地区常作行道树、庭园风景树，北方多盆栽用作厅堂、广场装饰，其直立茎干及绿色叶片适宜园林观赏。

棕榈 *Trachycarpus fortunei*(Hook.) H. Wendl.

别名　棕树　　　　　　　　　　棕榈科，棕榈属

识别特征　常绿乔木。茎直立，单干生，株高 3 ~ 10m，树干被黑褐色纤维叶鞘。叶簇生干顶，叶片扇形，深裂成 30 ~ 50 片，裂片狭长，线状剑形，叶柄长 60 ~ 70cm，下部为棕皮所包。肉穗花序下垂，多分枝，通常雌雄异株，淡黄色，花期 5 ~ 6 月。核果阔肾形，蓝黑色，果期11 ~ 12 月。

主要习性　分布于我国长江以南各地；缅甸、日本亦有分布。淮河以北及秦岭北坡幼苗稍加保护即能越冬。喜温暖湿润气候及阳光充足环境，较耐寒，要求肥沃、疏松及排水良好的石灰性或中性土壤，喜通风，有一定抗污染能力，但根系较浅，无主根。

园林应用　棕榈树干挺直，叶形如扇，又较耐寒，是我国中南部广大地区绿化的好材料，可用于布置庭园、广场及盆栽摆放。此外，棕皮可制绳索，根、叶、花、果入药等。

棕竹 *Rhapis excelsa* (Thunb.) Henry ex Rehd.

别名 观音竹

棕榈科，棕竹属

识别特征 常绿丛生灌木。高2~3m，茎圆柱形，有节，具纤维质叶鞘。叶掌状深裂，4~10片，裂片宽线形，先端截形，不整齐，边缘及中脉有锯齿。肉穗花序有分枝，长约30cm，花雌雄异株，雄花小，淡黄色，花期4~5月。果球形，果期11~12月。

主要习性 产我国南部至西南部；日本也有。现世界各地广为栽培。性喜温暖湿润气候，阳光充足和肥沃、疏松、湿润及排水良好的土壤，亦耐阴蔽，不甚耐寒。生长适宜气温为20~30℃，北方栽培，越冬温度不低于5℃。

园林应用 棕竹株型矮小，枝叶繁茂，耐阴，为优良庭园绿化、美化材料，可供公园、绿地、路边种植。盆栽摆放，可用于室内外布置，树干可制手杖等工艺品。

主要参考文献

龙雅宜主编．园林植物栽培手册[M]．北京：中国林业出版社，2004．

中国科学院植物研究所主编．中国高等植物图鉴[M]．北京：科学出版社，1987．

中国科学院植物志编辑委员会．中国植物志[M]．有关卷册．

贺士元，邢其华等．北京植物志．上，下册[M]．北京：北京出版社．1984．

中国树木志编辑委员会．中国树木志．1~3卷[M]．北京：中国林业出版社，1983~1997．

孙可群，张应麟等．花卉及观赏树木栽培手册[M]．北京：中国林业出版社，1985．

余树勋，吴应祥．花卉词典[M]．北京：中国农业出版社，1993．

刘瑛．植物药种子手册[M]．北京：人民卫生出版社，1989．

陈俊愉．中国农业百科全书．观赏艺卷[M]．北京：中国农业出版社，1996．

陈俊愉．程绪珂，中国花经[M]．上海：上海文化出版社，1990．

费砚良，张金政．宿根花卉[M]．北京：中国林业出版社，1999．

卢思聪，卢炜，等．室内观赏植物装饰、养护、欣赏．北京：中国林业出版社，2001．

中国科学院植物研究所．新编拉汉英植物名称[M]．北京：航空工业出版社，1996．

陈心启，吉占和．中国兰花全书[M]．北京：中国林业出版社，1998．

徐民生．仙人掌类花卉栽培［M］．北京：中国林业出版社，1984.

陈俊愉主编．中国花卉（I）［M］．北京：中国农业大学出版社，2000.

L. H. Bailzy. Manual of Cultivated Plants. 1949.

Saff of the L. H. Bailey Hortorium，Hortus Third. Macmillan. USA. 1976.

Chrisopher Brickell，The Royal Horticultural Society. New Encyclopedia Plants and Flowers. DoRLing Kindersley，1999.

RoyA. Larson. Introduction to Floriculture. Academic Press，1980.

Roy Hay，VMH. Reader's Digest Encyckopedia of Garden Plants and Flowers. Render's Digest Association Far East Ltd，1978.

Tony Rodd. The Ultimated Book of Tree & Shrubs For Australian Gardens. Randon House，Australia，1996.

D. G. Hessayon. The Flower Expert. 1997. The House Plant Expert. 1996. The Bulbs Expert. Transwold Publishers LTD.

A. B. Graf. Exotica Pictorial Cyclopedia of Exotic Plants Series 39Edition. Roehrs Company，1976.

Alferd Rehder. Manual of Cultivated trees and Shrubs Hardy in north America. New York the Macmillan company，1958.

Martin Margaret. J. Cacti and their Cultivation. London，1971.

Anderson Gunter. Cacti and Succulents. Adam and Charles Black，1984.

中文名称索引

拉丁学名索引